环境物理性污染控制工程

（第二版）

主　编　刘　宏　张冬梅
副主编　刘　晖　时鹏辉　叶招莲
　　　　胡立嵩　廖兴盛　陈亚非
参　编　韩　松　马帅帅　苑丹丹
　　　　明彩兵

华中科技大学出版社
中国·武汉

内 容 简 介

本书是根据全国高等学校环境工程专业规范专业主干课程“环境物理性污染控制工程”而编写的本科生教材，系统、简明地阐述了环境物理性污染控制工程的基础理论知识和基本控制原理与技术。

本书详细论述了与人类生活密切相关的环境噪声污染控制、环境振动污染控制、环境放射性污染控制、环境电磁辐射污染控制、环境热污染控制、环境光污染控制的基本概念、原理；阐明了环境物理性污染对人体健康和环境的危害与影响；重点介绍了各种环境物理性污染的控制和防范措施，以及人们对环境物理性污染利用的最新科研动态，为改善人类生活环境质量、创建环境友好型和资源节约型和谐社会提供理论基础。

本书可作为高等学校环境工程、环境科学及其相关专业的本科生教材，也可作为从事环境保护工作的专业技术人员和科研人员的参考书。

图书在版编目(CIP)数据

环境物理性污染控制工程/刘宏，张冬梅主编. —2 版. —武汉：华中科技大学出版社，2018.8(2025.1 重印)
全国高等院校环境科学与工程统编教材
ISBN 978-7-5680-4283-3

Ⅰ.①环… Ⅱ.①刘… ②张… Ⅲ.①环境物理学-高等学校-教材 Ⅳ.①X12

中国版本图书馆 CIP 数据核字(2018)第 164763 号

环境物理性污染控制工程(第二版)
Huanjing Wulixing Wuran Kongzhi Gongcheng
刘 宏 张冬梅 主编

责任编辑：李 佩 王新华
封面设计：潘 群
责任校对：张会军
责任监印：周治超
出版发行：华中科技大学出版社(中国·武汉) 电话：(027)81321913
武汉市东湖新技术开发区华工科技园 邮编：430223
录 排：华中科技大学惠友文印中心
印 刷：武汉市首壹印务有限公司
开 本：787mm×1092mm 1/16
印 张：17.75
字 数：461 千字
版 次：2025 年 1 月第 2 版第 4 次印刷
定 价：39.80 元

全国高等院校环境科学与工程统编教材

作者所在院校

（排名不分先后）

南开大学
湖南大学
武汉大学
厦门大学
北京理工大学
北京科技大学
北京建筑大学
天津工业大学
天津科技大学
天津理工大学
西北工业大学
西北大学
西安理工大学
西安工程大学
西安科技大学
长安大学
中国石油大学(华东)
山东科技大学
青岛农业大学
山东农业大学
聊城大学
泰山医学院
西南林业大学
长沙学院
青岛理工大学

中山大学
重庆大学
中国矿业大学
华中科技大学
大连民族学院
东北大学
江苏大学
常州大学
扬州大学
中南大学
长沙理工大学
南华大学
华中师范大学
华中农业大学
武汉理工大学
中南民族大学
湖北大学
长江大学
江汉大学
福建师范大学
西南交通大学
成都理工大学
唐山学院
上海电力学院

中国地质大学
四川大学
华东理工大学
中国海洋大学
成都信息工程大学
华东交通大学
南昌大学
景德镇陶瓷大学
长春工业大学
东北农业大学
哈尔滨理工大学
河南大学
河南工业大学
河南理工大学
河南农业大学
湖南科技大学
洛阳理工学院
河南城建学院
韶关学院
郑州大学
郑州轻工业大学
河北大学
江苏理工学院
东北石油大学

东南大学
东华大学
中国人民大学
北京交通大学
华北理工大学
华北电力大学
广西师范大学
桂林电子科技大学
桂林理工大学
仲恺农业工程学院
华南师范大学
嘉应学院
广东石油化工学院
浙江工商大学
浙江农林大学
太原理工大学
兰州理工大学
石河子大学
内蒙古大学
内蒙古科技大学
内蒙古农业大学
中南林业科技大学
武汉工程大学
广东工业大学

第二版前言

本教材是在2009年华中科技大学出版社出版的《环境物理性污染控制工程》基础上修订而成。第一版经过近10年众多读者的使用，依据多年来使用者的意见与建议，决定修订出版高等学校本科教学用书《环境物理性污染控制工程》。

本教材对第一版图书采用“删旧增新，改错压缩”的原则，简化了各章节物理性污染的基本理论相关阐述，部分章节中增添了新内容，更新了相关标准，对原书中的错误进行了改正。考虑到读者能够使用越来越丰富的网络资源，删除各章后的深度探索和背景资料相关内容。

鉴于原书的编写人员有的已退休或工作变动等，因而调整了修订人员。参加本书修订的人员有江苏大学刘宏、韩松，广东石油化工学院张冬梅，仲恺农业工程学院刘晖、明彩兵，上海电力学院时鹏辉，江苏理工学院叶招莲、马帅帅，武汉工程大学胡立嵩，长沙学院廖兴盛，浙江农林大学陈亚非，东北石油大学苑丹丹。全书由刘宏负责统稿与审校。

本教材第一版作者付出了辛勤的劳动，为本教材奠定了良好的基础，在此表示衷心的感谢。同时也向众多兄弟院校的第一版教材使用人员表示诚挚的谢意。

本教材引用了从事教学、科研、生产工作的同行撰写的论文、专著、教材、手册等，均列在书后参考文献中，在此亦表示深切的谢意。

尽管我们力求做得更好，但囿于编者的水平与经验，不足之处在所难免，敬请各位读者批评指正。

编　者

2018年5月

第一版前言

人类在漫长的历史长河中，通过对自然环境的改造以及自然环境对人的反作用，形成了一种相互制约、相互作用的统一关系，使人与环境成为不可分割的对立统一体。人类环境的好坏对人的工作与生活、对社会的进步影响极大。人类在与环境做斗争的过程中，对环境问题的认识逐步深入，积累了丰富的经验和知识，促进了环境科学各学科对环境问题的研究。随着人类改造自然的能力与手段的日益提升和人类生活环境的日益改善，人类所暴露的环境也发生了很大变化。环境污染日益严重，环境污染防治问题越来越受到人们的高度重视，人们开始采用各种技术手段控制污染以拯救自己。继大气污染、水污染、固体废物污染之后，环境噪声污染、环境振动污染、环境电磁辐射污染、环境放射性污染、环境热污染、环境光污染等这类环境物理性污染也越来越突出，已引起人们的高度关注。

人类的健康，需要适宜的物理环境，但长期以来人们对环境物理性污染却缺乏了解。物理性污染和化学性、生物性污染相比有两个特点：第一，物理性污染是局部性的，区域性和全球性污染较少见；第二，物理性污染在环境中不会有残余的物质存在，一旦污染源消除，物理性污染即会消失。物理性污染严重地危害着人类的身体健康和生存环境，必须对其进行控制和治理。环境物理性污染控制工程是环境科学与工程学科在自然科学领域内的又一个研究方向，主要是通过研究环境物理性污染同人类之间的相互作用，探寻为人类创造一个适宜的物理环境的途径。

本书较系统地介绍了当今前沿的环境物理性污染的基本概念、原理、控制理论及方法，力求全面、细致地阐述目前已开展研究的声、振动、电磁场、热、光和射线等对人类的影响及其评价，以及消除这些影响的技术途径和控制措施。本书分绪论、环境噪声污染控制、环境振动污染控制、环境放射性污染控制、环境电磁辐射污染控制、环境热污染控制、环境光污染控制等 7 章进行介绍，并将物理性污染的危害和防治的最新信息与发展动态呈现给大家。通过对本书的阅读和学习，引起人们对环境物理性污染的重视，指导在实践中采取措施改善生存物理环境，从而获得更好的生活质量，为创建资源节约型、环境友好型和谐社会提供必要的理论基础和技术方法。

本书由河南城建学院李连山教授和广东石油化工学院杨建设教授主编。参加本书编写的有：河南城建学院李连山、马春莲、胡红伟、时鹏辉，广东石油化工学院杨建设，江苏大学刘宏，浙江农林大学陈亚非，仲恺农业工程学院刘晖，大连民族学院王芳，武汉工程大学胡立嵩，内蒙古科技大学孙鹏，江苏技术师范学院叶招莲，上海理工大学周海东，长沙学院廖兴盛，洛阳理工学院李西良，东北石油大学苑丹丹。全书由李连山统稿。

本书在编写过程中得到许多兄弟院校老师和同事的大力支持、华中科技大学出版社领导和编辑的大力帮助，同时参阅并引用了国内外的有关文献资料。在此，一并向他们表示衷心的感谢。

由于编者学识水平所限，书中错误与不足之处在所难免，热诚欢迎读者批评指正。

编　者

2009 年 12 月

目　录

第0章　绪　　论

1. 物理环境

众所周知，在人类生存的环境中，各种物质都在不停地运动着，运动的形式有机械运动、分子热运动、电磁运动等，在这些运动中都进行着物质能量的交换和转化。这种物质能量的交换和转化构成了物理环境。物理环境是自然环境的一部分，人类生存于它所适应的物理环境，也影响着这种物理环境。物理环境可分为天然物理环境和人工物理环境。

（1）天然物理环境。

天然物理环境从地球诞生之日起就存在，即原生物理环境。天然物理环境由天然声环境、振动环境、放射性辐射环境、电磁辐射环境、热环境、光环境构成。

① 天然声环境。

天然声环境是由于自然现象而产生的，如火山爆发、地震、雪崩和滑坡等自然现象会产生空气声、地声（在地内传播）和水声（在水中传播）。此外，自然界还有海啸声、狂风暴雨声、雷鸣电闪声、潮汐声、瀑布声、陨石进入大气的轰鸣声，以及动物发出的各种声音等，这些非人为活动产生的声音，在局部区域内形成了天然声环境。

② 天然振动环境。

地震是自然界振动的表现形式之一，构成了天然振动环境。地震通常分为三大类，即火山地震、陷落地震和构造地震。前两类震级小、破坏轻，而引起灾难性破坏的地震主要是构造地震。据美国地质学调查结果显示，地球每年共有300万次地震。2008年5月12日发生在四川汶川的里氏8级地震，晃动半个亚洲，震惊全球。据史料记载，1883年，印尼克拉卡托火山爆发，产生的次声波绕地球3圈之多，历时108小时，强烈地震造成房屋倒塌、人员伤亡、工农业生产中断等危害。

③ 天然放射性辐射环境。

自然界存在着一些能自发放射出α、β和γ特殊射线的物质，这些天然辐射源构成了天然放射性辐射环境。地球上的天然辐射源主要有铀（^{235}U）、钍（^{232}Th）核素以及钾（^{40}K）、碳（^{14}C）和氚（^{3}H）等；宇宙间高能粒子构成宇宙射线，这些粒子进入大气层后与大气中的氧、氮原子核碰撞产生次级宇宙射线。人类从诞生之日起就生活在这种自然放射性辐射环境中。

④ 天然电磁环境。

地球自身是一个大磁体，形成地磁场。自然界雷电、台风以及太阳黑子活动等现象会严重干扰自然电磁环境；沉睡地下的许多矿藏也在长年累月地向地面发射电波，这些现象构成了不同范围的天然电磁环境。

⑤ 天然热环境。

太阳给人们以光明和温暖，它带来了昼夜和季节的轮回，左右着地球冷暖的变化，为地球生命提供了各种形式的能源。太阳的光辐射构成了天然热环境。

⑥ 天然光环境。

天然光环境的光源是太阳。直射日光的光强度为2.838×10^{27} cd。在大气层外，日光法线平面上的平均照度为125.4×10^{3} lx。日光穿过大气层时被大气中的气体分子、云和尘埃扩散,使天空具有一定的亮度。地球上接收的天然光就是由直射日光和天空扩散光形成的。通常以地平面照度、天空亮度和天然光的色度值来定量描述天然光环境。在世界不同的地区,由于气象因素(日照率、云、雾等)和大气污染程度的差异,光环境特性也不相同。

(2) 人工物理环境。

人工物理环境是人类为了生存和发展在利用自然和改造自然的过程中所形成的次生物理环境。由于人为因素作用形成的人工声环境、振动环境、电磁环境、光环境、热环境、放射性辐射环境构成了人工物理环境。各种人工物理环境与天然物理环境在地球表面层交替共存,相互作用。

① 人工声环境。

人类生活在有声世界里。但是城市工业噪声、交通噪声、建筑施工噪声和社会生活噪声等人为噪声构成了人工噪声环境,日益严重的城市噪声影响人们的工作和休息,危害人体健康,已经成为公害。

② 人工振动环境。

人类生活的世界好比一个振动的王国。随着经济的发展、现代生活的改善,人为活动引起的振动也日益增多:如地下核试验和矿山开采都可能引起地面的震动,地铁运行、重型卡车行驶、建筑工地汽锤打桩、工厂设备运转等都会产生振动,形成了干扰人们生活和工作以及危害人体健康的人工振动环境。

③ 人工放射性辐射环境。

人类利用放射性核同位素在医疗、核工业、农业育种、生物保鲜等为人类造福方面取得了可喜的进步,然而核武器的试验成功也为人类的将来战争埋下了祸根,后患无穷。核电站数量日益增多,核能的利用改变了环境中天然本底放射辐射场,形成了次生的人工放射性辐射环境。逾量的放射剂、突发的核电站事故等会导致严重的放射性环境污染。

④ 人工电磁环境。

人类生活的空间里充满了各式各样的电磁波。无线电播、电视、无线通信、卫星通信、无线电导航、雷达、微波中继站、电子计算机、高频淬火、焊接、熔炼、塑料热合、微波加热与干燥、短波与微波治疗、高压、超高压输电网、变电站等的广泛应用,给人类物质文化生活带来了极大的便利,并促进了社会进步,但随之产生的电磁污染也日趋严重,不仅危害人体健康,同时还会阻碍与影响正常发射功能设施的应用。

⑤ 人工热环境。

适合于人类生活的温度范围是很狭窄的。对于人体不适应的剧烈寒暑变化的天然热环境,人类创造了房屋、火炉以及现代空调系统等设施以防御并缓和外界气候变化的影响,获得人类生存所必需的人工热环境。

⑥ 人工光环境。

没有光线就没有色彩,世界上的一切都将是漆黑的。对于人类来说,光和空气、水、食物一样,是不可缺少的。眼睛是人体最重要的感觉器官,人眼对光的适应能力较强,瞳孔可随环境的明暗进行调节。但如果长期在弱光下看东西,视力就会受到损伤。相反,强光可使人眼瞬时失明,重则造成永久伤害。人们必须在适宜的光环境下工作、学习和生活。

综上所述,各种人工物理环境具有不同的特点和影响,是环境物理学的主要研究对象。

2. 环境物理性污染及特点

(1) 环境物理性污染的定义。

随着科学技术的发展，人们的生活水平越来越高，可人们的生活环境越来越不利于人体的健康。机器振动要发出声波，电器设备要发射电磁波，各种热源释放着热。诸如此类的物理运动充满着空间，包围着人群，构成了人类生存的物理环境，一旦这些物理运动的强度超过人的忍耐限度，就形成了物理性污染。

物理性污染是指由物理因素引起的环境污染，如放射性辐射、电磁辐射、噪声、光、热污染等。物理性污染程度是由声、光、热、电等在环境中的量所决定的。

物理环境质量（PEQ）是指周围物理环境条件的好坏。自然界气候、水文、地质、地貌等条件的变化，人为的热污染、噪声污染、微波辐射、地面下沉、自然灾害及地震等都能影响物理环境质量（PEQ）。

(2) 环境物理性污染的特点。

环境污染从污染源的属性可分为三大类：物理性污染、化学性污染、生物性污染。

物理性污染不同于化学性污染和生物性污染，不同于水污染、大气污染、土壤污染，物理性污染往往看不见、摸不着，因为它既没有形状又没有实体，所以人们又把物理性污染称为无形污染。物理性污染涉及面广，从工厂到矿山，从城市到农村，从陆地到海洋，从生产场所到生活环境，无处不有。

不同于化学性污染和生物性污染，引起物理性污染的声、光、热、电磁场等在环境中是永远存在的，它们本身对人体无害，只是在环境中的量过高或过低时，才造成污染或异常。例如，声音是人所必需的，但是声音过强，又会妨碍或危害人的正常活动。反之，环境中长久没有任何声音，人就会感到恐惧，甚至会疯狂。

物理性污染同化学性污染和生物性污染相比有两个特点。一是物理性污染是局部性的，不会迁移、扩散，区域性或全球性污染现象比较少见；二是物理性污染在环境中不会有残余物质存在，一旦污染源消除以后，物理性污染也就立即消失。

3. 环境物理性污染研究的对象与内容

物理环境和物理性污染的特征决定了环境物理性污染控制工程的研究特点。物理环境的声、光、热、电等要素都是人类所必需的，这决定了环境物理性污染控制工程不仅要研究消除污染，而且要研究适宜于人类生活和工作的声、光、热、电等物理条件；物理性污染程度是由声、光、热、电等在环境中的量决定的，这就使环境物理性污染控制工程的研究同其他物理学科一样，注重物理现象的定量研究。

环境物理性污染控制工程包括环境噪声污染控制工程、环境振动污染控制工程、环境放射性污染控制工程、环境电磁辐射污染控制工程、环境热污染控制工程、环境光污染控制工程等分支学科，主要研究声、光、热、加速度、振动、电磁场和放射线对人类的影响及其评价，以及消除这些影响的技术途径和控制措施，为人类创造适宜的物理环境。

第1章 环境噪声污染控制

1.1 环境噪声污染概述

人们的生活、工作都离不开声音。人们从日常的生活中可以体会到的声音有3个表征量，即音量、音调与音色，这些都是与声音的物理特性密切相关的。其中，有些声音是人们需要的、想听的，如语言上的相互交谈或是音乐欣赏；而有些声音则是工作中、生活环境中不想听的，这些声音就称为"噪声"；有些声音与人们工作、生活环境中的声音不协调或不一致，则称为"杂音"。心理学的观点认为，噪声和乐声是很难区分的，它们会随着人们主观判别的差异而改变，因此噪声与好听的声音是没有绝对界限的。《中华人民共和国环境噪声污染防治法》指出，环境噪声是指在工业生产、建筑施工、交通运输和社会生活中所产生的干扰周围生活环境的声音。当声音超过人们生活和社会活动所允许的程度时就成为噪声污染。

随着社会经济的快速发展，各种机械设备、交通工具的急剧增加，噪声污染问题也越来越严重，已经成为当今社会的四大公害之一。

1.1.1 来源与分类

噪声是一类难听的、容易引起人们烦躁或音量过强而危害人体健康的声音。从环保角度看，凡是影响人们正常学习、工作、生活和休息的或在某些场合不需要、不和谐的声音，都属于噪声。

1. 来源

噪声具有声波的一切特性，主要来源于物体（固体、液体、气体）的振动。通常把能够发声的物体称为声源，产生噪声的物体或机械设备称为噪声源。能够传播声音的物质称为传声介质。人对噪声是否有吵闹的感觉同噪声的强度和频率大小有关。频率低于20 Hz的声波称为次声，超过20 kHz的则称为超声，次声和超声都是人耳听不到的声波。人耳能够感觉到的声音（可听声）频率范围是20～20 000 Hz。物理学上通常用频率、波长、声速、声压、声强、声功率级及声压级等概念和量值来描述声的一般特性。

2. 分类

噪声因其产生的条件不同而分为很多种类，既有来源于自然界的（如火山爆发、地震、潮汐和刮风等自然现象所产生的空气声、地声、水声和风声等），又有来源于人类活动的（如交通运输、工业生产、建筑施工、社会活动等所产生的声音）。生活中噪声主要有过响声、妨碍声、不愉快声、无影响声等。过响声是指很响的声音，如喷气发动机排气声、大炮轰鸣声等；妨碍声是指一些虽不太响，但妨碍人们的交谈、思考、学习和睡眠的声音；摩擦声、刹车声、吵闹声等称不愉快声；人们生活中习以为常的室外风声、雨声、虫鸣声等称无影响声。

环境中出现的噪声，按辐射噪声能量随时间的变化可分为稳定噪声、非稳定噪声和脉冲噪声。按噪声的频率特性可分为高频噪声、低频噪声、宽带噪声、窄带噪声等。

环境噪声是影响城市声环境质量的噪声源，按人类的活动方式分为交通噪声、工业噪声、建筑施工噪声、社会生活噪声。按其产生的机理可分为气体动力性噪声、机械噪声、电磁噪声。

1.1.2　危害

1. 危害表现

噪声对人体的影响和危害是多方面的。概括起来，强烈的噪声可引起耳聋、诱发各种疾病、影响人们的休息和工作、干扰语言交流和通信、掩蔽安全信号、造成生产事故、降低生产效率、影响设备的正常工作甚至破坏设备构件等。其主要危害有以下五个方面。

(1) 噪声对听力的损伤。

噪声对人体最直接的危害是听力损伤。对听觉的影响，是以人耳暴露在噪声环境前、后的听觉灵敏度来衡量的，这种变化称为听力损失，指人耳在各频率的听阈升移，简称阈移，以 dB 为单位。例如，当你从较安静的环境进入较强烈的噪声环境中，立即感到刺耳难受，甚至出现头痛和不舒服的感觉。停一段时间，离开这里后，仍感觉耳鸣，马上（一般在 2 min 内）做听力测试，发现听力在某一频率下降为 20 dB 阈移，即听阈提高了 20 dB。由于噪声作用的时间不长，只要你到安静的地方休息一段时间，再进行测试，该频率的听阈减小到零，这一噪声对听力只有 20 dB 暂时性阈移的影响。这种现象称为暂时听阈偏移，亦称听觉疲劳。听觉疲劳时，听觉器官并未受到器质性损害。如果人们长期在强烈的噪声环境中工作，日积月累，内耳器官不断受到噪声刺激，便可发生器质性病变，称为永久性听阈偏移，这就是噪声性耳聋。

国际标准化组织(ISO)于 1964 年规定以在 500 Hz、1 000 Hz 和 2 000 Hz 三个频程内听力损失的平均值来表示听力损伤程度。听力损失在 15 dB 以下属正常，15～25 dB 为接近正常，25～40 dB 属轻度耳聋，40～65 dB 属中度耳聋，65 dB 以上属重度耳聋。一般来说，听力损失在 20 dB 以内，对生活和工作不会有什么影响。而噪声性耳聋是指平均听力损失超过 25 dB 的永久性阈移影响。

有研究表明，听力的损伤与生活的环境及从事的职业有关，如农村老年性耳聋发病率较城市为低，纺织厂工人、锻工及铁匠与同龄人相比听力损伤更多。若人突然暴露于极其强烈的噪声环境（如 150 dB 以上的爆炸声）中，听觉器官会发生急剧外伤，引起鼓膜破裂出血、迷路出血，螺旋器从基底膜急性剥离等，使人耳完全失去听力，即出现爆震性耳聋。

噪声性耳聋与噪声的强度、频率及噪声的作用时间有关。噪声性耳聋有两个特点：一是除了高强度噪声（大于 80 dB 声级）外，一般噪声性耳聋都需要一个持续的累积过程，发病率与持续作业时间有关，这也是人们对噪声污染忽视的原因之一；二是噪声性耳聋是不能治愈的。因此，有人把噪声污染比喻成慢性毒药，这是有一定道理的。

(2) 噪声对睡眠的干扰。

睡眠是人们生存必不可少的条件。人们在安静的环境下睡眠，人的大脑得到休息，代谢得到调节，从而消除疲劳和恢复体力。而噪声会影响人们的睡眠质量，强烈的噪声甚至使人心烦意乱，无法入睡。实验研究表明，人的睡眠一般分四个阶段：第一阶段是入睡阶段（朦胧期）；第二阶段是浅睡阶段（半睡期）；第三阶段是熟睡阶段（熟睡期）；第四阶段是沉睡阶段（沉睡期）。睡眠质量的好坏，取决于熟睡阶段的时间长短，时间越长，睡眠就越好。一些研究结果表明，噪声促使人们由熟睡向入睡阶段转化，缩短熟睡时间。有时刚要进入熟睡便被噪声惊醒，使人不能进入熟睡阶段，从而造成人们多梦，睡眠质量不好，不能很好休息。

噪声级在 35 dB(A)以下，是理想的睡眠环境。当噪声级超过 50 dB(A)时，约有 15%的人的正常睡眠受到影响;城市街道的交通噪声为 70~90 dB(A),可使 50%以上的人受影响;一些突发性噪声在 60 dB(A)时,可使 70%的人惊醒。噪声除了对人们的休息和睡眠有影响外,还干扰人们的谈话、开会、打电话、学习和工作。通常,人们谈话的声音是 60 dB(A)左右,当噪声在 65 dB(A)以上时,就干扰人们的正常谈话;如果噪声高达 90 dB(A),就是大喊大叫,对方也很难听清楚,需贴近耳朵或借助手势来表达语意。

(3) 噪声对生理健康的影响。

噪声作用于人的大脑中枢神经系统,以致影响到全身各个器官,给人体消化、神经、免疫以及其他系统带来危害。由于噪声的作用,可引起头痛、头昏脑涨、耳鸣、多梦、失眠、全身疲乏无力以及记忆力减退等神经衰弱症状。噪声作用于内耳腔的前庭,使人眩晕、恶心、呕吐。噪声对心血管系统危害也很大。噪声使交感神经紧张,从而使心跳加快、心律不齐、血压升高等。长期在高噪声环境下工作的人们与在一般环境下工作的人们相比,高血压、动脉硬化和冠心病的患病率要高 2~3 倍。噪声还会引起消化系统方面的疾病,噪声能使人们消化机能减退、胃功能紊乱、消化系统分泌异常、胃酸度降低,以致造成消化不良、食欲不振、患胃炎及胃溃疡等疾病,致使身体虚弱。此外,噪声对视觉器官、内分泌机能及胎儿的正常发育等方面也会产生一定影响。在高噪声环境中工作和生活的人们,一般健康水平逐年下降,对疾病的抵抗力减弱,甚至诱发一些疾病。

噪声对动物的听觉器官、视觉器官、内脏器官及中枢神经系统会造成一些病理性变化。噪声对动物的行为也有一定的影响,可使动物失去行为控制能力,出现烦躁不安、失去常态等现象,强噪声还会引起动物死亡。鸟类在噪声中会出现羽毛脱落、产卵率降低等。

(4) 噪声对各种效率的影响。

在噪声较高的环境下工作,人会感觉到烦恼、疲劳和不安等,从而使人们注意力分散,容易出现差错,工作效率降低,这对脑力劳动者尤为明显。实验表明,当人受到突然而至的噪声一次干扰,就要丧失 4 s 的思想集中。噪声对打字、排字、校对、通信人员的差错率及工作效率影响尤为严重,随着噪声的增加,差错率不断上升。据统计,噪声会使劳动生产率降低 10%~50%。

噪声还能掩蔽安全信号,如报警信号和车辆行驶信号。在噪声的混杂干扰下,人们不易觉察安全信号,从而容易造成工伤事故,严重影响着交通运输和社会经济效率的提高。

(5) 特强噪声对仪器设备和建筑结构的危害。

噪声对仪器设备的影响与噪声强度、频率以及仪器设备本身的结构与安装方式等因素有关。实验研究表明,特强噪声会损伤仪器设备,甚至使仪器设备失效。当噪声级超过 150 dB(A)时,会严重损坏电阻、电容、晶体管等元件。当特强噪声作用于火箭、宇航器等机械结构时,由于受声频交变负载的反复作用,会使材料产生疲劳而断裂(声疲劳现象)。

一般的噪声对建筑物几乎没有什么影响。但是当噪声级超过 140 dB(A)时,对轻型建筑开始有破坏作用。例如,当超声速飞机在低空掠过时,飞机头部和尾部会产生压力和密度突变,经地面反射后形成 N 形冲击波,传到地面时听起来像爆炸声,这种特殊的噪声叫做轰击声。在轰击声的作用下,建筑物会受到不同程度的破坏,如出现门窗损伤、玻璃破碎、墙壁开裂、抹灰震落、烟囱倒塌等。由于轰击声衰减较慢,因此传播较远,影响范围较广。此外,在建筑物附近使用空气锤、打桩或爆破,也会导致建筑物的损伤。

2. 污染特点

噪声污染与水、气、固体等物质的污染相比,具有以下显著特点。

(1) 环境噪声是感觉公害。

噪声对环境的污染与工业"三废"一样,是一种危害人类的公害,但就公害性质来说,噪声属于感觉公害。通常，噪声是由不同振幅和不同频率组成的无调嘈杂声。但有调或好听的音乐声，在它影响人们的工作和休息，并使人感到厌烦时，也被认为是噪声。所以，对噪声的判断也与个人所处的环境和主观愿望有关。因此，对噪声评价的显著特点是与受害人的生理与心理因素有关的。环境噪声标准也要根据不同的时间、不同的地区和人所处的不同行为状态来制定。

(2) 环境噪声是局限性和分散性的公害。

所谓局限性是指一般的噪声源只能影响它周围的一定区域，而不会像大气污染能飘散到很远的地方。环境噪声扩散影响的范围具有局限性。分散性主要是指环境噪声源具有分布的分散性。

(3) 环境噪声具有能量性。

环境噪声是能量的污染，噪声是由发声物体的振动向外界辐射的一种声能。若声源停止振动发声，声能就失去补充，噪声污染随之终止，危害即消除。不像其他污染源排放的污染物，即使停止排放，污染物在长时间内还是残留着，污染是持久的。噪声的能量转化系数很低，约为 10^{-6}。换句话说，1 kW 的动力机械，大约只有 1 mW 变为噪声能量。

(4) 环境噪声具有波动性和难避性。

声能是以波动的形式传播的，因此噪声特别是低频噪声具有很强的绕射能力，可以说是“无孔不入”。突发的噪声是难以逃避的，人耳不会像眼睛那样迅速闭合来防止光污染，也不会像鼻子遇到异味时能屏气以待，即使在睡眠中，人耳也会受到噪声的污染。由于噪声以 340 m/s 的速度传播，因此即使闻声而逃，也避之不及。

(5) 噪声具有危害潜伏性。

有人认为，噪声污染不会死人，因而不重视噪声的防治。大多数暴露在 90 dB(A)左右噪声条件下的职工，也认为能够忍受，实际上这种“忍受”是以听力偏移为代价的。因此，对噪声的污染危害不可低估。

1.2　环境噪声污染控制的声学基础

声学是研究介质中机械波的产生、传播、接收和效应的物理学分支学科。介质包括各种状态的物质，可以是弹性介质，也可以是非弹性介质；机械波是指质点运动变化的传播现象。

(1) 现代声学的内容。

现代声学研究主要涉及声子的运动、声子和物质的相互作用，以及一些准粒子和电子等微观粒子的特性。所以声学既有经典性质，也有量子性质。

声学的中心是基础物理声学，它是声学各分支的基础。声可以说是在物质介质中的机械辐射，机械辐射是指机械扰动在物质中的传播。人类的活动几乎都与声学有关，从海洋学到语言音乐，从地球到人的大脑，从机械工程到医学，从微观到宏观，都是声学家活动的场所。声学的边缘科学性质十分明显，边缘科学是科学的生长点，因此有人主张声学是物理学的一个最好的发展方向。

声波在气体和液体中只有纵波。在固体中除了纵波以外，还有横波(质点振动的方向与声波传播的方向垂直)，有时还有纵横波。

声波场中质点每秒振动的周数称为频率，单位为赫兹(Hz)。现代声学研究的频率范围为 10^{-4}～10^{9} Hz，在空气中可听到声音的声波波长为 0.017～17 m，在固体中，声波波长的范围更大,比电磁波的波长范围至少大 1 000 倍。

声波的传播与介质的弹性模量、密度、内耗及形状大小(产生折射、反射、衍射等)有关。测量声波传播的特性可以研究介质的力学性质和几何性质,声学之所以发展成拥有众多分支并且与许多科学、技术和文化艺术有密切关系的学科,原因就在于此。

声波强度用单位面积内传播的功率(以 W/m^2 为单位)表示,但是在声学测量中功率不易直接测得,所以常用易于测量的声压表示。在声学中,常见的声压或声强范围非常大,所以一般用对数表示,称为声强级或声压级,单位是分贝(dB)。

(2) 声学与环境。

当代重大环境问题之一是噪声污染,社会上对环境污染的意见(包括控告)有一半是噪声问题。除了长期在较强的噪声(90 dB(A)以上)中工作要造成耳聋外,不太强的噪声对人也会形成干扰。例如噪声到 70 dB(A),对面谈话就有困难;50 dB(A)环境下睡眠休息已受到严重影响。近年来,对声源发声机理的研究受到关注,也取得了不少成绩。

如何判断一个声音是否为噪声,从物理学角度来说,振幅和频率杂乱断续或统计上无规则的声振动称为噪声。从环境保护的角度来说,判断一个声音是否为噪声,要根据时间、地点、环境以及人们的心理和生理等因素确定。所以,噪声不能完全根据声音的物理特性来定义。一般认为,凡是干扰人们休息、学习和工作的不需要的声音统称为噪声。当噪声超过人们的生活和生产活动所能容许的程度时,就形成噪声污染。

噪声控制中常遇到的声源功率范围非常大,这也增加了噪声控制工作的复杂性。例如一个大型火箭发动机的噪声功率可开动一架大型客机,而大型客机的噪声功率可开动一辆卡车。噪声污染是工业化的后果,而降低噪声又是改善环境、提高人的工作效率、延长机器寿命的重要措施。

环境科学不但要克服环境污染,还要进一步研究适宜于人们生活和活动的环境。在厅堂中听到清晰的讲话、优美的音乐环境是建筑声学的任务。厅堂音质的主要问题是室内的混响,混响必须合适,有时还需要混响可变。实验证明,由声源到听者的直达声及其后 50 ms 或 100 ms 内到达的反射声对音质都有重要影响,反射声的方向分布也是很重要的因素,两侧传来的反射声似乎很重要,全面研究各种因素才能获得良好的音质。

1.2.1 声波的产生

1. *声源*

各种各样的声音都起始于物体的振动。凡能产生声音的振动物体统称为声源。从物体的形态来分,声源可分成固体声源、液体声源和气体声源等。例如,锣鼓(敲击声)、大海(波涛声)和汽车(排气声)都是常见的声源。如果你用手指轻轻触及被敲击的鼓面,就能感觉到鼓膜的振动。所谓声源的振动就是物体(或质点)在其平衡位置附近进行的往复运动。

2. *声波的形成*

当声源振动时,就会引起声源周围弹性介质——空气分子的振动。这些振动的分子又会使其周围的空气分子产生振动。这样,声源产生的振动就以声波的形式向外传播。声波不仅可以在空气中传播,也可以在液体和固体中传播。但是,声波不能在真空中传播,因为在真空中不存在能够产生振动的弹性介质。根据传播介质的不同,可以将声分成空气声、水声和固体(结构)声等类型。在噪声控制工程中主要涉及空气介质中的空气声。

在空气中,声波是一种纵波,这时介质质点的振动方向是与声波的传播方向相一致的。反之，将质点振动方向与声波传播方向相互垂直的波称为横波。在固体和液体中既可能存在声波的纵波，也可能存在横波。

需要注意的是，纵波或横波都是通过相邻质点间的动量传递来传播能量的，而不是由物质的迁移来传播能量的。例如，若向水池中投掷小石块，就会引起水面的起伏变化，一圈一圈地向外传播，但是水质点（或水中的漂浮物）只是在原位置处上、下运动，并不向外移动。

3. 描述声波的基本物理量

当声源振动时，其邻近的空气分子受到交替的压缩和扩张，形成疏密相间的空气分子，时疏时密，依次向外传播，如图 1-1 所示。

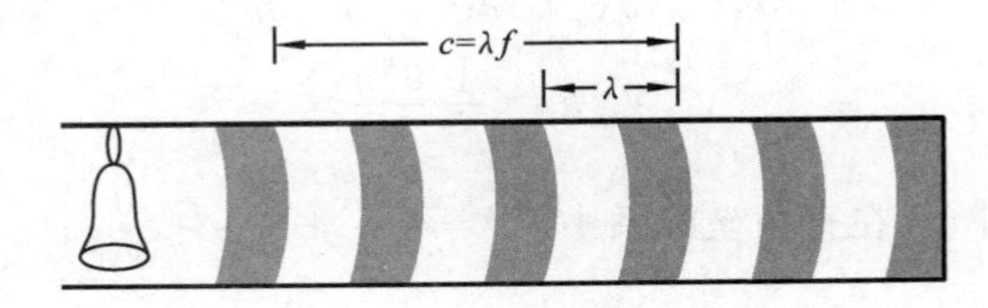

图 1-1　空气中的声波

当某一部分空气变密时，这部分空气的压强 p' 变得比平衡状态下的大气压强（静态压强）p_s 大；当某一部分的空气变疏时，这部分空气的压强 p' 变得比静态压强 p_s 小。这样，在声波传播过程中空间各处的空气压强产生起伏变化。通常用 p 来表示压强的起伏变化量，即 $p=p'-p_s$，称为声压。声压的单位是帕斯卡(Pa)，简称帕，1 Pa=1 N/m^2。

如果声源的振动是按一定的时间间隔有周期性的，那么，就会在声源周围介质中产生周期性的疏密变化。在同一时刻，从某一个最稠密（或最稀疏）的地点到相邻的另一个最稠密（或最稀疏）的地点之间的距离称为声波的波长，记为 λ，单位为米(m)。振动重复一次的最短时间间隔称为周期，记为 T，单位为秒(s)。周期的倒数，即单位时间内的振动次数，称为频率，记为 f，单位为赫兹(Hz)，1 Hz=1 s^{-1}。

如前所述，介质中的振动状态由声源向外传播。这种传播是需要时间的，即传播的速度是有限的。这种振动状态在介质中的传播速度称为声速，记为 c，单位为米每秒(m/s)。声速受温度影响的经验式为

$$c = 331.45 + 0.61t \tag{1-1}$$

式中：t——空气的温度，℃。

可见，声速 c 随温度会有一些变化，但一般情况下变化不大，实际计算时常取 c 为340 m/s。

显然，在这些物理量之间存在着如下的相互关系：

$$\lambda = c/f \tag{1-2}$$

$$f = 1/T \tag{1-3}$$

声波传播时，介质中各点的振动频率都是相同的。但是，在同一时刻各点的相位不一定相同。同一质点在不同时刻也会具有不同的相位。所谓相位是指在时刻 t 某一质点的振

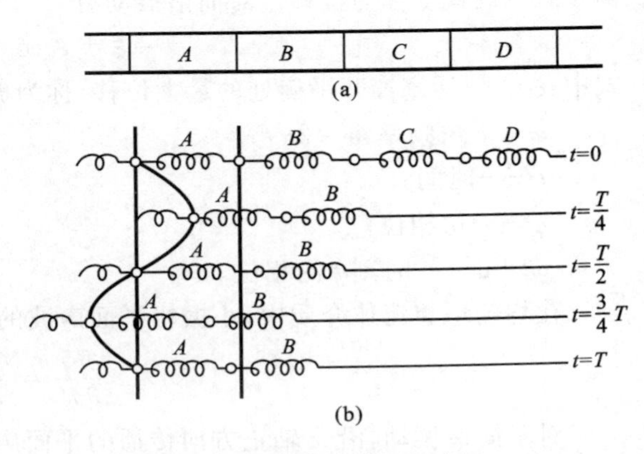

图 1-2　声波传播的物理过程

动状态,包括质点振动的位移大小和运动方向,以及压强的变化。在图 1-2 中,质点 A、B 以相同频率振动,但是 B 比 A 在运动时间上有一定的滞后,C、D 等质点在时间上依次滞后,当质点 A 处于最大压缩状态,即压强增至最大时,B、C、D 质点处的压强依次减弱。这就是说,质点间在振动相位上依次落后,存在相位差。正是由于各个质点的振动在时间上有滞后性,才在介质中形成波的传播。可以看出,距离为波长 λ 的两质点间的振动状态是完全相同的,只不过后者在时间上延迟了一个周期。

4. 声波的基本类型

一般用声压 p 来描述声波,在均匀的理想流体介质中的小振幅声波的波动方程是

$$\frac{\partial^2 p}{\partial x^2}+\frac{\partial^2 p}{\partial y^2}+\frac{\partial^2 p}{\partial z^2}=\frac{1}{c^2}\frac{\partial^2 p}{\partial t^2} \tag{1-4a}$$

或记为

$$\nabla^2 p=\frac{1}{c^2}\frac{\partial^2 p}{\partial t^2} \tag{1-4b}$$

式中:∇——拉普拉斯算子,在直角坐标系中 $\nabla^2=\frac{\partial^2}{\partial x^2}+\frac{\partial^2}{\partial y^2}+\frac{\partial^2}{\partial z^2}$;

c——声速,m/s;

t——时间,s。

式(1-4a)和式(1-4b)表明,声压 p 是空间(x,y,z)和时间 t 的函数,记为 $p(x,y,z,t)$,描述不同地点在不同时刻的声压变化规律。

根据声波传播时波阵面的形状不同,可以将声波分成平面声波、球面声波和柱面声波等类型。

1) 平面声波

当声波的波阵面是垂直于传播方向的一系列平面时,就称其为平面声波。所谓波阵面是指空间同一时刻相位相同的各点的轨迹曲线。若将振动活塞置于均匀直管的始端,管道的另一端伸向无穷远处。当活塞在平衡位置附近做小振幅的往复运动时,在管内同一截面上,各质点将同时受到压缩或扩张,具有相同的振幅和相位,这就是平面声波。声波传播时处于最前沿的波阵面也称为波前。通常,可以将各种远离声源的声波近似地看成平面声波。平面声波在数学上的处理比较简单,是一维问题;通过对平面声波的详细分析,可以了解声波的许多基本性质。

如果管道始端的活塞以正(余)弦函数的规律做往复运动,则称为简谐运动。活塞偏离平衡位置的距离 ξ 称为位移。对简谐振动有

$$\xi=\xi_0\cos(\omega t+\varphi) \tag{1-5}$$

式中:ξ_0——活塞离开平衡处的最大位移,称为振幅;

ω——角频率,$\omega=2\pi f$;

t——时间;

φ——初相位;

$\omega t+\varphi$——时刻 t 的相位。

在均匀理想流体介质中,小振幅平面声波的波动方程是

$$\frac{\partial^2 p}{\partial x^2}=\frac{1}{c^2}\frac{\partial^2 p}{\partial t^2} \tag{1-6}$$

对于简谐振动,沿 x 轴正方向传播的平面声波为

$$p(x,t)=p_0\cos(\omega t-kx+\varphi)$$

为了表述简洁，适当选取时间的起始值，或适当选取 x 轴的坐标原点，使 $\varphi=0$，则有

$$p(x,t) = p_0\cos(\omega t - kx) \tag{1-7}$$

式中：p_0——声压振幅；

k——角波数，$k=\omega/c$。

如果观察在某一确定时刻 $t=t_0$ 时声波在空间沿 x 方向分布的情况，其波形如图 1-3(a)所示。如果观察在空间定点位置 $x=x_0$ 处声波随时间的变化情况，其波形如图 1-3(b)所示。

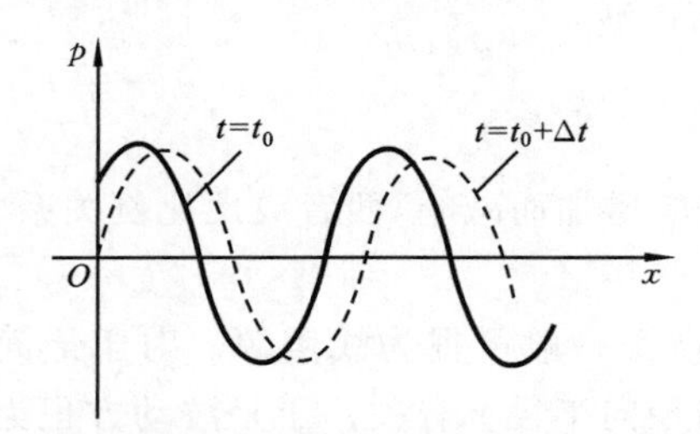

(a) 在确定时刻t_0，声压p随空间坐标x的变化曲线

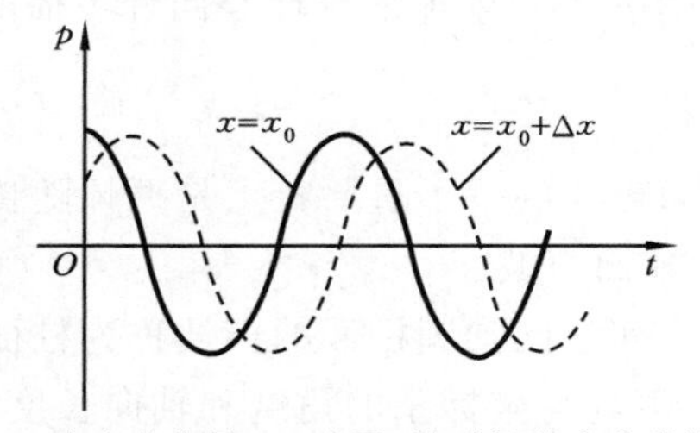

(b) 在定点位置x_0，声压p随时间t的变化曲线

图 1-3　声压 p 随空间坐标 x、时间 t 的变化曲线

假定在 $t=t_0$ 时刻，空间 $x=x_0$ 位置处于某种物理状态(例如声压极大)，由于声波的传播经过 t 时间后，这种状态将传播到 $x_0+\Delta x$ 位置，由式(1-7)得

$$p_0\cos(\omega t_0 - kx_0) = p_0\cos[\omega(t_0+\Delta t) - k(x_0+\Delta x)]$$

则

$$\omega\Delta t - k\Delta x = 0$$

因为

$$k = \omega/c$$

所以

$$c = \frac{\Delta x}{\Delta t}$$

这也就是说，x_0 处 t_0 时刻的声压经过 Δt 后传播到 $x_0+\Delta x$ 处，整个声压波形以速度 c 沿 x 轴正方向传播。声速 c 是波相位的传播速度，也是自由空间中声能量的传播速度，而不是空气质点的振动速度 u。质点的振动速度可由微分形式的牛顿第二定律求出：

$$\rho_0\frac{\partial u}{\partial t} = -\frac{\partial p}{\partial x} \tag{1-8}$$

式中：ρ_0——空气的密度，kg/m^3。

对于沿 x 轴正方向传播的简谐平面声波，质点的振动速度为

$$u_x = u_0\cos(\omega t - kx) \tag{1-9}$$

式中：u_0——质点振动的速度振幅，$u_0=p_0/(\rho_0 c)$。

根据声阻抗率的定义，有

$$Z_s = p/u \tag{1-10}$$

对于平面声波，$Z_s=\rho_0 c$，只与介质的密度 ρ_0 和介质中的声速 c 有关，而与声波的频率、幅值等无关，故 $\rho_0 c$ 又称为介质的特征声阻抗，单位为帕[斯卡]秒每米(Pa·s/m)。

前面只讨论了沿 x 轴正方向传播的平面声波。对于沿 x 轴负方向传播的简谐平面声波，只要简单地将式(1-7)中的角波数 k 用 $-k$ 代替，则有

$$p(x,t) = p_0\cos(\omega t + kx) \tag{1-11}$$

对于沿 x 轴负方向传播的简谐平面声波，质点的振动速度为

$$u_x = u_0\cos(\omega t + kx) \tag{1-12}$$

这时，$u_0=-p_0/(\rho_0 c)$，与沿 x 轴正方向传播时的 u_0 表达式相差一个负号。

2）球面声波

当声源的几何尺寸比声波波长小得多时，或者测量点离声源相当远时，则可以将声源看成一个点，称为点声源。在各向同性的均匀介质中，从一个表面同步胀缩的点声源发出的声波是球面声波，在以声源点为球心，以任何 r 值为半径的球面上声波的相位相同。球面声波的波动方程为

$$\frac{\partial^2(rp)}{\partial r^2}=\frac{1}{c^2}\frac{\partial^2(rp)}{\partial t^2} \tag{1-13}$$

可用 $p(r,t)$ 来描述从球心向外传播的简谐球面声波：

$$p(r,t)=\frac{p_0}{r}\cos(\omega t-kr) \tag{1-14}$$

球面声波的一个重要特点是振幅随传播距离 r 的增加而减小，两者成反比例关系。

3）柱面声波

波阵面是同轴圆柱面的声波称为柱面声波，其声源一般可视为线声源。对于最简单的柱面声波，声场与坐标系的角度和轴向长度无关，仅与径向半径 r 有关。于是波动方程为

$$\frac{1}{r}\frac{\partial}{\partial r}\left(r\frac{\partial p}{\partial r}\right)=\frac{1}{c^2}\frac{\partial^2 p}{\partial t^2} \tag{1-15}$$

对于远场简谐柱面声波有

$$p\approx p_0\sqrt{\frac{2}{\pi kr}}\cos(\omega t-kr) \tag{1-16}$$

其幅值由于$\sqrt{\frac{2}{\pi kr}}$的存在，随径向距离的增加而减小，与距离的平方根成反比。

平面声波、球面声波和柱面声波都是理想的传播类型。在具体应用时可对实际条件合理地进行近似估计和运算。例如，可以将一列火车或公路上一长串首尾相接的汽车看成不相干的线声源，将大面积墙面发出的低频声波视为平面声波等。

5. 声线

除了用波阵面来描绘声波的传播外，也常用声线来描绘声波的传播。声线也常称为声射线。声线就是自声源发出的代表能量传播方向的直线，在各向同性的介质中，声线就是代表波的传播方向，且处处与波阵面垂直的直线。

平面声波的传播总保持一个恒定方向，声线为互相平行的一系列直线。

简单球面声波的声线是由点声源 S 发出的半径线(见图 1-4)。柱面声波的声线是由线声源发出的径向线。

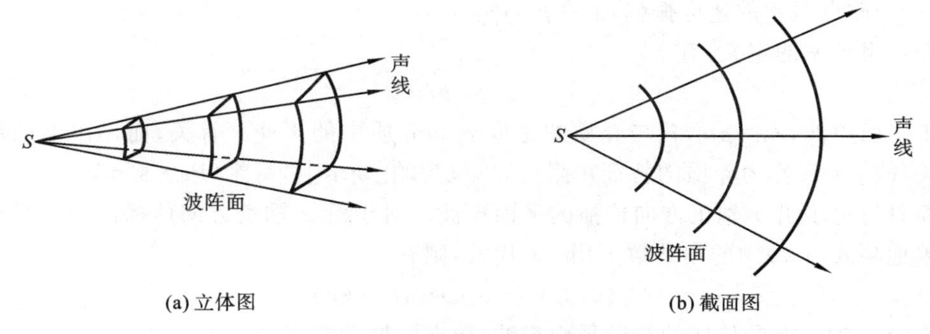

图 1-4 球面声波的声线

当声波频率较高、传播途径中遇到物体的几何尺寸比声波波长大很多时，可以不计声波的波动特性，直接用声线来加以处理，其分析方法与几何光学中的光线法非常相似。

6. 声能量、声强、声功率

(1) 声能量。

声波在介质中传播，一方面使介质质点在平衡位置附近做往复运动，产生动能；另一方面又使介质产生了压缩和膨胀的疏密过程，使介质具有形变势能。这两部分能量之和就是由于声扰动使介质得到的声能量。

空间中存在声波的区域称为声场。声场中单位体积介质所含有的声能量称为声能密度，记为D，单位为焦[耳]每立方米(J/m^3)。

(2) 声强。

声场中某点处，与质点速度方向垂直的单位面积上在单位时间内通过的声能量称为瞬时声强，它是一个矢量。在指定方向n的声强I_n等于$I \cdot n$。对于稳态声场，声强是指瞬时声强在一定时间t内的平均值。声强的符号为I，单位为瓦[特]每平方米(W/m^2)。

(3) 声功率。

声源在单位时间内通过某一面积发射的总能量称为声功率，记为W，单位为瓦(W)。

对于在自由空间中传播的平面声波：

声能密度
$$\overline{D} = \frac{p_e^2}{\rho_0 c^2} \tag{1-17}$$

声强
$$\overline{I} = p_e^2/(\rho_0 c) \tag{1-18}$$

声功率
$$\overline{W} = \overline{I}S \tag{1-19}$$

式中：p_e——有效声压，对于简谐波，$p_e = p_0/\sqrt{2}$；

S——平面声波波阵面的面积。

式(1-17)至式(1-19)中，$\overline{D}$、$\overline{I}$、$\overline{W}$表示对一定时间t的平均值。

1.2.2　声波的叠加

前面讨论的各类声波都是只包含单个频率的简谐声波。而实际遇到的声场，如谈话声、音乐声、机器运转声等，不止含有一个频率或只有一个声源。这样就涉及声的叠加原理，各声源所激起的声波可在同一介质中独立地传播，在各个波的交叠区域，各质点的声振动是各个波在该点激起的更复杂的复合振动。在处理声波的反射问题时也会用到叠加原理。

1. 相干波和驻波

假定几个声源同时存在，在声场某点处的声压分别为$p_1, p_2, \cdots, p_n$，那么合成声场的瞬时声压p为

$$p = p_1 + p_2 + \cdots + p_n = \sum_{i=1}^{n} p_i \tag{1-20}$$

式中：p_i——第i列波的瞬时声压。

如果两个声波频率相同，振动方向相同，且存在恒定的相位差，则

$$p_1 = p_{01}\cos(\omega t - kx_1) = p_{01}\cos(\omega t - \varphi_1)$$
$$p_2 = p_{02}\cos(\omega t - kx_2) = p_{02}\cos(\omega t - \varphi_2)$$

x_1与x_2的坐标原点是由各列声波独自选定的，不一定是空间的同一位置。

由叠加原理得

$$p = p_1 + p_2 = p_T\cos(\omega t - \varphi) \tag{1-21}$$

由三角函数关系知

$$p_T^2 = p_{01}^2 + p_{02}^2 + 2p_{01}p_{02}\cos(\varphi_2 - \varphi_1) \tag{1-22a}$$

$$\varphi = \arctan\frac{p_{01}\sin\varphi_1 + p_{02}\sin\varphi_2}{p_{01}\cos\varphi_1 + p_{02}\cos\varphi_2} \tag{1-22b}$$

上述分析表明,对于两个频率相同、振动方向相同、相位差恒定的声波,合成声仍是一个同频率的声振动。它们之间的相位差为

$$\Delta\varphi = (\omega t - \varphi_1) - (\omega t - \varphi_2) = \varphi_2 - \varphi_1 = k(x_2 - x_1) \tag{1-23}$$

$\Delta\varphi$ 与时间 t 无关,仅与空间位置有关。对于固定地点,x_1 和 x_2 确定,所以 $\Delta\varphi$ 是常量。原则上对于空间不同位置,$\Delta\varphi$ 会有变化。由式(1-22a)可知,合成声波的声压幅值 p_T 在空间的分布随 $\Delta\varphi$ 变化。在空间某些位置振动始终加强,在另一些位置振动始终减弱,此现象称为干涉现象。这种具有相同频率、相同振动方向和恒定相位差的声波称为相干波。

当 $\Delta\varphi=0,\pm 2\pi,\pm 4\pi,\cdots$时,$p_T$ 为极大值,$p_{T,\max}=|p_{01}+p_{02}|$;在另外一些位置,当 $\Delta\varphi=\pm\pi,\pm 3\pi,\pm 5\pi,\cdots$时,$p_T$ 为极小值,$p_{T,\min}=|p_{01}-p_{02}|$。这种声压值 p_T 随空间不同位置有极大值和极小值分布的周期波称为驻波,其声场称为驻波声场。驻波的极大值和极小值分别称为波腹和波节。当 p_{01} 与 p_{02} 相等时,$p_{T,\max}=2p_{01}$,$p_{T,\min}=0$,驻波现象最明显。

从能量角度考虑,合成后总声场的声能密度为

$$\overline{D_T} = \overline{D_1} + \overline{D_2} + \frac{p_{01}p_{02}}{\rho_0 c^2}\cos(\varphi_2 - \varphi_1) \tag{1-24}$$

其中

$$\overline{D_1} = \frac{p_{012}}{2\rho_0 c^2}, \quad \overline{D_2} = \frac{p_{022}}{2\rho_0 c^2}$$

2. 不相干声波

在一般的噪声问题中,经常遇到的多个声波,或者是频率互不相同,或者是相互之间并不存在固定的相位差,或者是两者兼有,即这些声波是互不相干的。这样,对于空间某固定点,$\Delta\varphi$ 不再是固定的常值,而是随时间作无规则变化,叠加后的合成声场不会出现驻波现象。

由于

$$\frac{1}{T}\int_0^T \cos\Delta t\,\mathrm{d}t = 0$$

故

$$\overline{D_T} = \overline{D_1} + \overline{D_2} = \frac{p_{1e}^2}{\rho_0 c^2} + \frac{p_{2e}^2}{\rho_0 c^2} \tag{1-25}$$

将其推广到 n 个声波,有

$$\overline{D_T} = \overline{D_1} + \overline{D_2} + \cdots + \overline{D_n} = \sum_{i=1}^{n}\overline{D_i} \tag{1-26a}$$

或用声压表示

$$p_e^2 = p_{1e}^2 + p_{2e}^2 + \cdots + p_{ne}^2 = \sum_{i=1}^{n} p_{ie}^2 \tag{1-26b}$$

上式表明,对于多个声波,当各个声波间不存在固定相位差时,其能量可以直接叠加。但是,如果要求某一时刻的瞬态值时,还应由 $p_T = \sum_{i=1}^{n} p_i$ 来计算,两者不能混淆。

1.2.3 声波的反射、透射、折射和衍射

声波与光波的某些特性十分相近。声波在空间传播时会遇到各种障碍物,或者遇到两种介质的界面。这时,依据障碍物的形状或大小,会产生声波的反射、透射、折射和衍射。

1. 垂直入射声波的反射和透射

当声波入射到两种介质的界面时,一部分会经界面反射返回到原来的介质中,称为反射声

波；另一部分将进入另一种介质中，称为透射声波。

以平面声波为例，入射声波 p_i 垂直入射到介质 1 和介质 2 的界面，介质 1 的特性阻抗为 $\rho_1 c_1$，介质 2 的特性阻抗为 $\rho_2 c_2$，界面位于 $x=0$ 处(见图 1-5)。

所谓的界面是相当薄的一层，因此在界面两边的声压是连续相等的，即

$$p_1 = p_2 \tag{1-27a}$$

且因为两种介质在界面密切接触，界面两边介质质点的法向振动速度也应该连续相等，即

$$u_1 = u_2 \tag{1-27b}$$

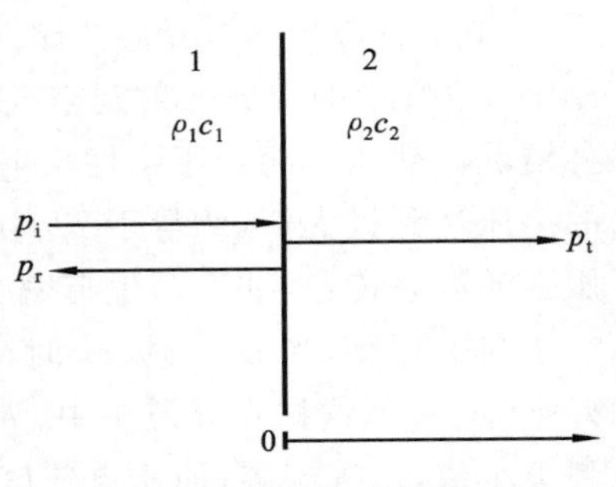

图 1-5　平面声波正入射到两种介质的界面

将在介质 1 中沿 x 轴正方向传播的入射平面声波表示为

$$p_i = p_{0i}\cos(\omega t - k_1 x)$$

其中

$$k_1 = \omega / c_1$$

当 p_i 入射到 $x=0$ 处的界面时，在介质 1 中产生沿 x 轴负方向传播的反射声波 p_r，在介质 2 中产生沿 x 轴正方向传播的透射声波 p_t，分别表示为

$$p_r = p_{0r}\cos(\omega t + k_1 x)$$

$$p_t = p_{0t}\cos(\omega t - k_2 x)$$

其中

$$k_2 = \omega / c_2$$

在介质 1 中的声压为

$$p_1 = p_i + p_r = p_{0i}\cos(\omega t - k_1 x) + p_{0r}\cos(\omega t + k_1 x)$$

在介质 2 中仅有透射声波，故

$$p_2 = p_{0t}\cos(\omega t - k_2 x)$$

相应的质点振动速度为

$$u_1 = u_i + u_r = \frac{p_{0i}}{\rho_1 c_1}\cos(\omega t - k_1 x) - \frac{p_{0r}}{\rho_1 c_1}\cos(\omega t + k_1 x)$$

$$u_2 = u_t = \frac{p_{0t}}{\rho_2 c_2}\cos(\omega t - k_2 x)$$

在 $x=0$ 界面处，声压连续和质点振动速度连续，故有

$$p_{0i} + p_{0r} = p_{0t}$$

$$\frac{1}{\rho_1 c_1}(p_{0i} - p_{0r}) = \frac{1}{\rho_2 c_2} p_{0t}$$

因此，只要知道入射声波 p_i，就能由上述两式求出反射声波 p_r 和透射声波 p_t。通常，用声压的反射系数 γ_p 和透射系数 τ_p 来表述界面处的声波反射、透射特性。由上述两式可以得到

$$\gamma_p = \frac{p_{0r}}{p_{0i}} = \frac{\rho_2 c_2 - \rho_1 c_1}{\rho_2 c_2 + \rho_1 c_1} \tag{1-28a}$$

$$\tau_p = \frac{p_{0t}}{p_{0i}} = \frac{2\rho_2 c_2}{\rho_2 c_2 + \rho_1 c_1} \tag{1-28b}$$

同样，可以定义声强的反射系数 γ_I 和透射系数 τ_I 为

$$\gamma_I = \frac{I_r}{I_i} = \frac{p_{0r}^2}{2\rho_1 c_1} \bigg/ \frac{p_{0i}^2}{2\rho_1 c_1} = \left(\frac{p_{0r}}{p_{0i}}\right)^2 = \gamma_p^2 = \left(\frac{\rho_2 c_2 - \rho_1 c_1}{\rho_2 c_2 + \rho_1 c_1}\right)^2 \tag{1-29a}$$

$$\tau_I = \frac{I_t}{I_i} = \frac{p_{0t}^2}{2\rho_2 c_2} \bigg/ \frac{p_{0i}^2}{2\rho_1 c_1} = \frac{\rho_1 c_1}{\rho_2 c_2}\left(\frac{p_{0t}}{p_{0i}}\right)^2 = \frac{\rho_1 c_1}{\rho_2 c_2}\tau_p^2 = \frac{4\rho_1 c_1 \rho_2 c_2}{(\rho_2 c_2 + \rho_1 c_1)^2} \tag{1-29b}$$

由上两式可得

$$\gamma_I + \tau_I = 1 \tag{1-30}$$

式(1-30)符合能量守恒定律。

当 $\rho_1 c_1 < \rho_2 c_2$ 时,介质 2 比介质 1“硬”些。此时,若 $\rho_1 c_1 \ll \rho_2 c_2$,则有 $\gamma_p \approx 1$,$\tau_p \approx 2$ 和 $\gamma_I \approx 1$,$\tau_I \approx 0$,空气中的声波入射到空气与水的界面上或空气与坚实的墙面的界面上时,就相当于这种情况。介质 2 相当于刚性反射体。在界面上入射声压与反射声压大小相等,且相位相同,总的声压达到极大值,约等于 $2p_i$,而质点速度为零。这样在介质 1 中形成驻波,在介质 2 中只有压强的静态传递,并不产生疏密交替的透射声波。

与上相反,当 $\rho_1 c_1 > \rho_2 c_2$ 时,称为“软”边界。此时,若 $\rho_1 c_1 \gg \rho_2 c_2$,则有 $\gamma_p = -1$,$\tau_p \approx 0$ 和 $\gamma_I \approx 1$,$\tau_I \approx 0$,这样在介质 1 中,入射声压与反射声压在界面处大小相等,相位相反,总声压达到极小值,约等于零,而质点速度达到极大值,在介质 1 中也产生驻波。这时在介质 2 中也没有透射声波。

2. 斜入射声波的入射、反射和折射

当平面声波斜入射于两介质的界面时,情况更为复杂。如图 1-6 所示,入射声波 p_i 与界面法向成 θ_i 角入射到界面上,这时反射声波 p_r 与法向成 θ_r 角,在介质 2 中,透射声波 p_t 与法向成 θ_t 角,透射声波与入射声波不再保持同一传播方向,形成声波的折射。

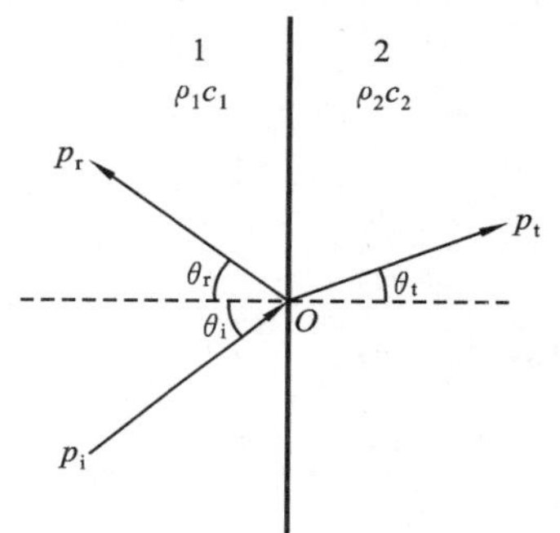

图 1-6 斜入射声波的入射、反射和折射

这时,入射声波、反射声波与折射声波的传播方向应满足 Snell 定律,即

$$\frac{\sin\theta_i}{c_1} = \frac{\sin\theta_r}{c_1} = \frac{\sin\theta_t}{c_2} \tag{1-31}$$

式(1-31)也可以写成反射定律:入射角等于反射角,$\theta_i = \theta_r$。

折射定律:入射角的正弦与折射角的正弦之比等于两种介质中的声速之比。

$$\frac{\sin\theta_i}{\sin\theta_t} = \frac{c_1}{c_2} \tag{1-32}$$

这表明,若两种介质的声速不同,声波传入介质 2 时方向就要改变。当 $c_2 > c_1$ 时会存在某个 θ_{ie} 值($\theta_{ie} = \arcsin(c_1/c_2)$),使得 $\theta_t = \pi/2$,即当声波以大于 θ_{ie} 的入射角入射时,声波不能进入介质 2 中,从而形成声波的全反射。

关于入射声波、反射声波及折射声波之间振幅的关系,仍可根据界面上的边界条件求得。在界面上,两边的声压与法向质点速度(即垂直于界面的质点速度分量)应连续,即

$$p_{0i} + p_{0r} = p_{0t}$$

$$u_{0i}\cos\theta_i - u_{0r}\cos\theta_r = u_{0t}\cos\theta_t$$

于是,可以得到

$$\gamma_p = \frac{p_{0r}}{p_{0i}} = \frac{\rho_2 c_2 \cos\theta_i - \rho_1 c_1 \cos\theta_t}{\rho_2 c_2 \cos\theta_i + \rho_1 c_1 \cos\theta_t} \tag{1-33a}$$

$$\tau_p = \frac{p_{0t}}{p_{0i}} = \frac{2\rho_2 c_2 \cos\theta_i}{\rho_2 c_2 \cos\theta_i + \rho_1 c_1 \cos\theta_t} \tag{1-33b}$$

通常,将入射声波在界面上失去的声能量(包括透射到介质 2 中的声能量)与入射声能量之比称为吸声系数,用 α 表示。由于能量与声压的平方成正比,故有

$$\alpha = 1 - |\gamma_p|^2 \tag{1-34}$$

由于 γ_p 的数值与入射方向有关，因此 α 也与入射方向有关。所以给出界面的吸声系数时，需要注明是垂直入射吸声系数，还是斜入射吸声系数。

3. 声波的散射与衍射

如果障碍物的表面很粗糙（表面的起伏程度与波长相当），或者障碍物的大小与波长差不多，入射声波就会向各个方向散射。这时障碍物周围的声场仅由入射声波和散射声波叠加而成。散射声波的图形十分复杂，既与障碍物的形状有关，又与入射声波的频率（即波长与障碍物大小之比）密切相关。例如，障碍物是一个半径为 r 的刚性圆球，平面声波自左向右入射。它的散射声波强度的指向性分布如图 1-7 所示。当入射声波的波长很长时，散射声波的功率与波长的四次方成反比，散射声波很弱，而且大部分均匀分布在对着入射的方向。当频率增加，波长变短，指向性分布图形就变得复杂起来。继续增加频率至极限情况时，散射声波能量的一半集中于入射声波的前进方向，而另一半则比较均匀地散布在其他方向，形成如图 1-7 的图形（心脏形，再加上正前方的主瓣）。

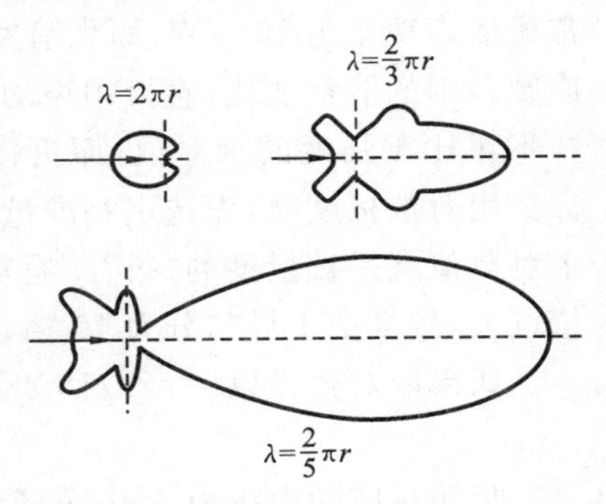

图 1-7　刚性圆球的散射声波强度的指向性分布

由于总声场是由入射声波与散射声波叠加而成的，因此对于低频情况，在障碍物背面散射声波很弱，总声场基本上等于入射声波，即入射声波能够绕过障碍物传到其背面形成声波的衍射。声波的衍射现象不仅在障碍物比波长小时存在，即使障碍物很大，在障碍物边缘也会出现声波衍射。波长越长，这种现象就越明显。例如，路边声屏障不能将声音（特别是低频声）完全隔绝是由于声波衍射效应所致。

4. 声像

当声波频率较高、传播途径中遇到物体的几何尺寸相对声波波长大很多时，常可暂时抛开声波的波动特性，直接用声线来讨论声传播问题，这与几何光学中用光线来处理问题十分相似。如图 1-8 所示，一个点声源 S 位于一个相当大的墙面附近，在空间 R 点的总声压为两者的叠加。若将墙面看成无限大的刚性墙面，对入射声波做完全的刚性反射。反射声波就可看成是从一个虚声源 S' 发出的。刚性墙面的作用等效于产生一个虚声源，好像光线在镜面的反射一样，称为镜像原理。虚声源 S' 称为声源 S 的声像。在 R 点接收到的声波可由点声源 S 发出的球面波和虚声源 S' 发出的球面波之和求得

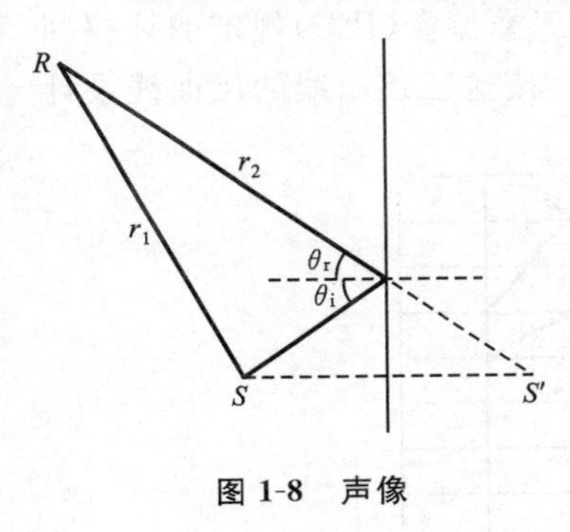

图 1-8　声像

$$p = p_{\mathrm{d}} + p_{\mathrm{r}} = p_S + p_{S'} = \frac{p_0}{r_1}\cos(\omega t - kr_1) + \frac{p_0}{r_2}\cos(\omega t - kr_2) \tag{1-35}$$

式中：p_{d}、p_{r}——直达声波和反射声波的声压；

r_1、r_2——S 和 S' 到 R 点的距离。

当障碍物的几何尺寸远大于声波波长时，即对于高频声波，就可以应用声像法来处理反射问题。尤其是对于一些不规则的反射面，用波动方法难以处理，而用声像法却很简单。当反射

面不是刚性界面时仍可引入虚声源 S',只是虚声源 S' 的强度不等于实际声源 S 的强度,而需乘以反射系数 γ_p。

1.2.4 声级

1. 声级的概念

声级是与人们对声音强弱的主观感觉相联系的物理量,单位为分贝(dB)。通常,人们正常说话声功率为 10^{-5} W,而火箭发射时的声功率可达 10^9 W,两者相差 10^{14} 数量级。对于如此广阔范围的能量变化,直接用声功率或声压表示很不方便。另一方面,人耳对声音强度的感觉并不正比于强度的绝对值,而更接近于其对数值。因此,声级是衡量声音强弱的一个标度指标。用对数标度时,先选定基准量(或参考量),然后对被量度的与基准量的比值求对数,则这个对数值就是被量度的"级"。通常,取对数以 10 为底,则级的单位为贝尔(B)。由于贝尔单位过大,故常把 1 贝尔分为 10 挡,每一挡的单位称为分贝(dB)。

如果取对数是以 e=2.718 28 为底,则级的单位称为奈培(Np)。奈培与分贝的相互关系:

$$1\ \text{Np}=8.686\ \text{dB}$$

听闻对应的声级为 0 dB 并不意味着没有声音,而是可闻声的起点,声强每增加 10 dB,其声级就增加 10 dB,房间的本底噪声的声级大约为 40 dB,正常对话为 70 dB,交响乐高潮时为 90 dB,人的痛阈声级为 120 dB。

此外,人耳对声音强弱的感觉,不仅与声压或声强有关,而且与频率有关。例如,人耳听声压级为 67 dB、频率为 100 Hz 的声音,同听 60 dB、1 000 Hz 的声音的主观感觉是一样响的。因此,在噪声的主观评价中,有必要确定声音的客观量度同人的主观感觉之间的关系。在这种情况下,人们建立了响度和响度级的理论,并用实验的方法测出感觉一样响的声音的声压级和频率的关系,绘成一组曲线(称为等响曲线),曲线通过 1 000 Hz 的声压级的"分贝"数,称为这条曲线响度级的"方"(phon)单位数,响度级的符号为 L_N。

在 20 世纪 30 年代,人们为了用仪器直接测出人对噪声的响度感觉,便从等响曲线中选取了 40 phon、70 phon、100 phon 这三条曲线(见图 1-9)为国际电工委员会(IEC)规定的计权网络的频率响应相对声压级曲线,D 曲线常用于航空噪声的测量。按这三条曲线的反曲线设计

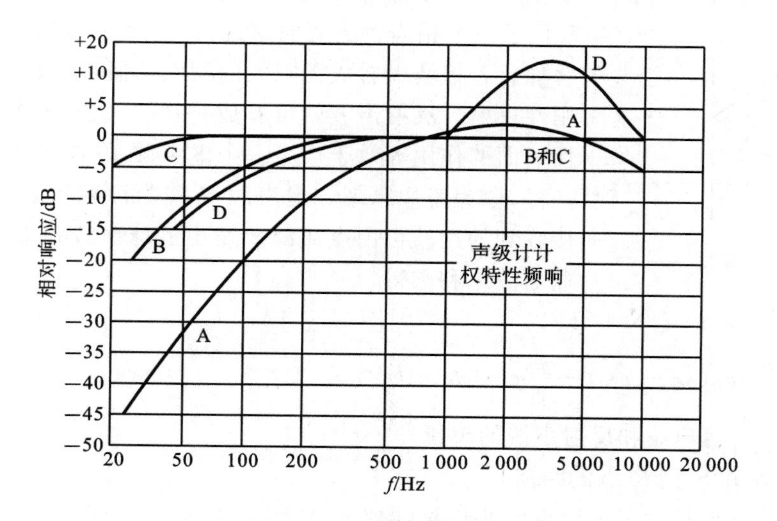

图 1-9 计权网络频率特性

了由电阻、电容等电子器件组成的计权网络，设置在声级计上，使声级计分别具有A、B、C计权特性。用声级计的A、B、C计权网络分别测出的声级即为A声级、B声级、C声级。人们总结具有A、B、C计权特性的声级计近40年的实际使用经验，发现A声级能较好地反映人对噪声的主观感觉，因而在噪声测量中，A声级被用作噪声评价的主要指标。B声级已基本不用，C声级有时用于代替可听声范围内的总声压级。

2. 声压级、声功率级和声强级

在声学工程中，直接使用声功率、声强、声压非常不方便，在表示声音相对强弱的时候，人耳所感受的声音大小也并不与声压与声强成正比，而是近似地与它们的对数值成正比，所以通常用对数的标度来表示。因而出现了声压级、声强级和声功率级等概念的运用。

(1) 声压级。

在空气中，规定基准声压 p_0 为正常青年人耳朵刚能听到的1 000 Hz纯音的声压值，一般从刚听到的 2×10^{-5} Pa到引起疼痛的20 Pa，两者相差100万倍。改用声压级表示则为0～120 dB。声压级用符号 L_p 表示。一般人耳对声音强弱的分辨能力为0.5 dB。

根据 L_p 的定义，有

$$L_p = 20\lg(p/p_0) \tag{1-36}$$

式中：L_p——声压级，dB；

p——所研究声音的声压，Pa；

p_0——基准声压，其值为 2×10^{-5} Pa。

(2) 声功率级。

当空气介质的基准声功率为 10^{-12} W时，被度量声功率的级数用符号 L_W 表示。根据 L_W 的定义，有

$$L_W = 10\lg(W/W_0) \tag{1-37}$$

式中：L_W——声功率级，dB；

W——所研究声音的功率，W；

W_0——基准声功率，其值为 10^{-12} W。

(3) 声强级。

当空气基准声强为 10^{-12} W/m^{2}时，被度量空气中平面波的声强级数用符号 L_I 表示。

根据 L_I 的定义，有

$$L_I = 10\lg(I/I_0) \tag{1-38}$$

式中：L_I——声强级，dB；

I——所研究声音的强度，W/m^2；

I_0——基准声强，其值为 10^{-12} W/m^2。

对于确定的声源，声功率级不变，但在空间各处的声压级和声强级是会变化的。即使是单一的点声源发出的恒定声功率的球面声波，在离开声源不同距离 r 处的声强级也是不同的。如在自由声场中，有 $I=W/(4\pi r^2)$，则 $L_I=L_W-10\lg(4\pi r^2)=L_W-20\lg r-11$。这种情况下，距离 r 增加1倍，声强级会减少6 dB。特别是在多声源时会发生声级的能量叠加。而在噪声测定时，也时常存在着被测对象所处环境背景噪声的干扰，需要从测定总声压级中将其减去，这就是声级的能量相减问题。

1.2.5 声源的辐射

声场中的声压大小、空间分布、时间特性、频率特性等都与声源的辐射性质密切相关。实际声源辐射声波情况是很复杂的，要定量描述声场中声压与声源辐射特性之间的关系甚为困难。这里仅介绍几种理想情况下典型声源的辐射性质，借此可对实际声源辐射的声场进行定

性或半定量分析。

1. *声场*

声波传播的范围非常广,声波影响所及的范围称为声场。对于辐射表面比较大的声源,在离声源的距离与声源的几何尺寸可以比拟的范围内的声场称为近场;反之,称为远场。对于几何尺寸比较小的声源,除声源的远近外,还应考虑距离与波长的比,当距离比波长大很多时,可看作远场。

如果声场所处的介质是均匀的,而且没有反射面,此声场称为自由声场。实际上,实现自由声场比较困难。如果所处的范围较大,各种反射可以忽略,只剩地面的反射,则称为半自由声场。在一般情况下,距离声源较远或反射影响可以忽略时,均可将声场近似为自由声场或半自由声场。

2. *声辐射的指向特性*

绝大多数声源,既不是点声源,也不是球面声源,因此声源向周围辐射的声能不均匀,有的方向强些,有的方向弱些,呈现出一定的指向特性,可用指向性因数 Q 来描述声源的指向特性。指向性因数 Q 定义为给定方向和距离的声压平方与同一距离的各方向平均声压平方的比值,即

$$Q=\frac{p_\theta^2}{\overline{p}^2}$$

式中:p_θ——给定方向和距离的声压,Pa;

$\overline{p}$——同一距离的各方向平均声压,Pa。

描述声源指向特性的另一参量为指向性指数 D_I,即

$$D_I=L_{p_\theta}-L_p$$

式中:L_{p_θ}——距声源某处的 θ 方向的声压级,dB;

L_p——在同样距离上发出与本声源相等功率的假想点声源的声压级,dB。

显然,$Q=1$ 或 $D_I=0$ 时表现为声源的无指向性或全指向性。

声源的指向性与自身几何尺寸有密切关系,当声源的几何尺寸大到与波长可以比拟时,指向性就变得很显著了。很明显,指向性因数 Q 与指向性指数 D_I 虽然表述方法不一样,但本质上都反映了声源辐射声能的方向性,两者之间的关系是

$$D_I=10\ \lg Q$$

那么,方向 θ 距离 r 处的声压级可表示为

$$L_{p_\theta}=L_W-20\ \lg r+D_I-11 \tag{1-39}$$

式中:D_I——指向性指数。

3. *点声源*

理想的点声源是声源表面各点的振动具有相同的振幅和相位,它向周围辐射的声波是球面声波。实际声源与理想的点声源有明显差别,当某实际声源的几何尺寸与其所辐射的声波波长相比很小时,或在其远场时,可近似看作点声源。

如前所述,以声源为中心时球面对称地向各个方向辐射声能。对于这种无指向性的声波,声能 I 和声功率 W 之间存在简单关系:

$$I=\frac{W}{4\pi r^2}$$

$$L_W = 10\ \lg\frac{W}{W_0} = 10\ \lg\frac{I\times 4\pi r^2}{10^{-12}} = L_I + 10\ \lg 4\pi + 20\ \lg r$$

式中：r——接收点与声源间的距离。

当声源放置在刚性地面上时，声音只能向半空间辐射，半径为 r 的半球面面积为 $2\pi r^2$，因此对半空间接收点，有

$$I = \frac{W}{2\pi r^2}$$

如前所述，在自由声场中，当声功率不变时，声强与距离的平方成反比。

若点声源有方向性，在两式加上指向性指数 D_I，则

$$L_p = L_W - 20\ \lg r - 11 + 10\ \lg Q$$

或

$$L_p = L_W - 20\ \lg r - 11 + D_I$$

令距点声源 r_1 处的声强为 I_1，r_2 处的声强为 I_2，则

$$I_1 = \frac{W}{4\pi r_1^2},\quad I_2 = \frac{W}{4\pi r_2^2}$$

$$\Delta L = L_{I_1} - L_{I_2} = 10\ \lg\frac{I_1}{I_2} = 10\ \lg\left(\frac{r_2}{r_1}\right)^2 = 20\ \lg\frac{r_2}{r_1}$$

若已知 r_1 处的声压级，则 r_2 处的声压级为

$$L_{p_2} = L_{p_1} - 20\ \lg\frac{r_2}{r_1}$$

若 $r_2 = 2r_1$，则 $\Delta L = 6$ dB。即在点声源的声场距声源的距离加倍时，声级衰减 6 dB，这是用来检验声源是否可作为点声源处理的简便方法。

4. 线声源

公路上排列成串的车辆或长列火车等声源可看成线声源。工厂里的长车间，若车间内声源分布比较均匀，也可近似看作线声源。线声源辐射的声波是柱面声波。下面根据声源的不同组成，讨论线声源的衰减规律。

(1) 连续分布的线声源。

当线声源无限长时或测点靠近线声源中部，且 r_0 远小于线声源的长度时，$\theta_1 = -\pi/2$，$\theta_2 = \pi/2$，则受测点声压级为

$$L_p = 10\ \lg(p^2/p_0^2) = 10\ \lg[W\rho_0 c/(2r_0 p_0^2)] = L_W - 10\ \lg r_0^{-3} \tag{1-40}$$

式中：L_W——单位长度声功率级。

当 P 点距声源的距离 r_0 远大于声源长度 l，即 $r_0 \gg l$ 时，则 $\Delta\theta = \theta_2 - \theta_1$ 很小，$r_1\Delta\theta = l$，$r_1 \approx r_0$，因此 $\Delta\theta = l/r_0$，故有

$$p^2 = \frac{W\rho_0 c}{2\pi r_0}(\theta_2 - \theta_1) \approx \frac{W\rho_0 c}{2\pi r_0^2}l \tag{1-41}$$

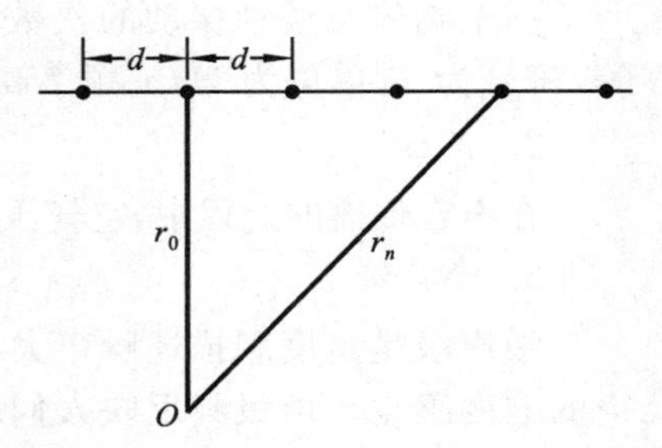

图 1-10　离散声源组成的线声源

(2) 离散声源组成的线声源。

一队汽车在平直公路上行驶，就是一个由离散声源组成的线声源。如果各车与前后相邻的汽车距离为 d，声功率一样，且每辆车都可看作一个点声源，则距离这个线声源 r_0 处的 O 点声压级为各声源在该点的声压级之和，如图 1-10 所示。

O 点的声压级分两种情况：

当 $r_0 > \frac{d}{\pi}$ 时　　$L_p = L_W - 10\lg r_0 - 10\lg d - 6$

当 $r_0 \leqslant \frac{d}{\pi}$ 时　　$L_p = L_W - 20\lg r_0 - 11$

上述分析说明，当 $r_0 \leqslant \frac{d}{\pi}$ 时，仅有靠近 O 点的声源影响最明显，相当于点声源的扩散衰减；只有当 $r_0 > \frac{d}{\pi}$ 时，才考虑所有声源的影响。

在线声源声场中某两点 r_1、r_2 声压级差为

$$\Delta L = L_{p_1} - L_{p_2} = 10\lg(r_2/r_1)$$

因此，线声源的距离衰减为

$$A_d = 10\lg\frac{r_2}{r_1} \tag{1-42}$$

从上式可知，已知线声源声场中距声源 r_1 处的声压级 L_{p_1}，即可求出 r_2 处的声压级；当 $r_2 = 2r_1$ 时，$\Delta L = 3$ dB，说明在线声源声场中，距离加倍，声压级衰减 3 dB。

4. 面声源

在工厂中，车间内的生产性噪声通过车间墙体向外辐射声能，假设墙体表面辐射的声能分布是均匀的，则可近似把厂房的大面积墙面和大型机器的振动外壳等看成面声源。设车间高为 a，长为 $b(a<b)$。分析表明，在距面声源 $\frac{a}{\pi}$（或近似为 $\frac{a}{3}$）以内，不衰减；在 $\frac{a}{\pi} \sim \frac{b}{\pi}$ 的范围内，其衰减规律相当于线声源的衰减；$\frac{b}{\pi}$ 以外，可将其视为点声源，按点声源的衰减规律衰减。图 1-11 所示为面声源衰减示意图。

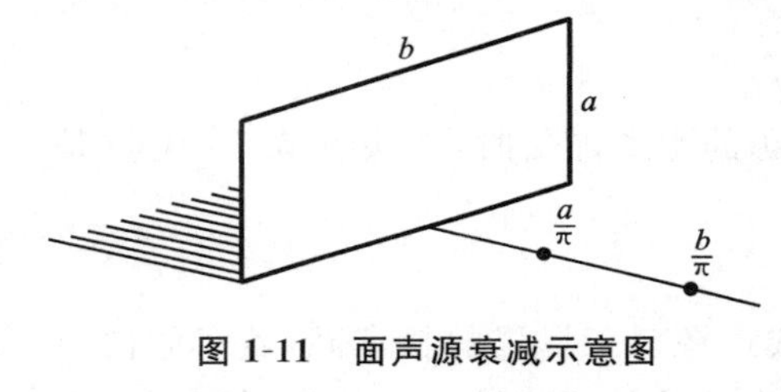

图 1-11　面声源衰减示意图

1.3　噪声的度量、评价和控制标准

1.3.1　表示噪声的物理量

1. 频率

一个物体每秒钟振动的次数，就是该物体振动的频率，由此而产生的声波的频率与其相等，符号为 f，单位为 Hz。频率高，声音尖锐；频率低，声音低沉。

2. 声压

在声音传播的过程中，空气压强相对于大气压的变化称为声压，符号为 p，单位为帕(Pa)。

3. 噪声级

噪声级是量度和描述噪声大小的指标，单位为分贝(dB)。可用声级计直接测出人耳对噪声的响度感觉。声级只反映人们对声音强度的感觉，不能反映人们对频率的感觉，而且，人耳对高频声音比对低频声音更敏感。因此表示噪声的强弱必须同时考虑声级和频率对人的作用，这种共同作用的强弱称为噪声级。

1.3.2　噪声的评价

噪声对人的危害和影响包括各个方面。噪声评价的目的是有效地提出适合于人们对噪声

反应的主观评价量。噪声变化特性的差异以及人们对噪声主观反应的复杂性使得对噪声的评价较为复杂。多年来各国学者对噪声的危害和影响程度进行了大量研究，提出了各种评价指标和方法，期望得出与主观响应相对应的评价量计算方法，以及所允许的数值和范围。大致可概括为与人耳听觉特征有关的评价量、与心理情绪有关的评价量、与人体健康有关的评价量、与室内人们活动有关的评价量等几个方面。以这些评价量为基础，各国都建立了相应的环境噪声标准。这些不同的评价量及标准分别适用于不同的环境、时间、噪声源特征和评价对象。由于环境噪声的复杂性，历来提出的评价量（或指标）很多，迄今已有几十种。

1. 噪声的评价量

噪声评价量的建立必须考虑到噪声对人们影响的特点。不同频率的声音对人的影响不同，如中高频噪声比低频噪声对人的影响更大，人耳对不同频率的主观反应也不同；噪声涨落对人的影响存在差异，涨落大的噪声及脉冲噪声比稳态噪声更容易使人感到烦恼；噪声出现时间的不同对人的影响不同，同样的噪声出现在夜间比出现在白天对人的影响更明显；同样的声音对不同心理和生理特征的人群反应不同，一些人认为是优美的音乐，而在另一些人听来却是噪声，休闲时的动听歌曲在需要休息时会成为烦人的噪声。噪声的评价量就是在研究了人对噪声反应的不同特征的基础上提出的。

（1）响度。

声音的强弱称作响度。响度是感觉判断的声音强弱，即声音响亮的程度，符号为 N，单位为宋（sone），它是衡量声音强弱程度的一个最直观的量。根据响度可以把声音排成由轻到响的序列。响度的大小主要依赖于声强，也与声音的频率有关。声波所到达的空间某一点的声强，是指该点垂直于声波传播方向的单位面积上，在单位时间内通过的声能量。声强的单位是 W/m^2。对于 2 000 Hz 的声音，其声强为 2×10^{-12} W/m^2 人就可以听到，但对于 50 Hz 的声音，需声强为 5×10^{-6} W/m^2 人才能听到，感觉这两个声音的响度相同，但它们的声强差 2.5×10^6 倍。对于同一频率的声音，响度随声强的增加不是呈线性关系，声强增大到 10 倍，响度才增大到 2 倍；声强增大到 100 倍，响度才增大到 3 倍。

（2）响度级。

以 1 000 Hz 的纯音作标准，使其和某个声音听起来一样响，那么，此 1 000 Hz 纯音的声压级就定义为该声音的响度级。它表示的是响度的相对量，即某响度与基准响度比值的对数值，符号为 L_N，单位为方（phon）。当人耳感到某声音与 1 000 Hz 单一频率的纯音同样响时，该声音声压级的分贝数即为其响度级。所不同的是，响度级的方值与其分贝值的差异随频率而变化。响度级仍是一种对数标度单位，并不能线性地表明不同响度级之间主观感觉上的轻响程度。也就是说，声音的响度级为 80 phon 并不意味着比 40 phon 响 1 倍。响度定义为正常听者判断一个声音比响度级为 40 phon 参考声强响的倍数，规定响度级为 40 phon 时响度为 1 sone。2 sone 的声音是 1 sone 的 2 倍响。经实验得出，响度级每增加 10 phon，响度增加 1 倍。例如，响度级为 50 phon 的响度为 2 sone，响度级为60 phon的响度为 4 sone。

响度和响度级的关系为

$$L_N = 40 + 10\ \mathrm{lb}N \tag{1-43}$$

$$N = 2^{0.1(L_N-40)} \tag{1-44}$$

（3）等响曲线。

等响曲线是响度水平相同的各频率的纯音的声压级连成的曲线。在该曲线上，横坐标为各纯音的频率，纵坐标为达到各响度水平所需的声压级（dB），每一条曲线代表一个响度水平，如标有 40 dB 的曲线上各点所代表的声音响度是相同的,它们的响度水平都是 40 dB。等响曲线如图 1-12 所示。

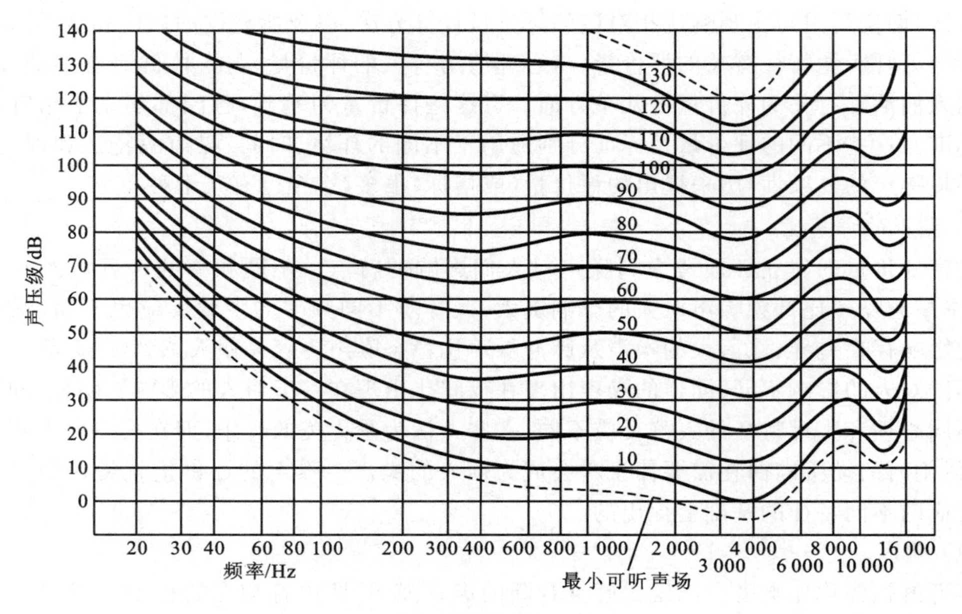

图 1-12 等响曲线

当外界声振动传入耳朵内时,人们主观感觉上形成听觉上声音强弱的概念。根据前面的介绍,人耳对声振动的响度感觉近似地与其强度的对数成正比。深入的研究表明,人耳对声音的感觉存在许多独特的特性,以致到目前为止,还没有一个人工仪器能具备人耳的奇妙的功能。

人耳能接受的声波的频率范围为 20～20 000 Hz,宽达 10 个倍频程。人耳具有灵敏度高和动态范围大的特点:一方面,它可以听到小到近于分子大小的微弱振动;另一方面,又能正常听到强度比这大 10^{12} 倍的很强的声振动。与大脑相配合,人耳还能从有其他噪声存在的环境中听出某些频率的声音,也就是人的听觉系统具有滤波的功能,这种现象通常称为“酒会效应”。此外,人耳还能判别声音的音色、音调以及声源的方位等。

人对声音的感觉不仅与声振动本身的物理特性有关,而且包含了人耳结构、心理、生理等因素,涉及人的主观感觉。例如,同样一段音乐在期望聆听时会感觉到悦耳,而在不想听到时会感觉到烦躁;同样强度、不同特点的声音会给人以悠闲或危险等截然相反的主观感觉。

人们简单地用“响”与“不响”来描述声波的强度,但这一描述与声波的强度又不完全等同。人耳对声波响度的感觉还与声波的频率有关,即使相同声压级但频率不同的声音,人耳听起来会不一样响。例如,同样是 60 dB 的两种声音,若一个声音的频率为 100 Hz,而另一个声音为 1 000 Hz,人耳听起来,1 000 Hz 的声音要比 100 Hz 的声音响。要使频率为 100 Hz 的声音听起来和频率为 1 000 Hz、声压级为 60 dB 的声音同样响,则其声压级要达到 67 dB。

图 1-12 所示是正常听力对比测试所得出的一系列等响曲线,每条曲线上各个频率的纯音听起来都一样响,但其声压级差别很大。例如,图中 70 phon 曲线表示,95 dB 的 30 Hz 纯音、75 dB 的 100 Hz 纯音以及 61 dB 的 4 000 Hz 纯音听起来和 70 dB 的 1 000 Hz 纯音一样响。

图 1-12 中最下面的虚线表示人耳刚能听到的声音。其响度级为零,零等响曲线称为听阈,一般低于此曲线的声音人耳无法听到。图 1-12 中最上面的虚线是痛觉的界限,称为痛阈,

超过此曲线的声音，人耳感觉到的是痛觉。在听阈和痛阈之间的声音是人耳的正常可听声范围。

2. 斯蒂文斯响度

前面讲到的仅是简单的纯音响度、响度级与声压级的关系。然而，大多数实际声源产生的声波是宽频带噪声，并且不同的频率噪声之间还会产生掩蔽效应。斯蒂文斯(Stevens)和茨维克(Zwicker)对这种复合声的响度注意了掩蔽效应，得出如图 1-13 所示的等响度指数曲线，对带宽掩蔽效应考虑了计权因素，认为响度指数最大的频带贡献最大，而其他频带声音被掩蔽。它们对总响度的贡献应乘上一个小于 1 的修正因子 F，倍频带、1/2 倍频带、1/3 倍频带的修正因子分别为 0.30、0.20、0.15。

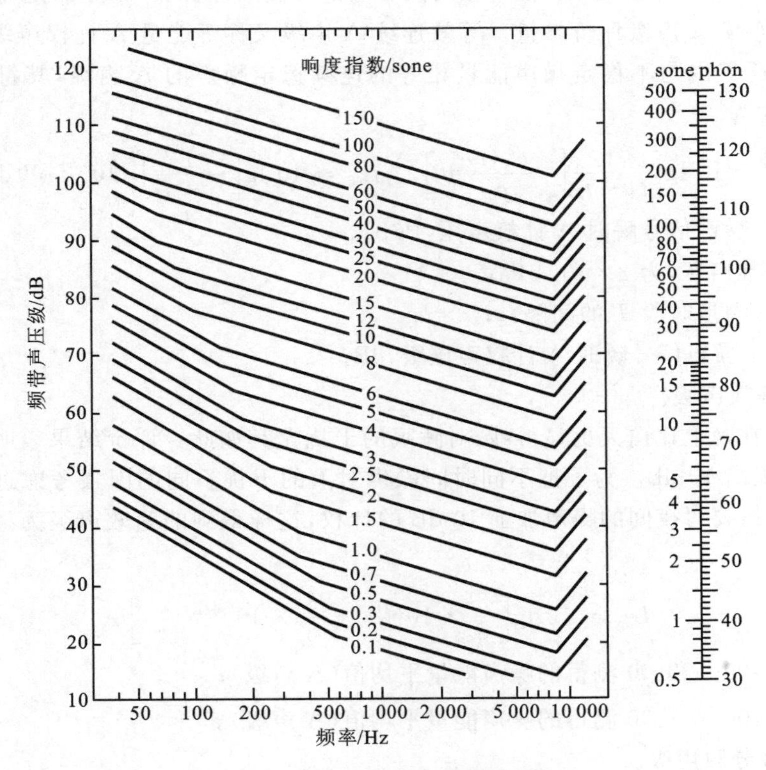

图 1-13　斯蒂文斯等响度指数曲线

对复合噪声，响度计算方法如下：

① 测出频带声压级(倍频带或 1/3 倍频带)；

② 从图 1-13 上查出各频带声压级对应的响度指数；

③ 找出响度指数中的最大值 S_0，将各频带响度指数总和中扣除最大值 S_0，再乘以相应带宽修正因子 F，最后与 S_0 相加即为复合噪声的响度 S，用数学表达式可表示为

$$S = S_0 + F \cdot \left(\sum_{i=1}^{n} S_i - S_0 \right) \tag{1-45}$$

求出总响度值后，就可以由图 1-13 右侧的列线图求出此复合噪声的响度级值，或可按下式计算得出响度级：

$$L_N = 40 + 10 \text{ lb} S \tag{1-46}$$

3. 等效连续A声级和昼夜等效声级

(1) 等效连续A声级。

A计权声级对于稳态的宽频带噪声是一种较好的评价方法,但对于一个声级起伏或不连续的噪声,A计权声级就很难确切地反映噪声的状况。例如,交通噪声的声级是随时间变化的,当有车辆通过时,噪声可能达到85~90 dB,而当没有车辆通过时,噪声可能仅有55~60 dB,并且噪声的声级还会随车流量、汽车类型等的变化而改变,这时就很难说交通噪声的A计权声级是多少分贝。又如,两台同样的机器,一台连续工作,而另一台间断性地工作,其工作时辐射的噪声级是相同的,但两台机器噪声对人的总体影响是不一样的。对于这种声级起伏或不连续的噪声,采用噪声能量按时间平均的方法来评价噪声对人的影响更为确切,为此提出了等效连续A声级评价参量。等效连续A声级又称等能量A计权声级,它等效于在相同的时间间隔T内与不稳定噪声能量相等的连续稳定噪声的A声级,其符号为$L_{\mathrm{Aeq},T}$或L_{eq},数学表达式为

$$L_{\mathrm{eq}}=10\ \lg\left[\frac{1}{t_2-t_1}\int_{t_1}^{t_2}\frac{p_{\mathrm{A}}^2(t)}{p_0^2}\mathrm{d}t\right],\quad L_{\mathrm{eq}}=10\ \lg\left[\frac{1}{t_2-t_1}\int_{t_1}^{t_2}10^{0.1L_{p\mathrm{A}}(t)}\,\mathrm{d}t\right]$$

式中:$p_{\mathrm{A}}(t)$——噪声信号瞬时A计权声压,Pa;

p_0——基准声压,为2×10^{-5} Pa;

t_2-t_1——测量时段T的间隔,s;

$L_{p\mathrm{A}}(t)$——噪声信号瞬时A计权声压级,dB。

(2) 昼夜等效声级。

通常,噪声在晚上比白天更显得吵,对睡眠的干扰尤其如此。评价结果表明,晚上噪声的干扰通常比白天高10 dB。为了把不同时间噪声对人的干扰不同的因素考虑进去,在计算一天的等效声级时,要对夜间的噪声加上10 dB的计权,这样得到的等效声级为昼夜等效声级,以L_{dn}表示。

$$L_{\mathrm{dn}}=10\ \lg\left[\frac{5}{8}\times10^{0.1\overline{L}_{\mathrm{d}}}+\frac{3}{8}\times10^{0.1(\overline{L}_{\mathrm{n}}+10)}\right]$$

式中:$\overline{L}_{\mathrm{d}}$——07:00—22:00测得的噪声能量平均值(A声级);

$\overline{L}_{\mathrm{n}}$——22:00—07:00测得的噪声能量平均值(A声级)。

(3) 累计百分数声级。

累计百分数声级是表达噪声的随机起伏程度的衡量指标,用L_n表示,即测量时间内高于L_n声级所占的时间为$n\%$。如,$L_{10}=70$ dB(A计权),表示在整个测量时间内噪声级高于70 dB的时间占10%,其余90%的时间内噪声级均低于70 dB。

通常认为,L_{90}相当于本底噪声级,L_{50}相当于中值噪声级,L_{10}相当于峰值噪声级(用于评价涨落较大的噪声时相关性较好)。累计百分数声级一般只用于有较好正态分布的噪声评价。

对于统计特性符合正态分布的噪声,其累计百分数声级与等效连续A声级之间有近似关系:

$$L_{\mathrm{eq}}\approx L_{50}+\frac{(L_{10}-L_{90})^2}{60}\tag{1-47}$$

(4) 交通噪声指数。

交通噪声指数(TNI)是城市道路交通噪声评价的一个重要参量,它是考虑了噪声起伏的

影响，加以计权而得到的。因为噪声级的测量是用A计权网络，所以它的单位为dB(A)，其数学表达式为

$$TNI = 4(L_{10} - L_{90}) + L_{90} - 30 \tag{1-48}$$

式(1-48)中第一项表示“噪声气候”的范围，说明噪声的起伏变化程度；第二项表示本底噪声状况；第三项是为了获得比较习惯的数值而引入的调节量。TNI评价量只使用于机动车辆噪声对周围环境干扰的评价，而且限于车辆较多及附近无固定声源的环境。

(5) 噪声污染级。

噪声污染级是综合能量平均值和变动特性(用标准偏差表示)两者的影响而给出的对噪声的评价量，用L_{NP}表示，其数学表达式为

$$L_{NP} = L_{eq} + K\sigma \tag{1-49}$$

式中：σ——规定时间内噪声瞬时声级的标准偏差，dB；

K——常量，一般取2.56。

其中
$$\sigma = \sqrt{\frac{1}{n-1}\sum_{i=1}^{n}(L_i - \overline{L})^2}$$

式中：$\overline{L}$——算术平均声级，dB；

L_i——第i次声级，dB；

n——取样总数。

对于随机分布的噪声，噪声污染级和等效连续声级或累计百分数声级之间的关系如下：

$$L_{NP} = L_{eq} + (L_{10} - L_{90}) \tag{1-50}$$

或
$$L_{NP} = L_{50} + (L_{10} - L_{90}) + 1/60(L_{10} - L_{90})^2 \tag{1-51}$$

从以上关系中可以看出，L_{NP}不但和L_{eq}有关，而且和噪声的起伏值$L_{10} - L_{90}$有关。

(6) 噪声冲击指数。

噪声冲击指数(NNI)等于总计权人数除以总人数，表示受噪声短期或长期影响的居民的百分数。用噪声对人群影响的噪声冲击总计权人数TWP来评价：

$$TWP = \sum w_i(L_{dn}) \cdot P_i(L_{dn})$$

式中：$P_i(L_{dn})$——全年或某段时间内受第i等级昼夜等效声级范围内(如60～65 dB)影响的人口数；

$w_i(L_{dn})$——第i等级声级的计权因子(见表1-1)。

表1-1　不同L_{dn}值的计权因子w_i

L_{dn}/dB	$w(L_{dn})$	L_{dn}/dB	$w(L_{dn})$	L_{dn}/dB	$w(L_{dn})$
35	0.002	52	0.030	69	0.224
36	0.003	53	0.035	70	0.245
37	0.003	54	0.040	71	0.267
38	0.003	55	0.046	72	0.291
39	0.004	56	0.052	73	0.315
40	0.005	57	0.060	74	0.341
41	0.006	58	0.068	75	0.369
42	0.007	59	0.077	76	0.397
43	0.008	60	0.087	77	0.427
44	0.009	61	0.098	78	0.459

续表

L_{dn}/dB	$w(L_{dn})$	L_{dn}/dB	$w(L_{dn})$	L_{dn}/dB	$w(L_{dn})$
45	0.011	62	0.110	79	0.492
46	0.012	63	0.123	80	0.526
47	0.014	64	0.137	81	0.562
48	0.017	65	0.152	82	0.600
49	0.020	66	0.168	83	0.640
50	0.023	67	0.185	84	0.681
51	0.026	68	0.204	85	0.725

根据上式可以计算出每个人受到的噪声冲击指数：

$$\mathrm{NNI}=\frac{\mathrm{TWP}}{\sum P_i(L_{dn})} \tag{1-52}$$

1.3.3 噪声控制标准

我国目前的环境噪声法规有《环境噪声污染防治法》,规定了相应的环境噪声标准。这些标准可以分为产品噪声标准、噪声排放标准和环境质量标准三大类。

1. *产品噪声标准*

环境噪声控制的基本要求是在声源处将噪声控制在一定范围内。由于产品的种类繁多,因而噪声标准也很多,在此主要介绍汽车和地铁车辆的噪声标准。

(1) 汽车定置噪声限值。

《汽车定置噪声限值》(GB 16170—1996)对城市道路允许的在用汽车规定了定置噪声的限值。汽车定置是指车辆不行驶,发动机处于空载运转状态。定置噪声反映了车辆主要噪声源——排气噪声和发动机噪声的状况。标准中规定的各类汽车的噪声限值如表1-2所示。

表 1-2　各类车辆定置噪声限值　　单位:dB(A)

车辆类型	燃料种类	车辆出厂日期	
		1998 年 1 月 1 日前	1998 年 1 月 1 日起
轿车	汽油	87	85
微型客车、货车	汽油	90	88
轻型客车、货车	汽油(n_r≤4 300 r/min)	94	92
	汽油(n_r>4 300 r/min)	97	95
越野车	柴油	100	98
中型客车、货车	汽油	97	95
大型客车	柴油	103	101
重型货车	柴油(额定功率 P≤147 kW)	101	99
	柴油(额定功率 P>147 kW)	105	103

(2) 城市轨道交通列车噪声限值

《城市轨道交通列车噪声限值和测量方法》(GB 14892—2006)中对车辆组司机室及客室

噪声作了如下限值(见表 1-3)。

表 1-3　列车噪声等效声级 L_{eq} 最大容许限值

单位:dB

车辆类型	运行线路	位置	噪声限值
地铁	地下	司机室内	80
	地下	客室内	83
	地上	司机室内	75
	地上	客室内	75
轻轨	地上	司机室内	75
	地上	客室内	75

2. 噪声排放标准

(1) 工业企业厂界环境噪声排放标准。

我国在 2008 年颁布实施了《工业企业厂界环境噪声排放标准》(GB 12348—2008),以控制工厂及有可能造成噪声污染的企业事业单位对外界环境噪声的排放。在《工业企业厂界环境噪声排放标准》中规定了五类区域的厂界噪声的标准值(见表 1-4)。

表 1-4　工业企业厂界环境噪声排放限值

单位:dB(A)

厂界外声环境功能区类别	时段	
	昼间	夜间
0	50	40
1	55	45
2	60	50
3	65	55
4	70	55

注:0 类声环境功能区指康复疗养区等特别需要安静的区域;

1 类声环境功能区指以居民住宅、医疗卫生、文化教育、科研设计、行政办公为主要功能,需要保持安静的区域;

2 类声环境功能区指以商业金融、集市贸易为主要功能,或者居住、商业、工业混杂,需要维护住宅安静的区域;

3 类声环境功能区指以工业生产、仓储物流为主要功能,需要防止工业噪声对周围环境产生严重影响的区域;

4 类声环境功能区指交通干线两侧一定距离之内,需要防止交通噪声对周围环境产生严重影响的区域,包括 4a 类和 4b 类两种类型。4a 类为高速公路、一级公路、二级公路、城市快速路、城市主干路、城市次干路、城市轨道交通(地面段)、内河航道两侧区域;4b 类为铁路干线两侧区域。

(2) 社会生活环境噪声排放标准。

《社会生活环境噪声排放标准》(GB 22337—2008)规定了营业性文化娱乐场所和商业经营活动中可能产生环境噪声污染的设备、设施边界噪声排放限值和测量方法。该标准适用于对营业性文化娱乐场所、商业经营活动中使用的向环境排放噪声的设备、设施的管理、评价与控制。社会生活环境噪声排放源边界噪声排放限值同表 1-4。

在社会生活噪声排放源边界处无法进行噪声测量或测量的结果不能如实反映其对噪声敏感建筑物的影响程度的情况下,噪声测量应在可能受影响的敏感建筑物窗外 1 m 处进行。

当社会生活噪声排放源边界与噪声敏感建筑物距离小于 1 m 时,应在噪声敏感建筑物的室内测量,并将表 1-4 中相应的限值减 10 dB(A)作为评价依据。

(3) 建筑施工场界环境噪声排放标准。

《建筑施工场界环境噪声排放标准》(GB 12523—2011)适用于周围有噪声敏感建筑物的建筑施工噪声排放的管理、评价及控制。市政、通信、交通、水利等其他类型的施工噪声排放可参照本标准执行。本标准不适用于抢修、抢险施工过程中产生噪声的排放监管。

《建筑施工场界环境噪声排放标准》中规定,建筑施工过程中场界环境噪声昼间不得超过70 dB(A),夜间不得超过55 dB(A)。夜间噪声最大声级超过限值的幅度不得高于15 dB(A)。当场界距噪声敏感建筑物较近,其室外不满足测量条件时,可在噪声敏感建筑物室内测量,并将相应的限值减10 dB(A)作为评价依据。

(4) 铁路及机场周围环境噪声标准。

《铁路边界噪声限值及其测量方法》(GB 12525—1990)修改方案中规定,既有铁路边界铁路噪声按表1-5的规定执行。既有铁路是指2010年12月31日前已建成运营的铁路或环境影响评价文件已通过审批的铁路建设项目。改、扩建既有铁路,铁路边界铁路噪声按表1-5的规定执行。

表1-5 既有铁路边界铁路噪声限值(等效声级 L_{eq})

时段	噪声限值/dB(A)
昼间	70
夜间	70

新建铁路(含新开廊道的增建铁路)边界铁路噪声按表1-6的规定执行。新建铁路是指自2011年1月1日起环境影响评价文件通过审批的铁路建设项目(不包括改、扩建既有铁路建设项目)。

表1-6 新建铁路边界铁路噪声限值(等效声级 L_{eq})

时段	噪声限值/dB(A)
昼间	70
夜间	60

《机场周围飞机噪声环境标准》(GB 9660—1988)中规定了机场周围飞机噪声环境及受飞机通过所产生噪声影响的区域噪声,采用一昼夜的计权等效连续感觉噪声级 L_{WECPN} 作为评价量。标准中规定了两类适用区域及其标准限值(见表1-7)。

表1-7 机场周围飞机噪声标准及其适用区域

适用区域	标准值 L_{WECPN}/dB
一类区域	≤70
二类区域	≤75

注:一类区域为特殊居住区,如居住、文教区;二类区域为除一类区域以外的生活区。

3. 环境质量标准

(1) 声环境质量标准。

《声环境质量标准》(GB 3096—2008)规定了五类声环境功能区的环境噪声限值及测量方法。该标准适用于声环境质量评价与管理,不适用于机场周围区域受飞机通过(起飞、降落、低空飞越)噪声的影响。

各类声环境功能区规定的环境噪声等效声级限值见表1-8。

表 1-8　环境噪声限值　　单位:dB(A)

声环境功能区类别		时段	
		昼间	夜间
0 类		50	40
1 类		55	45
2 类		60	50
3 类		65	55
4 类	4a 类	70	55
	4b 类	70	60

（2）工业企业噪声卫生标准。

《工业企业噪声卫生标准》是我国卫生部和国家劳动总局颁发的试行标准，并颁发了《工业企业噪声控制设计规范》(GBJ 87—2013)。适用于厂区和车间内部的噪声标准见表 1-9 和表 1-10。

表 1-9　各类工作场所噪声限值

工作场所	噪声限值/dB(A)
生产车间	85
车间内值班室、观察室、休息室、办公室、实验室、设计室室内背景噪声级	70
正常工作状态下精密装配线、精密加工车间、计算机房	70
主控室、集中控制室、通信室、电话总机室、消防值班室，一般办公室、会议室、设计室、实验室室内背景噪声级	60
医务室、教室、值班宿舍室内背景噪声级	55

表 1-10　生产车间和作业场所允许噪声级

每个工作日噪声暴露时间/h	8	4	2	1
允许噪声级/ dB(A)	85	88	91	94
最高允许噪声级/ dB(A)	115			

对于非稳态噪声的工作环境，根据测量规范的规定，应测定等效连续 A 声级及其不同的 A 声级和响应的暴露时间，然后按照如下方法计算等效连续 A 声级或噪声暴露率。一个工作日(8 h)的等效连续 A 声级可通过下式计算：

$$L_{\mathrm{eq}} = 80 + 10\ \lg \frac{\sum_{n} 10\ \frac{(n-1)}{2} \cdot T_n}{480} \tag{1-53}$$

式中：n——中心声级的段数号，$n=1\sim8$，如表 1-11 所示；

T_n——第 n 段中心声级在一个工作日内所积累的暴露时间，min；

480——8 h 的分钟数。

表 1-11　各段中心声级和暴露时间

n(段数号)	1	2	3	4	5	6	7	8
中心声级 L_n/dB	80	85	90	95	100	105	110	115
暴露时间 T_n/min	T_1	T_2	T_3	T_4	T_5	T_6	T_7	T_8

(3) 室内环境噪声允许标准。

国际标准化组织(ISO)在 1971 年提出的环境噪声允许标准中规定:住宅区室内环境噪声的允许声级为 35～45 dB,并根据不同时间和地区提出了修正值(见表 1-12 和表 1-13)。

表 1-12　一天不同时间的声级修正值

不同时间	修正值 L_{pA}/dB
白天	0
晚上	−5
深夜	−15～−10

表 1-13　不同地区住宅的声级修正值

不同地区	修正值 L_{pA}/dB
农村、医院、休养区	0
市郊区、交通很少地区	5
市居住区	10
少量工商业与交通混合区附近的住宅	15
市中心(商业区)	20
工业区(重工业区)	25

对于非住宅区的环境噪声的允许声级见表 1-14。

表 1-14　非住宅区的室内噪声允许声级

房间功能	修正值 L_{pA}/dB
大型办公室、商店、百货公司、会议室、餐厅	35
大餐厅、秘书室(有打字机)	45
大打字间	55
车间(根据不同用途)	45～75

《民用建筑隔声设计规范》(GB 50118—2010)中各类建筑室内允许噪声级见表 1-15。

表 1-15　建筑室内允许噪声级

<table>
<tr><th colspan="2" rowspan="2">建筑物类别</th><th rowspan="2">房间名称</th><th colspan="2">允许噪声级/dB(A)</th></tr>
<tr><th>昼间</th><th>夜间</th></tr>
<tr><td rowspan="4">住宅</td><td rowspan="2">普通住宅</td><td>卧室</td><td>≤45</td><td>≤37</td></tr>
<tr><td>起居室(厅)</td><td colspan="2">≤45</td></tr>
<tr><td rowspan="2">高要求住宅</td><td>卧室</td><td>≤40</td><td>≤30</td></tr>
<tr><td>起居室(厅)</td><td colspan="2">≤40</td></tr>
</table>

续表

建筑物类别		房间名称	允许噪声级/dB(A)
学校	教学用房	语言教室、阅览室	≤40
		普通教室、实验室、计算机房	≤45
		音乐教室、琴房	≤45
		舞蹈教室	≤50
	教学辅助用房	教师办公室、休息室、会议室	≤45
		健身房	≤50
		教学楼中封闭的走廊、楼梯间	≤50

建筑物类型	房间名称	允许噪声级/dB(A)				备　注
		高要求标准		低限标准		
		昼间	夜间	昼间	夜间	
医院	病房、医护人员休息室	≤40	≤35(注 1)	≤45	≤40	1. 对特殊要求的病房，室内允许噪声级应小于或等于 30 dB； 2. 表中听力测听室允许噪声级的数值，适用于采用纯音气导和骨导听阀测听法的听力测听室。采用声场听法的听力测听室的允许噪声级另有规定
	各类重症监护室	≤40	≤35	≤45	≤40	
	诊室	≤40		≤45		
	手术室、分娩室	≤40		≤45		
	洁净手术室	—		≤50		
	人工生殖中心净化区	—		≤40		
	听力测听室	—		≤25(注 2)		
	化验室、分析实验室	—		≤40		
	入口大厅、候诊室	≤50		≤55		

建筑物类型	房间名称	允许噪声级/dB(A)					
		特级		一级		二级	
		昼间	夜间	昼间	夜间	昼间	夜间
旅馆	套房	≤35	≤30	≤40	≤35	≤45	≤40
	办公室、会议室	≤40		≤45		≤45	
	多用途厅	≤40		≤45		≤50	
	餐厅、宴会厅	≤45		≤50		≤55	

续表

建筑物类型	房间名称	允许噪声级/dB(A)	
		高要求标准	低限标准
办公场所	单人办公室	≤35	≤40
	多人办公室	≤40	≤45
	电视电话会议室	≤35	≤40
	普通会议室	≤40	≤45

1.4 噪声的测量

噪声测量是环境噪声监测、控制以及研究的重要手段。环境噪声的测量大部分是在现场进行的,条件很复杂,声级变化范围大。因此其所需的测量仪器和测量方法与一般的声学测量有所不同。本节仅介绍环境噪声测量中常用的一些仪器设备和相关的测量方法。

1.4.1 测量仪器

1. *声级计*

在噪声测量中声级计是常用的基本声学仪器。它是一种可测量声压级的便携式仪器。国际电工委员会 IEC651 和国标 GB 3785—1983 将声级计分为 0、Ⅰ、Ⅱ、Ⅲ四种类型(见表 1-16),在环境噪声测量中,主要使用Ⅰ型(精密级)和Ⅱ型(普通级)。

表 1-16 声级计分类

类型	精密级		普通级	
	0	Ⅰ	Ⅱ	Ⅲ
精度	±0.4 dB	±0.7 dB	±1.0 dB	±1.5 dB
用途	实验室标准仪器	声学研究	现场测量	监测、普查

《声环境质量标准》(GB 3096—2008)规定,用于城市区域环境噪声测量的仪器精度为Ⅱ型及Ⅱ型以上的积分平均声级计或环境噪声自动监测仪器。

声级计一般由传声器、放大器、衰减器、计权网络、检波器和指示器等组成。图 1-14 所示是声级计的典型结构框图。

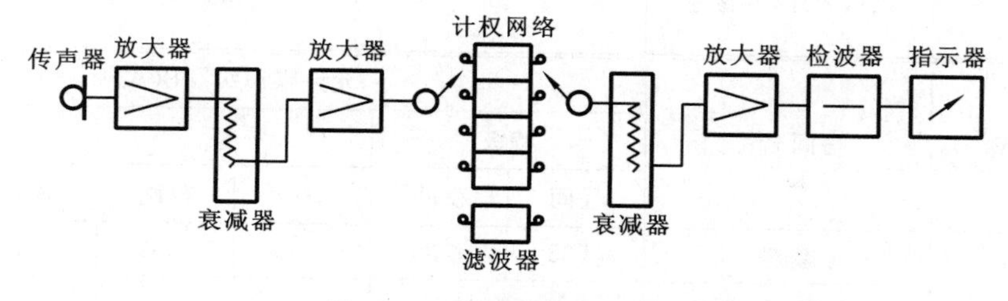

图 1-14 声级计结构方框图

1) 传声器

这是一种将声压转换成电压的声电换能器。传声器的类型很多,它们的转换原理及结构各不相同。要求测试用的传声器在测量频率范围内一般有平直的频率响应、动态范围大、无指向性、本底噪声低、稳定性好等性能。在声级计中，大多选用空气电容传声器(通常简称为电容传声器)和驻极体电容传声器。

(1) 电容传声器。电容传声器是由一个非常薄的金属膜(或涂金属的塑料膜片)和相距很近的后极板组成。膜片和后极板相互绝缘，构成一个电容器。在两电极上加恒定直流极化电压 U_0，使静止状态的电容 C_0 充电，当声波入射到膜片表面时，膜片振动产生位移，使膜片与后极板之间的间隙发生变化，电容量也随之变化，导致负载电阻 R 上的电流产生变化。这样，就能在负载电阻上得到与入射声波相对应的交流电压输出。图 1-15 所示是电容传声器的结构原理和等效电路图。

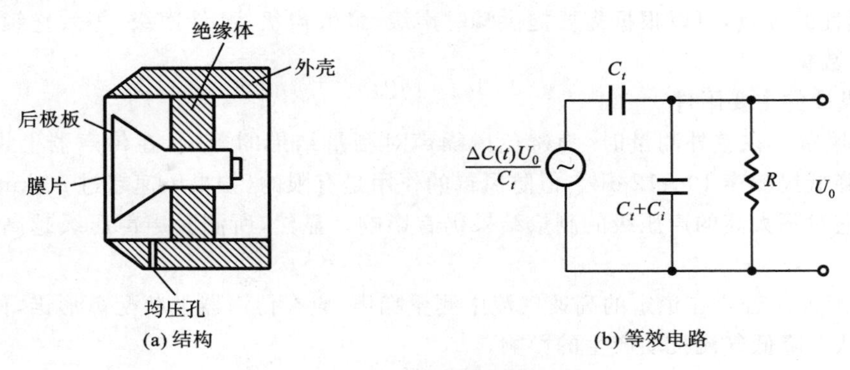

图 1-15　电容传声器

电容传声器的主要技术指标有灵敏度、频率响应范围和动态范围。

(2) 驻极体电容传声器。驻极体电容传声器是在膜片与后极板之间填充驻极体，用驻极体的极化电压来代替外加的直流极化电压。

此外，由于传声器在声场中会引起声波的散射作用，特别会使高频段的频率响应受到明显影响。这种影响随声波入射方向的不同而变化。根据传声器在声场中的频率响应不同，一般分为声场型(自由场和扩散场)传声器和压强型传声器。测量正入射声波(声波传播方向垂直于传声器膜片)时采用自由场型传声器较好；对于无规入射声波应采用扩散场型或压强型传声器，如采用自由场型传声器，应加一无规入射校正器，使传声器的扩散场响应接近平直。

2) 放大器

声级计的放大器部分要求在音频范围内响应平直，有足够低的本底噪声。精密声级计的声级测量下限一般在 24 dB 左右，如果传声器灵敏度为 50 mV/Pa，则放大器的输出电压约为 15 μV，因此要求放大器的本底噪声应低于 10 μV。当声级计使用“线性”(L)挡，即不加频率计权时，要求在线性频率范围内有这样低的本底噪声。

声级计内的放大器要求具有较高的输入阻抗和较低的输出阻抗，并有较小的线性失真，放大系统一般包括输入放大器和输出放大器两组。

3) 衰减器

声级计的量程范围较大，一般为 25～130 dB。但检波器和指示器不可能有这么宽的量程范围，这就需要设置衰减器，其功能是将接到的强信号进行衰减，以免放大器过载。衰减器分为输入衰减器和输出衰减器。声级计中，前者位于输入放大器之前，后者接在输入放大器和输出放大器之间。为了提高信噪比，一般测量时应尽量将输出衰减器调至最大衰减挡，在输入放大器不过载的前提下，而将输入衰减器调至最小衰减挡，使输入信号与输入放大器的电噪声有尽可能大的差值。

4) 滤波器

声级计中的滤波器包括 A、B、C、D 计权网络和倍频带或 1/3 倍频带滤波器。A 计权声级应用最为普遍,而且只有 A 计权的普通声级计可以做成袖珍式的,价格低,使用方便。多数普通声级计还有“线性”挡,可以测量声压级,用途更为广泛。在一般噪声测量中,倍频带或 1/3 倍频带带宽的滤波器就足够了。

如将模拟电路检波输出的直流信号不输入指示器,而反馈给 A/D 转换器,或将传声器前置放大输出的交流信号直接进行模数转换,然后对数字信号进行分析处理以数字显示、打印或储存各种结果,这类声级计又称为数字声级计。由于软件可以随要求方便编制,因此数字声级计具有多用性的优点,可以根据需要提供瞬时声级、最大声级、统计声级、等效连续声级、噪声暴露声级等数据。

5) 声级计的主要附件

(1) 防风罩。在室外测量时,为避免风噪声对测量结果的影响,在传声器上罩一个防风罩,通常可降低风噪声 10～12 dB。但防风罩的作用是有限的,如果风速超过 20 km/h,即使采用防风罩,它对不太高的声压级的测量结果仍有影响。显然,所测噪声声压级越高,风速的影响越小。

(2) 鼻形锥。若要在稳定的高速气流中测量噪声,应在传声器上装配鼻形锥,使锥的尖端朝向来流,从而降低气流扰动产生的影响。

(3) 延长电缆。当测量精度要求较高或在某些特殊情况下,测量仪器与测试人员相距较远时,可用一种屏蔽电缆连接电容传声器(随接前置放大器)和声级计。屏蔽电缆长度为几米至几十米,电缆的衰减很小,通常可以忽略。但是如果插头与插座接触不良,将会带来较大的衰减。因此,需要对连接电缆后的整个系统用校准器再次校准。

6) 声级计的校准

为保证测量的准确性,声级计使用前后要进行校准,通常使用活塞发声器、声级校准器或其他声压校准仪器对声级计进行校准。

(1) 活塞发声器。

这是一种较精确的校准器,它在传声器的膜片上产生一个恒定的声压级(如 124 dB)。活塞发声器的信号频率一般为 250 Hz,所以在校准声级计时,频率计权必须放在“线性”挡或“C”挡,不能在“A”挡校准。应用活塞发声器校准时,要注意环境大气压对它的修正,特别在海拔较高地区进行校准时不能忘记这一点。使用时要注意校准器与传声器之间的紧密配合,否则读数不准。国产的 NX6 活塞发声器产生 124 dB±0.2 dB 声压级,频率 250 Hz,非线性失真不大于 3%。

(2) 声级校准器。

这是一种简易校准器,如国产 ND9 校正器。使用它进行校准时,因为它的信号频率是 1 000 Hz,声级计可置任意计权开关位置。因为在 1 000 Hz 处,任何计权或线性响应的灵敏度都相同。校准时,对于 1 英寸(25.4 mm)或 24 mm 外径的自由声场响应电容传声器,校准值为 93.6 dB;对于 1/2 英寸(12.7 mm)或 12 mm 外径的自由声场响应传声器,校准值为 93.8 dB。

校准器应定期送计量部门进行鉴定。

2. 频谱分析仪和滤波器

在实际测量中很少遇到单频声,一般都是由许多频率组合而成的复合声,因此,常常需要对声音进行频谱分析。若以频率为横坐标,以反映相应频率处声信号强弱的量(如声压、声强、声压级等)为纵坐标,即可绘出声音的频谱图。

图 1-16 给出了几种典型的噪声频谱,这些频谱反映了声能量在各个频率处的分布特性。

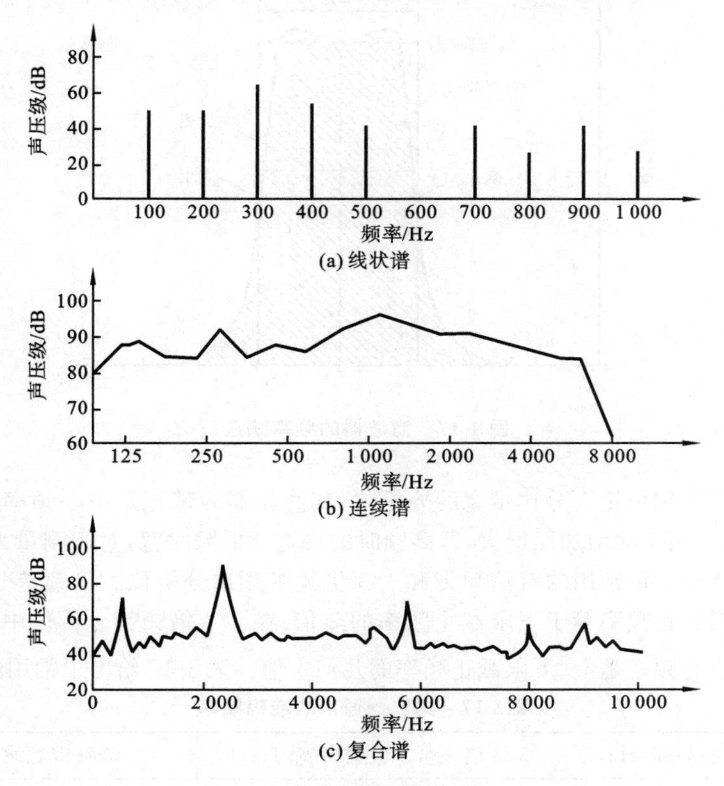

图 1-16　噪声频谱图

由能量叠加原理可知,频率不同的声波是不会产生干涉的,即使这些不同频率成分的声波是由同一声源发出的,它们的总声能仍旧是各频率分量上的能量叠加。在进行频谱分析时,对线状谱声音可以测出单个频率的声压级或声强级。但是对于连续谱声音,则只能测出某个频率附近 Δf 带宽内的声压级或声强级。

为了方便起见,常将连续的频率范围划分成若干相连的频带(或称频程),并且经常假定每个小频带内声能量是均匀分布的。显然,频带宽度不同,所测得的声压级或声强级也不同。对于足够窄的带宽 Δf,$W(f)=p^2/\Delta f$ 称为谱密度。

具有对声信号进行频谱分析功能的设备称为频谱分析仪或频率分析仪。

频谱分析仪的核心是滤波器。图 1-17 所示是一个典型的带通滤波器的频率响应,带宽 $\Delta f=f_2-f_1$。滤波器的作用是让频率在 f_1 和 f_2 间的所有信号通过,且不影响信号的幅值和相位,同时,阻止频率在 f_1 以下和 f_2 以上的任何信号通过。

频率 f_1 和 f_2 处输出比中心频率 f_0 小 3 dB,称为下限和上限截止频率。中心频率 f_0 与截止频率 f_1、f_2 的关系为

$$f_0=\sqrt{f_1\cdot f_2} \tag{1-54}$$

频率分析仪通常分两类:一类是恒定带宽的分析仪,另一类是恒定百分比带宽的分析仪。

恒定带宽的分析仪用一固定滤波器,信号用外差法将频率移到滤波器的中心频率,因此带宽与信号无关。

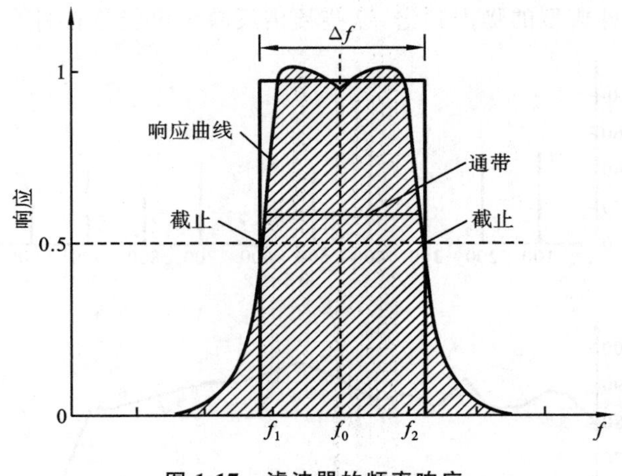

图 1-17　滤波器的频率响应

一般噪声测量多用恒定百分比带宽的分析仪，其滤波器的带宽是中心频率的一个恒定百分比值，故带宽随中心频率的增加而增大，即高频时的带宽比低频时宽，对于测量无规噪声或振动，这种分析仪特别有用。最常用的有倍频带和 1/3 倍频带频谱分析仪。倍频带分析仪中，每一带宽通过频带的上限截止频率等于下限截止频率的 2 倍；在 1/3 倍频带分析仪中，上、下限截止频率的比值是 $\sqrt[3]{2}$，中心频率是上、下限截止频率的几何中值。表 1-17 给出了常用的滤波器带宽。

表 1-17　滤波器通带的准确频率

通带序号	中心频率/Hz	1/3 倍频带滤波器带宽/Hz	倍频带滤波器带宽/Hz
14	25	22.4～28.2	
15	31.5	28.2～35.5	22.4～44.7
16	40	35.5～44.7	
17	50	44.7～56.2	
18	63	56.2～70.8	44.7～89.1
19	80	70.8～89.1	
20	100	89.1～112	
21	125	112～141	89.1～178
22	160	141～178	
23	200	178～224	
24	250	224～282	178～355
25	315	282～355	
26	400	355～447	
27	500	447～562	355～708
28	630	562～708	
29	800	708～891	
30	1 000	891～1 120	708～1 410
31	1 250	1 120～1 410	
32	1 600	1 410～1 780	
33	2 000	1 780～2 240	1 410～2 820
34	2 500	2 240～2 820	

续表

通带序号	中心频率/Hz	1/3倍频带滤波器带宽/Hz	倍频带滤波器带宽/Hz
35	3 050	2 820～3 550	
36	4 000	3 550～4 470	2 820～5 620
37	5 000	4 470～5 620	
38	6 300	5 620～7 080	
39	8 000	7 080～8 910	5 620～11 200
40	10 000	8 910～11 200	
41	12 500	11 200～14 100	
42	16 000	14 100～17 800	11 200～22 400
43	20 000	17 800～22 400	

上述分析仪都是扫频式的，即被分析的信号在某一时刻只通过一个滤波器，故这种分析是逐个频带依次分析的，只适用于分析稳定的连续噪声，对于瞬时的噪声要用这种仪器分析测量时，必须先用记录仪将信号记录下来，然后连续重放，使形成一个连续的信号再进行分析。

3. 磁带记录仪

在现场测量中有时受到测试场地或供电条件的限制，不可能携带复杂的测试分析系统。磁带记录仪具有携带方便、直流供电等优点，能将现场信号连续不断地记录在磁带上，带回实验室重放分析。

测量使用的磁带记录仪除要求畸变小、抖动少、动态范围大外，还要求在20～20 000 Hz频率范围内(至少要求在所分析频带内)，有平直的频率响应。

磁带记录仪的品种繁多，有的采用调频技术可以记录直流信号，有的本身带有声级计功能(传声器除外)，有的具有两种以上的走带速度，近期开发的记录仪可达数十个通道，信号记录在专用的录像带上。

除了模拟磁带记录仪外，数字磁带记录仪在声和振动测量中已广泛应用。它具有精度高、动态范围大、能直接与微机连接等优点。

为了能在回放时确定所录信号声压级的绝对值，必须在测量前后对测量系统进行校准。在磁带上录入一段校准信号作为基准值，在重放时所有的记录信号都与这个基准值比较，便可得到所录信号的绝对声压级。

对于多通道磁带记录仪，常常可以选定其中的一个通道来记录测试状态，以及测量者口述的每项测试记录的测量条件、仪器设置和其他相关信息。

4. 读出设备

噪声或振动测量的读出设备是相同的，读出设备的作用是让观察者得到测量结果。读出设备的形式很多，最常用的是将输出的数据以指针指示或数字显示的方式直接读出，目前，以数字显示居多，如声级计面板上的显示窗。另一种是将输出以几何图形的形式描绘出来，如声级记录仪和 X-Y 记录仪。它可以在预印的声级及频率刻度纸上作迅速而准确的曲线图描绘，以便于观察和评定测量结果，并与频率分析仪作同步操作，为频率分析及响应等提供自动记录。需要注意的是，以上这些能读出幅值的设备，通常读出的是被测信号的有效值。但有些设备也能读出被测信号的脉冲值和幅值。还有一种是数字打印机，将输出信号通过模数转换(A/D)变成数字信号由打印机打出。此种读出设备常用于实时分析仪，用计算机操作进行自动测试和运算，最后结果由打印机打出。

5. 实时分析仪

声级计等分析装置是通过开关切换逐次接入不同的滤波器来对信号进行频谱分析的。这种方法只适宜于分析稳态信号,需要较长的分析时间。对于瞬态信号则采用先由磁带记录,再多次反复重放来进行频谱分析。显然,这种分析手段很不方便,迫切需要一种分析仪器能快速(实时)分析连续的或瞬态的信号。

实时分析仪经历了一段发展过程。20 世纪 60 年代研制的 1/3 倍频带实时分析仪是采用多挡模拟滤波器并联的方法来实现"实时"分析的。20 世纪 70 年代初出现的窄带实时分析仪兼有模拟和数字两种特征。随着大规模集成电路和信号处理技术的迅速发展,到 20 世纪 70 年代中期出现了全数字化的实时分析仪。

图 1-18 所示为一种双通道实时分析仪的原理框图。其核心是微处理器和数字信号处理器,传声器接收的信号经高低通滤波器(或计权网络)后,由 A/D 采样转换成数字序列。然后,按照预先设置的分析模式运行相应的程序进行信号分析。一般可设置声级计模式、倍频带和分倍频带分析、FFT 分析、双通道相关分析和声强分析模式。

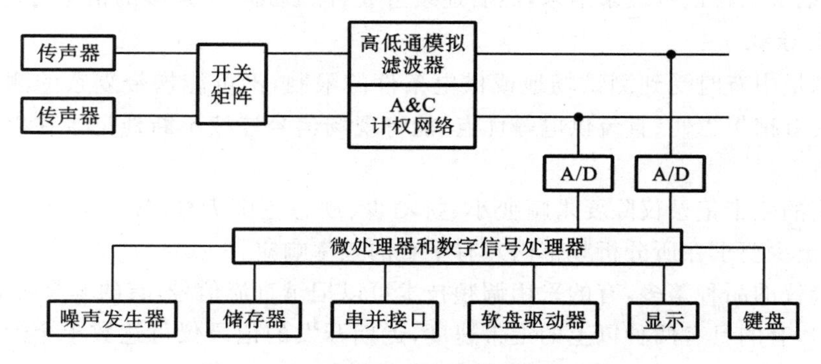

图 1-18　双通道实时分析仪的原理框图

根据需要,可将分析结果进行实时显示、机内储存、软盘储存、打印输出或与外部微机联机处理。某些实时分析仪具有电容传声器输入的多芯插口,可以直接与电容传声器的前置放大器连接。

1.4.2　声强及声功率测量

声压是定量描述噪声的一个有用参量,但是用来描述声场的分布特性或声源的辐射特性,有时还显不够,为此提出声强测量和声功率测量。

1. 声强测量及应用

在声场中某点处,与质点速度方向垂直的单位面积上在单位时间内通过的声能量称为瞬时声强。它是一个矢量,$\boldsymbol{I}=p\boldsymbol{u}$。实际应用中,常用的是瞬时声强的时间平均值:

$$I_r = \frac{1}{T}\int_0^T p(t)u_r(t)\mathrm{d}t \tag{1-55}$$

式中:$u_r(t)$——某点的瞬时质点速度在声传播 r 方向的分量;

$p(t)$——该点 t 时刻的瞬时声压;

T——声波周期的整数倍。

声压的测量比较容易,质点速度的测量就困难多了,目前普遍采用的方法是选取两个性能一致的声压传声器,相距 Δr,当 $\Delta r \ll \lambda$(λ 为测试声波的波长)时,将两个声压传声器测得的声

压 p_A 和 p_B 的平均值视为传声器连线中点的声压值：

$$\overline{p}(t) \approx (p_A + p_B)/2$$

将 p_A 和 p_B 的差分值近似为声压在 r 方向的梯度，即

$$\frac{\partial p}{\partial r} \approx (p_B - p_A)/\Delta r$$

再由质点速度与声压间的关系式得到

$$u_r \approx -\frac{p_B - p_A}{\rho_0 \Delta r}$$

于是运用加(减)法器、乘法器和积分器等电路模块，就可根据式(1-55)，求出声强平均值。

互功率谱方法也是计算声强的一种通用方法：将声压传声器测得的声压信号 $p_A(t)$、$p_B(t)$ 进行傅里叶变换，得到 $p_A(\omega)$ 和 $p_B(\omega)$，然后求出声强的频谱密度。

$$I_r(\omega) = \frac{1}{\rho_0 \omega \Delta r} \mathrm{Im} R_{AB}$$

式中：R_{AB}——互功率谱密度，$R_{AB} = p_A(\omega) p_B^*(\omega)$；

Im——虚部；

*——复数共轭。

声强测量的用处很多。由于声强是一个矢量，因此声强测量可用来鉴别声源和判定它的方位，可以画出声源附近声能流动路线，可以测定吸声材料的吸声系数和墙体的隔声量，甚至在现场强背景噪声条件下，通过测量包围声源的封闭包络面上各面元的声强矢量求出声源的声功率。

目前，大致有以下三类声强测量仪器。

(1) 小型声强仪，它只给出线性的或A计权的单值结果，且基本上采用模拟电路。

(2) 双通道快速傅里叶变换(FFT)分析仪或其他实时分析仪，通过互功率谱计算声强。

(3) 利用数字滤波器技术，由两个具有归一化1/3倍频带滤波器的双路数字滤波器获得声强的频谱。

如果只需要测量线性的或A计权的声强级，可以采用小型声强仪；如果需要进行窄带分析，而且在设备和时间上没有什么限制，可以采用互功率谱方法。

2. 声功率的测量

声源的声功率是声源在单位时间内发出的总能量。它与测点离声源的距离以及外界条件无关，是噪声源的重要声学量。测量声功率有三种方法：混响室法、消声室或半消声室法、现场测量法。

国际标准化组织提出 ISO 3740 系列的测量标准。相应的国家标准有 GB 6882—2008、GB/T 3767—1996 和 GB/T 3768—1996。

1) 混响室法

混响室法是将声源放置在混响室内进行测量的方法。混响室是一间体积较大(一般大于200 m^3)、墙的隔声和地面隔振都很好的特殊实验室，它的壁面坚实光滑，在测量的声音频率范围内，壁面的反射系数大于0.98。离声源 r 点的声压级为

$$L_p = L_W + 10\lg\left(\frac{R_\theta}{4\pi r^2} + \frac{4}{R}\right)$$

式中：L_W——声源的声功率级；

R_θ——声源的指向性因数；

R——房间常数，$R = S\bar{\alpha}/(1-\bar{\alpha})$，其中 S 为混响室内各面的总面积，$\bar{\alpha}$ 为平均吸声系数。

在混响室内只要离开声源一定的距离，即在混响场内，表征混响声的 $4/R$ 将远大于表征直达声的 $R_\theta/(4\pi r^2)$。于是近似有

$$L_p = L_W + 10\ \lg\frac{4}{R}$$

考虑到混响场内的实际声压级不是完全相等的，因此必须取几个测点的声压级平均值 $\overline{L_p}$。由此可以得到被测声源的声功率级为

$$L_W = \overline{L_p} - 10\ \lg\frac{4}{R} \tag{1-56}$$

2）消声室或半消声室法

消声室或半消声室法是将声源放置在消声室或半消声室内进行测量的方法。消声室是另一种特殊实验室，与混响室正好相反，内壁装有吸声材料，能吸收 98%以上的入射声能。室内声音主要是直达声，而反射声极小。消声室内的声场称为自由场。如果消声室的地面不铺设吸声面，而是坚实的反射面，则称为半消声室。

测量时，设想有一包围声源的包络面，将声源完全封闭其中，并将包络面分为 n 个面元，每个面元的面积为 ΔS_i，测定每个面元上的声压级 L_{p_i}，并依据声压级、声强级和声功率的关系式得

$$L_W = \overline{L_p} + 10\ \lg S_0 \tag{1-57}$$

其中，包络面总面积：

$$S_0 = \sum_{i=1}^{n}\Delta S_i$$

平均声压级：

$$\overline{L_p} = 10\ \lg\left(\frac{1}{n}\sum_{i=1}^{n}10^{0.1L_{p_i}}\right)$$

3）现场测量法

现场测量法是在一般房间内进行的，分为直接测量和比较测量两种。这两种方法测量结果的精度虽然不及实验室测得的结果准确，但可以不必搬运声源。

(1) 直接测量法。与消声室法一样，也设想一个包围声源的包络面，然后测量包络面各面元上的声压级。不过在现场测量中声场内存在混响声，因此要对测量结果进行必要的修正，即

$$L_W = \overline{L_p} + 10\ \lg S_0 - K \tag{1-58}$$

式中：$\overline{L_p}$——平均声压级；

S_0——包络面总面积。

其中

$$K = 10\ \lg\left(1+\frac{4S_0}{R}\right)$$

由房间的混响时间 T_{60}，也可得到修正值：

$$K = 10\ \lg\left(1+\frac{S_0T_{60}}{0.04V}\right)$$

式中：V——房间的体积。

可见，房间的吸声量越小，修正值越大。当测点处的直达声与混响声相等时，$K=3$。K 越大，测量结果的精度越差。为了减小 K 值，可适当缩小包络面，即将各测点移近声源或临时在房间四周放置一些吸声材料，以增加房间的吸声量。

（2）比较测量法。在实验室内按规定的测点位置预先测定标准声源（一般可用宽频带的高声压级风机，国内外均有产品）的声功率级。在现场测量时，首先仍按上述规定的测点布置测量待测声源的声压级，然后将标准声源放在待测声源位置附近，停止待测声源，在相同测点再次测量标准声源的声压级。于是，可得待测声源的声功率级：

$$L_W = L_{Ws} + (\overline{L_p} - \overline{L_{ps}}) \tag{1-59}$$

式中：L_{Ws}——标准声源的声功率级；

$\overline{L_p}$——待测声源现场测量的平均声压级；

$\overline{L_{ps}}$——标准声源现场测量的平均声压级。

1.4.3　环境噪声监测方法

环境噪声不论是空间分布还是随时间的变化都很复杂，要求监测和控制的目的也各不相同，因此对于不同的噪声可采用不同的监测方法。

1. 城市区域环境噪声测量

为了掌握城市的噪声污染情况，给出环境质量评价，指导城市噪声控制规划的制定，需要进行城市区域噪声的普查。《声环境质量标准》（GB 3096—2008）规定了具体的方法：对于噪声普查，应采取网格监测法；对于常规监测，常采用定点监测法。

1）网格监测法

将要普查测量的城市某一区域或整个城市划分成若干个等大的正方格，网格要完全覆盖住被普查的区域和城市。每一网格中的工厂、道路及非建成区的面积之和不得大于网格面积的50%，否则视该格无效。有效网格总数应多于100个。以网格中心为测试点，分昼间和夜间进行测量。每次每个测点测量10 min的连续等效A声级（L_{eq}）。将全部网格中心测点测得的10 min的连续等效A声级进行算术平均运算，所得到的平均值代表某一区域或全市的噪声水平。也可将测量到的连续等效A声级按5 dB一挡分级（如60～65 dB、65～70 dB、70～75 dB），用不同颜色或阴影线表示每一挡连续等效A声级，绘制在覆盖某一区域或城市的网格上，用于表示区域或城市的噪声污染分布情况。

2）定点监测法

在标准规定的城市建成区中，优化选取一个或多个能代表某一区域或整个城市建成区环境噪声平均水平的测点，进行长期噪声定点监测。每日进行24 h连续监测，测量每小时的L_{eq}及昼间连续等效A声级的能量平均值L_d、夜间连续等效A声级的能量平均值L_n。某一区域或城市昼间（或夜间）的环境噪声平均水平由下式计算：

$$L = \sum_{i=1}^{n} L_i \frac{S_i}{S_0} \tag{1-60}$$

式中：L_i——第i个测点测得的昼间或夜间的连续等效A声级；

S_i——第i个测点所代表的区域面积；

S_0——整个区域或城市的总面积。

将每小时测得的连续等效A声级按时间排列，得到24 h的时间变化图形，可用于表示某一区域或城市环境噪声的时间分布规律。

2. 道路交通噪声测量

根据《声学环境噪声测试方法》（GB/T 3222—1994）的规定，测量道路交通噪声的测点应选在市区交通干线一侧的人行道上，距马路沿20 cm处，此处距两交叉路口应大于50 m。交通干线是指机动车辆每小时流量不小于100辆的马路。这样,该测点的噪声可用来代表两路口间该段马路的噪声。同时记录不同车种车流量(辆/h)。测量结果可参照有关规定绘制交通噪声污染图,并以全市的各交通干线的等效声级和统计声级的算术平均值、最大值和标准偏差来表示全市的交通噪声水平,并用于城市间交通噪声的比较。交通噪声的等效声级和统计声级的平均值应采用加权算术平均式来计算。

交通噪声的声级起伏一般能很好地符合正态分布,这时等效声级可用等效连续A声级与累计百分数声级的关系近似计算。为慎重起见,一般用绘制正态概率坐标图的方法来验证声级的起伏是否符合正态分布。

当需要了解城市环境噪声随时间的变化时,应选择具有代表性的测点进行长期监测。测点的选择应根据可能的条件决定,一般不应少于7个,分别布置在:繁华市区1点,典型居民区1点,交通干线两侧2点,工厂区1点,商住混合区2点。测量时传声器的位置和高度不限,但应高于地面1.2 m,也可以放置于高层建筑上以扩大监测的地面范围,但测点位置必须保持常年不变。在每个噪声监测点,最好每月测量一次,至少每季度测量一次,分别在昼间和夜间进行,对同一测点每次测量的时间必须保持一致(例如都是在上午10:00开始),不同测点的测量时间可以不同。每次测量结果的等效声级表示该测点每月或每季度的噪声水平。一年内的测量结果表示该测点的噪声随时间、季度的变化情况。由每年的测量结果,可以观察噪声污染的逐年变化情况。

3. 机动车辆噪声测量

交通噪声是城市噪声的主要污染源。而交通噪声的声源是机动车辆本身及其组成的车流。由于车辆噪声随行驶状况不同会有变化,因此测定的车辆噪声级,既要反映车辆的特性,又要代表车辆行驶的常用状况。《汽车加速行驶车外噪声限值及测量方法》(GB 1495—2002)和《声学机动车辆定置噪声测量方法》(GB/T 14365—2017)具体规定了机动车辆的车外噪声、车内噪声和定置噪声的测试规范。

与城市环境密切相关的是车辆行驶时的车外噪声。车外噪声测量需要平坦开阔的场地。在测试中心周围25 m半径范围内不应有大的反射物。测试跑道应有20 m以上平直、干燥的沥青路面或混凝土路面,路面坡度不超过0.5%。

测试话筒位于20 m跑道中心O点两侧,各距中线7.5 m,距地面高度1.2 m,用三脚架固定(见图1-19)。话筒平行于路面,其轴线垂直于车辆行驶方向。本底噪声(包括风噪声)至少应比所测车辆噪声低10 dB,为了避免风噪声干扰,可采用防风罩。声级计用A计权,“快”挡读取车辆驶过时的最大读数。测量时要避免测试人员对读数的影响。各类车辆按测试方法所规定的行驶挡位分别以加速和匀速状态驶入测试跑道。同样的测量往返进行一次。车辆同侧两次测量结果之差不应大于2 dB。若只用一个声级计测量,同样的测量应进行4次,即每侧测量2次。取每侧2次声级的平均值中最大值作为被测车辆的最大噪声级。

车内噪声主要影响驾驶人员对车外声音信号的识别和车内人员的舒适性,而对环境影响不大。定置噪声测量则主要用来分析鉴别车辆各部位的噪声源。这两种测量方法在此不详细介绍。

4. 航空噪声测量

1) 航空噪声测量的类型

航空噪声测量主要有飞机的噪声检测、测量单个飞行事件的噪声、测量一系列飞行事件引起的噪声等内容。《表述地面听到飞机噪声的方法》(ISO 3891)、《机场周围飞机噪声测量方法》(GB 9661—1988)和国际民航组织(ICAO)“航空器噪声”有关规定都详细叙述了航空噪声

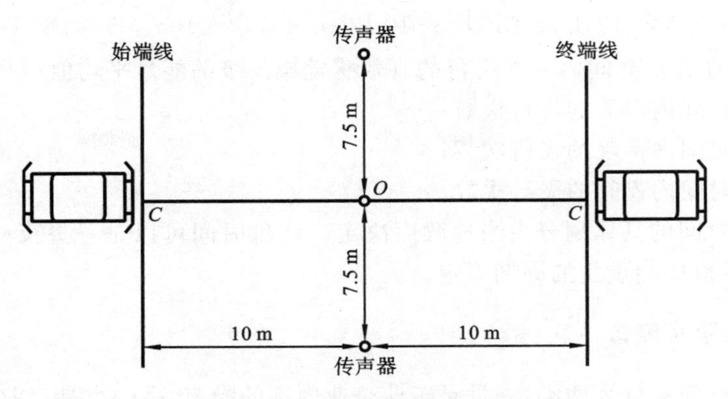

图 1-19　机动车辆噪声测试位置

的测量方法。

测量飞机噪声用 D 计权，飞机噪声的基本评价量是感觉噪声级 L_{PN}，其他评价量都是由 L_{PN} 演变而得。

2) 航空噪声测量条件

气候条件应无雨、无雪，地面上 10 m 高处的风速不大于 5 m/s，相对湿度不超过 90%；测量传声器应为无指向性的，安装地点应开阔、平坦，传声器离地面 1.2 m；被测飞机噪声最大值至少超过背景噪声 20 dB。

(1) 飞机的噪声检测。国际民航组织(ICAO)规定了三个测量点，即起飞、降落和边线测量点。起飞测量点在跑道中心线上，沿起飞方向离飞机起飞点 6 km 处；降落测量点亦在跑道中心线上，沿降落方向离降落点 2 km 处；边线测量点离跑道边 0.65 km 处，且与飞机降落点和起飞时离地点距离相同的位置。

(2) 测量单个飞行事件的噪声。飞机场周围单架飞机的噪声用最大感觉噪声级 $L_{PN,max}$ 和有效感觉噪声级 EPNL(或 L_{EPN})表示。

当飞机飞过测量点上空，由记录设备得到 $L_{D,max}$ 和 t_2-t_1，$L_{D,max}$ 是最大 D 声级，t_2-t_1 是由记录设备导出的 D 计权声级在最大值下降 10 dB 的开始时刻和最终时刻之间的时间间隔，有效感觉噪声级 EPNL 由下式求得：

$$\text{EPNL} = L_{PN,max} + 10\lg\frac{t_2-t_1}{2T_0} \tag{1-61}$$

式中：$T_0=10$ s。

感觉噪声级 L_{PN} 与 D 声级 L_D 之间有近似的固定差值，即

$$L_{PN} = L_D + 6.6 \tag{1-62}$$

(3) 测量一系列飞行事件引起的噪声级。在单个飞行事件的噪声级的基础上，计算相继 n 次事件所引起的噪声级，它是 n 个有效感觉噪声的能量平均值。对某一个测量点通过 n 次飞行的有效感觉噪声级的能量平均值为

$$\overline{\text{EPNL}} = 10\lg\left(\frac{1}{n}\sum_{i=1}^{n}10^{\text{EPNL}_i/10}\right) \tag{1-63}$$

式中：EPNL_i——某一次飞行的有效感觉噪声级。

(4) 在一段监测时间内测量飞行事件所引起的噪声。在某一监测点或评价位置，我国国家标准以计权有效连续感觉噪声级 WECPNL 为飞机噪声的评价量，它的计算公式为

$$\mathrm{WECPNL}=\overline{\mathrm{EPNL}}+10\lg(n_1+3n_2+10n_3)-39.4 \tag{1-64}$$

式中：$\overline{\mathrm{EPNL}}$——在评价时间内 n 次飞行的有效感觉噪声级的能量平均值；

n_1——评价时间内白天的飞行次数；

n_2——评价时间内傍晚的飞行次数；

n_3——评价时间内夜间的飞行次数。

一天内三段时间的具体划分由当地政府决定。评价时间可以是一昼夜(24 h)、一星期或更长时间，视航运班次能重复的周期而定。

1.4.4　工业企业噪声测量

工业企业噪声问题分为两类：一类是工业企业内部的噪声，另一类是工业企业对外界环境的影响。内部噪声又分为生产环境噪声和机器设备噪声。

1. 生产环境的噪声测量

《工业企业噪声控制设计规范》(GB/T 50087—2013)规定生产车间及作业场所工人每天连续接触噪声 8 h 的噪声限制值为 85 dB。这个数值是指工作人员在操作岗位上的噪声级。

测量时传声器应置于工作人员的耳朵附近，测量时工作人员应从岗位上暂时离开，以避免声波在工作人员头部引起的散射声使测量产生误差。对于流动的工种，应在流动的范围内选择测点，高度与工作人员耳朵的高度相同，求出测量值的平均值。

对于稳定噪声只测量 A 声级，如果是不稳定的连续噪声，则在足够长的时间内(能够代表 8 h 内起伏状况的部分时间)取样，计算等效连续 A 声级 L_{eq}。如果用积分声级计，就可以直接测定规定时间内的噪声暴露量。对于间断性的噪声，可测量不同 A 声级下的暴露时间，计算 L_{eq}。将 L_{eq} 从小到大按顺序排列，并分成数段，每段相差 5 dB，以其算术中心表示为 70 dB，75 dB，80 dB，…，115 dB，如 70 dB 表示 68～72 dB，75 dB 表示 73～77 dB，以此类推。然后将一个工作日内的各段声级暴露时间进行统计。

车间内部各点声级分布变化小于 3 dB 时，只需要在车间选择 1～3 个测点；若声级分布差异大于 3 dB，则应按声级大小将车间分成若干区域，使每个区域内的声级差异小于 3 dB，相邻两个区域的声级差异应大于或等于 3 dB，并在每个区域选取 1～3 个测点。这些区域必须包括所有工人观察和管理生产过程而经常工作、活动的地点和范围。

2. 机器噪声的现场测量

机器噪声的现场测量应遵照各有关测试规范(包括国家标准、部颁标准、行业规范)进行，必须设法避免或减小环境的背景噪声和反射声的影响，如使测点尽可能接近机器声源；除待测机器外，尽可能关闭其他运转设备；减少测量环境的反射面；增加吸声面积等。对于室外或高大车间内的机器噪声，在没有其他声源影响的条件下，测点可选得远一点，一般情况下可按如下原则选择测点：

(1) 小型机器(外形尺寸小于 0.3 m)的测点距表面 0.3 m；

(2) 中型机器(外形尺寸为 0.3～1 m)的测点距表面 0.5 m；

(3) 大型机器(外形尺寸大于 1 m)的测点距表面 1 m；

(4) 特大型机器或有危险性的设备，可根据具体情况选择较远位置为测点。测点数目可视机器的大小和发声部位的多少选取 4、6、8 个等。测点高度以机器半高度为准或选择在机器轴水平线的水平面上，传声器对准机器表面，测量 A、C 声级和倍频带声压级，并在相应测点上测量背景噪声。

对空气动力性的进气噪声测点应取在进气口轴线上，距管口平面0.5 m或1 m（或等于一个管口直径）处；排气噪声测点 b 应取在排气口轴线45°方向上或管口平面上，距管口中心0.5 m、1 m或2 m处，见图1-20。进、排气噪声应测量A、C声级和倍频带声压级，必要时测量1/3倍频带声压级。

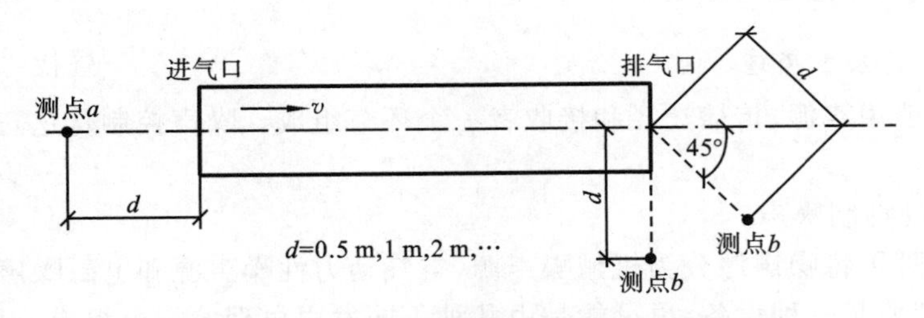

图1-20　进、排气噪声测点位置示意图

机器设备噪声的测量，由于测点位置不同，所得结果也不同，为了便于对比，各国的测量规范对测点的位置都有专门的规定。有时由于具体情况不能按照规范要求布置测点，则应注明测点的位置，必要时还应将测量场地的声学环境表示出来。

3. 厂界噪声测量

厂界噪声测量应按照《工业企业厂界环境噪声排放标准》（GB 12348—2008）规定进行，主要要求如下。

（1）测量仪器要求。

测量仪器为积分平均声级计或环境噪声自动监测仪，其精度为Ⅱ级以上。测量35 dB以下的噪声时应使用Ⅰ型声级计，且测量范围应满足所测量噪声的需要。测量时传声器应加防风罩。

（2）测量条件。

气象条件：测量应在无雨雪、无雷电天气，风速为5 m/s以下时进行。

测量工况：测量应在被测声源正常工作时间内进行。

（3）测点位置。

一般情况下，测点选在工业企业厂界外1 m、高度1.2 m以上、距任一反射面距离不小于1 m的位置。

（4）测量时段。

分别在昼间、夜间两个时段测量。被测声源是稳态噪声，采用1 min的等效声级；被测声源是非稳态噪声，测量被测声源有代表性时段的等效声级，必要时测量被测声源整个正常工作时段的等效声级。

（5）测量结果修正。

噪声测量值与背景噪声值相差大于10 dB(A)以上时，噪声测量值不进行修正；噪声测量值与背景噪声值相差为3～10 dB(A)时，按表1-18进行修正。

表1-18　测量结果修正表

差值/dB(A)	3	4～5	6～10
修正值/dB(A)	−3	−2	−1

1.5　噪声控制技术概述

1.5.1　噪声控制基本原理与原则

1. 噪声控制的基本原理

声学系统一般由声源、传播途径和接收者三个环节组成。噪声控制从这三个环节着手，分别采取措施。

(1) 在声源处抑制噪声。

根据发声机理可将噪声源分为机械噪声源、空气动力性噪声源和电磁噪声源。通常，噪声源不是单一的，即使是一种设备，也可能是由几种不同发声机理的噪声组成。具体措施包括降低激发力，减小系统各环节对激发力的响应，改进设备结构及操作程序，改变操作工艺方法，提高加工精度和装配质量等。如对风机叶片和电动机的冷却风扇叶片，通过合理设计，选择最佳叶型和叶片数，就能降低噪声。实验表明，若把离心风机的叶片由直片改为后弯形，噪声可降低 10 dB(A)左右。

(2) 在传播途径上降低噪声。

在传播途径上降低噪声，简单的方法就是使声源远离人们集中的地方，依靠噪声在距离上的衰减达到减噪的目的，或在声源与人之间设置隔声屏，或利用天然屏障如树林、土坡、建筑物等来遮挡噪声的传播。常用的技术措施有吸声、隔声、消声、阻尼减振等。

(3) 在接收点进行防护。

在某些情况下，噪声特别强烈，采用上述措施后仍不能达到要求，或者工作过程中不可避免地有噪声时，就需要从接收器保护角度采取措施。对于人，可佩戴耳塞、耳罩、防声头盔等；对于精密仪器设备，可将其安置在隔声间内或隔振台上。

2. 噪声控制的一般原则

噪声控制设计一般应坚持科学性、先进性和经济性的原则。

(1) 科学性。

首先应正确分析发声机理和声源特性，是空气动力性噪声、机械噪声还是电磁噪声，是高频噪声还是中低频噪声，然后采取针对性的控制措施。

(2) 先进性。

这是设计所追求的重要目标，但应建立在有可能实施的基础上。所采取的控制技术不能影响原有设备的技术性能或工艺要求。

(3) 经济性。

经济性也是设计所追求的目标之一。噪声污染属能量性污染，控制达到允许的标准值就可以了，以避免过度的资金投入。

3. 噪声控制的工作程序

在实际工作中，噪声控制主要分两类情况：一类是现有企业达不到《工业企业噪声卫生标准》的规定，需要采取补救措施来控制噪声；另一类是新建、扩建、改建而尚未建成的企业，需要事先考虑噪声污染的控制。很明显，两类情况相比，后一类情况回旋余地大，往往容易确定合理的噪声控制方案，收到较好的实际效果。噪声控制一般按如下程序进行。

(1) 调查噪声现场。

应到噪声污染的现场调查主要噪声源及其噪声产生的原因，同时了解噪声传播的途径。对噪声污染的对象，例如操作者、居民等进行实地调查，并进行噪声测量。根据测量的结果绘制出噪声分布图，可采取直角坐标用数字标注的方法，也可以在厂区地图上用不同的等声级线表示。

（2）确定减噪量。

将噪声现场的测量数据与噪声标准（包括国家标准、部颁标准、地方或企业标准）进行比较，确定所需降低噪声的数值（包括噪声级和各频带声压级）。

（3）确定噪声控制方案。

在确定噪声控制方案时，应对生产设备运行工作情况进行认真了解和研究，采用降噪措施必须充分考虑供水、供电问题，特别应考虑通风、散热、采光、防尘、防腐蚀以及污染环境等因素。措施确定后，应对声学效果进行估算。必要时应进行实验，取得经验后再大面积进行治理，要力求稳妥，避免盲目性。在设计中应尽力做到统筹兼顾，综合利用，应进行投资核算，力求高的经济效益。

（4）降噪效果的鉴定与评价。

应及时进行降噪效果的技术鉴定或工程验收工作。如未能达到预期效果，应及时查找原因，根据实际情况补加新的控制措施，直至达到预期的效果。

1.5.2　城市环境噪声控制

城市环境噪声按噪声源的特点分为工业生产噪声、交通运输噪声、建筑施工噪声和社会生活噪声。噪声控制的根本措施是对声源进行控制，城市环境噪声控制除依噪声控制基本原理采取必要的技术措施外，行政管理和规划性措施也是控制城市环境噪声的重要手段。

1. 行政管理措施

城市噪声污染行政管理的依据是《中华人民共和国环境噪声污染防治法》。人们期望生活在没有噪声干扰的安静环境中，但完全没有噪声是不可能的，也没有必要。人在没有任何声音的环境中生活，不但不习惯，还会引起恐惧，甚至疯狂。因此要把噪声降低到对人无害的程度，把一般环境噪声降低到对脑力劳动或休息不致干扰的程度，这就需要有一系列的噪声标准。20世纪70年代末以来，我国已制定了一系列噪声标准。

许多地方政府，根据国家声环境质量标准，划定本行政区域内各类声环境质量标准的适用区域，并进行管理。

为保证声环境质量标准的实施，从法律上保证人民群众在适宜的声环境中生活和工作，必须防治噪声污染。1989年国务院颁布了《中华人民共和国环境噪声污染防治条例》。1996年全国人大常委会通过了《中华人民共和国环境噪声污染防治法》（1997年3月1日起实施）。该法中明确规定，环境噪声污染是指产生的环境噪声超过国家规定的环境噪声排放标准，并干扰他人正常生活、工作、学习的现象。有关的主要规定如下。

① 城市规划部门在确定建设布局时，应当依据国家声环境质量和民用建筑隔声设计规范，合理规定建筑物与交通干线的防噪声距离，并提出相应的规划设计要求。

② 建设项目可能产生环境噪声污染的，建设单位必须提出环境影响报告书，规定环境噪声污染的防治措施，并按国家规定的程序报环境保护行政主管部门批准。

③ 建设项目的环境污染防治设施必须与主体工程同时设计、同时施工、同时投产使用。建设项目在投入生产或使用之前，其环境噪声污染防治措施必须经原审批环境影响报告书的环境保护行政主管部门验收，达不到国家规定要求的，该建设项目不得投入生产或者使用。

④ 产生环境噪声污染的企业事业单位，必须保持防治环境噪声污染设施的正常使用，拆除或者闲置环境噪声污染防治设施的，必须事先报经所在地的县级以上地方人民政府环境保

护行政主管部门批准。

⑤ 对于在噪声敏感建筑物集中区域内造成严重环境噪声污染的企业事业单位，限期治理。限期治理的单位必须按期完成治理任务。

⑥ 国家对环境噪声污染严重的落后设备实行淘汰制。

⑦ 在城市范围内从事生产活动确需排放偶发强噪声的，必须事先向当地公安机关提出申请，经批准后方可进行。

⑧ 在城市范围内向周围生活环境排放工业噪声的，应当符合国家规定的工业企业厂界环境噪声排放标准。

⑨ 在城市市区范围内向周围生活环境排放建筑施工噪声的，应当符合国家规定的建筑施工场界环境噪声排放标准。

⑩ 建设经过已有的噪声敏感建筑物区域的高速公路和城市高架、轻轨道路、有可能造成环境噪声污染的项目，应当设置声屏障或者采取其他有效的控制环境噪声污染的措施。

在已有的城市交通干线的两侧建设噪声敏感建筑物的，建设单位应当按国家规定隔一定的距离，并采取减轻、避免交通噪声影响的措施。

新建营业性文化娱乐场所的边界噪声必须符合国家规定的环境噪声排放标准，不符合国家规定的环境噪声排放标准的，文化行政主管部门不得核发文化经营许可证，工商行政管理部门不得核发营业执照。

禁止任何单位、个人在城市市区噪声敏感建筑物集中区域内使用高音广播喇叭。在城市市区街道、广场、公园等公共场所组织娱乐、集会等活动，使用音响器材可能产生干扰周围生活环境的，其音量大小必须遵守当地公安机关的规定。

一些城市和地区根据当地情况，还制定适用于本地区的标准和条例。例如许多城市规定市区内禁放鞭炮，主要街道或市区内所有街道机动车辆禁鸣喇叭等。

2. 规划性措施

《中华人民共和国环境噪声污染防治法》规定，“地方各级人民政府在制定城乡建设规划时，应当充分考虑建设项目和区域开发、改造中所产生的噪声对周围生活环境的影响，统筹规划，合理安排功能区和建设布局，防止或者减轻环境噪声污染”。合理的城乡建设规划，对未来的城乡环境噪声控制具有非常重要的意义。

(1) 居住区规划的噪声控制。

① 居住区道路网的规划。

居住区道路网规划设计中，应对道路的功能与性质进行明确的分类、分级，分清交通性干道和生活性道路。前者主要承担城市对外交通和货运交通。它们应避免从城市中心和居住区域穿过，可规划成环形道等形式从城市边缘或城市中心区边缘绕过。在拟定道路系统，选择线路时，应兼顾防噪因素，尽量利用地形设置成路堑式或利用土堤等来隔离噪声。交通性干道必须从居住区穿过时，可选择下述措施：

a. 将干道转入地下，其上布置街心花园或步行区；

b. 将干道设计成半地下式；

c. 沿干道两侧设声屏障，在声屏障朝干道侧布置灌木丛、矮生树，这样既可以绿化街景，又可减弱声反射；

d. 在干道两侧也可设置一定宽度的防噪绿带，作为和居住用地的隔离地带。这种防噪绿带宜选用常绿的或落叶期短的树种，高低配植组成林带，方能起减噪作用。这种林带每米宽减噪量为 0.1～0.25 dB。防噪绿带的宽度一般需要 10 m 以上，该措施宜用于城市环线干道。

生活性道路只允许通行公共交通车辆、轻型车辆和少量为生活服务的货运车辆。必要时可对货运车辆的通行进行限制，严禁拖拉机行驶。在生活性道路两侧可布置公共建筑或居住建筑，但必须仔细考虑防噪布局。当道路为东西向时，两侧建筑群宜采用平行式布局，路南侧可布置防噪居住建筑，将次要的较不怕吵的房间，如厨房、卫生间、储藏室等朝街面北布置，或朝街一面设带玻璃隔声窗的通道走廊。路北侧可将商店等公共建筑或一些无污染、较安静的第三产业集中成条状布置临街处，以构成基本连续的防噪障壁，并方便居民生活。当道路为南北向时，两侧建筑群布局可采用混合式。路西临街布置低层非居住性障壁建筑，如商店等公共建筑，多层住宅垂直于道路布置。这时低层公共建筑与住宅应分开布置，方能使公共建筑起声屏障的作用。路东临街布置防噪居住建筑，建筑的高度应随着离开道路距离的增加而逐渐增高，可利用前面的建筑作为后面建筑的防噪障壁，使暴露于高噪声级的立面面积尽量减少。

② 工业区远离居住区。

在城市总体规划中，工业区应远离居住区。有噪声干扰的工业区需用防护地带与居住区分开，布置时还要考虑主导风向。现有居住区内的高噪声级的工厂应迁出居住区，或改变生产性质，采用低噪声工艺或经过降噪处理来保证邻近住户的安静，等效声级低于 60 dB 及无其他污染的工厂，允许布置在居住区内靠近道路处。

③ 居住区中人口控制规划。

城市噪声随着人口密度的增加而增大。美国环保局发布的资料指出，城市噪声与人口密度之间有如下关系：

$$L_{dn} = 10\lg\rho + 22 \tag{1-65}$$

式中：ρ——人口密度，人/km^2；

L_{dn}——昼夜等效声级，dB。

(2) 道路交通噪声控制。

城市道路交通噪声控制是一个涉及城市规划建设、噪声控制技术、行政管理等多方面的综合性问题。从世界各国的经验看，比较有效的措施是研究低噪声车辆，采用低噪声路面，改进道路设计，合理规划城市，实施必要的标准和法规。

① 低噪声车辆。

目前，我国绝大多数载重汽车和公共汽车噪声是 88～91 dB，一般小型车辆为 82～85 dB。因此，85 dB 为低噪声重型车辆的指标。

电动汽车加速性能较好，特别适用于城市中启动和停车频繁的公共交通车辆。典型的电动公共汽车，在停车时的噪声级为 60 dB，以 45 km/h 的速度行驶时的噪声级为 76～77 dB。电动公共汽车的噪声比一般内燃机公共汽车噪声低 10～12 dB，其主要噪声为轮胎噪声。因此，应加速机动车辆的更换，我国到 2010 年，预期车辆的年更换率为 10%～20%。

② 道路设计。

随着车流量的增加、车速的提高，尤其是高速公路的发展，道路两侧的噪声将随之增高，因此，在道路规划设计中必须考虑噪声控制问题。如前所提及的道路布局、声屏障设置等必须考虑外，还必须考虑路面质量问题等。国外已普及低噪声路面，我国正在积极研制和推广。如在交叉路口采用立体交叉结构，减少车辆的停车和加速次数，可明显降低噪声。在同样的交通流量下，立体交叉处的噪声比一般交叉路口噪声低 5～10 dB。又如在城市道路规划设计时，应多采用往返双行线。在同样运输量时，单行线改为双行线，噪声可以减少 2～5 dB。

③ 合理城市规划，控制交通噪声。

影响城市交通噪声的重要因素是城市交通状况,合理地进行城市规划和建设是控制交通噪声的有效措施之一。表 1-19 列出了一些常用措施的实际效果。

表 1-19 利用城市规划方法控制交通噪声的效果

控制噪声方法	实际效果
居住区远离交通干线和重型车辆通行道路	距离增加 1 倍,噪声降低 4～5 dB
按噪声功能区进行合理区域规划	噪声降 5～10 dB
利用商店等公共活动场所作临街建筑,隔离噪声	噪声降 7～15 dB
道路两侧采用专门设计的声屏障	噪声降 5～15 dB
减少交通流量	流量减一半,噪声降 3 dB
减小车辆行驶速度	每减少 10 km/h,噪声降 2～3 dB
减少车流量中重型车辆比例	每减少 10%,噪声降 1～2 dB
增加临街建筑窗户的隔声效果	噪声降 5～20 dB
临街建筑的房间合理布局	噪声降 10～15 dB
禁止汽车使用喇叭	噪声降 2～5 dB

3. 城市绿地降噪

城市绿化不仅美化环境,净化空气,同时在一定条件下,对减少噪声污染也是一项不可忽视的措施。

声波在厚草地上面或穿过灌木丛传播时,其衰减量可用经验公式表示:

$$A_{g1} = (0.18\lg f - 0.31)r \tag{1-66}$$

式中:A_{g1}——声波在厚草地上面或穿过灌木丛传播时的衰减量,dB;

f——声波频率,Hz;

r——距离,m。

声波穿过树林传播的实验表明,对不同的树林,衰减量的差别很大,浓密的常绿树在 1 000 Hz 时有 23 dB/100 m 的衰减量,稀疏的树干只有 3 dB/100 m 的衰减量。若对各种树林求一个平均的衰减量,大致为

$$A_{g2} = 0.01 f^{1/3} r \tag{1-67}$$

总的说来,要靠一两排树木来降低噪声,其效果是不明显的,特别是在城市中,不可能有大片的树林,但如果能种上几排树木,开辟一些草地,增大道路与住宅之间的距离,则不但能增加噪声衰减量,而且能美化环境。另外,有关研究表明,绿化带的存在,对降低人们对噪声的主观烦恼度有一定的积极作用。

在铁路穿越市区的路段,营造宽度较大的(如 15 m 以上)绿化带,对降低噪声有较大作用。

1.6 吸声技术

1.6.1 吸声系数和吸声量

1. 吸声系数

常用吸声系数来描述吸声材料或吸声结构的吸声特性。吸声系数定义为材料吸收的声能

与入射到材料上的总声能之比，计算式为

$$\alpha = \frac{E_a}{E_i} = \frac{E_i - E_r}{E_i} = 1 - \gamma \tag{1-68}$$

式中：E_i——入射声能；

E_a——被材料或结构吸收的声能；

E_r——被材料或结构反射的声能；

γ——反射系数。

由式(1-68)可见，当入射声波被完全反射时，$\alpha=0$，表示无吸声作用；当入射声波完全被吸收时，$\alpha=1$。一般材料或结构的吸声系数在0～1之间，α值越大，表示吸声性能越好，它是目前表征吸声性能最常用的参数。吸声系数是频率的函数，同一种材料，对于不同的频率，具有不同的吸声系数。为了表示方便，有时还用中心频率125 Hz、250 Hz、500 Hz、1 000 Hz、2 000 Hz、4 000 Hz 6个倍频带的吸声系数的平均值，称为平均吸声系数$\bar{\alpha}$。

2. 吸声量

吸声系数反映房间壁面单位面积的吸声能力，材料实际吸收声能的多少，除了与材料的吸声系数有关外，还与材料表面积大小有关。吸声材料的实际吸声量也称等效吸声面积，按下式计算：

$$A = \alpha S \tag{1-69}$$

式中：A——吸声量，m^2；

α——某频率声波的吸声系数；

S——吸声面积，m^2。

若房间中有敞开的窗，且其边长远大于声波的波长，则该敞开的窗相当于吸声系数为1的吸声材料。若某吸声材料的吸声量为1 m^2，则其所吸声能相当于1 m^2敞开的窗户所引起的吸声。房间中的其他物体如家具、人等，也会吸收声能，而这些物体并不是房间壁面的一部分。因此，房间总的吸声量A可以表示为

$$A = \sum_i \bar{\alpha}_i S_i + \sum_i A_i \tag{1-70}$$

式中右侧第一项为所有壁面吸声量的总和，第二项是室内各个物体吸声量的总和。

3. 吸声系数的测量

吸声材料的吸声系数可由实验方法测定，常用的方法有混响室法和驻波管法两种。测量方法不同，所得的测试结果也有所不同。

(1) 混响室法。

混响室法是把被测吸声材料（或吸声结构）按一定的要求放置于专门的声学实验室——混响室中进行测定。首先使不同频率的声波以相等概率从各个角度入射到材料表面，这与吸声材料在实际应用中声波入射的情况比较接近。然后根据混响室内放进吸声材料（或吸声结构）前后混响时间的变化来确定材料的吸声系数，称为混响室吸声系数或无规入射吸声系数，通常记为α_T，在实际应用中具有普遍意义。

(2) 驻波管法。

将被测材料置于驻波管的一端，用声频信号发生器带动扬声器，从驻波管的另一端向管内辐射平面声波，声波以垂直入射的方式入射到材料表面，部分反射的平面声波与入射声波相互叠加产生驻波，波腹处的声压为极大值，波节处的声压为极小值。根据测得的驻波声压极大值和极小值，就可以计算出垂直入射吸声系数，也称为驻波管吸声系数或法向吸声系数，记

为 α_0。

驻波管装置如图 1-21 所示，主体是一根内壁光滑而坚硬的刚性管，形状可为方管，也可为圆管。管的横向尺寸 d(圆管的直径或方管的边长)应小于最高测试频率所对应波长的 1/2，管子的长度应大于最低测试频率所对应波长的 1/2。

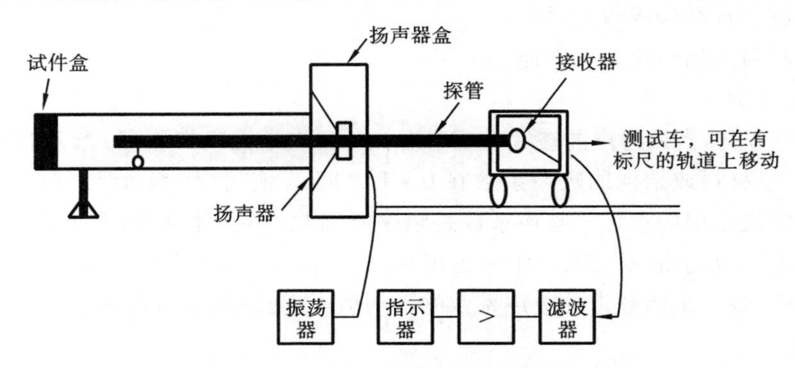

图 1-21　驻波管装置和测试设备

驻波管的一端安装作为声源的扬声器，另一端是待测吸声性能的试件，驻波管中的声场利用探管测试。声波入射到材料表面后有一部分反射声波向相反方向传播，叠加后在管内形成驻波，利用探管可测出声压的极大值 p_{max} 和极小值 p_{min}。p_{max} 和 p_{min} 之比 n 称为驻波比。驻波比 n 与声压反射系数 γ 和法向吸声系数 α_0 的关系为

$$\gamma = \frac{n-1}{n+1}, \quad \alpha_0 = 1 - |\gamma|^2 = \frac{4n}{(n+1)^2} \tag{1-71}$$

测出驻波比 n，即可求出材料的法向吸声系数 α_0。

驻波管法比混响室法简单方便，但所得数据与实际应用情况相比有一定误差。混响室法和驻波管法测得的吸声系数可按表 1-20 进行换算。

表 1-20　α_0 与 α_T 的换算表

驻波管吸声系数 α_0	0.10	0.20	0.30	0.40	0.50	0.60	0.70	0.80
混响室吸声系数 α_T	0.25	0.40	0.50	0.60	0.75	0.85	0.90	0.98

1.6.2　多孔吸声材料

1. 多孔吸声材料的吸声机理

多孔吸声材料的结构特点是：材料表面、内部多孔，孔与孔之间相互连通，并与外界大气相连，具有一定的通气性能。吸声材料的固体部分在空间形成筋络。筋络之间有大量的孔隙，孔隙占吸声材料体积的主要部分，一般多孔吸声材料孔隙率为 70%左右，相当一部分则高达 90%以上。当声波进入孔隙率很高的吸声材料时，除了一小部分沿筋络传播外，大部分仍在筋络间的孔隙内传播。如果忽略沿筋络传播的部分，则声波在材料内部的衰减主要是两种机理作用的结果：①声波在筋络间的孔隙内传播时会引起筋络间的空气来回运动，而筋络是静止不动的，筋络表面的空气受筋络的牵制使得筋络间的空气运动速度时快时慢，空气的黏滞性会产生相应的黏滞阻力使声能不断转化为热能；②声波的传播过程实质上就是空气的压缩与膨胀相互交替的过程，空气压缩时温度升高，膨胀时温度降低，由于热传导作用，在空气与筋络之间不断发生热交换，结果也会使声能转化为热能。

2. 多孔吸声材料的吸声性能及其影响因素

(1) 多孔吸声材料的吸声性能。

多孔吸声材料一般对高频声吸声效果好,而对低频声吸声效果差,这是因为吸声材料的孔隙尺寸与高频声波的波长相近所致。典型的多孔吸声材料吸声频谱特性曲线如图 1-22 所示,是一条多峰曲线。

由图 1-22 可知,在低频段吸声系数一般较低,当声波频率提高时,吸声系数相应增大,并有不同程度的起伏变化。第一个吸声峰值频率 f_r 称作吸声材料的第一共振频率,相应的吸声系数为 α_r,其他吸声峰值对应于材料的谐频共振。类似地,第一个吸声谷值频率 f_a 称作第一反共振频率,相应的吸声系数为 α_a。当频率低于第一共振频率 f_r 时,可以取吸声系数降低至 $\alpha_r/2$ 时的频率 f_z 作为吸声材料的下限频率,f_z 与 f_r 之间的倍频带数为半频带宽度。当频率高于 f_r 时,吸声系数在吸声峰值与吸声谷值之间变化,即 $\alpha_a \leqslant \alpha \leqslant \alpha_r$,随着频率的提高,起伏变化的幅度相应地减小,逐步趋向于一个稳定的数值 α_m。

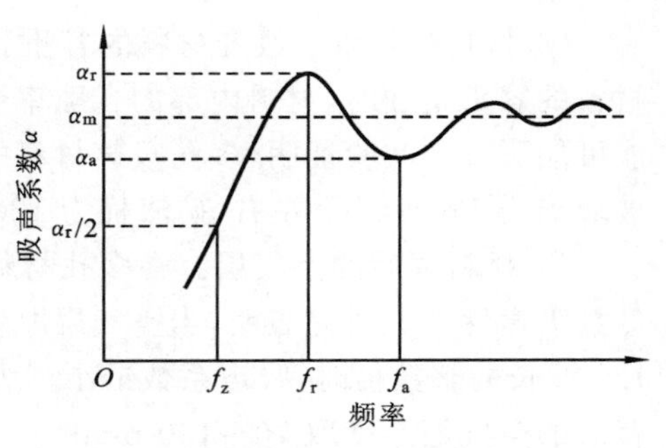

图 1-22 吸声材料的频谱特性曲线

(2) 多孔吸声材料吸声性能的影响因素。

多孔吸声材料的吸声性能主要受材料的流阻、孔隙率、结构因子、厚度、容重、材料背后的空气层、材料表面的装饰处理以及使用的外部条件等因素的影响,这些因素之间又有一定的关系,选用多孔吸声材料时应予注意。

① 材料的流阻 R_f。当声波引起空气振动时,有微量的空气在多孔材料的孔隙中流过。这时,多孔材料两面的静压差与气流线速度之比即为材料的流阻。流阻是表征气流通过多孔材料难易程度的一个物理量,对多孔材料的吸声性能有着重要的作用。流阻的大小一般与多孔材料内部微孔的大小、多少、相互连通程度等因素有关。流阻太高或太低都会影响材料的吸声性能。

当流阻接近空气的特性阻抗,即 407 Pa · s/m,就可获得较高的吸声系数,因此,一般希望吸声材料的流阻介于 100~1 000 Pa · s/m 之间,材料的流阻过高或过低,其吸声系数都不大。对于流阻过低的材料,则要求有较大的厚度;对于流阻过高的材料,则希望薄一些。

② 材料的孔隙率 q。多孔材料中通气的孔洞容积与材料总体积之比称为孔隙率,它是衡量材料多孔性的一个重要指标。一般多孔材料的孔隙率在 70%以上,矿渣棉为 80%,玻璃棉为 95%以上。孔隙率可通过实际测量得到。

③ 材料的结构因子 S。结构因子是多孔吸声材料孔隙排列状况对吸声性能影响的一个量。它表示多孔材料中孔的形状及其方向性分布的不规则情况,其数值一般介于 2~10 之间,偶尔也会达到 25。玻璃棉为 2~4,木丝板为 3~6,毛毡为 5~10,聚氨酯泡沫为 2~8,微孔吸声砖为 16~20。结构因子的大小对低频吸声影响较大。

④ 材料的厚度。多孔吸声材料对中高频吸声效果较好,对低频吸声效果较差,有时可采用加大厚度来提高低频吸声效果。从理论上讲,材料厚度相当于入射声波的 1/4 波长时,在该频率下具有最大的声吸收。若按此条件,材料厚度往往要大于 100 mm,这是很不经济的。除非特殊需要,一般不采取加大吸声材料厚度来提高其吸声性能。工程应用上,推荐多孔吸声材料的厚度如下:

超细玻璃棉、岩棉、矿渣棉 50～100 mm
泡沫塑料 25～50 mm
木丝板 20～50 mm
软质纤维板 13～20 mm
毛毡 4～5 mm

⑤ 材料的容重。改变材料的容重,可以间接控制吸声材料内部的微孔尺寸。一般,多孔材料的容重增加时,材料内部的孔隙率会相应降低,因而可改善低频吸声效果,但高频吸声性能可能下降。实验证明,多孔吸声材料的容重有最佳值。例如,超细玻璃棉为 15～25 kg/m^3,玻璃棉为 100 kg/m^3左右,矿渣棉为 120 kg/m^3左右。

⑥ 材料背后的空气层。在多孔材料背后留有一定厚度的空气层,可改善多孔吸声材料的低频吸声性能。研究表明,当空气层厚度近似等于 1/4 波长时,吸声系数最大;而其厚度等于 1/2 波长的整数倍时,吸声系数最小。为了改善中低频声的吸声效果,一般建议多孔吸声材料背后的空气层厚度取 70～100 mm。

⑦ 材料表面的装饰处理。为了增加强度,便于安装、维修以及改善吸声性能,多孔吸声材料通常都应进行表面装饰处理。如安装护面层、粉刷油漆、表面半钻孔及开槽等。

常用的护面层有金属网、塑料面纱、玻璃布、麻布、纱布以及穿孔板等。穿孔率大于 20% 的护面层,对吸声性能的影响不大,若穿孔率小于 20%,由于高频声的绕射作用较弱,高频声的吸声效果会受到影响。

在纤维板、木丝板等吸声材料表面粉刷油漆会增加流阻。流阻太高时会影响材料的吸声性能,尤其是高频吸声特性明显下降。因此,一般不采用油漆饰面,必要时可用喷涂法喷一层很薄的饰粉。

在多孔材料制成的半硬板表面可钻些深洞或开些狭槽,以增加吸声面积。一般洞深为材料厚度的 2/3～3/4,洞径为 6～8 mm,钻洞面积小于 10%。这种钻洞板吸声性能有所提高,表面可刷油漆,装饰效果好。

另外,多孔吸声材料使用的外部条件,如温度、湿度、气流等,对多孔吸声材料的吸声性能都有一定的影响。

3. 多孔吸声材料及其种类

目前常用的多孔吸声材料主要有无机纤维材料、泡沫塑料、有机纤维材料和建筑吸声材料及其制品。

(1) 无机纤维材料。

无机纤维材料主要有超细玻璃棉、玻璃丝、矿渣棉、岩棉及其制品。

超细玻璃棉具有质轻、柔软、容重小、耐热、耐腐蚀等优点,使用较普遍。但它也有吸水率高、弹性差、填充不易均匀等缺点。

矿渣棉具有质轻、防蛀、导热系数小、耐高温、耐腐蚀等特点。但由于矿渣棉杂质多,性脆易断,不适于风速大、要求洁净的场合。

岩棉具有隔热、耐高温和价格低廉等优点。

(2) 泡沫塑料。

泡沫塑料具有良好的弹性,容易填充均匀,但易燃烧、易老化、强度较差。常用做吸声材料的泡沫塑料主要有聚氨酯、聚氨基甲酸酯、聚氯乙烯、酚醛等。

(3) 有机纤维材料。

有机纤维材料指的是植物性纤维材料及其制品，如棉麻、甘蔗、木丝、稻草等，均可用做吸声材料。

(4) 建筑吸声材料。

建筑上采用的吸声材料有加气混凝土、微孔吸声砖、膨胀珍珠岩等。常用各类吸声材料的吸声系数见表 1-21，供设计参考。

表 1-21　各类吸声材料的吸声系数(驻波管法)

种类	材料名称	厚度/cm	容重/(kg/m^3)	各频率的吸声系数						备注
				125 Hz	250 Hz	500 Hz	1 000 Hz	2 000 Hz	4 000 Hz	
无机纤维材料	超细玻璃棉	5	20	0.10	0.35	0.85	0.85	0.86	0.86	
		10	20	0.25	0.60	0.85	0.87	0.87	0.85	
		15	20	0.50	0.80	0.85	0.85	0.86	0.80	
	超细玻璃棉(穿孔钢板护面)	15	20	0.79	0.74	0.73	0.64	0.35		$\phi5, p4.8\%, t1$
		15	25	0.85	0.70	0.60	0.41	0.25	0.20	$\phi5, p2\%, t1$
		15	25	0.60	0.65	0.60	0.55	0.40	0.30	$\phi5, p5\%, t1$
		6	30	0.38	0.63	0.60	0.56	0.54	0.44	$\phi9, p10\%, t1$
		6	30	0.13	0.63	0.60	0.66	0.69	0.67	$\phi9, p20\%, t1$
	防水超细玻璃棉	10	20	0.25	0.94	0.93	0.90	0.96		
无机纤维材料	熟玻璃丝	4	200	0.13	0.20	0.53	0.98	0.84	0.80	
		6	200	0.25	0.35	0.82	0.99	0.89	0.82	
		9	200	0.30	0.54	0.94	0.89	0.86	0.84	
	熟玻璃丝(铁丝网护面)	5	150		0.23	0.39	0.85	0.94		4 目/cm
		6	150		0.305	0.625	0.995	0.82		
		7	150		0.37	0.735	0.991	0.975		
		8	150		0.367	0.78	0.995	0.99		
		9	150		0.55	0.94	0.97	0.90		
	高硅氧玻璃棉	5	45～65	0.06	0.15	0.30	0.50	0.62	0.80	
	沥青玻璃棉毡	3	80		0.10	0.27	0.61	0.94	0.99	
	酚醛玻璃棉毡	3	80		0.12	0.26	0.57	0.85	0.94	
	矿渣棉	5	175	0.25	0.33	0.70	0.76	0.89	0.97	
		6	240	0.25	0.55	0.78	0.75	0.87	0.91	
		7	200	0.32	0.63	0.76	0.83	0.90	0.92	
		8	150	0.30	0.64	0.73	0.78	0.93	0.94	
		8	300	0.35	0.43	0.55	0.67	0.78	0.92	
	沥青矿渣棉(玻璃布护面)	5	150	0.10	0.31	0.60	0.88	0.89	0.97	
	岩棉	2.5	80	0.04	0.09	0.24	0.57	0.93	0.97	
		2.5	150	0.04	0.095	0.32	0.65	0.95	0.95	
		5	80	0.08	0.22	0.60	0.93	0.976	0.985	
		5	120	0.10	0.30	0.69	0.92	0.91	0.965	
		5	150	0.115	0.33	0.73	0.90	0.89	0.963	
		7.5	80	0.31	0.59	0.87	0.83	0.91	0.97	
		10	80	0.35	0.64	0.89	0.90	0.96	0.98	

续表

种类	材料名称	厚度/cm	容重/(kg/m³)	各频率的吸声系数						备注
				125 Hz	250 Hz	500 Hz	1 000 Hz	2 000 Hz	4 000 Hz	
泡沫塑料	聚氨酯泡沫塑料	2.5	40	0.04	0.07	0.11	0.16	0.34	0.83	北京产
		3	40	0.06	0.12	0.23	0.46	0.86	0.82	
		5	40	0.06	0.13	0.31	0.65	0.70	0.82	
		3	53	0.05	0.10	0.19	0.38	0.76	0.82	天津产
		3	56	0.07	0.16	0.41	0.87	0.75	0.72	
		4	56	0.09	0.25	0.65	0.95	0.73	0.79	
		5	56	0.11	0.31	0.91	0.75	0.86	0.81	
		3	71	0.11	0.21	0.71	0.65	0.64	0.65	
		4	71	0.17	0.30	0.76	0.56	0.67	0.65	
		5	71	0.20	0.32	0.70	0.62	0.68	0.65	
		3	45	0.07	0.14	0.47	0.88	0.70	0.77	上海产
		4	40	0.10	0.19	0.36	0.70	0.75	0.80	
		5	45	0.15	0.35	0.84	0.68	0.82	0.82	
		6	45	0.11	0.25	0.52	0.87	0.79	0.81	
		8	45	0.20	0.40	0.95	0.90	0.98	0.85	
	聚氨基甲酸酯泡沫塑料	2.5	25	0.05	0.07	0.26	0.87	0.69	0.87	天津产
		5	36	0.21	0.31	0.86	0.71	0.80	0.82	
	酚醛泡沫塑料	2	28	0.05	0.10	0.26	0.55	0.52	0.62	太原产
		3	16	0.08	0.15	0.30	0.52	0.56	0.60	
有机纤维材料	工业毛毡	1	370	0.04	0.07	0.21	0.50	0.52	0.57	北京产
		3	370	0.10	0.30	0.50	0.50	0.50	0.52	
		5	370	0.11	0.30	0.50	0.50	0.50	0.52	
		7	370	0.18	0.35	0.43	0.50	0.53	0.54	
	稻草纤维板	1.8	340	0.13	0.28	0.28	0.31	0.43	0.53	
		2.3	340	0.25	0.39	0.40	0.26	0.33	0.72	
	甘蔗纤维板	1.5	220	0.06	0.19	0.42	0.42	0.47	0.58	
		2	220	0.09	0.19	0.26	0.37	0.23	0.21	距墙 5 cm
		2	220	0.30	0.47	0.20	0.18	0.22	0.31	距墙 10 cm
		2	220	0.25	0.42	0.53	0.21	0.26	0.29	
	半穿孔甘蔗纤维板(表面刷白粉,ϕ5 mm,孔距为 25 mm,孔深 15 mm)	2	220	0.13	0.28	0.38	0.49	0.41	0.49	距墙 5 cm
		2	220	0.24	0.54	0.29	0.33	0.46	0.62	
	木丝板	4	—	0.19	0.20	0.48	0.78	0.42	0.70	
		5	—	0.15	0.23	0.64	0.78	0.87	0.92	距墙 5 cm
		8	—	0.25	0.53	0.82	0.63	0.84	0.59	距墙 5 cm
		3	—	0.05	0.30	0.81	0.63	0.69	0.91	距墙 5 cm
		5	—	0.29	0.77	0.73	0.68	0.81	0.83	距墙 10 cm
		3	—	0.09	0.36	0.62	0.53	0.71	0.89	
		5	—	0.33	0.93	0.68	0.72	0.83	0.86	

续表

种类	材料名称	厚度/cm	容重/(kg/m³)	各频率的吸声系数						备注
				125 Hz	250 Hz	500 Hz	1 000 Hz	2 000 Hz	4 000 Hz	
建筑材料	微孔吸声砖(α_T)	3.5	370	0.08	0.22	0.38	0.45	0.65	0.66	北京产
		5.5	620	0.20	0.40	0.60	0.52	0.65	0.62	
		5.5	830	0.15	0.40	0.57	0.48	0.59	0.60	
		5.5	1 100	0.13	0.20	0.22	0.50	0.29	0.29	
	膨胀吸声砖	2.5	—	0.04	0.06	0.22	0.71	0.87	—	北京产
		5	—	0.09	0.28	0.77	0.79	0.75	—	
		7.5	—	0.21	0.59	0.77	0.67	0.77	—	
	泡沫混凝土	4.4	210	0.09	0.31	0.52	0.43	0.50	0.50	沈阳产
		2.4	290	0.06	0.19	0.55	0.84	0.52	0.50	
		4.2	300	0.11	0.25	0.45	0.45	0.57	0.53	
		4.1	340	0.13	0.26	0.51	0.53	0.55	0.54	
建筑材料	水泥膨胀珍珠岩板	5	350	0.16	0.46	0.64	0.48	0.56	0.56	北京产
		8	350	0.34	0.47	0.40	0.37	0.48	0.55	上海产
	泡沫玻璃	6.5	150	0.10	0.33	0.29	0.41	0.39	0.48	
	加气混凝土	15	500	0.08	0.14	0.19	0.28	0.34	0.45	
	多孔陶瓷	0.7	251	—	0.20	0.85	0.80	0.30	—	

注：ϕ 为孔径，mm；p 为穿孔率；t 为板厚，mm。

4. 多孔吸声材料的吸声结构及其设计

多孔吸声材料大多是松散的，不能直接布置在室内或气流通道内。在实际使用中往往用透气的玻璃布、纤维布、塑料薄膜等做护面，将吸声材料放进木制的或金属的框架内，然后再加一层护面穿孔板。护面穿孔板可用胶合板、纤维板、塑料板，也可用石棉水泥板、钢板、铝板、镀锌铁丝网等。

(1) 吸声板结构及其设计。

吸声板结构是由多孔吸声材料与穿孔板组成的板状吸声结构。穿孔板的穿孔率一般大于20%，孔心距越大，低频吸声性能越好。轻织物多采用玻璃布和聚乙烯薄膜，聚乙烯薄膜的厚度应小于 0.03 mm，否则会降低高频吸声性能。常见吸声板结构见图 1-23。

实际应用中应根据气流速度的不同设计不同的护面结构形式，图 1-24 为几种不同护面的结构形式。

近年来还发展了定型规格化生产的穿孔石膏板、穿孔石棉水泥板、穿孔硅酸盐板以及穿孔硬质护面吸声板等。室内使用的各种颜色图案、外形美观的吸声板还具有装饰美化作用。

(2) 空间吸声体及其设计。

空间吸声体可悬挂在扩散声场中，其降噪量一般为 10 dB 左右。常用的几何形状有平面形、圆柱形、菱形、球形、圆锥形等，其中球形的吸声效果最好，因为球的体积与表面积之比最大。空间吸声体可以靠近各个噪声源，具有较高的低频响应，由于声波的绕射，其平均吸声系数往往大于 1。表 1-22 为最常用的矩形平板式吸声体悬挂在混响室内所测得的吸声系数。空间吸声体加工制作简单，原材料易购，价格低廉，安装容易，维修方便，不妨碍车间的墙面，不影响采光。

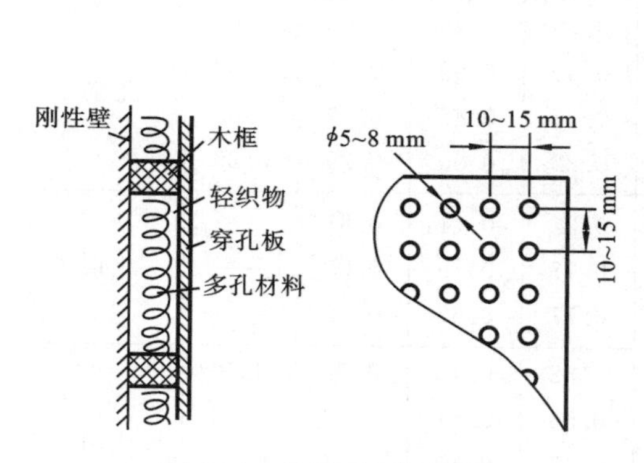

图 1-23 常用吸声板结构

气流流速/(m/s)	结构示意图
<10	布或金属网 多孔材料
10~23	金属穿孔板 多孔材料
23~45	金属穿孔板 玻璃布 多孔材料
45~120	金属穿孔板 钢丝棉 多孔材料

图 1-24 不同护面形式的吸声结构

表 1-22 矩形平板式吸声体的吸声系数(α_T)

护面方式	各频率下的吸声系数						平均吸声系数
	125 Hz	250 Hz	500 Hz	1 000 Hz	2 000 Hz	4 000 Hz	
玻璃布	0.37	1.31	1.89	2.49	2.37	2.28	1.78
玻璃布加窗纱	0.15	0.55	1.28	1.99	1.99	1.90	1.31
玻璃布加穿孔板(穿孔率为 20%)	0.46	0.61	0.90	1.40	1.40	1.60	1.06

空间吸声体由框架、吸声材料和护面结构组成,框架上有供吊装用的吊环。在设计空间吸声体时应注意,对于高频声的吸收,其效果随着空间吸声体尺寸的减小而增加;对于低频声的吸收,则随着空间吸声体尺寸的加大而升高。同时考虑到运输和吊装方便,空间吸声体的尺寸不宜过大和过小。吸声材料的选择和填充是决定吸声体吸声性能的关键。目前,国内常用的填充材料为超细玻璃棉,填充密度、厚度应根据噪声频率特性,经计算和实测而定。护面结构对空间吸声体的吸声性能有很大影响,工程上常用的护面材料有金属网、塑料窗纱、玻璃布、麻布、纱布及各类金属穿孔板等。护面材料的穿孔率应大于 20%,否则会降低吸声材料在高频段的吸声性能。此外,选择护面材料时还应考虑使用环境和经济成本。表 1-23 为几种空间吸声体的规格。

表 1-23 几种空间吸声体的规格

吸声体型号	外形尺寸(长×宽×高)/mm
ZK1-1-1	2 000×1 000×80
ZK1-1-2	2 000×500×80
ZK1-1-3	1 000×500×80
ZK1-1-4 板状吸声体	1 000×500×50
ZK1-1-5	2 000×500×50
ZK1-1-6	2 000×1 000×50
ZK1-1-7	1 000×1 000×50
ZK1-1-8	1 000×1 000×80

续表

吸声体型号	外形尺寸(长×宽×高)/mm
ZK1-2-1 双层玻璃 ZK1-2-2 布吸声体	1 000×1 000×80 1 000×1 000×50
ZK1-3 矩形吸声体	1 000×1 000×50
ZK1-4 齿条形吸声体	1 000×1 000×50
ZK1-5 尖劈板吸声体	1 000×1 000×50
ZK1-6 菱形吸声体	1 000×1 000×50
KX-B1	600×600×50 600×600×80 600×600×100
KX-B2	600×900×50 600×900×80 600×900×100
KX-B3	600×1 200×50 600×1 200×80 600×1 200×100
KX-B4	900×900×50 900×900×80 900×900×100
KX-B5	900×1 200×50 900×1 200×80 900×1 200×100
KX-B6	900×1 500×50 900×1 500×80 900×1 500×100
KX-B7	900×1 800×50 900×1 800×80 900×1 800×100

在设计或选择各型空间吸声体时，不仅要了解单个空间吸声体的性能，还应掌握悬挂要领，只有正确悬挂，才能收到高吸收、低成本、经济实用的效果。实践和经验表明，面积比和悬挂高度是影响空间吸声体吸声性能的两个主要因素。悬挂空间吸声体应遵循以下原则。

① 吸声体的面积与室内所需降噪的面积之比一般取40%左右，或取整个室内总表面积的15%左右，即可达到整个平顶都粘贴吸声材料时的降噪效果。若再增大面积比，降噪量提高很少。

② 如条件允许，吸声体的悬挂位置应尽量靠近声源，在面积比相同的条件下，吸声体垂直悬挂的吸声特性和水平悬挂基本相同。当房间高度低于 6 m 时，水平悬挂吸声体，吸声体离顶棚高度可取房间净高的 1/7～1/5，也可取距顶棚高度 750 mm 左右，吸声体以条形

排列为佳。当房间高度高于 6 m 时，则可将吸声体垂直悬挂在靠近发声设备一侧的墙面上。

③ 吸声体分散悬挂优于集中悬挂，特别对中高频声的吸声效果可提高 40%～50%。如在两相对墙面上吊挂吸声体，吊挂面积应尽量接近。垂直悬挂时，各排间距控制在600～1 800 mm。

④ 吸声体悬挂后应不妨碍采光、照明、起重运输、设备检修、清洁等，并做到美观、大方、色彩协调。

(3) 吸声尖劈及其设计。

吸声尖劈(见图 1-25)是一种楔子形空间吸声体，即在金属网架内填充多孔吸声材料，是常用于消声室或强吸声场所的一种特殊吸声结构。尖劈的吸声原理是利用特性阻抗逐渐变化，即从尖劈端面特性阻抗接近于空气的特性阻抗，逐渐过渡到吸声材料的特性阻抗，这样吸声系数最高。该吸声结构低频吸声特性极好，当吸声尖劈的长度大约等于所需吸收声波最低频率波长的一半时，其吸声系数可达 0.99。

吸声尖劈的形状有等腰劈状、直角劈状、阶梯状、无规则状等。尖劈顶端一般为尖头状，若要求不高可适当缩短，即去掉尖部的 10%～20%，对吸声性能影响不太大。吸声尖劈底部宽度取 20 cm 左右，尖劈长度取 80～100 cm，最低截止频率可达 70～100 Hz。吸声尖劈内部装填多孔吸声材料，外部罩以塑料窗纱、玻璃布或麻布。吸声尖劈的骨架由直径为 4～6 mm 的铅丝焊接而成。在实际安装时，吸声尖劈底板的后面设有穿孔共振器，或留有空气间隔层，同时应交错排列，避免方向一致，以提高吸声性能，如图 1-26 所示。

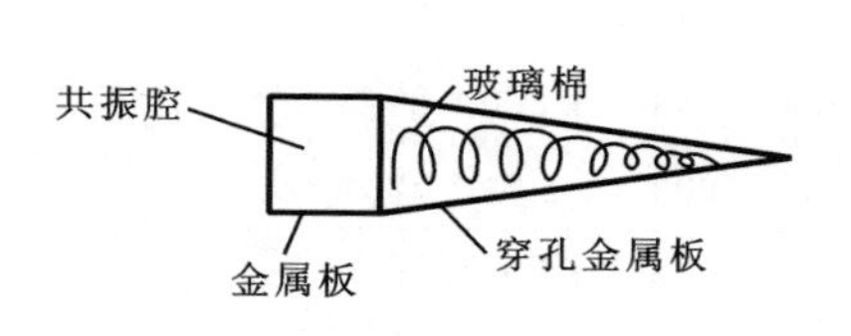

图 1-25　吸声尖劈的结构

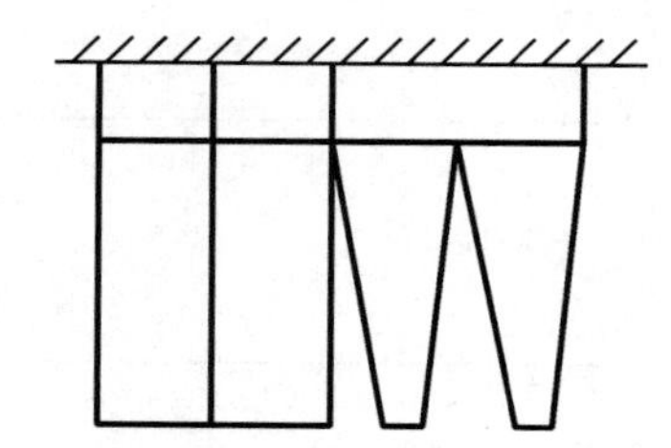

图 1-26　吸声尖劈的安装

1.6.3　共振吸声结构

多孔材料的高频吸声效果较好，而低频吸声性能很差，若用加厚材料或增加空气层等措施则既不经济，又多占空间。为改善低频吸声性能，利用共振吸声原理研制了各种吸声结构。常用的有薄板共振吸声结构、薄膜共振吸声结构、穿孔板共振吸声结构等。

(1) 薄板共振吸声结构。

将板材(胶合板、薄木板、硬质纤维板、石膏板、石棉水泥板、金属板等)周边固定在框架上，板后留有一定厚度的空气层，就构成了薄板共振吸声结构。当声波入射到薄板上时，将激起板面振动，使声能转变为机械能，并由于摩擦而转化为热能。当入射声波的频率与结构的固有频率一致时，产生共振，此时消耗的声能最大。薄板共振结构的固有频率一般较低，能有效地吸收低频声。其固有频率(f_0)可由下式计算：

$$f_0 = \frac{60}{\sqrt{md}} \tag{1-72}$$

式中：m——薄板的面密度，kg/m^2；

d——空气层的厚度，m。

增加薄板的面密度或空气层的厚度，可使薄板振动结构的固有频率降低，反之则提高。常用木质薄板共振吸收结构的板厚取 3～6 mm，空气层厚度取 30～100 mm，共振频率为100～300 Hz，其吸声系数一般为 0.2～0.5。若在薄板结构的边缘放置一些柔软材料（如橡皮条、海绵条、毛毡等），并在空气层中沿龙骨四周适当填放一些多孔吸声材料，则可明显提高其吸声性能。

常用薄板（膜）共振吸声结构的吸声系数见表 1-24。

表 1-24　常用薄板（膜）共振吸声结构的吸声系数（α_T）

材料（板厚/cm）	构造/cm	各频率下的吸声系数					
		125 Hz	250 Hz	500 Hz	1 000 Hz	2 000 Hz	4 000 Hz
三合板	空气层厚 5，木框架间距 45×45	0.21	0.73	0.21	0.19	0.08	0.12
三合板	空气层厚 10，木框架间距 45×45	0.59	0.38	0.18	0.05	0.04	0.08
五合板	空气层厚 5，木框架间距 45×45	0.08	0.52	0.17	0.06	0.10	0.12
五合板	空气层厚 10，木框架间距 45×45	0.41	0.30	0.14	0.05	0.10	0.16
木丝板（3）	空气层厚 5，木框架间距 45×45	0.05	0.30	0.81	0.63	0.70	0.91
木丝板（3）	空气层厚 10，木框架间距 45×45	0.09	0.36	0.62	0.53	0.71	0.89
草纸板（2）	空气层厚 5，木框架间距 45×45	0.15	0.49	0.41	0.38	0.51	0.64
草纸板（2）	空气层厚 10，木框架间距 45×45	0.50	0.48	0.34	0.32	0.49	0.60
刨花压轧板（1.5）	空气层厚 5，木框架间距 45×45	0.37	0.27	0.20	0.15	0.25	0.39
刨花压轧板（1.5）	空气层厚 10，木框架间距 45×45	0.28	0.28	0.17	0.10	0.23	0.34
七合板	空气层厚 25	0.37	0.13	0.10	0.05	0.05	0.10
胶合板	空气层厚 5	0.28	0.22	0.17	0.09	0.10	0.11
胶合板	空气层厚 10	0.34	0.19	0.10	0.09	0.12	0.11
木板（1.3）	空气层厚 2.5	0.30	0.30	0.15	0.10	0.10	0.10
硬质纤维板	空气层厚 10	0.25	0.20	0.14	0.08	0.06	0.04
帆布	空气层厚 4.5	0.05	0.10	0.40	0.25	0.25	0.20
帆布	空气层厚 2＋矿渣棉 2.5	0.20	0.50	0.65	0.50	0.32	0.20
聚乙烯薄膜	玻璃棉 5	0.25	0.70	0.90	0.90	0.60	0.50
人造革	玻璃棉 2.5	0.20	0.70	0.90	0.55	0.33	0.20

（2）薄膜共振吸声结构。

用刚度很小的弹性材料（如聚乙烯薄膜、漆布、不透气的帆布以及人造革等），在其后设置空气层，就构成薄膜共振吸声结构。薄膜结构与薄板结构的吸声机理基本相同，薄板结构固有频率的计算公式同样适用于薄膜结构。一般在膜后填充多孔吸声材料可改善低频吸声性能。膜的面密度比较小，故其共振频率向高频移动。通常薄膜结构的共振频率为 200～1 000 Hz，最大吸声系数为 0.3～0.4。

(3) 穿孔板共振吸声结构。

将钢板、铝板或者其他非金属的木板、硬质纤维板、胶合板、塑料板、石棉水泥板等,以一定的孔径和穿孔率打上孔,并在板后留有一定厚度的空气层,就构成穿孔板共振吸声结构。穿孔板上每一个孔后都有对应的空腔,相当于许多并联的亥姆霍兹共振腔。穿孔板孔颈中的空气柱受声波激发产生振动,由于摩擦和阻尼作用而消耗掉一部分声能量。当入射声波的频率与结构的固有频率一致时将产生共振,空气柱往复振动的速度、幅值最大,此时消耗的声能量最多,吸声最强。共振频率(f_0)的计算公式如下:

$$f_0 = \frac{c}{2\pi}\sqrt{\frac{p}{L_k D}} \tag{1-73}$$

式中:c——声速,m/s;

p——穿孔率;

D——穿孔板后空气层的厚度,m;

L_k——孔颈的有效长度,当孔径 d 大于板厚 t 时,$L_k = t + 0.8d$;当空腔内贴多孔吸声材料时,$L_k = t + 1.2d$。

穿孔板上的穿孔排列方式一般有正方形和三角形两种。穿孔率越高,每个共振腔所占的体积越小,共振频率就越高。可通过改变穿孔率来控制共振频率。穿孔率应小于 20%,否则会大大降低其吸声性能。在工程设计中通常要求共振频率为 100~4 000 Hz,板厚一般取 1.5~13 mm,孔径为 2~15 mm,孔心距为 10~100 mm,穿孔率为 0.5%~5%,甚至可达 15%,空腔深为 50~300 mm。穿孔板吸声结构具有较强的频率选择性,仅在共振频率附近才有最佳吸声性能,偏离共振频率,吸声效果明显下降。为增加吸声频带宽度,可在穿孔板背后贴一层纱布或玻璃布,也可在空腔内填装多孔吸声材料。常用穿孔板共振吸声结构的吸声系数见表 1-25,常用组合共振吸声结构的吸声系数见表 1-26。

表 1-25 常用穿孔板共振吸声结构的吸声系数(α_T)

材料	结构尺寸/mm	各频率下的吸声系数					
		125 Hz	250 Hz	500 Hz	1 000 Hz	2 000 Hz	4 000 Hz
三合板	孔径 5,孔距 40,空气层厚 100	0.37	0.54	0.30	0.08	0.11	0.19
	孔径 5,孔距 40,空气层厚 100,板内贴一层玻璃布	0.28	0.70	0.51	0.20	0.16	0.23
	孔径 5,孔距 40,空气层厚 100,内填矿渣棉(25 kg/m³)	0.69	0.73	0.51	0.28	0.19	0.17
五合板	孔径 5,孔距 25,空气层厚 50	0.01	0.25	0.54	0.30	0.16	0.19
	孔径 5,孔距 25,空气层厚 50,内填矿渣棉(25 kg/m³)	0.23	0.60	0.86	0.47	0.26	0.27
	孔径 5,孔距 25,空气层厚 100	0.09	0.45	0.48	0.18	0.19	0.25
	孔径 5,孔距 25,空气层厚 100,内填矿渣棉(8 kg/m³)	0.20	0.99	0.61	0.32	0.23	0.59
硬纤维板	孔径 4,孔距 24,空气层厚 75	0.10	0.24	0.50	0.10	0.66	0.08
胶合板	孔径 10,孔距 45,空气层厚 40	0.38	0.32	0.28	0.25	0.23	0.14
	孔径 6,孔距 40,空气层厚 50	0.36	0.59	0.49	0.62	0.52	0.38

续表

材料	结构尺寸/mm	各频率下的吸声系数					
		125 Hz	250 Hz	500 Hz	1 000 Hz	2 000 Hz	4 000 Hz
钢板	孔径5,板厚1,穿孔率2%,空气层厚150,内填超细玻璃棉(25 kg/m³)	0.85	0.70	0.60	0.41	0.25	0.25
	孔径9,板厚1,穿孔率10%,空气层厚60,内填玻璃棉(30 kg/m³)	0.38	0.63	0.60	0.56	0.54	0.44
	孔径5,板厚1,穿孔率5%,空气层厚150,内填玻璃棉(25 kg/m³)	0.60	0.65	0.60	0.55	0.40	0.30
	孔径9,板厚1,穿孔率20%,空气层厚60,内填玻璃棉(30 kg/m³)	0.13	0.63	0.60	0.66	0.69	0.67
	孔径5,板厚1.5,穿孔率1%,空气层厚150	0.58	0.65	0.07	0.06	0.06	—
铝板	孔径3,孔距15,空气层厚75	0.13	0.37	0.67	0.56	0.32	0.21

表1-26　常用组合共振吸声结构的吸声系数(α_T)

种类	吸声结构		各频率下的吸声系数					
	护面结构	吸声层厚/cm	125 Hz	250 Hz	500 Hz	1 000 Hz	2 000 Hz	4 000 Hz
穿孔板加超细玻璃棉	前置$\phi 5, t=2.5, p=5\%$	10	0.39	0.45	0.36	0.42	0.32	0.25
	前置$\phi 9, t=1, p=20\%$	6	0.13	0.63	0.60	0.66	0.69	0.67
	前置$\phi 5, t=2, p=25\%$	5	0.11	0.36	0.89	0.71	0.79	0.75
	前置$\phi 5, t=2.5, p=24\%$	10	0.13	0.77	0.78	0.70	0.90	0.95
穿孔板加聚氨酯泡沫塑料	前置$\phi 4, t=2, p=12\%$	4	0.10	0.22	0.58	0.99	0.99	0.65
	前置$\phi 5, t=2, p=25\%$	5	0.25	0.30	0.50	0.51	0.51	0.50
	前置$\phi 10, t=2, p=25\%$	5	0.25	0.31	0.49	0.51	0.51	0.43
穿孔板加棉再加空气玻璃层	前置$\phi 6, t=7, p=6\%$,空气层150	2.5	0.50	0.85	0.90	0.60	0.35	0.20
	前置$\phi 5, t=1, p=10\%$,空气层150	1.5	0.20	0.55	0.75	0.60	0.60	0.25
	前置$\phi 4, t=4, p=5\%$,空气层180	5	0.40	0.90	0.70	0.50	0.45	0.35
	前置$\phi 4, t=5, p=5\%$,空气层500	2.5	0.85	0.60	0.70	0.65	0.45	0.35
	前置$\phi 4, t=7, p=4\%$,空气层300	2.5	0.70	0.80	0.60	0.55	0.35	0.25
	前置$\phi 8, t=5, p=8\%$,空气层150	5	0.30	0.80	0.80	0.70	0.65	0.55

注:ϕ为孔径,mm;t为板厚,mm;p为穿孔率。

(4) 微穿孔板吸声结构。

微穿孔板吸声结构由具有一定穿孔率、孔径小于1 mm的金属薄板与板后的空气层组成。金属板厚t一般取0.2～1 mm,孔径ϕ取0.2～1 mm,穿孔率p取1%～4%,p取1%～2.5%时吸声效果最佳。微穿孔板吸声结构由于板薄、孔径小、声阻抗大、质量小,因而吸声系数和吸声频带宽度比穿孔板吸声结构要好,并具有结构简单,加工方便,特别适合于高温、高速、潮湿以及要求清洁卫生的环境下使用等优点。在实际应用中,为使吸声频带向低频方向扩展,可采用双层或多层微穿孔板吸声结构。

1.6.4　室内声场和吸声降噪量

1. 室内声场

(1) 室内声场的声压级。

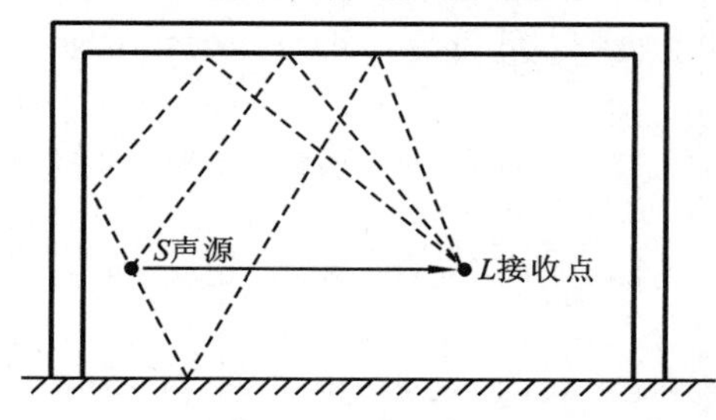

图 1-27　直达声与反射声的传播示意图

当室内声源 S 发出声波后,碰到室内各表面多次反射,形成混响声。室内某一点接收到的是直达声和反射声的叠加结果,图 1-27 为直达声与反射声的传播示意图。

壁面对声音的反射能力愈大,混响声也愈强,室内的噪声级就提高得愈多。噪声碰到吸声材料、吸声结构、吸声体或吸声屏后,一部分声能被吸收掉,使反射声能减弱,总的噪声级就会降低。因此,吸声处理方法只能吸收反射声,也就是说只能降低室内混响声,对于直达声没有什么效果。

一个房间吸声处理后的实际吸声量,不仅与吸声系数的大小有关,而且还与使用吸声材料的面积有关。如果某房间墙面上装饰几种材料,则该房间的总吸声量为

$$A = S_1\alpha_1 + S_2\alpha_2 + \cdots + S_n\alpha_n = \sum_{i=1}^{n} S_i\alpha_i \tag{1-74}$$

房间的平均吸声系数为

$$\bar{\alpha} = \frac{S_1\alpha_1 + S_2\alpha_2 + \cdots + S_n\alpha_n}{S_1 + S_2 + \cdots + S_n} = \frac{\sum_{i=1}^{n} S_i\alpha_i}{\sum_{i=1}^{n} S_i} \tag{1-75}$$

房间内某点的噪声由直达声与反射声两部分构成。

直达声的声压级 L_{p_d} 为

$$L_{p_\mathrm{d}} = L_W + 10\ \lg\frac{Q}{4\pi r^2} \tag{1-76}$$

反射声的声压级 L_{p_r} 为

$$L_{p_\mathrm{r}} = L_W + 10\ \lg\frac{4}{R} \tag{1-77}$$

房间内直达声和反射声叠加后总声压级 L_p 为

$$L_p = L_W + 10\ \lg\left(\frac{Q}{4\pi r^2} + \frac{4}{R}\right) \tag{1-78}$$

式中:L_p——房间内某一接收点的声压级,dB;

L_W——噪声源的声功率级,dB;

$\frac{Q}{4\pi r^2}$——直达声场的作用;

r——接收点与噪声源的距离,m;

Q——声源的指向性因数,可由表 1-27 查得;

$\frac{4}{R}$——混响声场(反射声)的作用;

R——房间常数,m^2。

其中

$$R = \frac{S\overline{\alpha}}{1-\overline{\alpha}}$$

式中：S——房间的总表面积，m^2；

$\overline{\alpha}$——平均吸声系数。

表 1-27　声源的指向性因数

声源位置	指向性因数 Q
室内几何中心	1
室内地面或某墙面中心	2
室内某一边线中心点	4
室内八个角之一	8

(2) 混响半径。

由式(1-78)可知，在声源的声功率级为定值时，房间内的声压级由接收点到声源距离 r 和房间常数 R 决定。当接收点离声源很近时，$\frac{Q}{4\pi r^2} \gg \frac{4}{R}$，室内声场以直达声为主，混响声可以忽略；当接收点离声源很远时，$\frac{Q}{4\pi r^2} \ll \frac{4}{R}$，室内声场以混响声为主，直达声可以忽略，这时声压级 L_p 与距离无关；当 $\frac{Q}{4\pi r^2} = \frac{4}{R}$ 时，直达声与混响声的声能密度相等，这时的距离称为临界半径，记为 r_c。

$$r_c = \frac{1}{4}\sqrt{\frac{QR}{\pi}} = 0.14\sqrt{QR} \tag{1-79}$$

当 $Q=1$ 时的临界半径又称混响半径。

由于吸声降噪是通过吸声材料将入射到房间壁面的声能吸收掉，从而降低室内噪声，因此，它只对混响声起作用。当接收点与声源的距离小于临界半径时，吸声处理对该点的降噪效果不大；反之，当接收点离声源的距离远远超过临界半径时，吸声处理才有明显的效果。

(3) 室内声衰减和混响时间。

当声源开始向室内辐射声能时，声波在室内空间传播，当遇到壁面时，部分声能被吸收，部分被反射；在声波的继续传播中多次被吸收和反射，在空间就形成了一定的声能密度分布。随着声源不断供给能量，室内声能密度将随时间增加，当单位时间内被室内吸收的声能与声源供给声能相等时，室内声能密度不再增加而处于稳定状态。一般情况下，仅需 1～2 s 的时间，声能密度的分布即接近于稳态。

当声场处于稳态时，若声源突然停止发声，室内各点的声能并不立即消失，而要有一个过程。首先是直达声消失，反射声将继续下去。每反射一次，声能被吸收一部分，因此，室内声能密度逐渐减弱，直到完全消失。这一过程称为混响过程，在此过程中，室内声能密度随时间作指数衰减。房间的内表面积越大，吸声量也越大，衰减越快；房间的容积越大，衰减越慢。

混响时间是表征房间混响声学特性的物理量。在室内混响声场达到稳态后，立即停止发声，声能密度衰减到原来的 10^{-6}（即衰减 60 dB）所需的时间定义为混响时间，以 T_{60} 表示。据此定义可得其计算式：

$$T_{60} = \frac{0.161V}{-S\ln(1-\overline{\alpha})+4mV} \tag{1-80}$$

式中：V——房间的体积，m^3；

m——空气衰减常数。

空气衰减常数 m 与湿度和声波的频率有关，随频率的升高而增大，低于 2 000 Hz 的声音，m 可以忽略。室温下，$4m$ 与频率和湿度之间的关系见表 1-28。若室内声音频率低于2 000 Hz，且平均吸声系数 $\bar{\alpha}<0.2$，$-\ln(1-\bar{\alpha})\approx\bar{\alpha}$，式(1-80)可简化为

$$T_{60}=\frac{0.161V}{S\bar{\alpha}} \tag{1-81}$$

表 1-28　4 m 与频率和相对湿度的关系(20 ℃)

频率/Hz	室内相对湿度/(%)			
	30	40	50	60
2 000	0.012	0.010	0.010	0.009
4 000	0.038	0.029	0.024	0.022
6 300	0.084	0.062	0.050	0.043

混响时间的长短直接影响到室内的音质，混响时间过长会使人感到声音混浊不清，过短又缺乏共鸣感，要达到良好的音质效果，可以通过调整各频率的平均吸声系数 $\bar{\alpha}$，以获得各主要频率的最佳混响时间。

2. 吸声降噪量

由式(1-28)可知，在室内空间某点确定位置，当声源声功率级 L_W 和声源指向性因数 Q 确定后，只有改变房间常数 R，才能使 L_p 值发生变化。房间常数 R 是反映房间声学特性的主要参数，与噪声源的性质无关。

假设室内吸声处理前后的声压级、房间常数和平均吸声系数分别为 L_{p_1}、L_{p_2}，R_1、R_2 和 $\bar{\alpha}_1$、$\bar{\alpha}_2$，则吸声处理前后距离声源 r 处相应的声压级分别为

$$L_{p_1}=L_W+10\lg\left(\frac{Q}{4\pi r^2}+\frac{4}{R_1}\right) \tag{1-82}$$

$$L_{p_2}=L_W+10\lg\left(\frac{Q}{4\pi r^2}+\frac{4}{R_2}\right) \tag{1-83}$$

吸声降噪量 ΔL_p 为

$$\Delta L_p=L_{p_1}-L_{p_2}=10\lg\frac{\dfrac{Q}{4\pi r^2}+\dfrac{4}{R_1}}{\dfrac{Q}{4\pi r^2}+\dfrac{4}{R_2}}$$

在声源附近，直达声占主导地位，即 $\dfrac{Q}{4\pi r^2}\gg\dfrac{4}{R}$，略去 $\dfrac{4}{R}$ 项，则 $\Delta L_p=0$，说明吸声处理对近声场无降噪效果；在距声源足够远处，混响声占主导地位，即 $\dfrac{Q}{4\pi r^2}\ll\dfrac{4}{R}$，略去 $\dfrac{Q}{4\pi r^2}$ 项，则

$$\Delta L_p\approx10\lg\frac{R_2}{R_1}=10\lg\frac{\bar{\alpha}_2(1-\bar{\alpha}_1)}{\bar{\alpha}_1(1-\bar{\alpha}_2)} \tag{1-84}$$

式(1-84)适用于远离声源处的吸声降噪量的估算。对于一般室内稳态声场，如工厂厂房，都是砖及混凝土砌墙、水泥地面与天花板，吸声系数都很小，因此有 $\bar{\alpha}_1\bar{\alpha}_2$ 远小于 $\bar{\alpha}_1$ 或 $\bar{\alpha}_2$，则式(1-84)可简化为

$$\Delta L_p=10\lg\frac{\bar{\alpha}_2}{\bar{\alpha}_1} \tag{1-85}$$

由于 $\bar{\alpha}_1$ 和 $\bar{\alpha}_2$ 通常是按实测混响时间 T_{60} 得到的，若以 T_1 和 T_2 分别表示吸声处理前后的混响时间，利用式(1-81)和式(1-85)可得

$$\Delta L_p = 10\lg\frac{T_1}{T_2} \tag{1-86}$$

按式(1-85)和式(1-86)将室内的吸声状况和相应的降噪量列于表 1-29。

表 1-29　室内吸声状况与相应降噪量

$\bar{\alpha}_2/\bar{\alpha}_1$ 或 T_1/T_2	1	2	3	4	5	6	8	10	20	40
ΔL_p/dB	0	3	5	6	7	8	9	10	13	16

1.6.5　吸声降噪的计算

(1) 吸声降噪措施的应用范围。

吸声处理只能降低反射声的影响，对直达声是无能为力的，无法通过吸声处理而降低直达声。吸声降噪的效果是有限的，其降噪量一般为 3～10 dB。吸声降噪的实际效果主要取决于所用吸声材料或吸声结构的吸声性能、室内表面情况、室内容积、室内声场分布、噪声频谱以及吸声结构安装位置是否合理等因素。选用吸声降噪措施时应考虑以下因素。

① 吸声降噪效果与原房间的吸声情况关系较大。当原房间内壁面平均吸声系数较小时，如壁面采用吸声系数较小的坚硬而光滑的混凝土抹面，采用吸声降噪措施才能收到良好效果。如原房间壁面及物体已具有一定的吸声量，即吸声系数较大，再采取吸声降噪措施，效果非常有限。原则上，吸声处理后的平均吸声系数应比处理前大 2 倍以上，吸声降噪才有明显效果，即噪声降低 3 dB 以上。

② 室内的声源情况对吸声降噪效果影响较大。若室内分散布置多个噪声源(如纺织厂的织布车间)，对每一噪声源进行降噪处理比较困难。因室内各处直达声都很强，吸声处理效果有限，一般吸声降噪量为 3～4 dB，但由于减少了混响声能，室内工作人员主观感觉上消除了来自四面八方的噪声干扰，反应良好。吸声处理对于接近声源的接收者效果较差，对于远离声源的接收者效果较好，而对周围的环境噪声降低效果更为显著。

③ 房间的形状、大小及所用吸声材料或吸声结构的布置对吸声降噪效果的影响。在容积大的房间内，声源附近近似于自由声场，直达声占优势，吸声处理效果较差。在容积小的房间内，反射声的声能量所占比例很大，吸声处理效果就比较理想。实践经验表明，当房间容积小于 3 000 m^3 时，采用吸声处理效果较好。若房间虽大，但其体形向一个方向延伸，顶棚较低，长度或宽度大于其高度的 5 倍，采用吸声降噪措施，效果比同体积的立方体房间要好。拱形屋顶、有声聚焦的房间，采用吸声降噪措施效果最好。吸声材料和吸声结构应布置在噪声最强烈的地方。房间高度小于 6 m 时，应将一部分或全部顶棚进行吸声处理；若房间高度大于 6 m，则最好在声源附近的墙壁上进行吸声处理或在其附近设置吸声屏或吸声体。

④ 吸声材料的吸声性能及价格。选用吸声材料和吸声结构时，首先应有利于降低声源频谱的峰值频率噪声，尤其是中高频峰值频率噪声的降低，对吸声降噪效果的影响最为明显。所用吸声材料和吸声结构的吸声性能应比较稳定，价格低廉，施工方便，符合卫生要求，对人无害，防火，美观，经久耐用。

实际工程中，对一个未经吸声处理的车间采用适当的吸声降噪措施，使车间内的噪声平均降低 5～7 dB 是比较切实可行的。要想获得更高的降噪效果，困难会大幅度地增加，往往得不偿失。但吸声处理后使噪声降低 5～7 dB，已经可以产生良好的降噪效果，主观感觉上噪声明显变轻，从而做到技术可行，经济合理。

(2) 吸声降噪设计的一般步骤。

对室内采取吸声降噪措施,设计工作的步骤与一般噪声控制步骤大致相同,但在具体技术细节上有其特殊性。吸声降噪设计工作步骤简述如下。

① 了解噪声源的声学特性。

首先要了解噪声源的倍频带声功率级和总声功率级。可根据产品的噪声指标确定定型机电设备的声功率级,如缺乏现成的噪声资料,就应在实验室或现场预先测定。其次应了解噪声源的指向特性。在噪声控制工程中,噪声源的几何尺寸一般不大,可将其视为点声源,指向性因数 Q 值由噪声源在房间内的位置确定。

② 了解房间的几何性质及吸声处理前的声学特性。

主要了解房间的容积和壁面的总面积。房间内可移动物体(如车间内的机电设备)所占的体积不必在房间总容积内扣除,其表面积也不必计算在壁面总面积内。此外,应注意房间的几何形状,特别应注意房间内是否存在凹反射面,房间的长度、宽度和高度是否可相比拟,即房间的几何形状是否能保证房间内的声场近似为完全扩散的声场。

房间的声学特性一般由壁面无规入射吸声系数 $\bar{\alpha}_1$ 或吸声量 A 来反映。在吸声处理前,需根据各壁面材料的吸声系数求出房间各倍频带的平均吸声系数 $\bar{\alpha}_1$,或通过现场测量相关参数(如混响时间等)求出 $\bar{\alpha}_1$ 或 A。普通建筑材料无规入射吸声系数见表 1-30。房间中人和家具的吸声系数见表 1-31。

表 1-30 普通建筑材料无规入射吸声系数(α_T)

建筑材料	各频率下的吸声系数					
	125 Hz	250 Hz	500 Hz	1 000 Hz	2 000 Hz	4 000 Hz
砖墙(墙面不勾缝)	0.15	0.19	0.21	0.28	0.38	0.46
砖墙(墙面勾缝)	0.03	0.03	0.04	0.05	0.06	0.06
砖墙(墙面抹灰)	0.02	0.02	0.02	0.03	0.04	0.04
砖墙(墙面抹灰并涂油漆)	0.01	0.01	0.02	0.02	0.02	0.02
普通混凝土地面	0.01	0.02	0.02	0.02	0.04	0.04
混凝土地面(涂油漆)	0.01	0.01	0.01	0.02	0.02	0.02
水磨石地面	0.01	0.01	0.01	0.02	0.02	0.02
钢丝网(抹石灰砂浆)	0.04	0.05	0.06	0.08	0.04	0.06
木板条(抹石灰砂浆)	0.02	—	0.03	—	0.04	—
地毯(绒毛层厚 10 mm)	0.10	0.10	0.30	0.30	0.27	—
地毯(绒毛层厚 9 mm,铺在混凝土地面上)	0.09	0.08	0.21	0.26	0.27	0.37
地毯(绒毛层厚 9 mm,铺在 3 mm 厚的毡垫上)	0.11	0.14	0.37	0.43	0.27	0.30
橡皮地毯(铺在混凝土地面上)	0.04	0.04	0.08	0.20	0.08	—
门窗帘(绸,面密度 0.34 kg/m²,无褶皱)	0.04	—	0.11	—	0.30	—
门窗帘(棉布,面密度 0.5 kg/m²,有褶皱)	0.07	—	0.47	—	0.66	—
门窗帘(长毛绒,面密度 0.65 kg/m²,有褶皱)	0.14	0.35	0.55	0.72	0.70	0.65
玻璃窗	0.30	0.20	0.15	0.10	0.06	0.04
胶合板(贴有裱糊纸)	0.12	0.12	0.06	0.08	0.09	0.12
木墙裙	0.10	0.10	0.10	0.08	0.08	0.11
木镶板	0.08	—	0.06	—	0.06	—
木地板	0.15	0.11	0.10	0.06	0.07	0.07
铺实木地板(下面为沥青层)	0.04	0.04	0.07	0.06	0.06	0.07

表 1-31　房间中人和家具的吸声系数

名称	各频率下的吸声系数					
	125 Hz	250 Hz	500 Hz	1 000 Hz	2 000 Hz	4 000 Hz
单个的人	0.30	0.39	0.44	0.51	0.56	0.53
胶合板制椅子	0.01	0.02	0.02	0.03	0.05	0.05
坐有人员的木椅	0.14	0.28	0.44	0.51	0.55	0.46
软椅(包钉布料)	0.15	0.20	0.20	0.25	0.30	0.30
半软椅	0.08	0.10	0.15	0.15	0.20	0.20
沙发	0.23	0.37	0.42	0.44	0.42	0.37
办公桌	0.09	—	0.10	—	0.11	—

③ 确定吸声处理前需作噪声控制处的实际倍频带声压级 L_{p1i} 和 A 声级 L_{A1}。根据噪声的容许标准,确定控制处应达到的倍频带声压级 L_{p2i} 和 A 声级 L_{A2}。由实际噪声级数值与容许标准间的差值,即可确定各倍频带所需的降噪量。

④ 根据吸声处理应达到的降噪量,求出吸声处理后相应的壁面各倍频带平均吸声系数 $\bar{\alpha}_2$,确定需要增加的吸声量。

⑤ 合理选用吸声材料的种类及吸声结构的类型,确定吸声材料的厚度、容重、吸声系数,计算所需吸声材料的面积,确定安装方式。

应注意,房间内可供铺设吸声材料或吸声结构的面积有一定限制。假如作吸声处理后要求达到的平均吸声系数过大(如大于 0.5)时,那么实际上就很难实现。表明这时单纯采用吸声处理不能达到预期要求,必须另作考虑。

【例 1-1】 某车间长 16 m,宽 8 m,高 3 m,在侧墙边有两台机床,其噪声波及整个车间。采用吸声降噪措施,使距机床 8 m 以外处噪声降至噪声评价曲线 NR-55 的容许标准,试作吸声处理设计。

解　该吸声降噪设计按如下步骤进行,有关数据见表 1-32。

表 1-32　吸声设计数据

序号	项目	各倍频带中心频率下的参数						说明
		125 Hz	250 Hz	500 Hz	1 000 Hz	2 000 Hz	4 000 Hz	
1	距机床 8 m 处噪声声压级/dB	70	62	65	60	56	53	实测值
2	噪声容许标准/dB	70	63	58	55	52	50	NR-55 噪声评价曲线
3	所需降噪量/dB	—	—	7	5	4	3	(1)−(2)
4	处理前的平均吸声系数 $\bar{\alpha}_1$	0.06	0.08	0.08	0.09	0.11	0.11	实测或计算
5	处理后应有的平均吸声系数 $\bar{\alpha}_2$	0.06	0.08	0.40	0.30	0.34	0.35	
6	现有吸声量/m^2	24	32	32	36	44	44	$A_1=S\bar{\alpha}_1$,$S=400\ m^2$
7	应有吸声量/m^2	24	32	160.4	113.8	110.5	87.8	$A_2=A_1\times 10^{0.1\Delta L_p}$
8	需要增加的吸声量/m^2	0	0	128.4	77.8	66.5	43.8	(7)−(6)
9	选用穿孔板加超细玻璃棉时的吸声系数 α	0.11	0.36	0.89	0.71	0.79	0.75	查表 1-30
10	所需吸声材料量/m^2	0	0	144.3	109.6	84.2	58.4	(8)÷(9)

① 在设计前,现场测量距机床 8 m 处噪声各倍频带声压级数值。

② 根据噪声控制目标值,查噪声评价曲线 NR-55,得各倍频带容许的声压级数值。

③ 计算各倍频带声压级所需的降噪值。

④ 由 $\bar{\alpha}_1 = \dfrac{\sum_{i=1}^{n} S_i\alpha_i}{\sum_{i=1}^{n} S_i}$ 计算吸声处理前各倍频带的平均吸声系数或进行实际测量。

⑤ 根据所需降噪量及 $\bar{\alpha}_1$ 由式(1-85)求出处理后应有的各倍频带的平均吸声系数 $\bar{\alpha}_2$。即 $\bar{\alpha}_2=\bar{\alpha}_1\times 10^{0.1\Delta L_p}$,如 500 Hz 处应有的吸声系数为

$$\bar{\alpha}_2 = 0.08\times 10^{0.1\times 7} = 0.4$$

⑥计算吸声处理前的吸声量 A_1,该房间的内表面积 $S=400\ \text{m}^2$,则 500 Hz 处的吸声量为

$$A_1 = S\bar{\alpha}_1 = 400\times 0.08\ \text{m}^2 = 32\ \text{m}^2$$

⑦ 计算应有吸声量。如在 500 Hz 处的吸声量为

$$A_2 = A_1\times 10^{0.1\Delta L_p} = 32\times 10^{0.1\times 7}\ \text{m}^2 = 160.4\ \text{m}^2$$

⑧ 计算所需增加的吸声量。如 500 Hz 处为

$$A_2 - A_1 = (160.4-32)\ \text{m}^2 = 128.4\ \text{m}^2$$

⑨ 选择穿孔板加超细玻璃棉吸声结构。穿孔板 $\phi 5$ mm,$p=25\%$,$t=2$ mm,吸声层厚 5 cm。

⑩ 计算所需吸声材料的量。如在 500 Hz 处,需要吸声材料的量为

$$128.4\div 0.89\ \text{m}^2 = 144.3\ \text{m}^2$$

由计算结果可知,室内加装 144.3 m² 吸声组合结构,即可满足 NR-55 的要求。

1.6.6 吸声降噪实例

某冷冻站车间长 60 m,宽 18 m,平均高 10.3 m。车间内装有 22 台 25CF 螺杆式制冷机组,单机制冷量为 903 767 MJ/h,转速为 2 950 r/min,电动机功率为 500 kW。由于该机房壁面为混凝土弓形屋架铺大型屋面板和砖墙结构,反射声很强,混响时间长。经现场测定,单台机组运行时,距离 1 m 处的噪声级为 93~100 dB(A),平均为 94 dB(A),并以中频为主。22 台机组同时运行时车间内平均噪声级为 100 dB(A)以上。要求采用吸声降噪措施。

针对该车间的实际情况,采用的吸声设计如下:在车间顶部悬挂 32 块空间吸声板(5.2 m×2.2 m,厚 7.5 cm),吸声板总面积为 366 m²,占整个顶部面积的 34%。吸声板以角钢为骨架,下方以钢板网做护面,内填容重为 20 kg/m³ 的超细玻璃棉(外包一层玻璃布),每块重 270 kg。吸声板的悬挂方式见图 1-28。

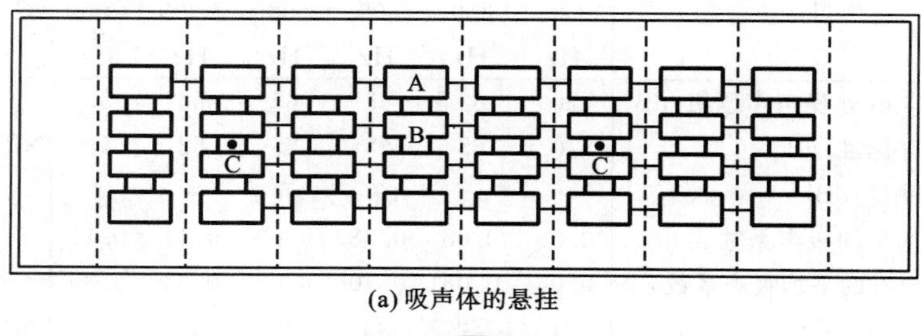

(a) 吸声体的悬挂

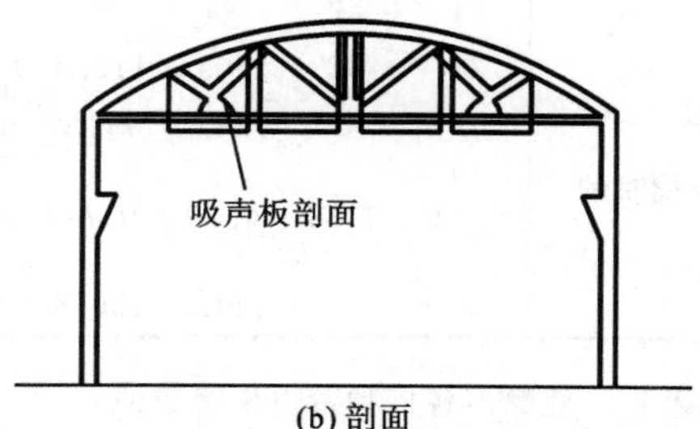

(b) 剖面

图 1-28 冷冻站车间水平悬挂吸声体及剖面

A—空间吸声板;B—声源;C—测点

空间吸声板双面都起吸声作用，吸声系数较高，从而使吸声面积减少，节省投资。吸声处理后，该冷冻站车间内实测的噪声级降到 88～91 dB(A)，混响时间由原来的 5 s 降到1.7 s，主观感觉有明显改善，基本达到了预期效果。但并没有使车间内平均噪声级控制在噪声容许标准以内。

从该实例中可以看出，对这样的高噪声车间仅靠吸声措施很难达到噪声的容许标准。若要达到较理想的效果，就需对噪声源作隔声处理或在降低噪声源上下功夫，在噪声源附近设置隔声屏或采取个人防护措施等，才能比较经济合理地达到噪声容许标准。

1.7　隔声技术

1. 隔声的评价

(1) 隔声量。

① 透声系数。

声波入射到构件上，假设 E_i 为入射声能量，E_a 为构件吸收的声能量，E_r 为反射声能量，E_t 为透射声能量。透射声能 E_t 与入射声能 E_i 之比称为透声系数(或透射系数)，用 τ 表示，即

$$\tau = \frac{E_t}{E_i} \tag{1-87}$$

隔声结构的透声系数通常是指无规入射时各入射角透声系数的平均值。透声系数越小，表明透声性能越差，隔声性能越好。

② 隔声量。

隔声量也称透声损失或传声损失，用 R 表示，单位是 dB。其表达式为

$$R = 10\ \lg \frac{1}{\tau} \tag{1-88}$$

隔声量通常由实验室和现场测量两种方法确定。现场测量时，因为实际隔声结构传声途径较多，受侧向传声等原因的影响，其测量值一般要比实验室测量值低。

③ 平均隔声量。

隔声量是频率的函数，对于同一隔声结构，不同的频率具有不同的隔声量。在工程应用中，通常将中心频率为 125～4 000 Hz 的 6 个倍频带或 100～3 150 Hz 的 16 个 1/3 倍频带的隔声量作算术平均，称为平均隔声量。平均隔声量作为一种单值评价量，在工程设计应用中，由于未考虑人耳听觉的频率特性以及隔声结构的频率特性，因此尚不能确切地反映该隔声构件的实际隔声效果。例如，两个隔声结构具有相同的平均隔声量，但对于同一噪声源可以有不同的隔声效果。

(2) 隔声指数。

隔声指数(I_a)是国际标准化组织推荐的对隔声构件的隔声性能的一种评价方法。隔声结构的空气隔声指数按以下方法求得：先测得某隔声结构的隔声量-频率特性曲线，如图 1-29 中的曲线 1 或曲线 2，它们分别代表两种隔声墙的隔声特性曲线；图 1-29 还绘出了一簇参考折线，每条折线右边标注的数字相对于该折线上 500 Hz 所对应的隔声量，把所测得的隔声曲线与一簇参考折线相比较，求出满足下列两个条件的最高一条折线，该折线所对应的数字即为空气隔声指数值。

① 在任何一个 1/3 倍频带上，曲线低于参考折线的最大差值不得大于 8 dB；

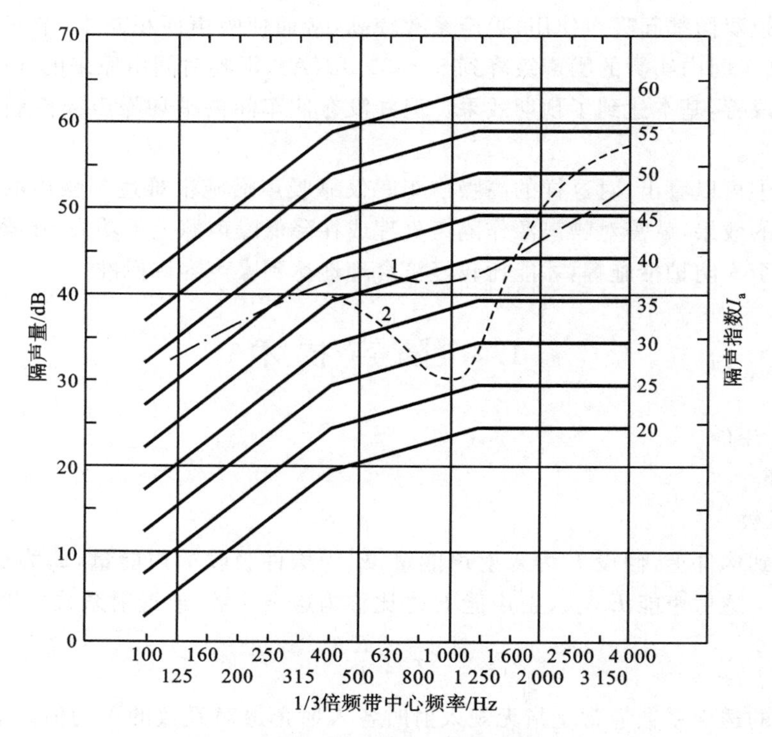

图 1-29　隔声墙空气隔声指数参考曲线

② 对全部 16 个 1/3 倍频带中心频率(100～3 150 Hz),曲线低于折线的差值之和不得大于 32 dB。

用平均隔声量和隔声指数分别对图 1-29 中两条曲线的隔声性能进行评价比较,可以求出两种隔声墙的平均隔声量分别为 41.8 dB 和 41.6 dB,基本相同。按上述方法求得它们的隔声指数分别为 44 和 35,显然隔声墙 1 的隔声性能要优于隔声墙 2。

(3) 插入损失。

插入损失定义为离声源一定距离某处测得的隔声结构设置前的声功率级 L_{W_1} 和设置后的声功率级 L_{W_2} 之差值,记为 IL,即

$$IL = L_{W_1} - L_{W_2} \tag{1-89}$$

插入损失通常在现场用来评价隔声罩、隔声屏障等隔声结构的隔声效果。

2. 单层密实均匀构件的隔声性能

单层密实均匀板材隔声结构(砖墙、混凝土墙、金属板、木板等)受到声波作用后,其隔声性能主要取决于板的面密度、板的劲度、材料的内阻尼和声波的频率。图 1-30 是单层均质构件的隔声特性曲线。按频率可分为三个区域,即劲度和阻尼控制区(Ⅰ)、质量控制区(Ⅱ)、吻合效应和质量控制延续区(Ⅲ)。

当声波频率低于结构的共振频率时,构件的振动速度反比于比值 K/f(其中 K 为构件的劲度,f 为声波频率),构件的隔声量与劲度成正比,所以这个频率范围称为劲度控制区。在此区域内,构件的隔声量随频率的增加,以 6 dB/倍频带的斜率下降。

随着频率的增加,进入共振频率控制的频段,在共振频率处构件的隔声量最小,主要由阻尼控制。共振频率与构件的几何尺寸、面密度、弯曲劲度和外界条件有关。一般建筑构件(砖、

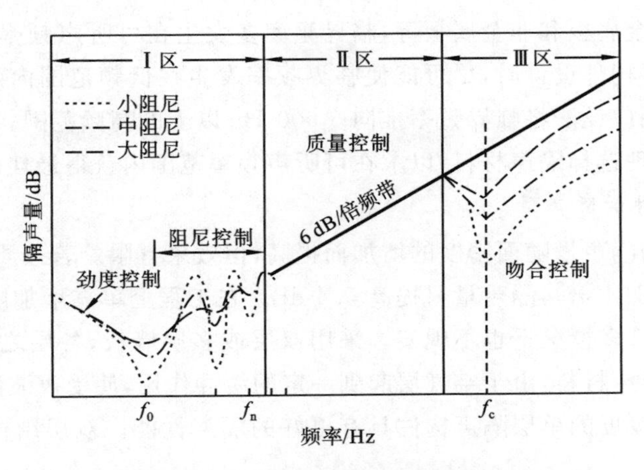

图 1-30　单层均质构件的隔声特性曲线

钢筋混凝土等构成的墙体）的共振频率很低（低于听阈频率），可以不予考虑。对于金属板等屏障板，其共振频率可能分布在声频范围内，会影响隔声效果。

随着频率的继续增加，共振的影响逐渐消失，构件的振动速度开始受惯性质量（单位面积质量）的影响，即进入质量控制区。在此区域内，构件面密度越大，其惯性阻力也越大，振动速度越小，隔声量也就越大，并随频率的增加以 6 dB/倍频带的斜率增大。通常采用隔声结构降低噪声的传播，就是利用这种质量控制特性。因此，单层均质隔声构件的隔声性能主要取决于构件的面密度和声波的频率，此即质量定律。其隔声量可用以下经验公式计算：

$$R = 18\lg m + 12\lg f - 25 \tag{1-90}$$

式中：m——面密度，kg/m^2；

f——声波频率，Hz。

当频率继续上升到一定数值后，进入吻合效应和质量控制延续区，质量效应与弯曲劲度效应相抵消，隔声量下降，出现吻合效应。所谓吻合效应是指某一频率的声波以一定的角度入射到构件表面，当入射声波的波长在构件表面上的投影恰好等于板的弯曲波波长 λ_B，即 $\lambda = \lambda_B \sin\theta$时（见图 1-31），构件振动最大，透声也最多，隔声量显著下降而并不遵守质量定律。

产生吻合效应的入射声波频率称为吻合频率。产生吻合效应的最低频率称为临界频率。临界频率 f_c与构件本身的固有性质有关，可由下式计算：

$$f_c = \frac{c^2}{2\pi b}\sqrt{\frac{12\rho(1-\mu^2)}{E}} \tag{1-91}$$

式中：c——空气中声速，m/s；

b——隔声构件的厚度，m；

ρ——隔声构件的密度，kg/m^3；

μ——材料的泊松比，一般取 $\mu=0.3$；

E——材料的弹性模量，Pa。

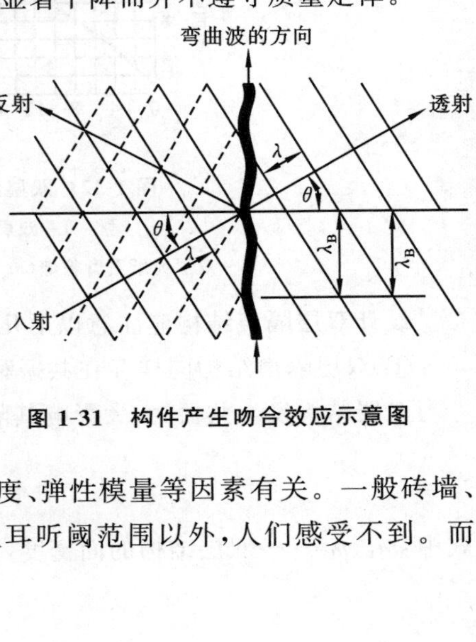

图 1-31　构件产生吻合效应示意图

由式(1-91)可知，临界频率的大小与构件的密度、厚度、弹性模量等因素有关。一般砖墙、混凝土墙都很厚重，其临界频率多发生在低频段，即在人耳听阈范围以外，人们感受不到。而轻薄的板墙，如各种金属板和非金属板等，临界频率多发生在可听声频率范围内，所以感到漏声较多。因此在墙体构件设计时，尽可能使临界频率发生在低频范围内(100 Hz 以下)，而对于较薄墙体的设计则应设法将临界频率推向 5 000 Hz 以上的高频范围。同时，要考虑所控制噪声的频率特性，合理选择隔声材料，以求在可听声频率范围内获得最佳的隔声效果。

3. 双层匀质构件的隔声量

单层隔声构件的隔声量随面密度的增加而提高，但效果有限。若按质量定律，构件厚度增加 1 倍(即面密度增加 1 倍)，隔声量只提高 5.4 dB。在工程上单靠增加隔声构件的厚度来提高隔声量很不经济，许多情况下也不现实。采用双层或多层墙板，各层之间留有空气层，或在空气层中填充一些吸声材料，由于空气层起到一定的缓冲作用，使受声波激发振动的能量得到较大的衰减，比相同厚度的单层隔声构件具有更好的隔声性能。双层结构的隔声量可用如下经验公式计算。

一般情况下，其隔声量为

$$R = 18\lg(m_1 + m_2) + 12\lg f - 25 + \Delta R \tag{1-92}$$

当 $m_1 + m_2 \leqslant 100\ \mathrm{kg/m^2}$ 时，其平均隔声量为

$$\bar{R} = 13.5\lg(m_1 + m_2) + 13 + \Delta R \tag{1-93}$$

当 $m_1 + m_2 > 100\ \mathrm{kg/m^2}$ 时，其平均隔声量为

$$\bar{R} = 18\lg(m_1 + m_2) + 8 + \Delta R \tag{1-94}$$

式中：m_1、m_2——双层结构的面密度，$\mathrm{kg/m^2}$；

ΔR——附加隔声量，dB。

附加隔声量与空气层厚度有关，图 1-32 为双层结构隔声量与空气层厚度的关系。在工程应用中，受空间位置的限制，空气层不可能太厚，当空气层取 20～30 cm 时，附加隔声量在 15 dB 左右，若空气层取 10 cm 左右，附加隔声量一般为 8～12 dB。

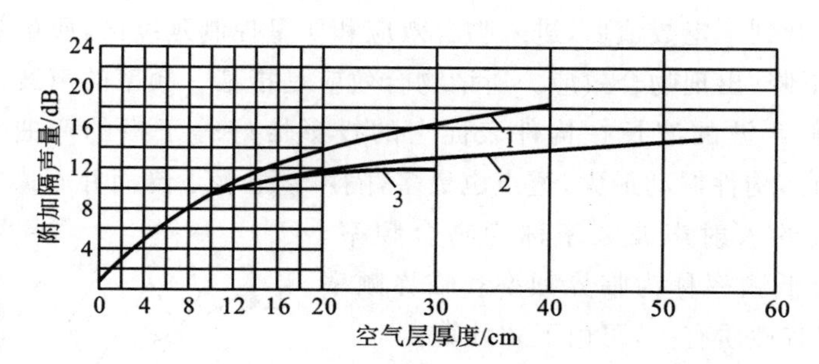

图 1-32 双层结构附加隔声量与空气层厚度的关系

1—双层加气混凝土墙($m=140\ \mathrm{kg/m^2}$)；

2—双层无纸石膏板墙($m=48\ \mathrm{kg/m^2}$)；3—双层面纸石膏板墙($m=28\ \mathrm{kg/m^2}$)

设计双层隔声结构应注意以下几点。

① 双层隔声结构同样存在共振和吻合效应的不利影响。

双层结构发生共振，大大影响其隔声效果。双层结构的共振频率可由下式计算：

$$f_0 = 60\sqrt{\frac{m_1 + m_2}{m_1 m_2 d}} \tag{1-95}$$

式中：m_1、m_2——双层结构的面密度，$\mathrm{kg/m^2}$；

d——空气层厚度，m。

一般较重的砖墙、混凝土墙等双层墙体的共振频率大多在 15～20 Hz，对隔声量影响不大。但对于一些轻质结构（$m<30\ \text{kg/m}^2$），其共振频率一般为 100～250 Hz，如产生共振，隔声效果会大大降低，可通过增加两结构层之间的距离、增加重量和涂阻尼材料等措施来弥补共振频率下的隔声不足。

为避免产生吻合效应，常采用面密度不同的构件或选用不同的材质，使两者的临界频率错开，提高整个结构的隔声效果。

② 双层结构中如有刚性连接，一层的振动能量会由刚性连接传到另一层，中间的空气层将起不到弹性作用，这种刚性连接称为“声桥”。声能通过声桥以振动的形式在两层之间传播，使隔声性能下降，严重时可下降 10 dB。在设计和施工中，要尽量避免刚性连接。

③ 在双层隔声结构的空气层中可悬挂或填充吸声材料，如超细玻璃棉、矿渣棉等，既可减少共振的影响，也可避免因施工造成刚性连接，有效改善隔声性能。

4. 组合结构的隔声量

由几种隔声能力不同的材料构成的组合墙体，其隔声性能主要取决于各个组合构件的透声系数和它们所占面积的大小。计算该组合墙体的隔声量，首先应根据各构件的隔声量 R_i 求出相应的透声系数 τ_i，然后再计算组合墙体的平均透声系数 $\bar{\tau}$：

$$\bar{\tau}=\frac{\tau_1 S_1+\tau_2 S_2+\cdots+\tau_n S_n}{S_1+S_2+\cdots+S_n}=\frac{\sum_{i=1}^{n}\tau_i S_i}{\sum_{i=1}^{n}S_i} \tag{1-96}$$

式中：S_i——组合墙体各构件的面积。

组合墙体的平均隔声量 $\bar{R}$ 可由下式计算：

$$\bar{R}=10\lg\frac{1}{\bar{\tau}}=10\lg\frac{\sum_{i=1}^{n}S_i}{\sum_{i=1}^{n}\tau_i S_i} \tag{1-97}$$

【例 1-2】 一组合墙体由墙板、门和窗构成。已知墙板的隔声量 $R_1=50$ dB，面积 $S_1=17\ \text{m}^2$，门的隔声量 $R_2=20$ dB，面积 $S_2=2\ \text{m}^2$，窗的隔声量 $R_3=40$ dB，面积 $S_3=1\ \text{m}^2$。求该组合墙体的平均隔声量。

解

$$\tau_1=10^{-\frac{R_1}{10}}=10^{-5}$$

$$\tau_2=10^{-\frac{R_2}{10}}=10^{-2}$$

$$\tau_3=10^{-\frac{R_3}{10}}=10^{-4}$$

由式(1-96)，有

$$\bar{\tau}=\frac{\tau_1 S_1+\tau_2 S_2+\tau_3 S_3}{S_1+S_2+S_3}=\frac{10^{-5}\times 17+10^{-2}\times 2+10^{-4}\times 1}{17+2+1}=0.001$$

该组合墙体的平均隔声量为

$$\bar{R}=10\lg\frac{1}{\bar{\tau}}=10\lg\frac{1}{0.001}\ \text{dB}=30\ \text{dB}$$

由计算结果可知，该组合墙体的隔声量比墙板的隔声量小得多，主要是由于门、窗的隔声量低所致。若要提高该组合墙体的隔声能力，就必须提高门、窗的隔声量，否则，墙板的隔声量再大，总的隔声效果也不会好多少。一般墙体的隔声量要比门、窗高 10～15 dB。若按“等透声量”的原则设计隔声门、隔声窗，即要求透过墙体的声能大致与透过门窗的声能相等（$\tau_1 S_1\approx\tau_2 S_2\approx\cdots$），才能充分发挥各个构件的隔声能力。

5. 孔洞和缝隙对隔声性能的影响

组合墙体上的孔洞和缝隙对隔声性能影响很大。如声波的波长(高频声波)小于孔隙尺寸,声波可全部透射过去;若波长(低频声波)大于孔隙尺寸,透射声能的多少则与孔隙的形状及深度有关。在建筑组合隔声结构中,门窗的缝隙、各种管道的孔洞等,会直接引起组合结构隔声量的严重下降,且孔洞、缝隙的面积越大,对墙体的隔声量影响越大。有孔隙的组合墙体平均隔声量可由式(1-96)和式(1-97)估算。

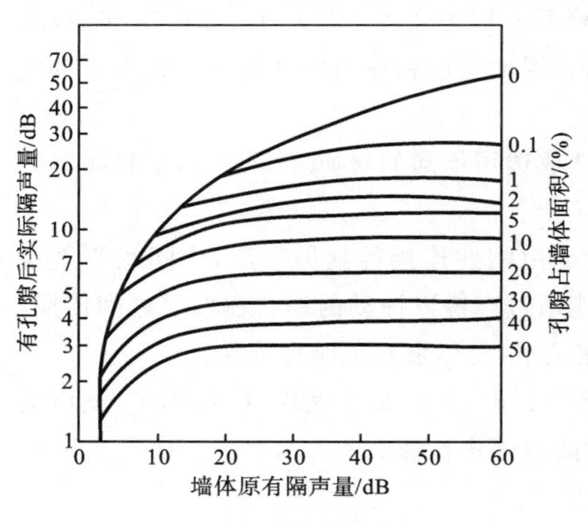

图 1-33 孔隙对隔声量的影响

图 1-33 为孔隙影响墙体隔声量的关系图。可根据某墙体的隔声量和孔隙所占墙体面积的百分数,从图 1-40 中直接查出该墙体的实际隔声量。若孔隙面积占整个墙体面积的 1%以上,则墙体的隔声量不会超过 20 dB。因此,必须对隔声结构的孔洞或缝隙进行密封处理。

6. 隔声间

在噪声源数量多而且复杂的强噪声环境下,如空压机站、水泵站、汽轮发电机车间等,若对每台机械设备都采取噪声控制措施,不仅工作量大、技术难度高,而且投资多。对于工人不必长时间站在机器旁的这种操作岗位,建造隔声间是一种简单易行的噪声控制措施。

隔声间也称隔声室,是用隔声围护结构建造成一个较安静的房间,并具有良好的通风、采光、通行等功能,供工作人员使用。

(1) 多层复合板的设计。

一般轻质结构按质量定律计算,其隔声量是有限的,且它们具有较高的固有频率,很难满足隔声要求。若采用不同材质分层交错排列的多层复合结构(见图 1-34),声波在不同的界面上产生反射,从而可获得比同样重的单层均质结构高得多的隔声量。如果在各层材料的结构上采取软硬相隔,即在坚硬层之间夹入疏松柔软层,或在柔软层中夹入坚硬材料,既可减弱板的共振,也可减少在吻合效应区域的声能透射。

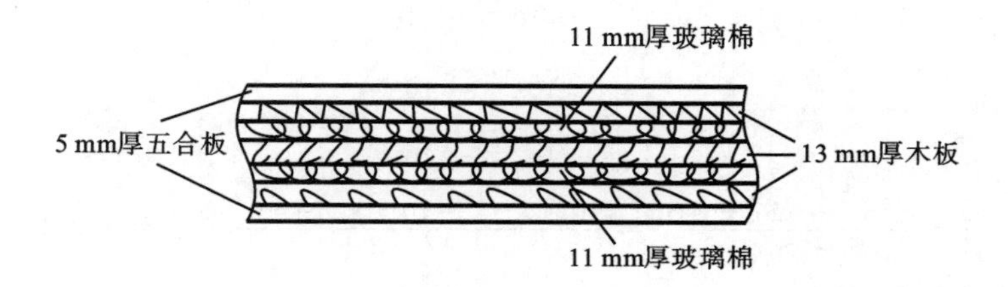

图 1-34 多层复合板隔声结构

只要面层与弹性层选用得当,在获得同样隔声量的情况下,多层结构要比单层结构轻得多,在主要频率范围(125～4 000 Hz)内均可超过由质量定律计算得到的隔声量。采用多层结构是减轻隔声构件重量和改善隔声性能的有效措施。因此一般隔声门或轻质隔声墙常采用这种多层结构。

多层复合板一般为 3～7 层，每层厚度不低于 3 mm。相邻层间的材料尽量做成软硬相间的形式，如木板-玻璃纤维板-钢板-玻璃纤维板-木板。增加薄板的阻尼可以提高隔声量。在薄钢板上粘贴相当于板厚 3 倍左右的沥青玻璃纤维之类的材料，对于消除共振和吻合效应的影响有显著作用。

（2）隔声门的设计。

隔声门常采用轻质复合结构，并在层与层之间填充吸声材料，隔声量可达 30～40 dB。典型的隔声门扇构造如图 1-35 所示，其隔声量见表 1-33。

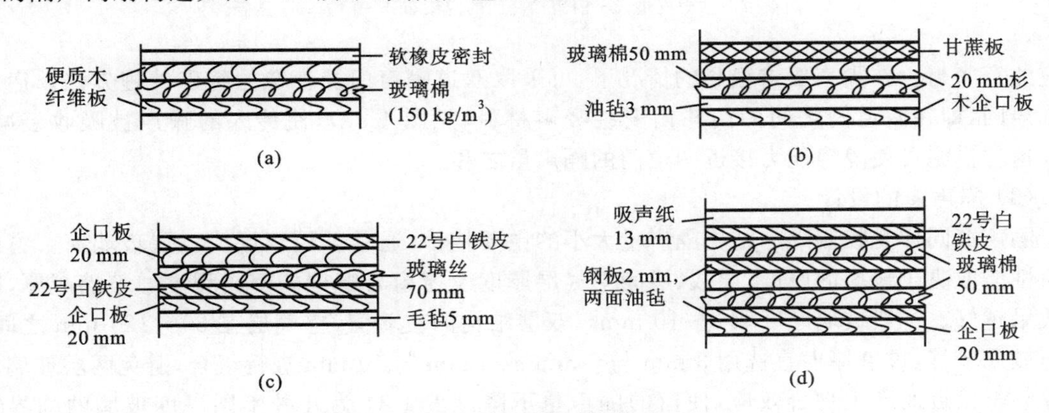

图 1-35　隔声门扇的构造

表 1-33　常用门的隔声量

类别	材料和构造	各频率下的隔声量/dB						
		125 Hz	250 Hz	500 Hz	1 000 Hz	2 000 Hz	4 000 Hz	平均
普通门	三夹门（门厚 45 mm）	13.5	15	15.2	19.6	20.6	24.5	16.8
	三夹门（门厚 45 mm，其上开小观察窗，玻璃厚 3 mm）	13.6	17	17.7	21.7	22.2	27.7	18.8
	重料木板门（四周用橡皮、毛毡密封）	30	30	29	25	26	—	27
	分层木门	28	28.7	32.7	35	32.8	31	31
	分层木门（见图 1-42(a)，不用软橡皮密封）	25	25	29	29.5	27	26.5	27
	双层木板实拼门（板厚共 100 mm）	16.4	20.8	27.1	29.4	28.9	—	29
	钢板门（钢板厚 6 mm）	25.1	26.7	31.1	36.4	31.5	—	35
特制门	分层特制木门	29.6	29	29.6	51.5	35.3	43.3	32.6
	分层特制钢门	24	24	26	29	36.5	39.5	29
	分层特制木钢门	41	36	38	41	53	60	43

隔声门的隔声性能还与门缝的密封程度有关。即使门扇设计的隔声量再大，若密封不好，其隔声效果就会下降。密封门扇的方法是把门扇与门框之间的碰头缝做成企口或阶梯状，并在接缝处嵌上软橡皮、工业毛毡或泡沫乳胶等弹性材料，以减少缝隙漏声。图 1-36 为几种常见的隔声门密封方法。为提高密封质量，门扇下还可以镶饰扫地橡皮。经以上密封方法处理，门的隔声量可提高 5～8 dB。

为使隔声门关闭严密，在门上应设加压关闭装置，一般采用较简单的锁闸。门铰链应有距门边至少 50 mm 的转轴，以便门扇沿着四周均匀地压紧在软橡皮垫上。门框与墙体的接缝处

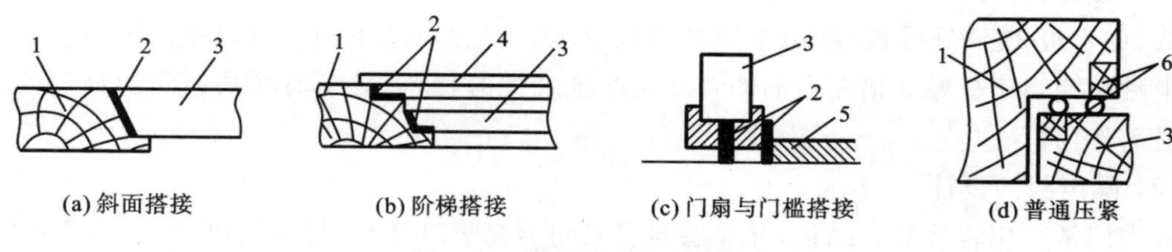

图 1-36　常用隔声门密封形式

1—门框；2—软橡皮垫；3—门扇；4—门的薄漆布；5—门槛；6—压条

也应注意密封。在隔声要求很高的情况下，可采取双道隔声门及声锁的特殊处理方法。声锁也称声闸，即在两道门之间的门斗内安装吸声材料(见图 1-37)，使传入的噪声被吸收衰减。采取这种措施可使隔声能力接近两道门的隔声量之和。

(3) 隔声窗的设计。

隔声窗同样是控制隔声结构隔声量大小的主要构件，通常采用双层或三层玻璃窗。窗的隔声性能取决于玻璃的厚度、层数、层间空气层厚度及窗扇与窗框的密封程度。玻璃越厚，隔声效果越好。一般玻璃厚度取 3～10 mm。双层结构的玻璃窗，空气层在 80～120 mm 之间，隔声效果较好，玻璃厚度宜选用 3 mm 与 6 mm 或 5 mm 与 10 mm 进行组合，避免两层玻璃的临界频率接近而产生吻合效应，使窗的隔声量下降。表 1-34 为几种不同厚度玻璃的临界频率。安装时各层玻璃最好不要相互平行，朝向声源的一层玻璃可倾斜 85°左右，以利于消除共振对隔声效果的影响。图 1-38 为双层玻璃隔声窗的安装，其平均隔声量可达 45 dB 左右。

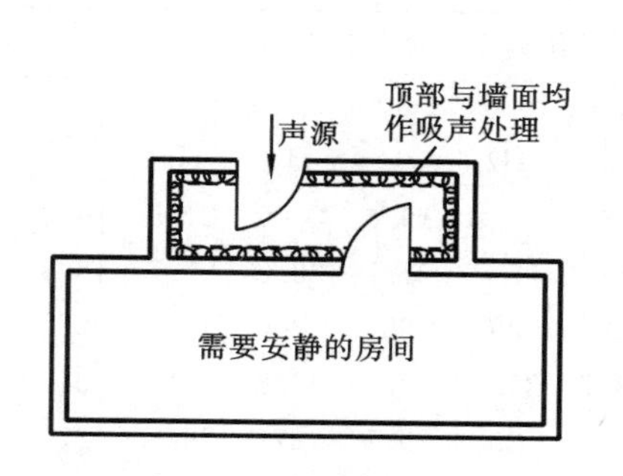

图 1-37　声锁示意图

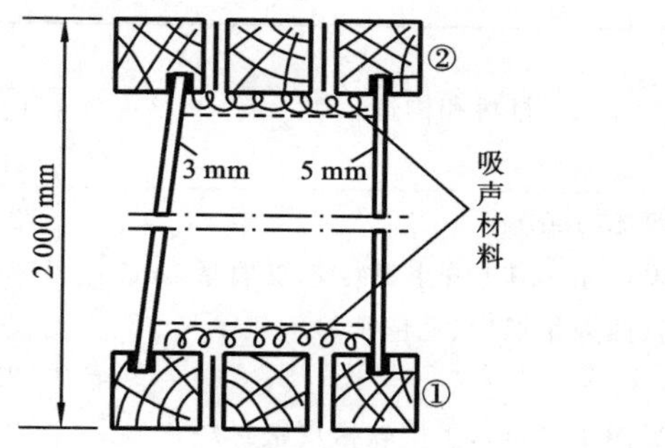

图 1-38　双层玻璃隔声窗的安装与密封方法

表 1-34　几种不同厚度玻璃的临界频率

玻璃厚度/mm	3	5	6	10
临界频率/Hz	4 000	2 500	2 000	1 100

玻璃与窗框接触处，用细毛毡、多孔橡皮垫、U 形橡皮垫等弹性材料密封。一般压紧一层玻璃，隔声量提高 4～6 dB，压紧两层玻璃则可增加 6～9 dB 的隔声量。为保证窗扇达到设计的隔声量，必须使用干燥木材，窗扇要有良好的刚度，窗扇之间、窗扇与窗框之间的接触面必须严格密封。窗扇上玻璃边缘用油灰或橡皮等材料密封，以减少玻璃的共振。

工程上常用隔声窗的隔声性能见表 1-35。

表 1-35　常用隔声窗的隔声性能

类别	材料和构造	各频率下的隔声量/dB						
		125 Hz	250 Hz	500 Hz	1 000 Hz	2 000 Hz	4 000 Hz	平均
单层玻璃窗	玻璃厚 3～6 mm	20.7	20	23.5	26.4	22.9	—	22±2
单层固定窗	玻璃厚 6 mm,四周用橡皮密封	17	27	30	34	38	32	29.7
单层固定窗	玻璃厚 15 mm,四周用腻子密封	25	28	32	37	40	50	35.5
双层固定窗	玻璃厚分别为 3 mm、6 mm,空气间隔层为 20 mm	21	19	23	34	41	39	29.5
双层固定窗	其中一层玻璃倾斜 85°左右,其余同上	28	31	29	41	47	40	35.5
三层固定窗	空气间隔层上部和底部粘贴吸声材料	37	45	42	43	47	56	45

(4) 隔声间的设计及应用实例。

① 隔声间的实际隔声量。

隔声间的插入损失可由下式计算：

$$\mathrm{IL} = \overline{R} + 10\lg\frac{A}{S} \tag{1-98}$$

式中：IL——隔声间的插入损失,dB；

$\overline{R}$——隔声间的平均隔声量,dB；

A——隔声间吸声量,m^2；

S——隔声间内表面的总面积,m^2。

可见隔声间的插入损失不仅与各个构件的传声损失有关,还与整个围护结构暴露在声场的面积大小及隔声间内的吸声情况有关,即取决于修正项 $10\lg\frac{A}{S}$。

【例 1-3】 某柴油发电机房内建隔声间作控制室。隔声间总面积 $S_{总}=120\ m^2$,与机房相邻的隔墙面积 $S_{墙}=20\ m^2$,墙体的平均隔声量 $\overline{R}=50$ dB。求当隔声间内平均吸声系数 $\overline{\alpha}$ 分别为 0.02、0.2 和 0.4 时隔声间的插入损失。

解　当隔声间内的平均吸声系数 $\overline{\alpha}=0.02$ 时,根据式(1-98)可得

$$\mathrm{IL} = \overline{R} + 10\lg\frac{A}{S_{墙}} = \overline{R} + 10\lg\frac{\overline{\alpha}S_{总}}{S_{墙}} = \left(50 + 10\lg\frac{0.02\times 120}{20}\right)\ \mathrm{dB} = 40.8\ \mathrm{dB}$$

当隔声间内的平均吸声系数 $\overline{\alpha}=0.2$ 时,有

$$\mathrm{IL} = \left(50 + 10\lg\frac{0.2\times 120}{20}\right)\ \mathrm{dB} = 50.8\ \mathrm{dB}$$

当隔声间内的平均吸声系数 $\overline{\alpha}=0.4$ 时,有

$$\mathrm{IL} = \left(50 + 10\lg\frac{0.4\times 120}{20}\right)\ \mathrm{dB} = 53.8\ \mathrm{dB}$$

显然,若对隔声间内表面进行必要的吸声处理,对提高隔声间插入损失有很大作用。

② 隔声间应用实例。

【例 1-4】 在某高噪声车间内建一隔声间,厂房内机器设备与隔声间的平面布置如图 1-39 所示。隔声间外(点 1)实测噪声结果如表 1-36 所示。请根据实际情况设计一环保的隔声间。隔声间的设计要求为:在面对机器设备面积为 20 m^2 的墙上开设两个窗和一个门,窗的面积为 2 m^2,门的面积为 2.2 m^2,隔声间的天花板面积为 22 m^2;隔声间内打电话及一般谈话不受隔声间外机器噪声的干扰。

解　隔声间设计步骤如下(所有数据列于表 1-36)。

a. 确定隔声间所需要的插入损失。

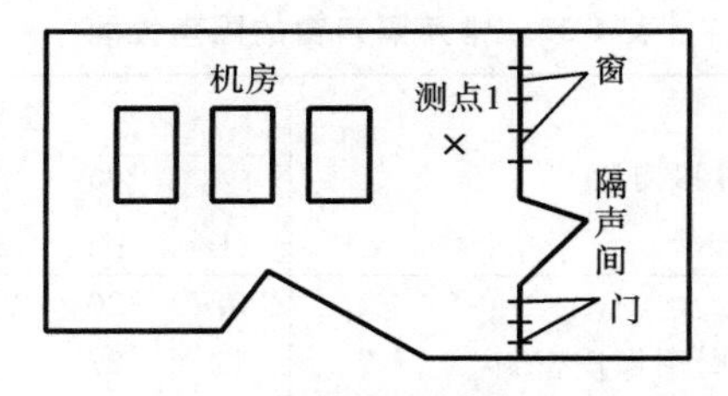

图 1-39　机房与隔声间的平面布置图

由隔声间外测点 1 所测的噪声值减去保证通话、交谈的噪声评价数 NR-60 所对应的噪声值,即可得隔声间所需的插入损失。

b. 确定隔声间内的吸声量。

增加室内的吸声量,可以提高隔声间的隔声效果。选用矿渣棉、玻璃布、穿孔纤维板护面对隔声间的天花板做吸声处理,隔声间的其他表面未做吸声处理,其吸声量很小,可忽略。隔声间内的吸声量 A 就等于天花板面积乘以吸声系数。

c. 计算修正项 $10\ \lg(A/S_{墙})$。

$S_{墙}$是透声面积,在此着重计算面对噪声最强的隔墙,$S_{墙}=20\ m^2$。

表 1-36　隔声间的设计数据

序号	项目说明	倍频带中心频率					
		125 Hz	250 Hz	500 Hz	1 000 Hz	2 000 Hz	4 000 Hz
1	隔声间外声压级(测点 1)/dB	96	90	93	98	105	100
2	隔声间内 NR-60 容许声压级/dB	74	68	64	60	58	56
3	实际所需插入损失/dB	22	22	29	38	47	44
4	隔声间吸声处理后的吸声系数 α	0.32	0.63	0.76	0.83	0.90	0.92
5	隔声间内吸声量 $A=\alpha S_{天花板}/m^2$	7.04	13.86	16.72	18.26	19.8	20.24
6	$A/S_{墙}$	0.35	0.69	0.83	0.91	0.99	1.0
7	$10\ \lg(A/S_{墙})$/dB	−4.6	−1.61	−0.81	−0.41	−0.04	0
8	$R=\mathrm{IL}-10\ \lg(A/S_{墙})$/dB	26.6	23.61	29.81	38.41	47.04	44

d. 计算隔墙所应具有的倍频带隔声量。

根据式(1-98)可得

$$R=\mathrm{IL}-10\ \lg\frac{A}{S_{墙}}$$

e. 选用墙体与门窗结构。

由隔墙所应具有的倍频带隔声量可计算出其平均隔声量为 35 dB。据此选用相应的墙体与相应的门、窗结构,墙体的隔声量比门、窗高出 10～15 dB 即可满足要求。

【例 1-5】 某动力厂一车间,有水泵、减温减压阀门、风扇磨、风机等设备十多台。车间内噪声级高达 98 dB(A),值班工人每天 8 h 暴露在这种强噪声环境下,会严重影响身体健康。请根据实际情况设计一环保的隔声间。

解　该车间噪声设备多且复杂,对每台机器设备都进行噪声处理,工作量大,技术难度高,且要耗费大量资金。经分析研究,决定采用隔声间技术措施。限于车间布置条件,不宜采用砖木结构,而用钢板制造一台可移动的隔声间。

隔声间的外形尺寸为 4 m×3 m×2 m,其上安装有门、窗,并设有带消声器的进风口和排风口。隔声间全貌如图 1-40 所示。

该隔声间的壳壁采用两层 2.5 mm 厚的钢板,中间添加 30 mm 厚的玻璃棉。在隔声间内表面上衬贴

续表

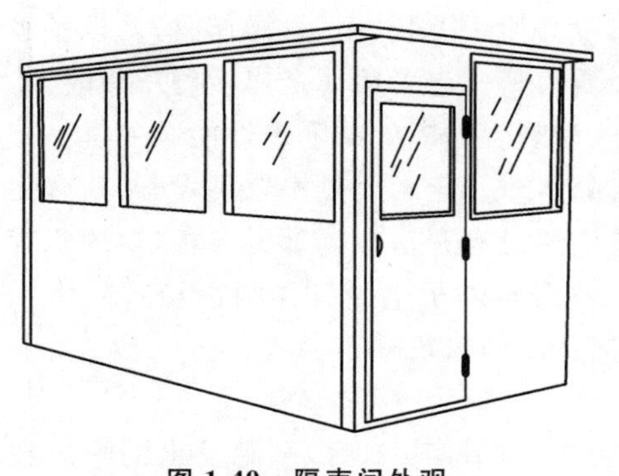
图 1-40　隔声间外观

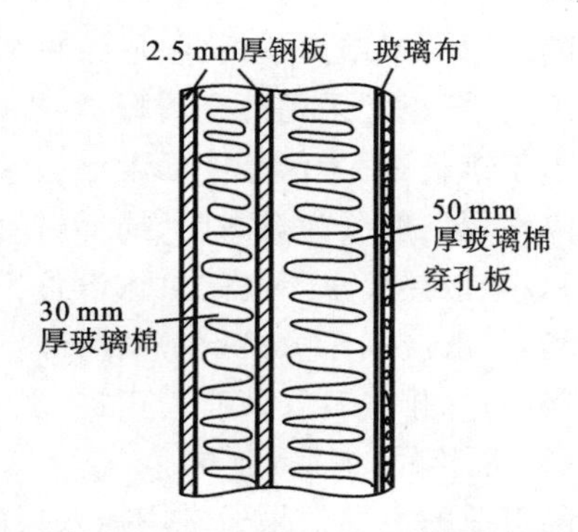

图 1-41　隔声间的壳壁构造

50 mm厚的玻璃棉做吸声层，并用一层玻璃布和穿孔板（穿孔率为 25%）做护面。壳壁的结构如图 1-41 所示。

隔声间的门采用 2 mm 厚的钢板做面板，中间的间隔为 68 mm，填充密度为 80 kg/m³ 的超细玻璃棉。为保证门扇牢固，在两头和中间用三根角铁连接，其余处采用木筋做软连接。在门扇与门框交接处，粘贴一层 15 mm 厚的海绵条做压缝。

隔声间上设有观察窗，人在隔声间内的视线部位（包括坐位和站位）全部设计成窗户结构。窗户采用 6 mm和 4 mm 厚的双层玻璃。

为防止夏季隔声间内闷热，在隔声间一侧的底部设有进气管道以输送新鲜空气，在其顶部设有出气口。进气口和出气口均安有与隔声间的隔声量相匹配的消声器。

隔声间底部可安装四个转向橡胶轮，成为可移动的活动隔声间，根据工作需要，能方便地变动其位置，同时这四个橡胶轮对固体声的隔绝也有一定的好处。

现场实测表明，该隔声间隔声效果优良，平均隔声量可达 35 dB(A)。图 1-42 为隔声间内外噪声频谱曲线对比图。

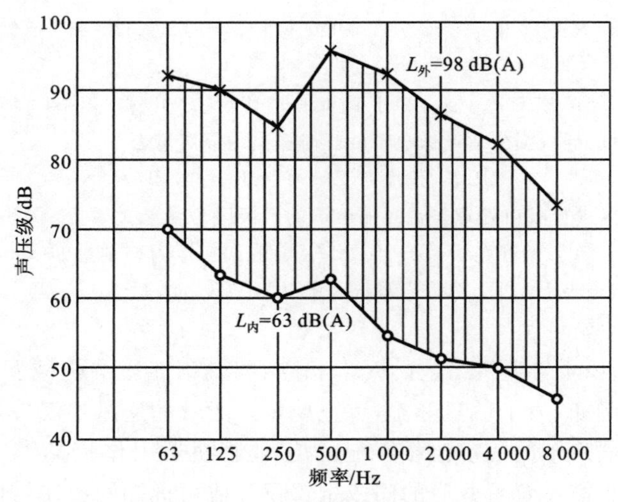

图 1-42　隔声间内外噪声频谱曲线

7. 隔声罩

(1) 隔声罩简介。

隔声罩是用隔声构件将噪声源封闭在一个较小的空间内，使噪声很少传出来的一种噪声控制措施。采用隔声罩，可控制其隔声量，使工作所在位置的噪声降低到所需要的程度，且技术措施简单，体积小，用料少，投资少。但将噪声源封闭在隔声罩内，需要考虑机电设备运转时的通风、散热问题;同时,安装隔声罩可能对监视、操作、检修等工作带来不便。

隔声罩的罩壁由罩板、阻尼涂料和吸声层构成。为便于拆装、搬运、操作、检修以及经济方面的因素,罩板常采用薄金属板、木板、纤维板等轻质材料。当采用薄金属板做罩板时,必须涂覆相当于罩板2~4倍厚度的阻尼层,以改善共振区和吻合效应处的隔声性能。

隔声罩一般分为全封闭、局部封闭和消声箱式隔声罩。全封闭隔声罩不设开口,多用来隔绝体积小、散热要求不高的机械设备。局部封闭隔声罩设有开口或局部无罩板,罩内仍存在混响声场,一般应用于大型设备的局部发声部件或发热严重的机电设备。消声箱式隔声罩是在隔声罩的进、排气口安装有消声器,多用来消除发热严重的风机噪声。

(2) 隔声罩的插入损失。

隔声罩的声学效果通常用插入损失表示。加装封闭的隔声罩后,声源发出的噪声在罩内多次反射,大大增加了罩内的声能密度。因此,隔声罩的插入损失要小于罩体材料的理论隔声量。隔声罩的插入损失可用下式计算:

$$\mathrm{IL} = R + 10\lg\bar{\alpha} \tag{1-99}$$

式中:IL——隔声罩的插入损失,dB;

R——罩板材料的理论隔声量,dB;

$\bar{\alpha}$——隔声罩内表面的平均吸声系数。

式(1-99)适用于全封闭隔声罩,也可近似计算局部封闭隔声罩及消声箱式隔声罩的插入损失。隔声罩内壁的吸声系数大小对隔声罩插入损失的影响极大。

【例1-6】 用2 mm厚的钢板制作一隔声罩。已知钢板的隔声量为$R=29$ dB,钢板的平均吸声系数$\bar{\alpha}_1=0.01$。为改善隔声性能,在隔声罩内壁做了吸声处理,使平均吸声系数提高到$\bar{\alpha}_2=0.6$。求吸声处理后,隔声罩的插入损失提高了多少。

解 罩内壁未做吸声处理时,由式(1-99)可得

$$\mathrm{IL}_1 = R + 10\lg\bar{\alpha}_1 = (29 + 10\lg 0.01)\ \mathrm{dB} = (29 - 20)\ \mathrm{dB} = 9\ \mathrm{dB}$$

罩内壁做吸声处理后

$$\mathrm{IL}_2 = R + 10\lg\bar{\alpha}_2 = (29 + 10\lg 0.6)\ \mathrm{dB} = (29 - 2)\ \mathrm{dB} = 27\ \mathrm{dB}$$

罩内壁做吸声处理后的插入损失比未做吸声处理时提高的隔声量为

$$\mathrm{IL}_2 - \mathrm{IL}_1 = (27 - 9)\ \mathrm{dB} = 18\ \mathrm{dB}$$

由此可见,隔声罩内壁进行吸声处理与否对隔声罩的实际隔声量至关重要。在加衬吸声材料时,需用玻璃布、金属网或穿孔率大于20%的穿孔板做护面。实验表明,隔声罩内壁贴衬50 mm厚的多孔吸声材料(厚度不小于波长的1/4)可使500 Hz以上的吸声系数大于0.7。

(3) 隔声罩的设计要点。

① 隔声罩的设计必须与生产工艺的要求相吻合,既不能影响机械设备的正常工作,也不能妨碍操作及维护。例如,为了散热降温,罩上要留出足够的通风换气口,口上应安装消声器,消声器的消声值要与隔声罩的隔声值相匹配;为了监视机器工作状况,需设计玻璃观察窗;为了便于检修、维护,罩上需设置可开启的门或把罩设计成可拆卸的拼装结构。

② 隔声罩板要选择具有足够隔声量的材料制作,如钢板、铝板、砖和混凝土等。

③ 隔声罩内表面应进行吸声处理,否则,很难达到所要求的隔声量。

④ 防止共振和吻合效应的影响。除了在轻质材料表面涂阻尼材料外,还可在罩板上加筋板,减少振动,减少噪声向外辐射;在声源与基础之间、隔声罩与基础之间、隔声罩与声源之间加防振胶垫,断开刚性连接,减少振动的传递;合理选择罩体的形状和尺寸,一般来说,曲面形体的刚度比较大,有利于隔声,罩体的对应壁面最好不要相互平行,以防产生驻波,使隔声量出

现低谷。

⑤ 隔声罩各连接部位要密封，不留孔隙。如有管道、电缆等其他部件在隔声罩体上穿过，要采取必要的密封及减振措施。若是拼装式隔声罩，在构件间的搭接部位应进行密封处理。

⑥ 为满足设计要求，做到经济合理，可设计几种隔声罩结构，对它们的隔声性能及技术指标进行比较，根据实际情况及加工工艺要求，最后确定一种设计方案。考虑到隔声罩工艺加工过程中不可避免地会有孔隙漏声及固体声隔绝不良等问题，设计隔声罩的实际隔声量应稍大于所要求的隔声量 3～5 dB。

(4) 隔声罩的设计应用实例。

【例 1-7】 某发电机的外形如图 1-43 所示。距机器表面 1 m 远的噪声频谱见表 1-37。机器在运转中需要散热。试设计该机器的隔声罩。

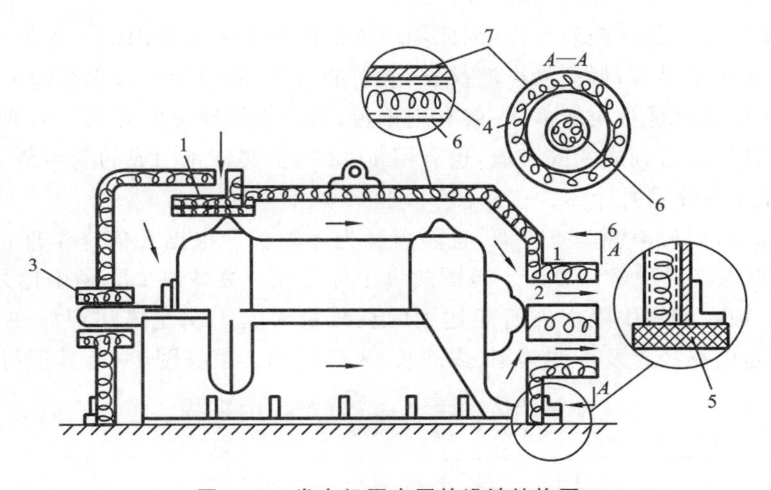

图 1-43　发电机隔声罩的设计结构图

1,2—空气热交换用消声器；3—传动轴用消声器；

4—吸声材料；5—橡胶垫；6—穿孔板或丝网；7—钢板

表 1-37　隔声罩的设计数据

序号	项目说明	倍频带中心频率/Hz							
		63	125	250	500	1 000	2 000	4 000	8 000
1	距机器 1 m 处声压级/dB	90	99	109	111	106	101	97	81
2	机器旁容许声压级(NR-80)/dB	103	96	91	88	85	83	81	80
3	隔声罩所需插入损失 IL/dB	—	3	18	23	21	18	16	1
4	罩内壁贴吸声材料后的吸声系数 α	0.18	0.25	0.41	0.82	0.83	0.91	0.72	0.60
5	修正项 $10\lg\alpha$	−7.4	−6.0	−3.9	−0.86	−0.81	−0.41	−1.41	−2.22
6	罩壁板所应具有的隔声量 R/dB	7.4	9.0	21.9	23.86	21.81	18.41	17.41	3.22
7	2 mm 厚钢板的隔声量/dB	18	20	24	28	32	36	35	43

解　根据机器的外形和散热要求，设计如图 1-43 所示的隔声罩。设计说明及计算如下。

① 隔声罩上设计两个供空气热交换用的消声器，其消声值不低于该隔声罩的隔声量。

② 隔声罩在与机器轴相接处，用一个有吸声饰面的圆形消声器环包起来，以防漏声。

③ 隔声罩与地面接触处加橡胶垫或毛毡层，以便隔振和密封。

④ 隔声罩的壳壁设计程序及计算如下。

a. 确定隔声罩所需要的插入损失。按我国《工业企业噪声卫生标准》规定，机器旁工人操作处为85 dB(A)，即相当于噪声评价数 NR-80。用机器的噪声频谱减去 NR-80 所对应的倍频带声压级，即为隔声罩所需要的插入损失(如差值为负或0,则表示可不进行隔声处理)。

b. 确定隔声罩内表面所用吸声材料。隔声罩内表面吸声系数的大小,直接影响隔声罩的插入损失。为此,在隔声罩的内表面贴衬50 mm厚的超细玻璃棉(容重为20 kg/m³),并用玻璃布和穿孔钢板做护面。

c. 由式(1-99)可得 $R = \mathrm{IL} - 10\lg\bar{\alpha}$,由此可计算隔声罩罩壁所需要的隔声量。

d. 根据需要的隔声量,选用2 mm厚钢板(板背后有加强筋,筋间的方格尺寸不大于1 m×1 m),即可满足该隔声罩的设计要求。

8. 隔声屏

隔声屏具有隔声和吸声双重性能,是简单有效的降噪设备。隔声屏常设置在噪声源和需要进行噪声控制的区域之间,对直达声起隔声作用。因朝向声源一侧做了高效吸声处理,隔声屏对降低室内混响声、改善室内声学环境能起很大作用。隔声屏具有灵活方便、可拆装等特点,常常是不易安装隔声罩时的补救降噪措施。

声波在传播过程中具有绕射特性,因此隔声屏的降噪效果是有限的。高频噪声波长短,绕射能力差,隔声屏效果显著;低频噪声波长长,绕射能力强,所以降噪效果有限。

工程上采用的隔声屏种类较多,一般有用钢板、胶合板等制成的并在一面或两面衬有吸声材料的隔声屏,有用砖石砌成的隔声墙,也有用1～3层密实幕布围成的隔声幕等。

(1) 隔声屏降噪效果的计算。

在自由声场中,假设声源为点声源,且隔声屏为无限长。根据几何声学理论,可绘制出如图1-44所示的隔声屏降噪量计算图。该图的纵坐标为噪声衰减值 ΔL,横坐标为菲涅耳数 N,图中虚线表示目前在实用中隔声屏所能达到的衰减量限度。N 是描述声波在传播中绕射性能的一个量,它是由路径差及声波频率(或波长)来确定的。根据图1-45,其值可由下式计算:

$$N = \frac{\delta f}{170} = \frac{2}{\lambda}\delta = \frac{2}{\lambda}(A + B - d) \tag{1-100}$$

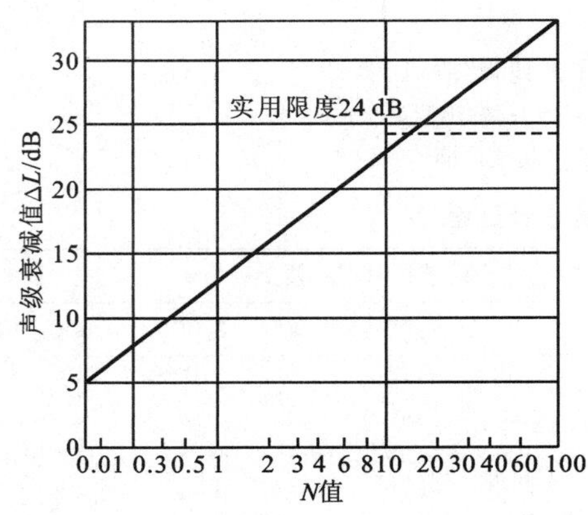

图1-44　隔声屏声级衰减值计算图

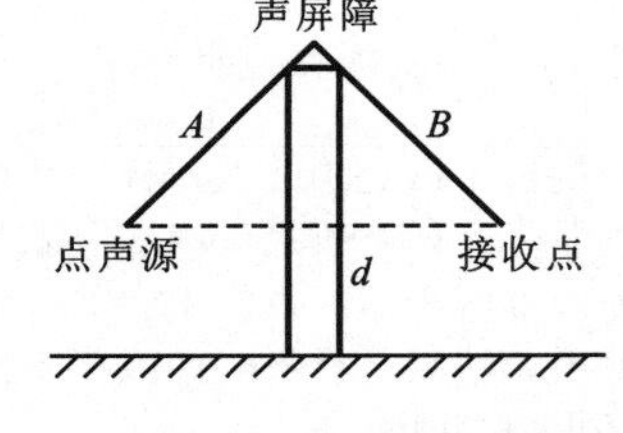

图1-45　隔声屏示意图

对于在室内或非点声源的情况,隔声屏对噪声的衰减量计算要复杂得多,通常由实际测量来求得隔声屏对噪声的衰减量。

(2) 隔声屏的选材及设计应注意的问题。

① 隔声屏的材料选择与构造。

隔声屏宜选用轻质结构,便于搬运、安装。一般采用一层隔声钢板或硬质纤维板,钢板厚度为1～2 mm,在钢板上涂2 mm的阻尼层,两面贴衬超细玻璃棉或泡沫塑料等吸声材料。两侧吸声层的厚度可根据实际要求取20～50 mm。为防止吸声材料散落,可用玻璃布和穿孔率大于 25%的穿孔板或丝网做护面，如图 1-46 所示。在实际工程中需根据具体情况选择材料及构造。

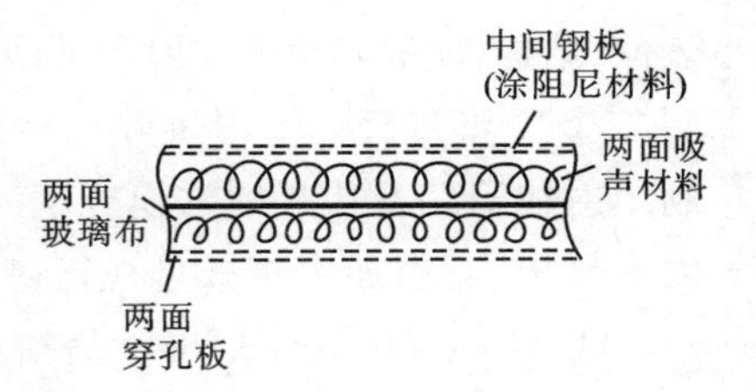

图 1-46　隔声屏构造示意图

对于固定不动的隔声屏，为了提高其隔声性能，仍按质量定律选择材料，如砖、砌块、木板、钢板等厚重的材料。

② 隔声屏设计应注意的问题。

a. 隔声屏主要用于降低直达声。对于辐射高频噪声的小型噪声源，用半封闭的隔声屏遮挡噪声可以收到比较明显的降噪效果。

b. 在室内设置隔声屏必须考虑室内的吸声处理。研究表明，当室内壁面、天花板以及隔声屏表面的吸声系数趋于零时，室内形成混响声场，隔声屏的降噪量为零。因此，隔声屏一侧或两侧宜做高效吸声处理。

c. 为了形成有效的"声影区"，隔声屏的隔声量要比声影区所需的声级衰减量大 10 dB，如要求 15 dB 的声级衰减量，隔声屏本身要具有 25 dB 以上的隔声量，才能排除透射声的影响。

d. 隔声屏设计要注意构造的刚度。在隔声屏底边一侧或两侧用型钢加强，若是可移动的隔声屏，可在底侧加万向橡胶轮，便于调整它与噪声源的方位，以取得最佳降噪效果。

e. 隔声屏要有足够的长度和高度。隔声屏的高度直接关系到隔声屏的隔声量，隔声屏越高，噪声衰减量越大。一般隔声屏的长度取高度的 3～5 倍时，就可近似看作无限长。

f. 根据需要也可在隔声屏上开设观察窗，观察窗的隔声量与隔声屏大体相近。

根据需要，隔声屏可做成二边形、遮檐式、三边形、双重式等，如图 1-47 所示。

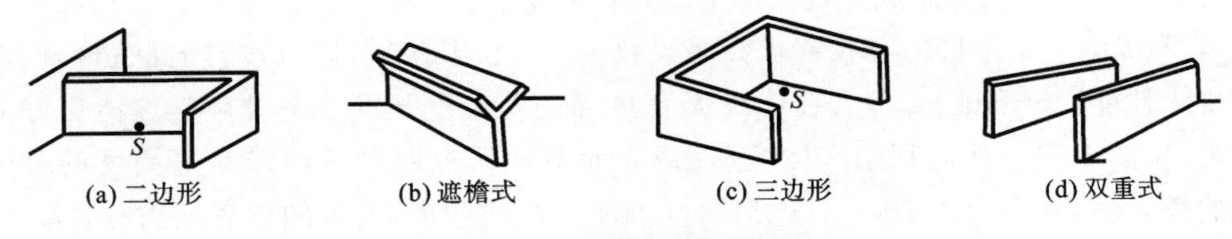

图 1-47　隔声屏的基本形式

(3) 道路声屏障结构形式。

随着我国高速铁路、高速公路、城市交通干道的快速发展，道路声屏障的开发已成为一个热点。在不增加道路屏障高度的条件下，为降低顶部绕射声波的传播，提高屏障的降噪能力，一方面可在声屏障上端面安置软体或吸声材料，另一方面可改善声屏障的形状。常用的声屏障结构形式简介如下。

图 1-48　安装在厂房外墙的吸声屏障

① 吸声型屏障　吸声型屏障是指将声屏障面向道路一侧做成吸声系数大于 0.5 的吸声表面，以降低反射声及混响声。如图 1-48 所示在道路一侧几十米长的厂房墙外表面布置吸声材料，从而减少该墙面对交通噪声的反射，改善了厂房对面社区的声环境质量。

② "软表面"结构形式屏障　声学软表面的特性阻抗远远小于空气的特性阻抗，理想的软表面声压几乎为 0。因此，在刚性声屏障边缘附着一层或一个带管状"声学软

表面”结构,能够阻碍声屏障顶部绕射声的传播。寻找合适的“软表面”材料是其技术关键。

③ T形屏障　T形屏障比普通屏障具有更好的声学性能,2003年Defrance J.和Jean P.利用射线追踪及边界元法研究了一种T形屏障模型的声学性能,见图1-49。该屏障顶冠为水泥木屑板,其附加声衰减量视衍射角及声传播路径情况为2～3 dB。

④ G形屏障　G形屏障是指声屏障顶端按一定角度折向道路内侧以改善降噪效果的吸声表面,见图1-50。

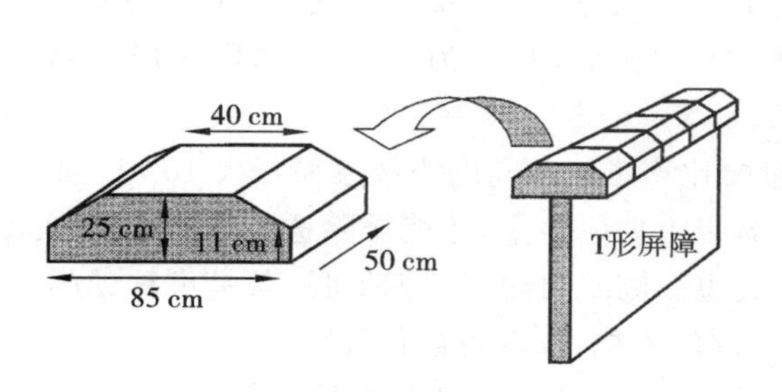

图1-49　T形屏障的顶冠模型

图1-50　G形道路声屏障

⑤ 带管状顶部的屏障　在方形屏障顶部加置一个圆柱形或蘑菇形管状单元,该吸声单元可降低声屏障顶部的声压,从而减小声屏障背后衍射区2～3 dB的声压值。蘑菇形吸声体屏障因具有更好的景观效应而成为现代声屏障建设的主流。

⑥ Y形屏障　Y形屏障不仅能提高降噪效果,而且能降低屏障高度,降低造价,同时具有良好的排水性能。Shima H.等人在传统Y形屏障的基础上开发了一种声学性能更好的新型Y形屏障,见图1-51。他们利用实体模型、边界元对比研究此种声屏障与等高度的普通方形声屏障的插入损失,表明在1000 Hz频段(交通噪声中心频率)前者的声衰减比后者高10 dB。

⑦ 多重边缘声屏障　多重边缘声屏障是指在单层障板的基础上增加两道或更多道边板,边板最好置于原主障板的声源一侧,可明显增大屏障的声衰减量,一般可获得3 dB左右的附加衰减量(高频区的附加衰减量比低频区大)。多重边缘屏障板上一般不加吸声材料。

⑧ 隧道式声屏障　城市交通干道两侧的高层建筑物,形成了城市“峡谷”。此时,采用一般的声屏障来控制交通噪声向窗户处的辐射比较困难。掩蔽式声屏障可以很好地解决此问题,见图1-52,该声屏障又称隧道式声屏障,为了采光,顶部常用透明材料或设置采光罩,造价较高。

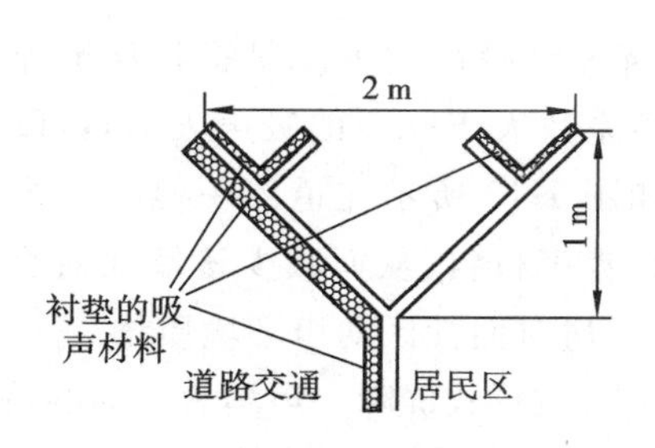

图1-51　新型Y形屏障

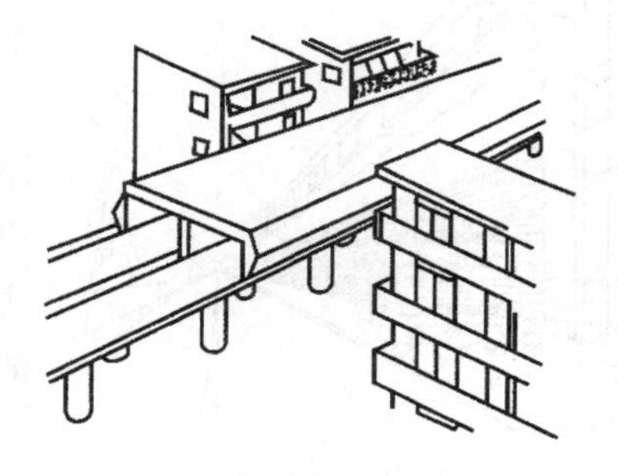

图1-52　城市高架路隧道式声屏障

⑨ 生态型声屏障　生态型声屏障是指在声屏障周围及壁体上绿化种植，由绿色植物将屏障构件装饰形成植物墙，见图 1-53，不但能有效降噪，而且具有美化环境的作用。

图 1-53　生态型声屏障

(4) 隔声屏应用实例。

【例 1-8】 某厂的减压站有一个减压阀门，其噪声特别强烈，尤以高频突出，严重影响整个厂房内工人的健康和正常的通信联系。为便于巡回检查，该厂决定采用隔声屏降噪。试设计隔声屏。

解　在辐射强噪声的减压阀附近并排设置了五块隔声屏，将阀门与人活动的场所用隔声屏隔开。图1-54为噪声源与隔声屏的相对位置图。

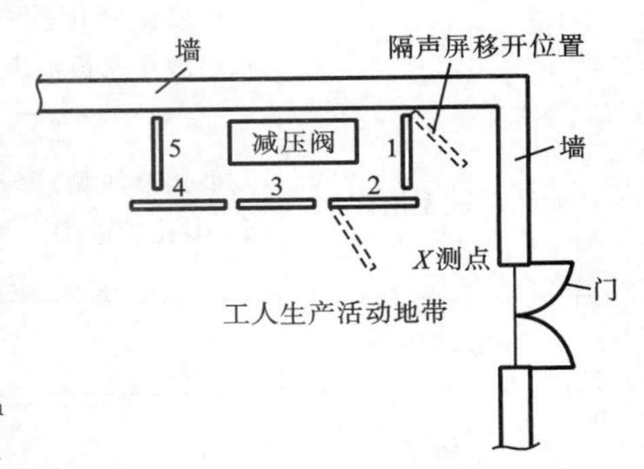

图 1-54　隔声屏放置示意图

1～5—隔声屏

该项措施实施后，在现场进行了实测。测点选在距减压阀 3 m 处工人生产活动的地方，测点距地面 1.5 m。分别测量放置隔声屏前后的噪声级，以两者之差作为隔声屏的降噪效果。实测表明，放置活动隔声屏可取得 10 dB(A)的降噪量，工人生产活动区域的噪声由 93 dB(A)降至 83 dB(A)，符合国家《工业企业噪声卫生标准》的规定要求。表 1-38 所示为测试结果。

表 1-38　活动隔声屏的降噪效果

工况	噪声级		频谱/Hz							
	A	C	63	125	250	500	1 000	2 000	4 000	8 000
未放隔声屏/dB	93	93	79	78	77	75	80	83	88	90
放置隔声屏/dB	83	85	78	76	74	72	73	73	75	74
降噪效果/dB	10	8	1	2	3	3	7	10	13	16

隔声屏在控制交通噪声方面也有不少应用。在公路、铁路上行驶的车辆噪声，常常对道路沿线的居民、医院、学校、机关及邮电系统等特定区域造成严重的干扰。对于这种复杂的室外噪声，隔声屏几乎是唯一可采取的防噪措施。

用于防治交通噪声的隔声屏，屏障表面也应加吸声材料，否则，噪声在道路两侧面对面的隔声屏表面多次反射，使隔声屏起不到应有的降噪效果。为此，在隔声屏表面，尤其在面对道路的一侧进行吸声处理是十分必要的。

1.8 消声技术

消声器是一种让气流通过而使噪声衰减的装置,安装在气流通过的管道中或进、排气管口,是降低空气动力性噪声的主要设施。

消声器的种类和结构形式很多,按消声原理分类如表 1-39 所示。

表 1-39 消声器种类与适用范围

消声器类型	所包括的形式	消声频率特性	备注
阻性消声器	直管式、片式、折板式、声流式、蜂窝式、弯头式	具有中、高频消声性能	适用消除风机、燃气轮机进气噪声
抗性消声器	扩张室式、共振腔、干涉型	具有低、中频消声性能	适用消除空气压缩机、内燃机、汽车排气噪声
阻抗复合式消声器	阻-扩型、阻-共型、阻-扩-共型	具有低、中、高频消声性能	适用消除鼓风机、大型风洞、发动机试车台噪声
微穿孔板消声器	单层微穿孔板消声器、双层微穿孔板消声器	具有宽频带消声性能	适用于高温、高湿、有油雾及要求特别清洁卫生的场合
喷注耗散型消声器	小孔喷注型、降压扩容型、多孔扩散型	具有宽频带消声性能	适于消除压力气体排放噪声,如锅炉排气、高炉放风、化工工艺气体放散等噪声
喷雾消声器	—	具有宽频带消声性能	用于消除高温蒸汽排放噪声
引射掺冷消声器	—	具有宽频带消声性能	用于消除高温高速气流噪声
电子消声器(有源消声器)	—	具有低频消声性能	用于消除低频噪声的一种辅助措施

一般对所设计的消声器有以下三个方面的基本要求。

① 消声性能。要求消声器在所需要的消声频率范围内有足够大的消声量。

② 空气动力性能。消声器对气流的阻力损失或功能损耗要小。

③ 结构性能。消声器要坚固耐用,体积小,重量轻,结构简单,易于加工。

上述三方面的要求是相互联系、相互制约、缺一不可的,根据具体情况可有所侧重,但不能偏废。设计消声器时,首先要测定噪声源的频谱,分析某些频率范围内所需要的消声量;对不同的频率分别计算消声器所应达到的消声量,综合考虑消声器三方面的性能要求,确定消声器的结构形式,有效降低噪声。

1. 阻性消声器

(1) 阻性消声器消声量的计算。

阻性消声器是将吸声材料安装在气流通道内,利用声波在多孔吸声材料内因摩擦和黏滞阻力而将声能转化为热能,达到消声的目的。阻性消声器结构简单,充分利用中、高频吸声性能良好的多孔吸声材料,具有良好的中、高频消声效果。阻性消声器的消声量与消声器的结构形式、长度、通道横截面积,吸声材料的吸声性能、密度、厚度以及护面穿孔板的穿孔率等因素有关。直管式阻性消声器的消声量可用下式近似计算:

$$\Delta L = \varphi(\alpha_0)\frac{P}{S}l \tag{1-101}$$

式中：ΔL——消声量，dB；

$\varphi(\alpha_0)$——与材料吸声系数 α_0 有关的消声系数（见表 1-40）；

P——消声器通道截面周长，m；

S——消声器通道有效横截面面积，m^2；

l——消声器的有效长度，m。

表 1-40　$\varphi(\alpha_0)$ 与 α_0 的关系

α_0	0.10	0.20	0.30	0.40	0.50	0.6～1.0
$\varphi(\alpha_0)$	0.11	0.25	0.40	0.55	0.75	1.0～1.5

由式(1-101)可看出，阻性消声器的消声量与所用吸声材料的性能有关，即材料的吸声性能越好，消声值越高；其次，还与消声器的长度、周长成正比，与横截面面积成反比。设计消声器时，应尽可能选用吸声系数高的吸声材料，并准确计算通道各部分的尺寸。

（2）各类阻性消声器的特点。

阻性消声器的种类很多，把不同种类的吸声材料按不同方式固定在气流通道中，即构成各式各样的阻性消声器。按气流通道的几何形状，阻性消声器可分为直管式、片式、折板式、声流式、蜂窝式、弯头式、迷宫式等，如图 1-55 所示。它们的特点见表 1-41。

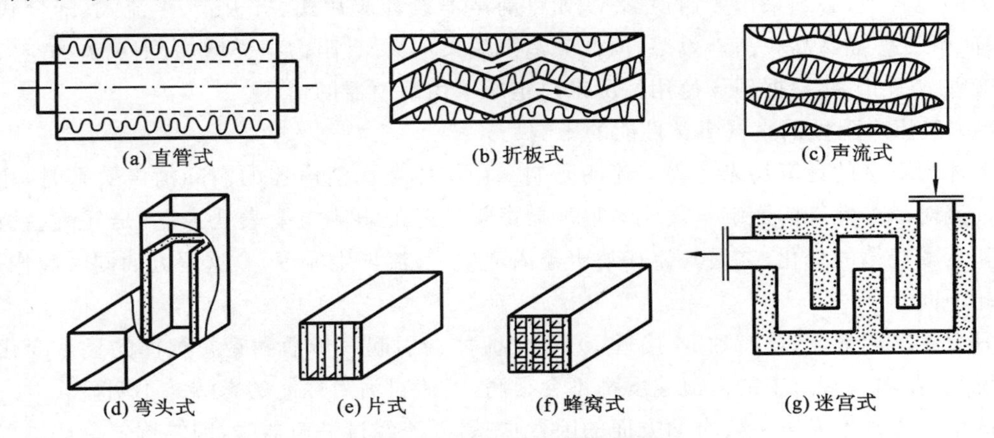

图 1-55　常见阻性消声器的类型

表 1-41　各类阻性消声器的特点与适用范围

类型	特点及适用范围
直管式	结构简单，阻力损失小，适用于小流量管道及设备的进、排气口
片式	单个通道的消声量即为整个消声器的消声量，结构不太复杂，适用于气流流量较大的场合
折板式	片式消声器的变种，提高了高频消声性能，但阻力损失大，不适于流速较高的场合
声流式	折板式消声器的改进型，改善了低频消声性能，阻力损失较小，但结构复杂，不易加工，造价高
蜂窝式	高频消声效果好，但阻力损失较大，构造相对复杂，适用于气流流量较大、流速不高的场合
弯头式	低频消声效果差，高频消声效果好，一般结合现场情况，在需要弯曲的管道内衬贴吸声材料构成
迷宫式	在容积较大的箱（室）内加衬吸声材料或吸声障板，具有抗性作用，消声频率范围宽，但体积庞大，阻力损失大，仅在流速很低的风道上使用

(3) 高频失效及解决办法。

消声器的消声量大小还与噪声的频率有关。噪声频率越高,传播的方向性越强。对一定截面的消声器来说,当声波频率高至某一频率之后,声波以窄束状从通道穿过,几乎不与吸声材料接触,造成高频消声性能显著下降。把消声量开始下降的频率称为高频失效频率,其经验计算公式为

$$f_{失} = 1.85\frac{c}{D} \tag{1-102}$$

式中:c——声速,m/s;

D——消声器通道的当量直径(通道截面边长的平均值,对圆截面即为直径),m。

当频率高于高频失效频率 $f_{失}$ 后,每增加一个倍频带,其消声量约下降 1/3,这个高于高频失效频率的某一频率的消声量可用下式估算:

$$\Delta L' = \frac{3-n}{3}\Delta L \tag{1-103}$$

式中:$\Delta L'$——高于高频失效频率的某倍频带的消声量,dB;

ΔL——高频失效频率处的消声量,dB;

n——高于高频失效频率的倍频带数。

由于高频失效,所以在设计消声器时,对于小风量的细管道,可选择单通道直管式;而对风量较大的粗管道,必须采用多通道形式,如将消声器设计成片式、折板式、声流式、蜂窝式和迷宫式等,可显著提高高频消声效果,但低频消声效果不大,且阻力损失增加,消声器的空气动力性能变差。因此,要根据现场使用情况来决定所采用消声器的形式。

(4) 气流对阻性消声器声学性能的影响。

上述消声量的计算均未考虑气流的影响。在具体考虑消声器的实际消声效果时,还必须考虑气流对消声性能的影响。气流对消声器声学性能的影响主要表现为:一是气流会引起声传播和衰减规律的变化;二是气流在消声器内产生“气流再生噪声”。这两方面同时起作用,但本质却不同。

只有在高速气流(马赫数 M 接近 1)下,气流才会引起声传播和衰减规律的显著变化。一般来说,工业输气管道中的气流速度都不会很高,气流对消声性能的影响并不明显。

产生气流再生噪声主要有两方面的因素:一是气流经过消声器时,因结构复杂造成局部阻力或摩擦阻力而产生一系列湍流,相应地辐射一些噪声,消声器内部结构越复杂,产生的噪声也越大;二是气流激发消声器构件振动而辐射噪声。气流再生噪声的大小在很大程度上取决于气流流速。流速越大,气流再生噪声也越大。在直通道消声器内气流再生噪声的估算公式为

$$L'_{A} = (18 \pm 2) + 60\lg v \tag{1-104}$$

式中:L'_{A}——气流再生噪声,dB;

v——消声器内气流流速,m/s。

气流再生噪声通常是低频噪声。试验表明,随着频率的增高,声级逐渐下降,每增加一个倍频带,声功率大约下降 6 dB。表 1-42 为在不同流速下试验测得的各倍频带气流再生噪声数值,供设计时参考。

表 1-42　不同流速下各倍频带气流再生噪声数值

气流速度/(m/s)	A 声级/dB(A)	各倍频带中心频率下的噪声值/dB					
		250 Hz	500 Hz	1 000 Hz	2 000 Hz	4 000 Hz	8 000 Hz
5	60	62	58	51	47	40	31
10	78	80	76	69	65	58	49
15	88	91	87	80	75	65	59
20	96	98	95	87	83	76	67
25	101	104	101	93	89	82	72
30	106	109	105	98	93	86	77
35	110	113	109	102	97	90	81
40	114	—	113	105	101	94	85

由表 1-42 可看出，消声器空气动力性能的好坏，很大程度上取决于消声器内的气流速度。设计消声器时，消声器通道内气流速度不宜过高。一般来说，空调系统的消声器内气流流速不应超过 10 m/s；空气压缩机和鼓风机的消声器内气流流速不应超过 30 m/s；内燃机、凿岩机上的消声器内气流流速可选为 30～50 m/s；大流量排气放空消声器的气流流速可选为 50～80 m/s。

(5) 阻性消声器的设计与应用。

①阻性消声器的设计步骤与要求。

a. 合理选择消声器的结构形式。

根据气体流量和消声器所控制的流速，计算所需的通流截面，合理选择消声器的结构形式。如消声器中的流速与原输气管道保持相同，则可按输气管道截面尺寸确定。一般来说，气流通道截面当量直径小于 300 mm 时，可采用单通道直管式。通道截面直径介于 300～500 mm 之间时，可在通道中加设吸声片或吸声芯，如图 1-56 所示。通道截面直径大于 500 mm 时，则应考虑选用片式、蜂窝式或其他形式。

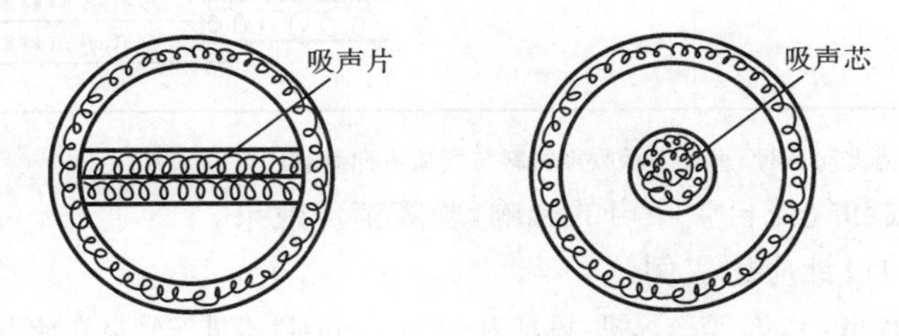

图 1-56　单通道消声器中加吸声片或吸声芯

b. 合理选用吸声材料。

阻性消声器是用吸声材料制成的，吸声材料的性能是决定消声器声学性能的重要因素。选用吸声材料时，除了考虑材料的吸声性能外，还应考虑消声器在特殊的使用环境下，如高温、潮湿和腐蚀等方面的问题。

c. 合理确定消声器的长度。

增加消声器的长度可以提高消声量。消声器的长度应根据噪声源的强度和现场降噪的要求来决定。一般空气动力设备如风机、电动机的消声器长度为 1～3 m，特殊情况下为 4～6 m。

d. 合理选择吸声材料的护面结构。

阻性消声器的吸声材料是在气流中工作的,所以吸声材料必须用牢固的护面结构固定。通常采用的护面结构有玻璃布、穿孔板或铁丝网等。如护面结构不合理,吸声材料会被气流吹跑或者使护面结构产生振动,导致消声器的性能下降。护面结构的形式主要取决于消声器通道内的气流流速,表 1-43 为不同气流流速下吸声材料的护面结构。

表 1-43　不同气流流速下吸声材料的护面结构

气流流速/(m/s)		护面结构形式
平行	垂直	
<10	<7	布和金属网；多孔吸声材料
10～23	7～15	穿孔金属板；多孔吸声材料
23～45	15～38	穿孔金属板；玻璃布；多孔吸声材料
45～120	—	多孔吸声材料；钢丝棉；多孔吸声材料；多孔吸声材料

注:平行表示吸声材料与气流方向平行;垂直表示吸声材料与气流方向垂直。

e. 考虑高频失效和气流再生噪声的影响,验算消声效果。

② 阻性消声器的设计应用实例。

【例 1-9】 某厂 LGA-60/5 000 型鼓风机,风量为 60 m^3/min,风机进气管口直径为 250 mm,在进口1.5 m 处测得噪声频谱如表 1-44 所示。试设计一阻性消声器,以消除进风口的噪声。

解 a. 确定所需要的消声量。

根据该风机进气口测得的噪声频谱,安装消声器后,在进气口 1.5 m 处噪声应控制在噪声评价数 NR-85 以内,两者之差即为所需的消声量。

b. 确定消声器的形式。

根据该风机的风量和管径,可选用单通道直管式阻性消声器。消声器截面周长与截面积之比取 16。

c. 选择吸声材料和设计吸声层。

根据使用环境,吸声材料可选用超细玻璃棉。吸声层厚度取 150 mm,填充密度为 20 kg/m^3。根据气流速度,吸声层护面采用一层玻璃布加一层穿孔板,板厚 2 mm,孔径 6 mm,孔间距 11 mm。该结构的吸声系数见表 1-44,并由吸声系数查表 1-45 得消声系数。

表 1-44　LGA-60/5 000 型鼓风机进气管口消声器设计一览表

序号	项目	63 Hz	125 Hz	250 Hz	500 Hz	1 000 Hz	2 000 Hz	4 000 Hz	8 000 Hz	A 声级
1	倍频带声压级/dB	108	112	110	116	108	106	100	92	117
2	噪声评价数 NR-85/dB	103	97	92	87	84	82	81	79	90
3	消声器应具有的消声量/dB	5	15	18	29	24	24	19	13	27
4	消声器周长与截面积之比 P/S	16	16	16	16	16	16	16	16	—
5	所选材料吸声系数 α_0	0.30	0.50	0.80	0.85	0.85	0.86	0.80	0.78	—
6	消声系数 $\varphi(\alpha_0)$	0.40	0.75	1.2	1.3	1.3	1.3	1.2	1.1	—
7	消声器所需长度/m	0.78	1.25	0.94	1.39	1.15	1.15	0.99	0.74	—
8	气流再生噪声 L_A									83

表 1-45　不同频带下的消声量 ΔL 与 K 值的关系

K 值	0.2	0.4	0.6	0.8	1.0	1.5	2	3	4	5	6	8	10	15
倍频带下的消声量/dB	1.1	1.2	2.4	3.6	4.8	7.5	9.5	12.8	15.2	17	18.6	20	23	27
1/3 倍频带下的消声量/dB	2.5	6.2	9.0	11.2	13.0	16.4	19	22.6	25.1	27	28.5	31	33	36.5

d. 计算消声器的长度。

由式(1-101)可计算各倍频带所需消声器的长度。如 125 Hz 处为

$$l=\frac{\Delta L}{\varphi(\alpha_0)}\frac{S}{P}=\frac{15}{0.75}\times\frac{1}{16}\ \text{m}=1.25\ \text{m}$$

为满足各倍频带消声量的要求，消声器的设计长度取最大值 $l=1.4$ m。

根据上述分析与计算，消声器的设计方案如图 1-57 所示。

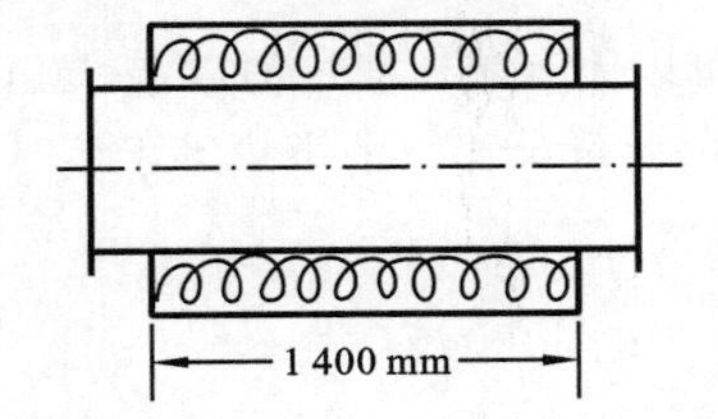

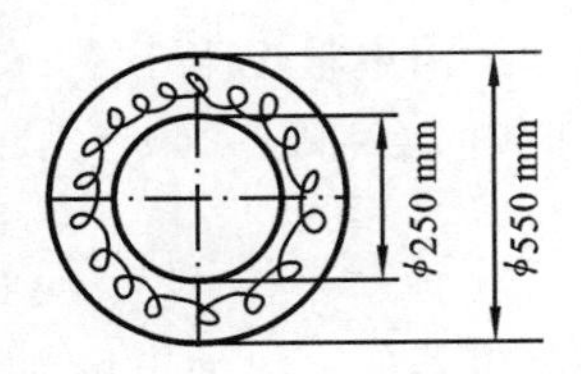

图 1-57　风机进气管口单通道直管式阻性消声器

e. 验算高频失效的影响。

计算高频失效频率为

$$f_{失}=1.85\frac{c}{D}=1.85\times\frac{340}{0.25}\ \text{Hz}=2\ 516\ \text{Hz}$$

在中心频率 4 kHz 的倍频带内，消声器对高于 2 516 Hz 的频率段，消声量将降低。所设计 1.4 m 长的消声器在 8 kHz 处的消声量为 24.6 dB，考虑高频失效，按式(1-103)计算，在 8 kHz 倍频带内的消声量为

$$\Delta L'=\frac{3-n}{3}\Delta L=\frac{3-1}{3}\times 24.6\ \text{dB}=16.4\ \text{dB}$$

而 8 kHz 处所需的消声量为 13 dB，即考虑高频失效的影响，所设计的消声器仍满足消声量的要求。

f. 验算气流再生噪声。

消声器通道截面积　$S=\pi d^2/4=\pi\times 0.25^2/4\ \text{m}^2=0.049\ \text{m}^2$

消声器内气流速度　$v=\frac{Q}{S}=\frac{\frac{60}{60}}{0.049}\ \text{m/s}=20.4\ \text{m/s}$

由式(1-104)有 $L'_A=(18\pm2)+60\lg v=[(18\pm2)+60\lg 20.4]\ \text{dB(A)}=[(18\pm2)+78]\ \text{dB(A)}=(96\pm2)\ \text{dB(A)}$

将气流再生噪声近似看作点声源,则距进气管口 1.5 m 处的噪声级为

$$L_A = L'_A - 20\ \lg r - 11 = (98 - 20\ \lg 1.5 - 11)\ \mathrm{dB(A)} = 83\ \mathrm{dB(A)}$$

由此计算结果可知,气流再生噪声对消声器消声性能的影响可忽略。

2. 抗性消声器

抗性消声器主要是利用管道上突变的界面或旁接共振腔,使沿管道传播的某些频率的声波产生反射、干涉等现象,从而达到消声的目的。抗性消声器具有良好的中、低频消声特性,能在高温、高速、脉动气流条件下工作,适于消除汽车、拖拉机、空气压缩机等进、排气口噪声。常见的抗性消声器主要有扩张室消声器和共振腔消声器。

(1) 扩张室消声器。

① 扩张室消声器的消声性能。

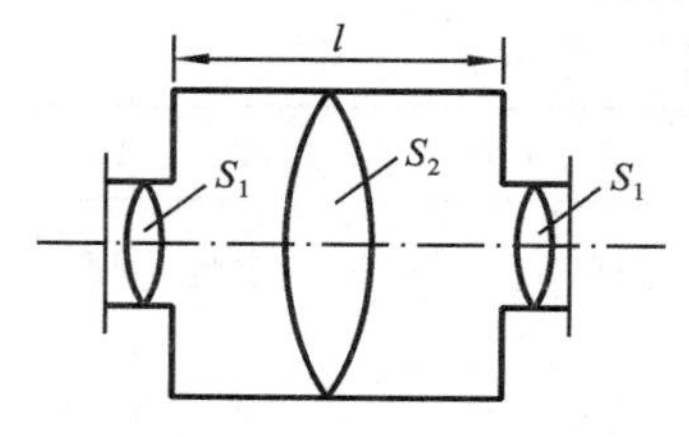

图 1-58 单节扩张室消声器

图 1-58 为单节扩张室消声器示意图。其消声性能主要取决于扩张比 m 和扩张室的长度 l,其消声量可由下式计算:

$$\Delta L = 10\ \lg\left[1 + \frac{1}{4}\left(m - \frac{1}{m}\right)^2 \sin^2 kl\right] \tag{1-105}$$

式中:ΔL——消声量,dB;

m——扩张比,$m = S_2/S_1$;

k——波数,由声波频率决定,$k = 2\pi/\lambda = 2\pi f/c$,$\mathrm{m}^{-1}$;

l——扩张室的长度,m。

从式(1-105)可以看出,消声量 ΔL 随 kl 作周期性变化。当 $\sin^2 kl = 1$ 时,消声量最大。此时 $kl = (2n+1)\pi/2 (n = 0,1,2,\cdots)$,由 $k = 2\pi f/c$ 可计算得最大消声量的频率 $f_{\max}$ 为

$$f_{\max} = (2n+1)\frac{c}{4l} \quad (n = 0,1,2,\cdots) \tag{1-106}$$

当 $\sin^2 kl = 0$ 时,消声量也等于零,表明声波可以无衰减地通过消声器,这正是单节扩张室消声器的弱点。此时 $kl = 2n\pi/2 (n = 0,1,2,\cdots)$,由此可计算得消声量等于零时的频率 $f_{\min}$ 为

$$f_{\min} = \frac{nc}{2l} \quad (n = 0,1,2,\cdots) \tag{1-107}$$

单节扩张室消声器的最大消声量为

$$\Delta L_{\max} = 10\ \lg\left[1 + \frac{1}{4}\left(m - \frac{1}{m}\right)^2\right] \tag{1-108}$$

当 $m > 5$ 时,最大消声量可由下式近似计算:

$$\Delta L_{\max} = 20\ \lg m - 6 \tag{1-109}$$

因此,扩张室消声器的消声量是由扩张比 m 决定的。在实际工程中,一般取 $9 < m < 16$,最大不超过 20,最小不小于 5。

扩张室消声器的消声量随着扩张比 m 的增大而增加,但对某些频率的声波,当 m 增大到一定数值时,声波会从扩张室中央通过,类似阻性消声器的高频失效,致使消声量急剧下降。扩张室消声器的有效消声上限截止频率 $f_{上}$ 可用下式计算:

$$f_{上} = 1.22\frac{c}{D} \tag{1-110}$$

式中:c——声速,m/s;

D——通道截面(扩张室部分)的当量直径,m。

对圆形截面,D 为直径;对方形截面,D 为边长;对矩形截面,D 为截面积的平方根。

由式(1-110)可知,扩张室截面越大,有效消声的上限截止频率 $f_{上}$ 就越小,其消声频率范围越窄。因此,扩张比不可盲目选得太大,应使消声量与消声频率范围两者兼顾。

在低频范围内,当波长远大于扩张室的尺寸时,消声器不但不能消声,反而会对声音起放大作用。扩张室消声器的下限截止频率可用下式计算:

$$f_{下}=\frac{\sqrt{2}c}{2\pi}\sqrt{\frac{S_1}{Vl_1}} \tag{1-111}$$

式中:c——声速,m/s;

S_1——连接管的截面积,m^2;

V——扩张室的容积,m^3;

l_1——扩张室的长度,m。

② 改善扩张室消声器消声频率特性的方法。

单节扩张室消声器存在许多消声量为零的通过频率,为克服这一弱点,通常采用如下两种方法:一是在扩张室内插入内接管;二是将多节扩张室串联。

将扩张室进、出口的接管插入扩张室内,插入长度分别为扩张室长度的 1/2 和 1/4,可分别消除 $\lambda/2$ 奇数倍和偶数倍所对应的通过频率。可将两者综合,使整个消声器在理论上没有通过频率,如图 1-59 所示。

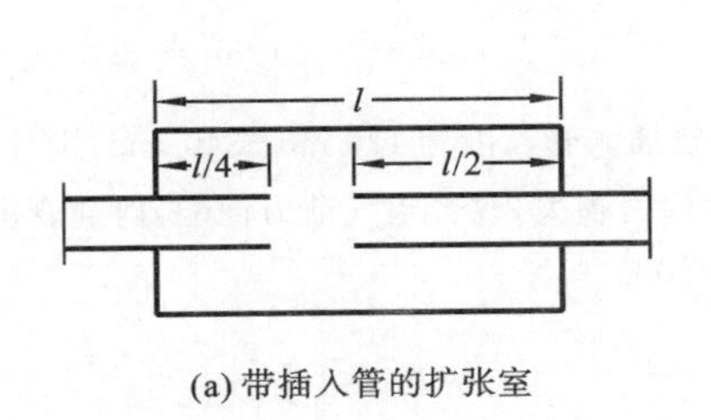

(a) 带插入管的扩张室

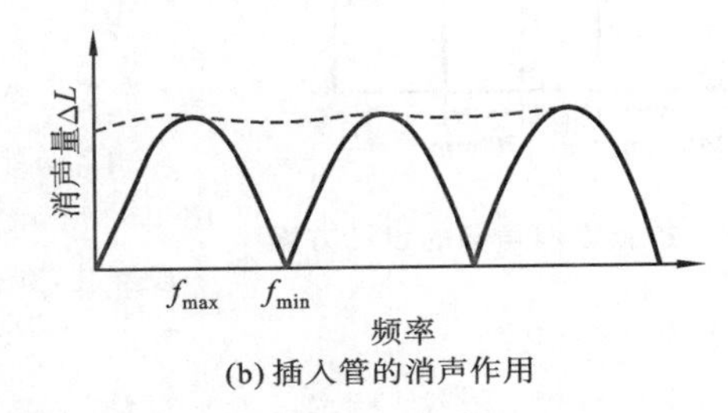

(b) 插入管的消声作用

图 1-59 带插入管的扩张室及其消声特性

工程上为了进一步改善扩张室消声器的消声效果,通常将几节扩张室消声器串联起来,各节扩张室的长度不相等,使各自的通过频率相互错开。如此,既可提高总的消声量,又可改善消声频率特性。图 1-60 为多节扩张室消声器串联示意图。

由于扩张室消声器通道截面急剧变化,局部阻力损失较大,用穿孔率大于 30%的穿孔管将内接插入管连接起来,如图 1-61 所示,可改善消声器的空气动力性能,而对消声性能影响不大。

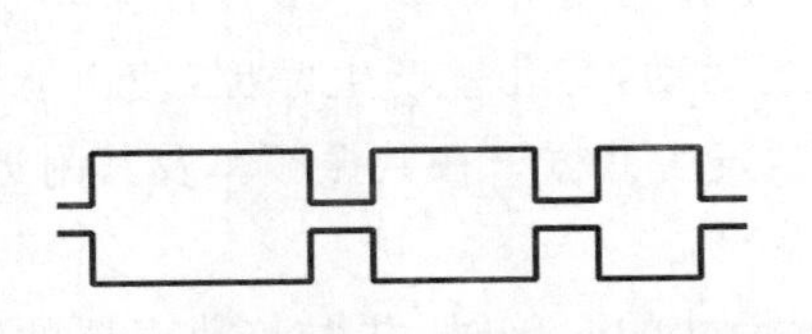

图 1-60 长度不等的多节扩张室消声器串联

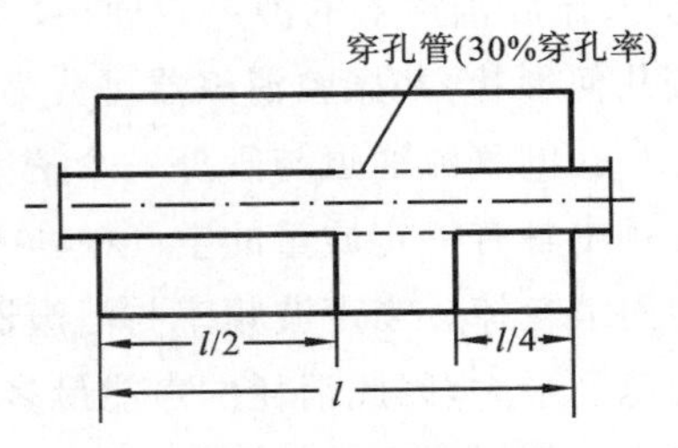

图 1-61 内接穿孔管的扩张室消声器

③ 扩张室消声器的设计步骤。

a. 根据所需要的消声频率特性,合理地分布最大消声频率,即合理地设计各节扩张室的长度及插入管的长度。

b. 根据所需要的消声量,尽可能选取较小的扩张比 m,设计扩张室各部分截面尺寸。

c. 验算所设计的扩张室消声器的上、下限截止频率是否在所需要消声的频率范围之外。如不符合,则应重新修改设计方案。

④ 扩张室消声器的设计应用。

【例 1-10】 某柴油机进气口管径为 200 mm,进气噪声在 125 Hz 处有一峰值。试设计一扩张室消声器装在进气口上,要求在 125 Hz 处有 15 dB 的消声量。

解 a. 确定扩张室消声器的长度。

主要消声频率分布在 125 Hz,当 $n=0$ 时,由式(1-106)有

$$l=\frac{c}{4f_{\max}}=\frac{340}{4\times125}\ \mathrm{m}=0.68\ \mathrm{m}$$

b. 确定扩张比及扩张室的直径。

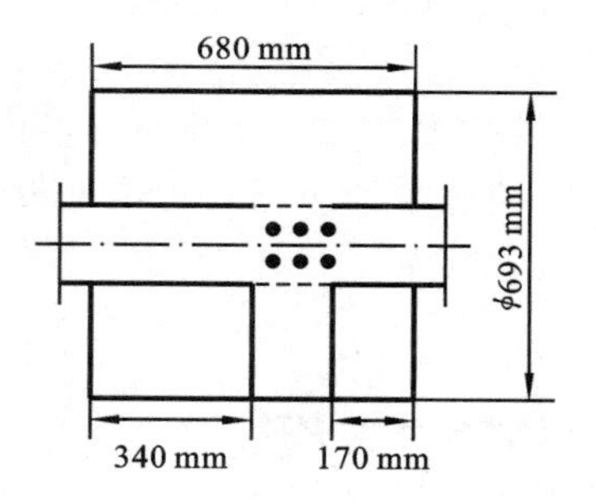

图 1-62 扩张室消声器的设计方案

根据要求的消声量,由 $\Delta L=20\lg m-6$ 可近似求得 $m=12$。已知进气口管径为 200 mm,相应的截面积 $S_1=\pi d_1{}^2/4=0.0314\ \mathrm{m}^2$。

扩张室的截面积

$$S_2=mS_1=12\times0.0314\ \mathrm{m}^2=0.377\ \mathrm{m}^2$$

扩张室直径

$$D=\sqrt{\frac{4S_2}{\pi}}=\sqrt{\frac{4\times0.377}{\pi}}\ \mathrm{m}=0.693\ \mathrm{m}=693\ \mathrm{mm}$$

由计算结果可确定插入管长度为 170 mm、340 mm,设计方案如图 1-62 所示。为减少阻力损失,改善空气动力性能,内插管的680/4一段穿孔,穿孔率 $p>30\%$。

c. 验算截止频率。

由式(1-110)计算上限截止频率:

$$f_{上}=1.22\frac{c}{D}=1.22\times\frac{340}{0.693}\ \mathrm{Hz}=598.6\ \mathrm{Hz}$$

由式(1-111)计算下限截止频率:

$$f_{下}=\frac{\sqrt{2}c}{2\pi}\sqrt{\frac{S_1}{Vl}}=\frac{\sqrt{2}c}{2\pi}\sqrt{\frac{S_1}{(S_2-S_1)l^2}}=\frac{\sqrt{2}\times340}{2\pi}\times\sqrt{\frac{0.0314}{(0.377-0.0314)\times0.68^2}}\ \mathrm{Hz}=34\ \mathrm{Hz}$$

所需消声的峰值频率 125 Hz 介于截止频率 $f_{上}$ 与 $f_{下}$ 之间,因此该设计方案符合要求。

(2) 共振腔消声器。

① 共振腔消声器的消声原理。

按几何形状,共振腔消声器可分为旁支型、同轴型和狭缝型等。共振腔消声器是由一段开有若干小孔的气流通道与管外一个密闭的空腔所组成。小孔与空腔组成一个弹性振动系统,小孔孔颈中具有一定质量的空气柱,在声波的作用下往复运动,与孔壁产生摩擦,使声能转变成热能而消耗掉。当声波频率与消声器固有频率相等时,发生共振。在共振频率及其附近,空气振动速度最大,因此消耗的声能最多,消声量最大。

当声波的波长大于共振腔的长、宽、高(或深度)最大尺寸的 3 倍时,共振腔消声器的固有频率 f_0 可用下式计算:

$$f_0=\frac{c}{2\pi}\sqrt{\frac{G}{V}}\tag{1-112}$$

式中：c——声速，m/s；

V——共振腔的容积，m^3；

G——传导率，m。

传导率是一个具有长度量纲的物理参量，其定义为小孔面积与孔板有效厚度之比。

$$G = \frac{n\pi d^2}{4(t + 0.8d)} \tag{1-113}$$

式中：n——开孔个数；

d——孔径，m；

t——穿孔板厚度，m。

共振腔消声器对频率为 f 的声波的消声量为

$$\Delta L = 10\ \lg\left[1 + \left(\frac{K}{f/f_0 - f_0/f}\right)^2\right] \tag{1-114}$$

式中：K——与共振腔消声器消声性能有关的无量纲常数。

$$K = \frac{\sqrt{GV}}{2S} \tag{1-115}$$

式中：S——消声器通道横截面积，m^2。

式(1-114)是共振腔消声器单频消声量计算公式。消声量与频率比 f/f_0、K 的关系见图 1-63。实际工程中通常需要计算某一频带的消声量，最常用的是倍频带和 1/3 倍频带。

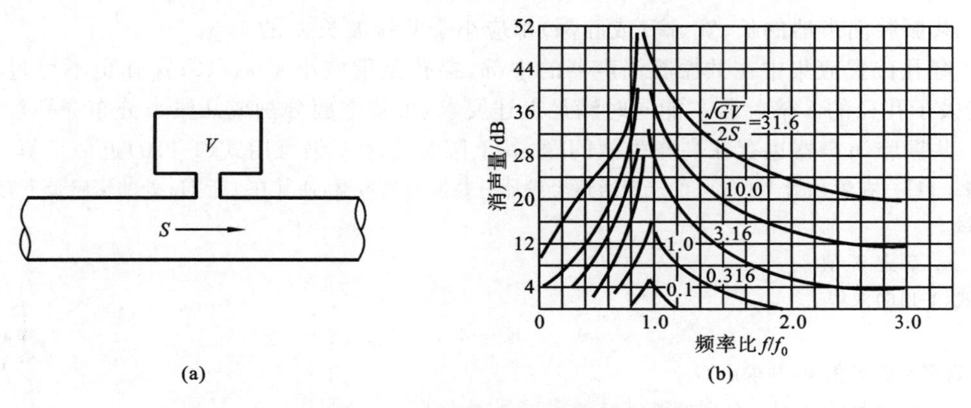

图 1-63　共振腔消声器及其消声频率特性

倍频带下的消声量

$$\Delta L = 10\ \lg(1 + 2K^2) \tag{1-116}$$

1/3 倍频带下的消声量

$$\Delta L = 10\ \lg(1 + 19K^2) \tag{1-117}$$

为便于计算，不同频带下的消声量与 K 值的关系列于表 1-45。

共振腔消声器的消声频率较窄，为改善其消声性能，使其可在较宽的频带范围内获得较大的消声量，设计时应注意以下几点：尽可能选择较大的 K 值；在空腔内填充一些吸声材料，以增加共振腔消声器的摩擦阻尼；采用多节共振腔消声器串联。

② 共振腔消声器的设计与应用。

共振腔消声器的设计步骤如下。

a. 首先根据降噪要求,确定共振频率及频带所需的消声量。由式(1-116)、式(1-117)或表 1-45确定 K 值。

b. K 值确定后,求出 V 和 G。

由式(1-112)及式(1-115)可得

$$K=\frac{\pi f_0}{c}\frac{V}{S}$$

所以,共振腔消声器的空腔容积为

$$V=\frac{c}{\pi f_0}KS \tag{1-118}$$

消声器的传导率为

$$G=\left(\frac{2\pi f_0}{c}\right)^2 V \tag{1-119}$$

气流通道截面积 S 是由管道中气体流量和气流速度决定的。在条件允许的情况下,应尽可能缩小通道的截面积。一般通道截面直径不应超过 250 mm。如气流通道较大,则需采用多通道共振腔并联,每一通道宽度取 100～200 mm,且竖直高度小于共振波长的 1/3。

c. 设计共振腔消声器的具体结构尺寸。对某一确定的空腔容积 V,可有多种共振腔形状和尺寸;对某一确定的传导率 G,也可有多种孔径、板厚和穿孔数的组合。在实际应用中,通常根据现场条件,首先确定一些量,如板厚、孔径、腔深等,然后再设计其他参数。

为了使共振腔消声器取得应有的效果,设计时应注意以下几点。

a. 共振腔消声器的长、宽、高(或腔深)都应小于共振波长 λ_0 的 1/3。

b. 穿孔位置应集中在共振腔消声器的中部,穿孔范围应小于 $\lambda_0/12$;穿孔也不可过密,孔心距应大于孔径的 5 倍。若不能同时满足上述要求,可将空腔分割成几段来分布穿孔位置。

c. 共振腔消声器也存在高频失效问题,其上限截止频率仍可用式(1-110)近似计算。

【例 1-11】 在管径为 100 mm 的气流通道上设计一共振腔消声器,使其在 125 Hz 处的倍频带下有 15 dB 的消声量。

解 a. 确定 K 值。

由式(1-116)求得

$$K=4$$

b. 确定空腔容积 V,并求出 G。

由式(1-118)及式(1-119)分别可得

$$V=\frac{c}{\pi f_0}KS=\frac{340}{\pi\times125}\times4\times\frac{\pi}{4}\times0.1^2\ \mathrm{m^3}=0.027\ \mathrm{m^3}=27\ 000\ \mathrm{cm^3}$$

$$G=\left(\frac{2\pi f_0}{c}\right)^2V=\left(\frac{2\pi\times125}{34\ 000}\right)^2\times27\ 000\ \mathrm{cm}=14.4\ \mathrm{cm}$$

c. 确定消声器的具体结构尺寸。

设计一个与原管道同心的同轴式共振腔消声器,其内径为 100 mm,外径为 400 mm,则所需共振腔长度为

$$l=\frac{V}{\frac{\pi}{4}(d_2-d_1)^2}=\frac{27\ 000\times4}{\pi\times(40-10)^2}\ \mathrm{cm}=38\ \mathrm{cm}$$

选用管壁厚度 $t=2$ mm,孔径为 5 mm,根据式(1-113)可求得所开孔数为

$$n=\frac{4G(t+0.8d)}{\pi d^2}=\frac{4\times14.4\times(0.2+0.8\times0.5)}{\pi\times0.5^2}=44$$

由上述计算结果可设计如图 1-64 所示的共振腔消声器,其长度为 380 mm,外腔直径为 400 mm,腔内径

为 100 mm，在气流通道的共振腔中部均匀排列 44 个孔径为 5 mm 的孔。

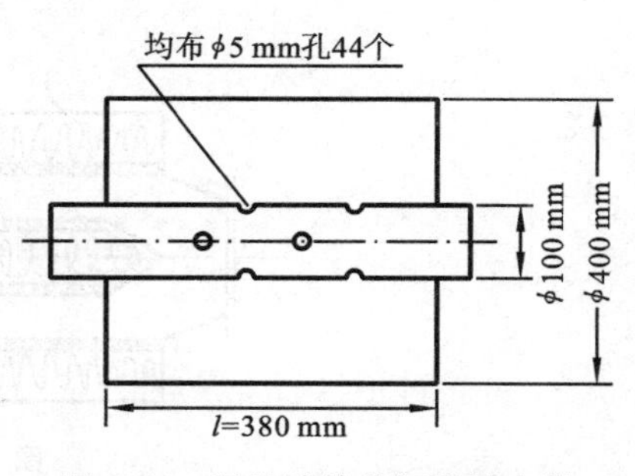

图 1-64　所设计的共振腔消声器

d. 验算共振腔消声器的有关声学特性。

$$f_0=\frac{c}{2\pi}\sqrt{\frac{G}{V}}=\frac{34\ 000}{2\pi}\sqrt{\frac{14.4}{27\ 000}}\ \text{Hz}=125\ \text{Hz}$$

$$f_{上}=1.22\,\frac{c}{D}=1.22\times\frac{34\ 000}{40}\ \text{Hz}=1\ 037\ \text{Hz}$$

中心频率为 125 Hz 的倍频带包括 90～180 Hz，在 1 037 Hz 以下，即在所需消声的频率范围内，不会出现高频失效问题。

共振波长

$$\lambda_0=\frac{c}{f_0}=\frac{34\ 000}{125}\ \text{cm}=272\ \text{cm}$$

$$\frac{\lambda_0}{3}=\frac{272}{3}\ \text{cm}=91\ \text{cm}$$

所设计的共振腔消声器各部分尺寸（长、宽、腔深）都小于共振波长 λ_0的 1/3，符合设计要求。

3. 阻抗复合式消声器

阻性消声器具有良好的中、高频消声性能，抗性消声器具有良好的低、中频消声性能。实际工程中为了在较宽频带范围内取得较好的消声效果，常常将阻性消声器与抗性消声器结合起来，构成阻抗复合式消声器。

常用的阻抗复合式消声器有阻性-扩张室复合式消声器、阻性-共振腔复合式消声器、阻性-扩张室-共振腔复合式消声器，如图 1-65 所示。

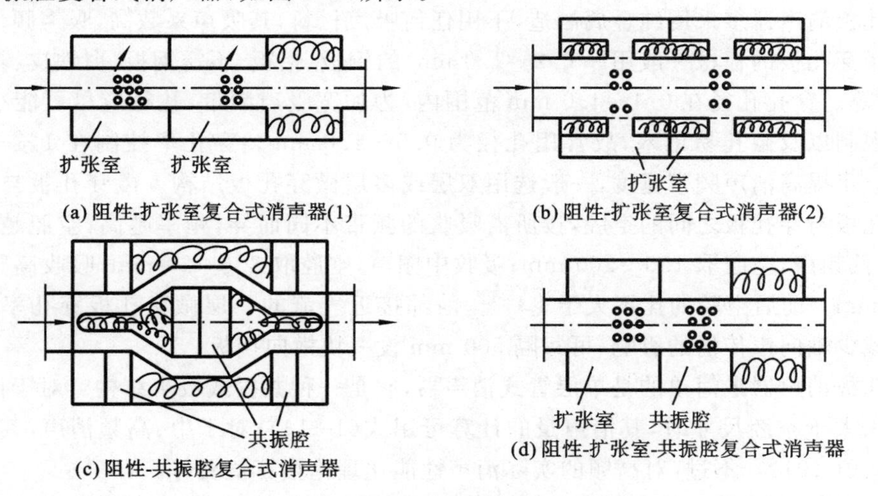

图 1-65　阻抗复合式消声器

阻抗复合式消声器的消声量，可近似认为是阻性与抗性在同一频带的消声量的叠加。由于声波在传播过程中具有反射、绕射、折射、干涉等特性，因此，其消声量并不是简单的叠加关系。对波长较长的声波，通过阻抗复合式消声器时，存在声的耦合作用，阻-抗段的消声量及消声特性互有影响。在实际应用中，阻抗复合式消声器的消声量通常由实验或实际测量确定。

【例 1-12】 针对某冲天炉使用的 D36-80/1500 型罗茨鼓风机，在进气口设计一阻抗复合式消声器。

解　设计的阻抗复合式消声器如图 1-66 所示，为阻性-扩张室复合式消声器。该消声器由两部分串联而成。

第一段为阻性部分，通道周围衬有吸声材料，主要用于消除中、高频噪声。为防止高频失效，在消声器通

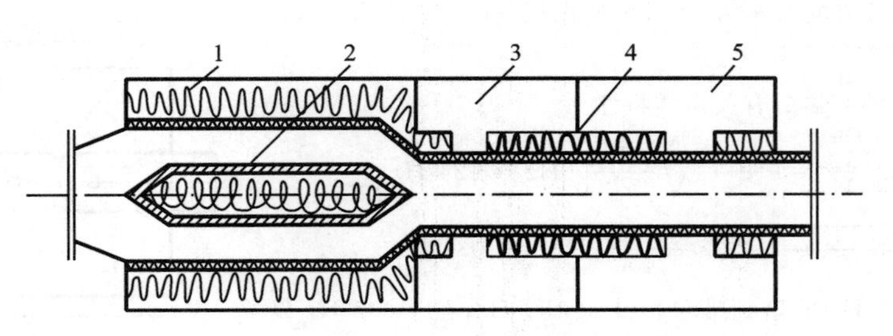

图 1-66　阻性-扩张室复合式消声器

1,2,4—玻璃棉;3,5—扩张室

道中间设置一阻性吸声层,并将吸声层的两端制成尖劈状,以减少阻力损失。

第二段为抗性部分,由两节不同长度的扩张室构成,主要用于消除 250 Hz 和 500 Hz 的低、中频峰值噪声。为改善扩张室消声器的消声性能,扩张室两端分别插入各自长度的 1/2 和 1/4 的插入管。为改善空气动力性能,用穿孔率为 30%的穿孔管连接各自的插入管(实际做成一体),并在插入管上衬贴吸声材料,以增大消声频带的宽度。

该消声器实际安装使用时,在消声器进气口 1 m 处进行测量,噪声级由 120 dB(A)降低为 89 dB(A),消声量为 31 dB(A),总响度降低 86%。

4. 微穿孔板消声器

微穿孔板消声器是用微穿孔板制作的阻抗复合式消声器。选用穿孔板上不同穿孔率与板后不同空腔组合,可在较宽的频率范围内获得良好的消声效果。

微穿孔板消声器多采用纯金属制造,不用任何吸声材料,其吸声系数高,吸声频带宽,且易于控制。微穿孔板的板材一般用厚 0.2～1.0 mm 的钢板、铝板、不锈钢板、白铁皮、塑料板、胶合板、纸板等。穿孔孔径在 0.1～1.0 mm 范围内,为加宽吸声频带,孔径应尽可能小,但因受制造工艺限制以及微孔易堵塞,故常用孔径为 0.5～1.0 mm。穿孔率控制在 1%～3%范围内。为进一步提高消声频带宽度,一般选用双层或多层微穿孔板结构。微穿孔板与刚性壁之间以及穿孔板与穿孔板之间的空腔,按所需吸收的频带不同而异,频率越高,空腔越小。一般来说,吸收低频声,空腔取 150～200 mm;吸收中频声,空腔取 80～120 mm;吸收高频声,空腔取30～50 mm。前后空腔的比不大于 1∶3。前部接近气流的一层微穿孔板穿孔率可略高于后层。为减少轴向声传播的影响,可每隔 500 mm 设一块横向挡板。

微穿孔板消声器最简单的是单层管式消声器,它是一种共振式吸声结构。对于低频消声,当声波波长大于空腔尺寸时,其消声量的计算可用式(1-114);对于中、高频消声,其消声量的计算可用式(1-101)。不过,对高频的实际消声性能比理论估算值要好。

微穿孔板消声器具有许多优点:阻力损失小,再生噪声低,适于高速气流(最大可达 80 m/s);没有粉尘和纤维污染,清洁卫生,适于医药、食品等行业使用;可用于高温、高湿、有粉尘与油污等场合;结构简单,造价低廉。但对穿孔工艺要求较高。

(1) 狭矩形微穿孔板消声器的应用实例。

某空调系统使用的狭矩形微穿孔板消声器长度为 2 m,通道尺寸为 250 mm×700 mm,如图 1-67 所示。微穿孔板的规格为:前腔 D_1=80 mm,板厚 t=0.8 mm,孔径 ϕ=0.8 mm,穿孔率 p_1=2.5%;后腔 D_2=120 mm,板厚 t=0.8 mm,孔径 ϕ=0.8 mm,穿孔率 p_2=1%。当消声器中流速为 10～15 m/s 时,其消声量的实测值见表 1-46,其阻力损失小于 9.8 Pa。

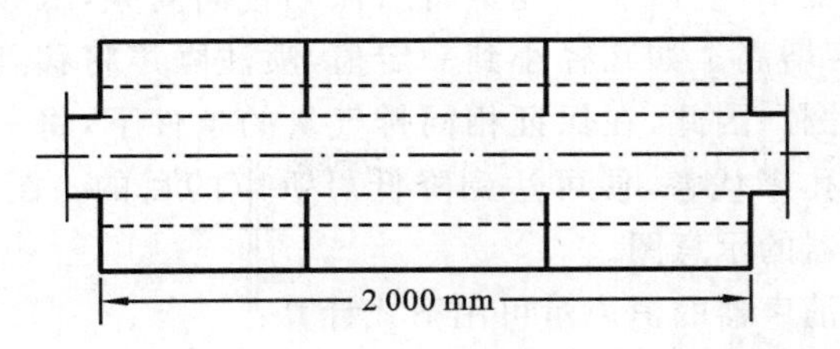

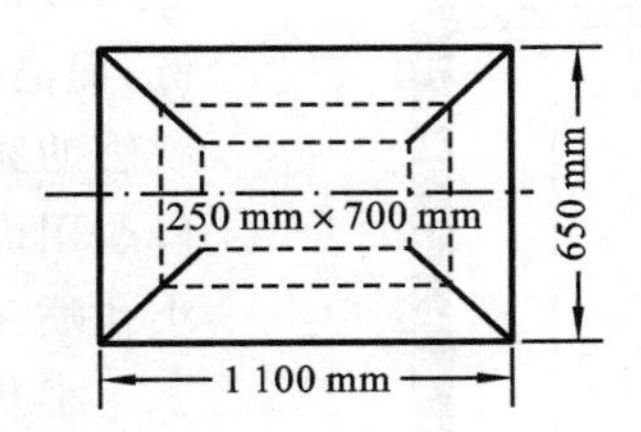

图 1-67　狭矩形微穿孔板消声器

表 1-46　狭矩形微穿孔板消声器的消声量

倍频带中心频率/Hz	63	125	250	500	1 000	2 000	4 000	8 000
消声量/dB	15	17	23	27	20	20	27	24

（2）声流式微穿孔板消声器的应用实例。

某柴油机排气口安装声流式微穿孔板消声器，如图 1-68 所示。该消声器长为 2 m，大腔设计参数为：前腔 $D_1=80$ mm，板厚 $t=0.8$ mm，孔径 $\phi=0.8$ mm，穿孔率 $p_1=2.5\%$；后腔 $D_2=120$ mm，板厚 $t=0.8$ mm，孔径 $\phi=0.8$ mm，穿孔率 $p_2=1\%$。小腔设计参数为：前腔 $D'_1=10$ mm，板厚 $t=0.8$ mm，孔径 $\phi=0.8$ mm，穿孔率 $p'_1=3\%$；后腔 $D'_2=200$ mm，板厚 $t=0.8$ mm，孔径 $\phi=0.8$ mm，穿孔率 $p'_2=3\%$。该消声器在流速 7 m/s 的条件下，阻力损失小于 5 Pa；在 10 m/s 的流速下，其阻力损失小于 39.2 Pa。其消声性能见表 1-47。

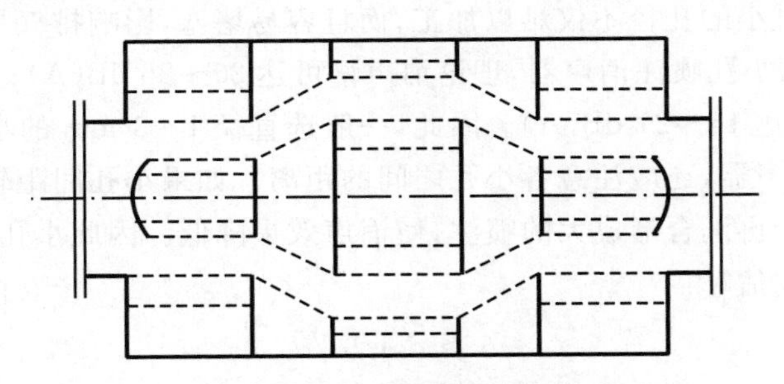

图 1-68　声流式微穿孔板消声器

表 1-47　声流式微穿孔板消声器的消声量

倍频带中心频率/Hz	63	125	250	500	1 000	2 000	4 000	8 000
流速为 7 m/s 时的消声量/dB	16	25	29	33	23	32	41	35
流速为 10 m/s 时的消声量/dB	15	23	26	29	22	30	35	34

5. 排气喷流消声器

排气喷流噪声在工业生产中普遍存在，该噪声的特点是声级高、频带宽、覆盖面积大，严重污染周围环境。排气喷流消声器是利用扩散降速、变频或改变喷注气流参数，从声源上降低噪声的。按消声原理排气喷流消声器有小孔喷注消声器、节流降压消声器、多孔扩散消声器、引射掺冷消声器等。

（1）小孔喷注消声器。

小孔喷注消声器用于消除小口径高速喷流噪声。喷注噪声峰值频率与喷口直径成反比。

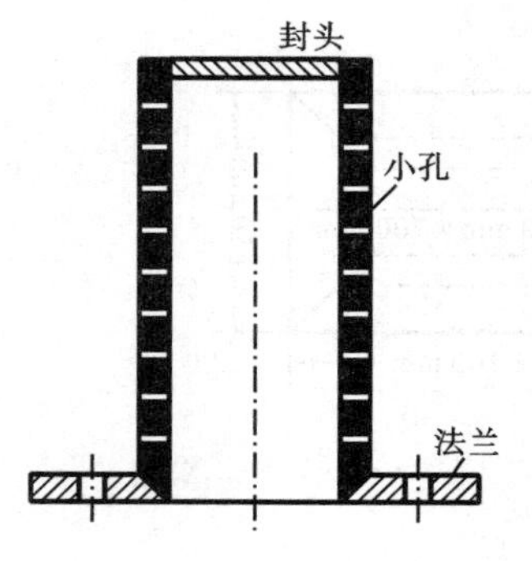

图 1-69　小孔喷注消声器

如果喷口直径变小,喷口噪声能量将从低频移向高频,低频噪声降低,而高频噪声增高。如孔径小到一定值,喷注噪声将移到人耳不敏感的频率范围。因此,在保证相同排气量的条件下,将一个大喷口改用许多小孔来代替,便可达到降低可听声的目的。图 1-69 是小孔喷注消声器的示意图。

小孔喷注消声器的消声量可用下式计算:

$$\Delta L = -10\ \lg\left[\frac{2}{\pi}\left(\arctan X_A - \frac{X_A}{1+X_A^2}\right)\right] \tag{1-120}$$

式中:$X_A = 0.165\ d/d_0$,表示阻塞情况;d 为喷口直径(mm)。

当 $d_0 = 1$ mm 时,有

$$\arctan X_A = \frac{X_A}{1+X_A^2}\left[1 + \frac{2}{3}\left(\frac{X_A^2}{1+X_A^2}\right) + \frac{2}{3}\times\frac{4}{5}\left(\frac{X_A^2}{1+X_A^2}\right)^2 + \cdots\right]$$

当 $d < 1$ mm 时,$X_A \ll 1$,有

$$\arctan X_A = \frac{X_A}{1+X_A^2} + \frac{2}{3}\left(\frac{X_A^2}{1+X_A^2}\right)\left(\frac{X_A}{1+X_A^2}\right)$$

则式(1-120)可简化为

$$\Delta L = -10\ \lg\left(\frac{4}{3\pi}X_A^3\right) \approx 27.5 - 30\ \lg d \tag{1-121}$$

由此可见,在小孔范围内,孔径减半,可使消声量提高 9 dB(A)。但从实用角度考虑,孔径不能选得过小,因为过小的孔径不仅难以加工,而且容易堵塞,影响排气量,增加气流阻力。工程上采用的 $\phi 1$ mm 的小孔喷注消声器,理论消声量可达 20～26 dB(A);采用 $\phi 2$ mm 的小孔喷注消声器的消声量可达 16～21 dB(A)。因此,一般选直径 1～3 mm 的小孔较合适。

设计小孔喷注消声器,还应注意各小孔之间的距离。如果小孔间距较小,气流经过小孔形成多个小喷注后,还会再汇合形成大的喷注,使消声效果降低。因此小孔喷注消声器必须有足够的孔心距,可用下式估算:

$$b \geqslant d + 6\sqrt{d} \tag{1-122}$$

式中:b——小孔中心距,mm;

d——小孔孔径,mm。

实际工程中,孔心距应在小孔孔径的 5～10 倍范围内选取。

(2) 节流降压消声器。

节流降压消声器是利用节流降压原理制成的。根据排气量的大小,合理设计流通截面,使高压气体通过节流孔板时,压强得到降低。如果使用多级节流孔板串联,就可以把原来高压气体直接排空的一次性大的压降,分散成若干小的压降。由于排气噪声声功率与压降的高次方成正比,把压强突变排空改为压强渐变排空,便可取得消声效果。这种消声器通常有 15～20 dB(A)的消声量。

节流降压消声器的各级压强是按几何级数下降的,即

$$p_n = p_s \cdot q^n \tag{1-123}$$

式中:p_s——节流孔板前的压强;

p_n——第 n 级节流孔板后的压强;

n——节流孔板级数;

q——压强比，即某级节流孔板后的压强 p_2 与该级节流孔板前的压强 p_1 之比，$q<1$。

各级压强比通常取相等的数值。对于高压排气的节流降压装置，通常按临界状态设计，即：对空气，$q=0.528$；对过热蒸汽，$q=0.546$；对饱和蒸汽，$q=0.577$。

节流装置的流通截面，根据气态方程、连续性方程和临界流速公式，通过简化并换算为工程上常用单位，表示为

$$S_1 = K\mu G\sqrt{\frac{V_1}{p_1}} \tag{1-124}$$

式中：S_1——节流装置通道截面积，cm^2；

K——排放不同介质的修正系数，对空气 $K=13.0$，对过热蒸汽 $K=13.4$，对饱和蒸汽 $K=14.0$；

μ——保证排气量的截面修正系数，通常取 1.2～2.0；

G——排放气体的质量流量，t/h；

V_1——节流前的气体比容，m^3/kg；

p_1——节流前的气体压强，MPa。

计算出第一级节流孔板通流面积 S_1 后，可按与比容成正比的关系近似确定其他各级通流面积。由面积确定孔径和孔心距，就可以算出节流降压消声器所需开的孔数以及孔的分布。

按临界降压设计的节流降压消声器，其消声量可用下式估算：

$$\Delta L = 10a\lg\frac{3.7\,(p_1 - p_0)^3}{np_1 p_0^2} \tag{1-125}$$

式中：p_1——消声器入口压强，Pa；

p_0——环境压强，Pa；

n——节流降压层数；

a——修正系数，其实验值为 0.9 ± 0.2，当压力较高时取偏低数值，如取 0.7，当压力较低时取偏高数值，如取 1.1。

图 1-70 为高压排气中采用的一种节流降压消声器，其消声量约为 23 dB(A)。

(3) 多孔扩散消声器。

多孔扩散消声器是利用粉末冶金、烧结塑料、多层金属网、多孔陶瓷等材料制成的消声器。该消声器加工简单，适用于小口径高压气体排空。其消声原理与小孔喷注消声器的消声原理基本相似。多孔扩散消声器所用材料带有大量细小孔隙，可使排放气流被滤成无数个小的气流，气体的压强被降低，流速被扩散减小，辐射噪声的强度也随之大大降低。同时，这类多孔材料还具有吸声作用。

设计这种消声器与小孔喷注消声器相似，它的有效通流面积一定要大于排气管道的横截面积，如扩散的面积设计得足够大，降噪效果可达 30～50 dB(A)。图 1-71 是几种多孔扩散消声器的示意图。一般可根据排气管的公称直径、适用排气量，并结合现场情况，直接选用定型产品。

在实际使用中，应定期清洗，以防尘粒堆积，增大气流阻力，堵塞气流通道。

(4) 喷雾消声器。

对于锅炉等排放高温蒸汽流的噪声，向发出噪声的蒸汽喷口均匀地喷淋水雾，也可起到一定的消声作用，这种方法称为喷雾消声。

喷雾消声的原理是：喷淋水雾后，介质密度 ρ 和声速都发生了变化，因而引起声阻抗的变

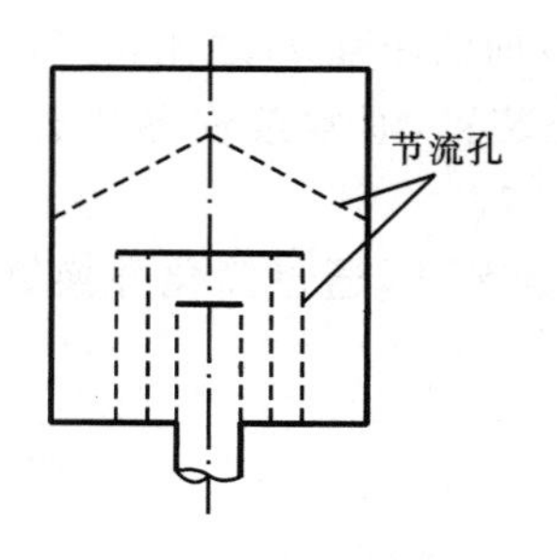

图 1-70　节流降压消声器

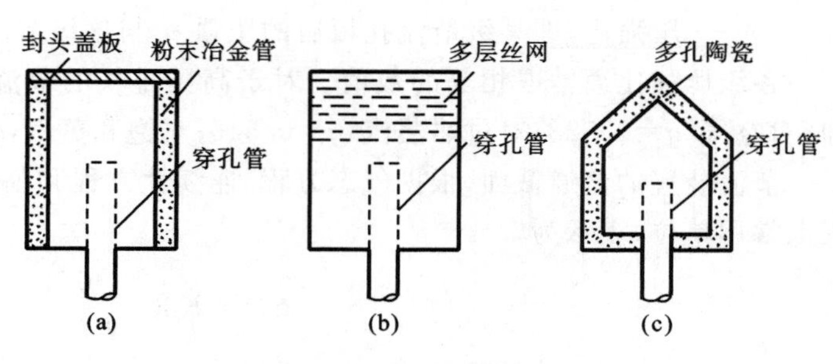

图 1-71　多孔扩散消声器

化，使声波发生反射；气液两相介质混合时，产生摩擦，消耗一部分声能。

喷雾消声器的消声效果与喷水量有关。图 1-72 为常压下，对过热蒸汽淋洒不同喷水量的消声曲线。图 1-73 为喷雾消声器的结构示意图。

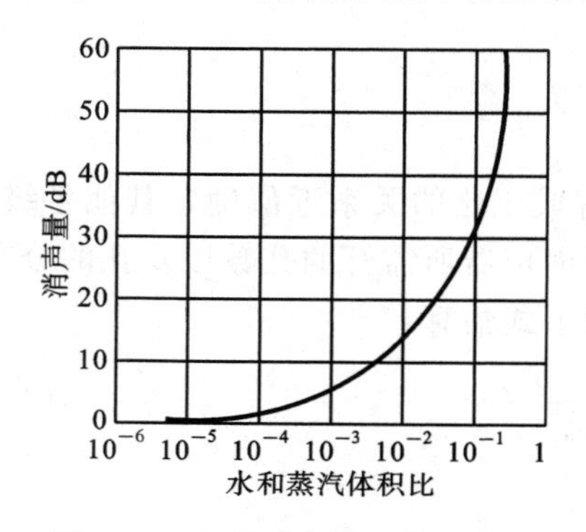

图 1-72　不同喷水量下的消声量

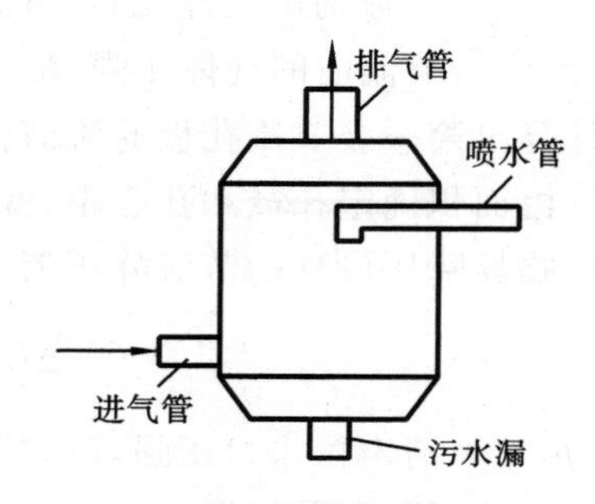

图 1-73　喷雾消声器

(5) 引射掺冷消声器。

对于燃气轮机、锅炉等排放高温气流的噪声源，可用引射掺入冷空气的方法来提高吸声结构的消声性能，这种消声器称为引射掺冷消声器，如图 1-74 所示。该消声器底部接排气管，周围设有微穿孔板吸声结构，在通道外壁上开有掺冷孔洞与大气相通。

该消声器的消声原理是：热气流由排气管排出时，周围形成负压区，从而使外界冷空气经掺冷孔吸入，途经微穿孔板吸声结构的内腔，从排气管口周围掺入到排放的高温气流中去；消声器的中间通道是热气流，四周是冷气流，形成温度梯度，导致声速梯度，使声波在传播过程中向消声器设置了吸声结构的内壁弯曲，声能量被吸收。

根据声线弯曲原理，可以推导出掺冷结构所需长度的计算公式：

$$L = D\left(\frac{2\sqrt{T_2}}{\sqrt{T_2}-\sqrt{T_1}}\right)^{\frac{1}{2}} \tag{1-126}$$

式中：D——消声器的通道直径，m；

T_1——掺冷装置内四周温度，K；

T_2——掺冷装置中心温度，K。

图 1-75 所示为直径为 260 mm，长度为 960 mm 的单层微穿孔板吸声结构掺冷与不掺冷时的消声性能对比。从图中可看出，由于引射掺冷，显著提高了微穿孔板吸声结构的消声效果。

(6) 排气喷流消声器应用实例。

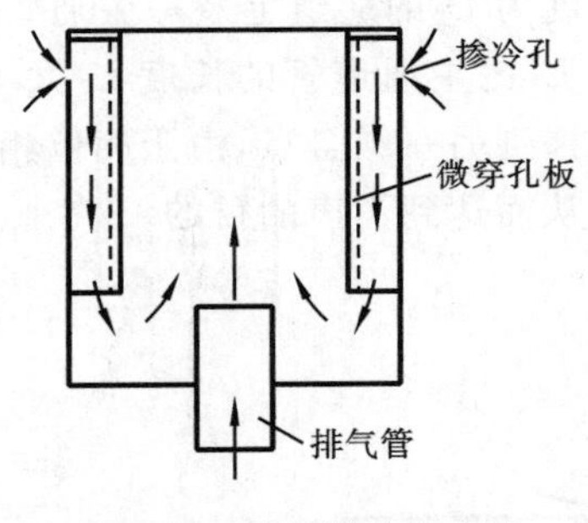

图 1-74　引射掺冷消声器

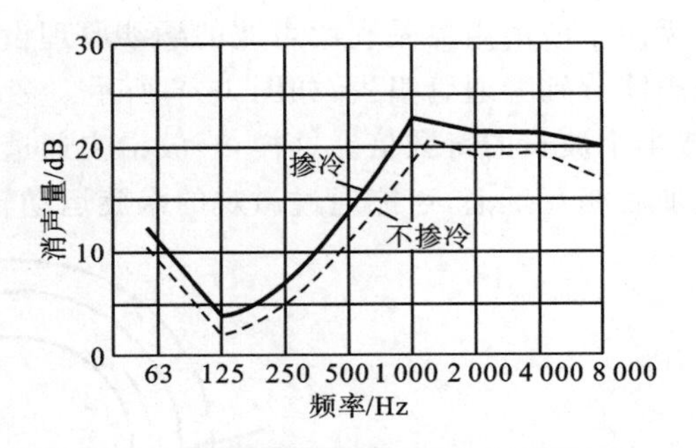

图 1-75　掺冷与不掺冷时的消声性能对比

① 三级节流降压与小孔喷注复合消声器的应用。

某电厂 220 t/h 的高压锅炉，排气放空噪声达 120～130 dB(A)。为控制噪声污染，设计由三级节流降压与一层 ϕ1 mm 小孔喷注复合消声器。小孔喷注 ϕ1 mm 的孔数为 14 820 个，孔心距为 6.5 mm，消声器全长 787 mm，直径 272 mm，重 100 kg。图 1-76 为消声器的结构示意图。

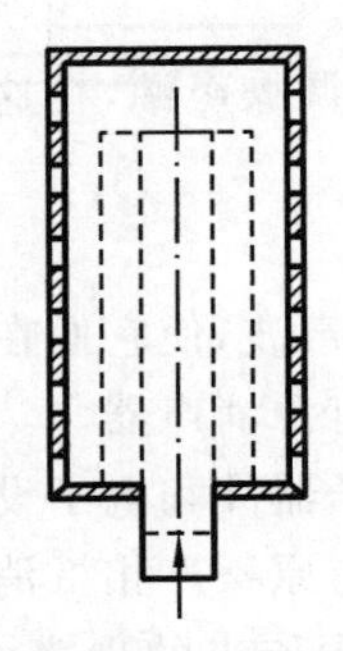

图 1-76　三级节流降压与小孔喷注复合消声器

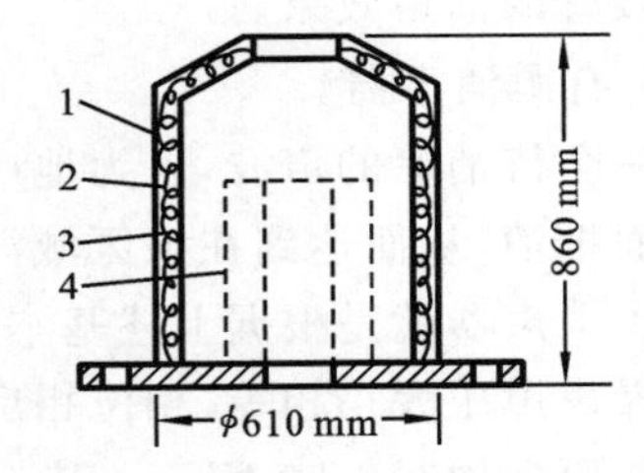

图 1-77　小孔喷注与阻性复合消声器

1—钢板；2—吸声材料；3—钢丝网；4—双层小孔喷注

该消声器具有体积小、重量轻、声学性能良好等优点。在锅炉排气量为 35 t/h、压力为 10 MPa，温度为 540 ℃的工作条件下，排气噪声达 123 dB(A)，安装该消声器后，测得噪声级为 79 dB(A)，降噪量达 44 dB(A)。

② 小孔喷注与阻性复合消声器的应用。

某锻造车间使用 500 kg 空气锤，空气锤开动时，气流从顶盖的排气孔喷出，产生较强烈的噪声，噪声特性属中、高频，在排气口旁 0.5 m 处测得噪声级为 112 dB(A)。现在空气锤的后缸盖上部设计安装了双层小孔喷注与阻性复合消声器，如图 1-77 所示。

该消声器设计参数为：总高度 860 mm，外壳直径 610 mm，采用钢板厚度为 3 mm；双层小孔孔径 1.5 mm，开孔数 18 000 个；吸声层为 50 mm 厚的泡沫塑料吸声材料，钢丝网护面。

双层小孔喷注消声器的有关设计参数均按小孔喷注规则设计。消声器底部开有 4 个 ϕ3 mm漏油孔，以防消声器长期使用时底部积油。

该消声器安装后，取得良好的消声效果。排气口附近噪声级由 112 dB(A)降到84 dB(A)，尤其在 250 Hz 频率以上，消声效果更佳。

6. 干涉消声器

(1) 无源干涉消声器。

无源干涉消声器是利用声波的干涉原理设计的。在长度为 L_2 的通道上装一旁通管，把一部分声能分到旁通管里去，如图 1-78 所示。旁通管的长度 L_1 比主通道管的长度 L_2 大半个波长，或半个波长的奇数倍。这样，声波沿主通道和旁通管传播到另一结合点，由于相位相反，声波叠加后相互抵消，声能通过微观的涡旋运动转化为热能，从而达到消声的目的。

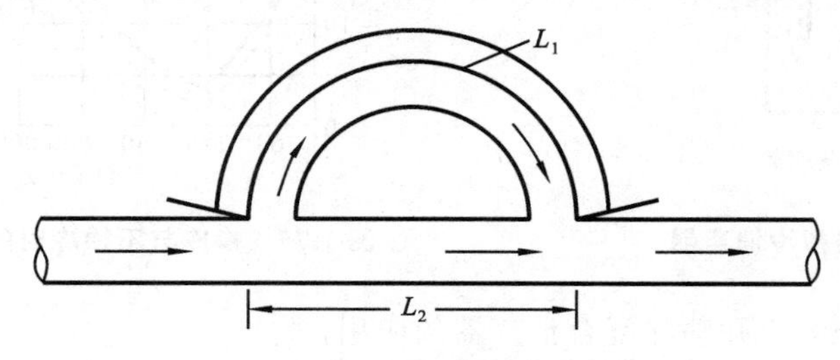

图 1-78 无源干涉消声器

无源干涉消声器的消声频率(f_n)可由下式计算：

$$f_n = \frac{c}{2(L_1 - L_2)} \tag{1-127}$$

式中：c——声速，m/s。

无源干涉消声器的消声频率范围很窄，只适用于频率稳定的单调噪声源，在这种情况下才能获得较好的消声效果。

(2) 有源消声器。

对一个待消除的声波，人为地产生一个幅值相同而相位相反的声波，使它们在某区域内相互干涉而抵消，从而达到在该区域消除噪声的目的，这种装置称为有源消声器。

电子消声器就是根据上述基本原理设计的，在噪声场中，用电子器件和电子设备产生一个与原来噪声声压大小相等、相位相反的声波，使在某一区域范围内与原噪声相抵消。电子消声器的工作原理如图 1-79 所示。其工作原理是：由传声器接收噪声源传来的噪声，经过微处理机分析、移相和放大，调整系统的频率响应和相位，利用反馈系统产生一个与原声压大小相等、相位相反的干涉声源，达到消除某些频率的噪声的目的。

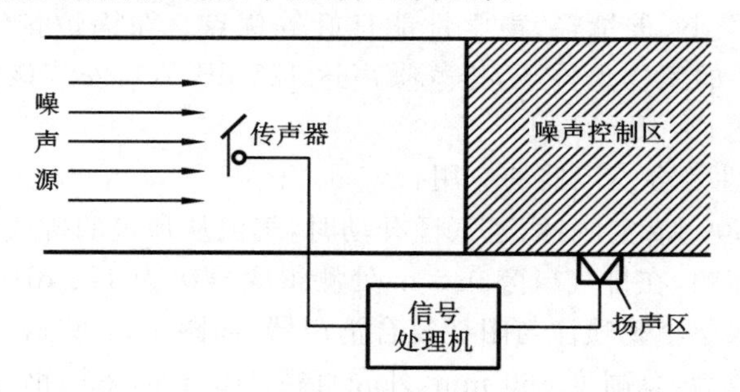

图 1-79 电子消声器的工作原理

电子消声器只适用于消除低频噪声，相互抵消的消声区域也很有限。

电子消声器仍处于研究阶段，随着电子计算机的发展，电子消声器在噪声控制工程中的应用必将越来越广泛。

1.9 个体防护技术

当在声源和传播途径上控制噪声难以达到标准要求，或者只有少数人在强噪声环境下工作时，个体防护乃是一种既经济又实用的有效方法。特别是铆焊、钣金工(冷作)、冲击、风动工具、爆炸、试炮以及机器设备较多且自动化程度较高的车间等场所，一般须采取个体防护措施。个体防护包括对听觉和头部的防护以及胸部防护。

1. 对听觉和头部的防护

最常用的听觉和头部防护方法是使用耳塞、耳罩、帽盔和防声棉。

(1) 耳塞。

耳塞是插入外耳道的护耳器，主要有预模式耳塞、泡沫塑料耳塞和人耳膜耳塞三种，隔声量多在 15～27 dB。良好的耳塞应具有隔声性能好、佩戴舒适方便、无毒性、防过敏、抗菌、不影响通话和经济耐用等特点。

耳塞材料以泡沫塑料和橡胶居多。例如，3M1100 子弹形慢回弹耳塞是美国 3M 公司“防噪音耳塞”专利产品，其采用具有慢回弹特性的聚氯乙烯(PVC)泡沫塑料制作，将慢回弹耳塞用手搓成细条插入外耳道几分钟后，耳塞就可以与外耳道紧密接触。该耳塞佩戴舒适，降噪量可达 29 dB。

(2) 耳罩。

耳罩是将整个耳郭封闭起来的护耳装置，佩戴方法类似耳机，可以得到较高的隔声值。耳罩主要由硬塑料、硬橡胶、金属板等制成的左右两个壳体，泡沫塑料外包聚氯乙烯薄膜制成的密封垫圈，弓架以及吸声材料四部分组成。其平均隔声值在 15～25 dB，高频可达 30 dB。耳罩的缺点是体积大，在炎热夏季或高温环境中佩戴较闷热。

关于耳罩的评价标准，我国已经制定了《护耳器声衰减的测量——主观法》和《耳罩质量检验用的插入损失测量方法》(简称客观法)。同一个耳罩，采用不同方法测得的声衰减量(隔声值)不相同，而且无直接换算关系，选用时应予以注意。表 1-48 为防噪声耳罩性能表。

表 1-48 防噪声耳罩性能表

型号名称	测量方法	频率/Hz										研制、生产单位
		125	250	500	1 000	2 000	3 000	4 000	6 000	8 000	16 000	
		声衰减量/dB										
SLE-2 型防噪声耳罩	主观法(真耳听阈比较法)	—	12.5	22	30.5	30.5	39	38.5	39	32.5	—	上海市安全生产科学研究所研制
	客观法(扩散声场)	8.6	11.4	19.2	29.9	34.7	—	37.3	—	31.4	—	
东风牌防噪声耳罩	主观法(真耳听阈比较法)	—	9.9	18.4	28.7	25.7	—	31.7	—	23.8	—	北京市劳动保护科学研究所研制
	客观法	5.1	9.2	16.2	26.4	28.5	—	34.3	—	27.5	—	

续表

型号名称	测量方法	频率/Hz										研制、生产单位
		125	250	500	1 000	2 000	3 000	4 000	6 000	8 000	16 000	
		声衰减量/dB										
SL-E型隔声耳罩	客观法(人工耳)	—	27	35.5	47.5	56	—	47.5	—	39.5	—	上海内燃机研究所研制
向阳牌防噪声耳罩	—	—	5.6	12.8	23.4	38.4	—	20.4	—	24.4	39.8	上海向阳远红外线器械厂生产

(3) 帽盔。

强噪声对人的头部神经系统有严重的危害,为了保护头部免受噪声危害,常采用防声帽盔。防声帽盔不仅可以防止噪声从耳朵传入,而且也可以防止噪声通过颅骨传入内耳,同时对头部还有防振和保护作用。防声帽盔隔声量一般在 30～50 dB,其缺点是体积较大,夏天使用时闷热。

防声帽盔有软式和硬式两种。软式防声帽盔由人造革帽和耳罩组成,耳罩可以根据需要放下和翻到头上,佩戴比较舒适。硬式防声帽盔外壳是由玻璃钢制成,壳内紧贴一层柔软的泡沫塑料,两边装有耳罩。

(4) 防声棉。

防声棉是一种最简易的塞入耳道的护耳道专用材料。它由纤维直径为 1～3 μm 细玻璃棉经化学处理制成,外形不定,使用时用手捏成锥形塞入耳道即可。防声棉的隔声量随频率增高而增加,为 15～20 dB。

2. 对胸部的防护

当噪声超过 140 dB 时,不但对听觉、头部有严重的危害,而且对胸部、腹部各器官也有极严重的危害,尤其对心脏影响很大。因此,在极强噪声的环境下,要考虑对人的胸部防护。防护衣是由玻璃钢或铝板,内衬多孔吸声材料制作而成,可以防噪声,防冲击声波,从而达到对胸、腹部的保护目的。

1.10　环境工程常用设备噪声控制

1. 风机噪声控制

风机噪声除空气动力性噪声外,还有机械噪声、电磁噪声、管道辐射噪声等,要使机组噪声不污染周围环境,必须对风机噪声进行综合治理。

(1) 合理选择风机型号。

制订风机噪声综合治理措施,要结合现场实际情况,最好在风机选型、安装以前,就要考虑噪声控制问题。

a. 对型号相同的风机,在性能允许的条件下,应尽量选用低风速风机。

b. 对不同型号的风机,应选用比 A 声级 L_{SA} 小的风机。比 A 声级定义为单位风量、单位全风压时的 A 声级:

$$L_{SA} = L_A - 10\lg(Qp^2) + 20 \tag{1-128}$$

式中：L_A——噪声级，指在距风机 1 m 或等于该风机叶轮直径的地方测得的 A 声级，dB(A)；

L_{SA}——比 A 声级，dB(A)；

Q——风量，m^3/min；

p——全风压，Pa。

表 1-49 为几种风机最佳工况下的比 A 声级 L_{SA} 值。

表 1-49　几种风机最佳工况下的比 A 声级 L_{SA} 值

风机系列与型号	最佳工况点流量/(m^3/min)	最佳工况点静压/Pa	比 A 声级 L_{SA}/dB(A)
5-48No5	61.92	823.2	21.5
6-48No5	74.37	891.8	19.5
9-19-11No6	69.96	8 790	16.0
9-20-11No6	71.63	8 555	16.7
8-18-10No6	57.30	8 281	22.7
9-27-11No6	139.10	9 084.6	20.1

c. 由于一般风机效率良好的区域，其噪声也低，因此对风机的噪声及效率两者而言，都应使用性能良好的区域。

(2)对风机噪声传播途径的控制。

a. 风机进、出风口的空气动力性噪声比风机其他部位的要高 10～20 dB，控制风机的空气动力性噪声的最有效措施是在风机进、出气口安装消声器。

b. 抑制机壳辐射的噪声，可在机壳上敷设阻尼层，但此法降噪效果有限，采用不多。

c. 从基座传递的风机固体声，特别是一些安装在平台、楼层或屋顶的风机，其固体声的影响很大。有效的降噪措施是在风机基座处采取隔振措施。对大型风机还应采用独立基础。

d. 采取隔声措施，一般采用隔声罩，对大型风机或多台风机可设风机房。

也可采用地坑法消声，见图 1-80。

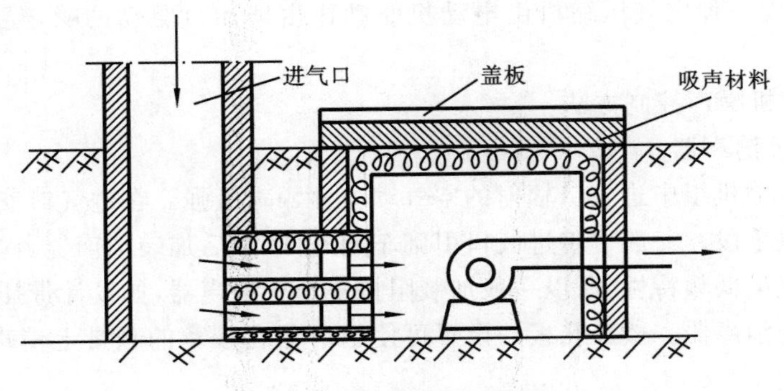

图 1-80　地坑法消声示意图

2. 空气压缩机噪声控制

空气压缩机是厂矿广泛采用的动力机械设备，它可以提供压强波动不大的稳定气流，具有转动平稳、效率高的特点。但空气压缩机运转的噪声较大，一般在 90～110 dB(A)，而且呈低频特性，它严重危害周围环境，尤其在夜晚影响范围达数百米。

(1) 空气压缩机噪声源分析。

空气压缩机按其工作原理可分为容积式和叶片式两类。容积式压缩机又分往复式(亦称活塞式)和回转式,一般使用最为广泛的是活塞式压缩机。空气压缩机是综合性噪声源,它的噪声主要由进、排气口辐射的空气动力性噪声、机械运动部件产生的机械噪声和驱动电动机噪声等部分组成,尤以进、排气口空气动力性噪声为最强。

① 进气与排气噪声。

空气压缩机的进气噪声是由于气流在进气管内的压强脉动而形成的。进气噪声的基频与进气管里的气体脉动频率相同,它们与空气压缩机的转速有关。进气噪声的基频可用下式计算:

$$f_i = \frac{nZ}{60}i \tag{1-129}$$

式中:Z——压缩机气缸数目,单缸 $Z=1$,双缸 $Z=2$;

n——压缩机转速,r/min;

i——谐波序号。

空气压缩机的转速较低,往复式转速为 480～900 r/min,进气噪声频谱呈典型的低频特性,其谐波频率也不高,峰值频率大部分集中在 63 Hz、125 Hz、250 Hz。

空气压缩机的排气噪声是由于气流在排气管内产生压强脉动所致。由于排气管端与储气罐相连,因此,排气噪声是通过排气管壁和储气罐向外辐射的。排气噪声较进气噪声弱,所以空气压缩机的空气动力性噪声一般以进气噪声为主。

②机械噪声。

空气压缩机的机械噪声一般包括构件的撞击、摩擦、活塞的振动、阀门的冲击噪声等,这些噪声带有随机性,呈宽频带特性。对这类噪声控制,在机器的设计、选材、加工工艺等诸多方面就应加以考虑,也可采取阻尼减振、隔声等被动的噪声控制措施。

③电磁噪声。

空气压缩机的电磁噪声是由电动机产生的。电动机噪声与空气动力性噪声和机械噪声相比是较弱的。但对于一些由柴油机驱动的空气压缩机,柴油机就成为主要噪声源,柴油机噪声呈低、中频特性。同一种空气压缩机由电动机驱动比由柴油机驱动的噪声要高出 10 dB(A)以上。

(2) 空气压缩机噪声控制方法。

① 进气口安装消声器。

在整个空气压缩机组中进气口辐射的空气动力性噪声最强。在进气口安装消声器是解决这一噪声的最有效手段。一般可将进气口引到车间外部,然后加装消声器。

因为进气噪声呈低频特性,所以一般加装阻抗复合式消声器,如设计带插入管的多节扩张室与微穿孔板复合消声器。微穿孔板的设置可使消声器在较宽的频带上消声,以提高其消声效果。

文氏管消声器消声效果比一般消声器要好。文氏管消声器与普通扩张室消声器基本相同,只是把插入管改成渐缩和渐扩形式的文氏管。这种消声器对低频噪声的消声效果更佳。在文氏管消声器一端加了双层微穿孔板吸声结构(或衬贴吸声材料),会使消声频带更宽。

② 空气压缩机装隔声罩。

在环境噪声标准要求较高的场合,如仅在进气口安装消声器往往不能满足降噪的要求,还必须对空气压缩机机壳及机械构件辐射的噪声采取措施，为整个机组加装隔声罩是非常有效的措施。对隔声罩的设计要保证其密闭性，以便获得良好的隔声效果。为了便于检修和拆装，隔声罩设计成可拆式，留检修门及观察窗，同时应考虑机组的散热问题，在进、出风口安装消声器。

③ 空气压缩机管道的防振降噪。

空气压缩机的排气至储气罐的管道，由于受排气的压强脉动作用而产生振动并辐射噪声。它不仅会造成管道和支架的疲劳破坏，还会影响周围操作人员的身心健康。为此，对管道可采用下列方法防振降噪。

a. 避开共振管长。

当空气压缩机的激发频率（空气压缩机的基频及谐频）与管道内气柱系统的固有频率相吻合时而引起共振，此时的管道长度称为共振管长。

对于空气压缩机的管道，它一端与压缩机的气缸相连，另一端与储气罐相通。由于储气罐的容积远远大于管道的容积，所以可将管道看成一端封闭的，其声学管内的气柱固有频率可由下式计算：

$$f_i = \frac{c}{4L}i \quad (i = 1,3,5,\cdots) \tag{1-130}$$

式中：c——声速，m/s；

L——管道长，m。

一般共振区域位于（0.8～1.2）f_i之间。设计输气管道长度时，应尽量避开与共振频率相关的长度。

b. 排气管中加装节流孔板。

节流孔板相当于阻尼元件，对气流脉动起减弱作用。由于气流截面积的变化，造成声学边界条件的改变，限制管道的驻波形成，从而降低了管道的振动和噪声辐射。节流孔板一般装在容器与管道连接处附近。节流孔板的孔径 d 一般取管径 D 的 0.43～0.5 倍，孔板的厚度 t 取 3～5 mm。

④ 储气罐的噪声控制。

空气压缩机不断地将压缩气体输送到储气罐内，罐内压缩空气在气流脉动的作用下，产生激发振动，从而伴随强烈的噪声，同时加剧壳体振动辐射噪声。除采取隔声方法外，也可在储气罐内悬挂吸声体，利用吸声体的吸声作用，阻碍罐内驻波形成，从而达到吸声降噪的目的。

⑤ 空气压缩机站噪声的综合控制。

许多工矿企业通常有多台压缩机供生产需要，因而建有压缩机站。压缩机的噪声很大，如果对每一台空气压缩机的进气口都安装消声器，不仅工作量大，而且投资大。因而，对于一些已建的空气压缩机站，要根据具体情况，在站内采取吸声、隔声、建隔声间等降噪措施。

隔声间是在空气压缩机房内建造的相对安静的小房子，供操作者使用。空气压缩机站内建造的隔声间，可以将噪声控制在 60 dB(A)以下。

另外，在站内进行吸声处理，如顶棚和墙壁悬挂吸声体，也可使站内噪声降低 4～10 dB(A)。

上述噪声控制措施一般是在已建的空气压缩机站实施。从噪声控制的效果及投资来看，如在空气压缩机站工艺设计、土建施工时综合考虑噪声控制措施，不仅投资少，而且可获得令人满意的降噪效果。

3. 电动机噪声控制

(1) 降低电磁噪声。

① 选择合适的定子、转子槽,使之既符合一定的噪声要求,又兼顾电动机的启动性能。因此,在选择时要从理论和实践中反复探索,经过综合求取。

② 加大气隙,减少磁密,这可使径向力减小,定子变形减小,从而降低噪声。但若气隙加大过度,会导致功率降低,损失增大。因此这仅在电动机功率有余量时方能采取。

③ 仔细做好转子动平衡。安装时,也要尽量减小机械偏心的影响。

(2) 降低机械噪声。

① 采用适量高级润滑脂、高质量的轴承。

② 法兰式直接安装的电动机,应注意安装正确,保证法兰面与电机轴线的垂直度。

③ 当电动机构件产生共振时,应更换有关的端盖等零件,加强刚性,避开共振区。也可对电动机的底座采用弹性安装,以降低振动的传递。

(3) 降低空气动力性噪声。

① 改善冷却风扇的形状和尺寸。

② 加装隔声罩。这是对电动机噪声过大的一种消极措施,却是经济有效的。这种措施产生 5～10 dB 的降噪效果。

4. 泵噪声控制

(1) 泵噪声发生机理。

泵是将工作介质(如水、油等)加压传送到一定用户的设备,其噪声级一般在 85 dB 左右,亦有达 100 dB 以上的。

单台泵辐射的噪声主要源于泵运行过程中由液体产生的脉动压强。而通过机械传动部件(齿轮啮合、轴承结构及驱动机构等)所产生的固体声一般是较小的。

泵噪声的频谱一般呈宽频带性质,其中还含有离散的纯音。

(2) 泵的噪声控制措施。

泵的噪声控制可以从设计和选用低噪声的泵入手。从噪声传播途径上采取的控制措施主要有以下几种。

① 采用隔声罩、声屏障及吸声结构(主要是在泵房内)来衰减及阻隔泵噪声经过空气的传播。

② 采用防振材料、减震器、挠性连接管等,阻隔从泵的底座或连接管道传递的振动和噪声。

③ 采用管路波动缓冲器、储压器及外分路管道等控制管路内流动的流体以压强脉动形式传出的噪声。

思 考 题

1. 真空中能否传播声波?为什么?
2. 可听声的频率范围为 20～20 000 Hz,试求出 500 Hz、5 000 Hz、10 000 Hz 的声波波长。
3. 频率为 500 Hz 的声波,在空气中、水中、钢中的波长分别是多少?已知空气中的声速是 340 m/s,水中是 1 483 m/s,钢中是 6 100 m/s。
4. 试问在夏天 40 ℃时空气中的声速比冬天 0 ℃时快多少?在这两种温度下,1 000 Hz 声波的波长分别是多少?
5. 某发电机房工人一个工作日暴露于 A 声级 92 dB 噪声中 4 h,暴露于 A 声级 98 dB 噪声中 24 min。其余时间均在噪声为 75 dB 的环境中,试求该工人一个工作日所受噪声的等效连续 A 声级。
6. 为考核某车间内 8 h 的等效 A 声级,8 h 中按等时间间隔测量车间内噪声的 A 计权声级,共测试得到

96 个数据。经统计，A 声级在 85 dB 段(包括 83～87 dB)共 12 次，在 90 dB 段(包括 88～92 dB)共 12 次，在 95 dB 段(包括 93～97 dB)共 48 次，全 100 dB 段(包括 98～102 dB)共 24 次。试求该车间的等效连续 A 声级。

7. 某一工作人员暴露于环境噪声 93 dB 计 3 h，90 dB 计 4 h，试求其噪声暴露率是否符合现有《工厂企业噪声卫生标准》。

8. 交通噪声可使人们感到烦恼，取决于噪声的哪些因素？

9. 某教室环境，如教师用正常声音讲课，要使离讲台 6 m 距离能听清楚，则环境噪声不能高于多少分贝？

10. 甲地区白天的等效 A 声级为 64 dB，夜间为 45 dB，乙地区白天的等效 A 声级为 60 dB，夜间为 50 dB，哪一地区的环境对人们的影响更大？

11. 试述声级计的构造、工作原理及使用方法。

12. ① 每一个倍频带包括几个 1/3 倍频带？

② 如果每一个 1/3 倍频带有相同的声能，则一个倍频带的声压级比 1/3 倍频带的声压级大多少分贝？

13. 在空间某处测得环境背景噪声的倍频带声压级如表 1-50 所示，求其线性声压级和 A 计权声压级。

表 1-50　环境背景噪声的倍频带声压级

f/Hz	63	125	250	500	1 000	2 000	4 000	8 000
L_p/dB	90	97	99	83	76	65	84	72

14. 在铁路旁某处测得：当货车经过时，在 2.5 min 内的平均声压级为 72 dB；客车通过时 1.5 min 内的平均声压级为 68 dB；无车通过时的环境噪声约为 60 dB。该处白天 12 h 内共有 65 列火车通过，其中货车 45 列，客车 20 列。计算该地点白天的等效连续声级。

15. 简述环境噪声影响评价工作的基本内容。

16. 对属于规划区内的大、中型建设工程，建成后其周围环境噪声级将有显著增高，该工程评价工作的基本要求是什么？

17. 简述环境噪声影响专题报告应包括哪些内容。

18. 点声源与线声源的声传播规律如何？写出其表达式。举例说明在环境噪声预测中，哪些噪声源在什么条件下可视为点声源或线声源。

19. 试述噪声控制的一般原则和基本程序。

20. 按发声的机理划分，噪声源分几类？比较机械噪声源和空气动力性噪声源的异同。

21. 污染城市声环境的声源有几类？你所在的城市哪类是最主要的噪声源？如何控制？

22. 某城市交通干道侧的第一排建筑物距道路边沿 20 m，夜间测得建筑物前交通噪声为 62 dB (1 000 Hz)，若在建筑物和道路间种植 20 m 宽的厚草地和灌木丛，建筑物前的噪声为多少？欲使其达标，绿地需多宽？

23. 有一个房间大小为 4 m×5 m×3 m，500 Hz 时地面吸声系数为 0.02，墙面吸声系数为 0.05，平顶吸声系数为 0.25，求总吸声量和平均吸声系数。

24. 在 3 mm 厚的金属板上钻直径为 5 mm 的孔，板后空腔深 20 cm，今欲吸收频率为 200 Hz 的噪声，试求三角形排列的孔间距。

25. 穿孔板厚 4 mm，孔径 8 mm，穿孔按正方形排列，孔距 20 mm，穿孔板后留有 10 cm 厚的空气层，试求穿孔率和共振频率。

26. 某车间内，设备噪声的特性在 500 Hz 附近出现一峰值，现使用 4 mm 厚的三夹板做穿孔板共振吸声结构(穿孔按三角形排列)，空腔厚度允许有 10 cm，试设计结构的其他参数。

27. 某房间大小为 6 m×7 m×3 m，墙壁、天花板和地板在 1 kHz 的吸声系数分别为 0.06、0.08、0.08，若在天花板上安装一种 1 kHz 吸声系数为 0.8 的吸声贴面天花板，求该频带在吸声处理前、后的混响时间及处理后的吸声降噪量。

28. 某一隔声墙面积为 16 m^2,其中门、窗所占的面积分别为 2 m^2、4 m^2。设墙体、门、窗的隔声量分别为 50 dB、20 dB 和 15 dB,求该隔声墙的平均隔声量。

29. 某隔声间有一面积为 20 m^2 的墙与噪声源相隔,该墙透射系数为 10^{-5},在该墙上开一面积为 2 m^2 的门和一面积为 3 m^2 的窗,其透射系数均为 10^{-3},求该组合墙的平均隔声量。

30. 为隔离强噪声源,某车间用一道隔声墙将车间分成两部分,墙上装一 3 mm 厚的普通玻璃窗,面积占墙体的 1/4,设墙体的隔声量为 45 dB,玻璃窗的隔声量为 20 dB,求该组合墙的隔声量。

31. 某尺寸为 4 m×4 m×5 m 的隔声罩,在 2 000 Hz 倍频带的插入损失为 32 dB,罩顶、底部和壁面的吸声系数分别为 0.9、0.2 和 0.5,试求罩壳的平均隔声量。

32. 要求某隔声罩在 2 000 Hz 处具有 38 dB 的插入损失,罩壳材料在该频带的透射系数为 2×10^{-4},求隔声罩内壁所需的平均吸声系数。

33. 选用同一种吸声材料衬贴的消声管道,管道截面积为 2 000 cm^2。当截面形状分别为圆形、正方形和 1∶3 及 2∶3 两种矩形时,哪种截面形状的声音衰减量最大?哪种最小?两者相差多少?

34. 长 1 m、外形直径为 400 mm 的直管式阻性消声器,内壁吸声层采用厚为 100 mm,容重为 20 kg/m^3 的超细玻璃棉。试确定频率大于 500 Hz 的消声量。

35. 某风机的风量为 2 500 m^3/h,进气口直径为 200 mm。风机开动时测得其噪声频谱,从 63～8 000 Hz 中心频率声压级依次为 105 dB、101 dB、102 dB、93 dB、91 dB、87 dB、84 dB。试设计一阻性消声器消除进气噪声,使之满足 NR-85 标准的要求。

36. 某声源排气噪声在 250 Hz 处有一峰值,排气管直径为 100 mm,长度为 2 m,试设计一单腔扩张室消声器,要求在 250 Hz 处有 12 dB 的消声量。

37. 某风机的出风口噪声在 250 Hz 处有一明显峰值,出风口管径为 25 cm,试设计一扩张室消声器与风机配用,要求在 250 Hz 处有 16 dB 的消声量。

38. 某常温气流管道,直径为 100 mm,试设计一单腔共振消声器,要求在中心频率 125 Hz 处有 10 dB 的消声量。

第2章　环境振动污染控制

2.1　环境振动污染概述

声波是物体的机械振动产生的一种能在特定介质(包括固态介质、液态介质和气态介质)中传播的纵波。物体振动通过空气传播的波称为噪声,通过固体或液体传播的波称为振动。来自自然界的振动主要是地震和海啸。实际上,影响人类活动的振动污染主要是人为造成的,其发生源包括高速行驶的车辆、飞速运转的机器、喷气打桩的打桩机等。

振动超过一定的界限时,对人体的健康和设施产生损害,对人的生活和工作环境形成干扰,或使机器、设备和仪表不能正常工作。与噪声污染一样,振动污染带有强烈的主观性,是一种危害人体健康的感觉公害。

振动污染和噪声污染一样是局部性的,即振动传递时,随距离增大而衰减,仅涉及振动源邻近的地区。振动污染也不像大气污染那样随气象条件而改变,也不污染场所,是一种瞬时性的能量污染,正如在地震时所见到的那样,振动只是简单通过在地基内的物理变化传递,随着距离衰减而逐渐消失,不引起环境的其他变化。

随着社会发展,接触振动作业的人数日益增多,振动污染导致的职业危害也越来越引起人们的重视。

2.1.1　振动的定义与分类

振动是指力学系统在观察时间内,它的位移、速度或加速度往复经过极大值和极小值变化的现象。任何物理量,当其平衡位置围绕平均值或基准值做从大到小,又从小到大的周期性往复运动时,都可称该物理量在振动。换言之,当一个物体处于周期性往复运动的状态,就可以说物体在振动。振动是自然界中普遍存在的现象,在日常生产和生活中极为常见。物体振动产生声音,因此振动与声音密切相关,但又有相对的独立性,声音的产生、传播和接收都离不开振动。

振源按其来源可分为自然振源和人工振源两大类:自然振源如地震、海浪和风等;人工振源如运转的各种动力设备、建筑施工使用的一些设备、运行的交通工具、电声系统中的扬声器、人工爆破等。

振动按其动态特征又可分成四类:①稳态振动,即观测时间内振级变化不大的环境振动,如空气压缩机、柴油机、发电机、通风机等;②冲击振动,即具有突发性振级变化的环境振动,如锻压设备以及建筑施工机械等;③无规则振动,即任何时刻不能预先确定振级的环境振动,如道路交通振动、居民生活振动、房屋施工、地震等;④铁路振动,即由铁路列车行驶带来的轨道两侧 30 m 外的环境振动。

2.1.2　振动的危害

1. 振动对人体的危害

振动对人体的影响可分为全身振动和局部振动。全身振动是指人直接位于振动物体上时所受到的振动。全身振动对人的影响是多方面的，会对人体的神经系统、心血管系统、骨骼、听觉等方面带来严重的伤害。局部振动是指人接触振动物体时引起的人体部分振动，它只作用于人体的某一部位。

人体感觉的振动频率分为3段：低频段为30 Hz以下；中频段为30～100 Hz；高频段为100 Hz以上。人对频率为2～12 Hz的振动感觉最敏感，频率高于12 Hz或低于2 Hz时敏感性就逐渐减弱。最有害的振动频率是与人体某些器官的固有频率(共振)吻合的频率，如人体在6 Hz左右，内脏器官在8 Hz左右，头部在25 Hz左右，神经中枢则在250 Hz左右。

实验表明，振动对人体的影响与振动的频率、振幅、加速度以及人的体位等因素有关，常因振幅或加速度的不同而表现出不同的反应。当振动频率较高时，振幅起主要作用，例如作用于全身的振动频率为40～102 Hz，振幅达到0.05～1.3 mm时，就会对全身带来危害。高频振动主要对人体各组织的神经末梢发生作用，引起末梢血管痉挛的最低频率是35 Hz。当振动频率较低时，则加速度起主要作用。如果人体处于匀速运动状态下，不论其速度为多少，人是无感觉的，匀速运动的速度对人体也不产生任何影响。例如地球在其轨道上基本处于匀速运动中，赤道上地球的自转速度为463 m/s，地球的平均公转速度为29 800 m/s，人类生存在地球上并没有感觉到地球的运动。当人处于变速运动状态时，身体则会受到速度变化的影响，即加速度的产生对人体有影响。当运动速度连续变化时，人在短时间内可以忍受较大的加速度。例如人体直立向上运动时能忍受的加速度为156.8 m/s^2，而向下运动时为98 m/s^2，横向运动时为392 m/s^2，如果加速度超过这一数值，便会引起前庭装置反应，以致造成内脏、血液位移，甚至造成皮肉青肿、骨折、器官破裂、脑震荡等损伤。人经常处于变速运动状态，尤其是现代交通工具的速度不断提高，使人经常受到加速度的作用。

另外振动对人体的影响与作用时间有密切的关系，在振动作用下，时间越长，对人体的危害就越大。人体长时间从事与振动有关的工作会患振动职业病，主要是局部振动而引起的以肢端血管痉挛、周围神经末梢感觉障碍和上肢骨与关节改变为主要表现的振动职业病，例如手麻、手僵、白指、白手、手发凉、疼痛、关节痛和四肢无力，有时还伴有头晕、头痛、呕吐、易疲劳、记忆力减退等神经衰弱综合征。此外，振动还能造成听力损伤，噪声性损伤以高频(3 000～4 000 Hz)为主，振动性损伤是以低频(125～250 Hz)为主。表2-1给出全身振动主观反应的一些例子。

表2-1　全身振动的主观反应

主观反应	频率/Hz	振幅/mm	主观反应	频率/Hz	振幅/mm
腹痛	6～12	0.094～0.163	头部症状	3～10	0.4～2.18
	40	0.063～0.126		40	0.126
	70	0.032		70	0.032
胸痛	5～7	0.6～1.5	呼吸困难	1～3	1～9.3
	6～12	0.094～0.163		4～9	2.4～19.6
背痛	40	0.63	尿急感	10～20	0.024～0.028
	70	0.032	粪迫感	9～20	0.024～0.12

2. 振动对机械设备和建筑物的危害

振动使机械设备本身疲劳和磨损，缩短机械设备的使用寿命，甚至使机械设备中的构件发生刚度和强度破坏。对于机械加工机床，如振动过大，可使加工精度降低。飞机机翼的颤动、机轮的摆动和发动机的异常振动，都有可能造成飞行事故。从振源发出的振动，以波动形式通过地基传播到周围的建筑物的基础、楼板或其相邻结构，可以引起它们的振动，并产生辐射声波，引起所谓的结构噪声。由于固体声衰减缓慢，可以传播到很远的地方，所以常常导致构筑物破坏，如构筑物基础和墙壁的龟裂、墙皮的剥落、地基变形与下沉、门窗翘曲变形等，严重者可使构筑物坍塌，影响程度取决于振动的频率和强度。

2.2　环境振动基本理论

2.2.1　单自由度系统的自由振动

对于一个实际的单自由度系统的振动进行分析时，可以将其抽象成一个简单的数学模型。最普遍的振动系统力学模型如图 2-1(b)所示。它主要由三部分组成：振动物体、阻尼器和弹簧。m、c、k 是振动系统的三个主要参数：m 是物体的质量，单位为千克(kg)；c 是阻尼器黏性阻尼系数，单位为牛顿秒每米(N · s/m)；k 是弹簧劲度系数，单位为牛顿每米(N/m)。

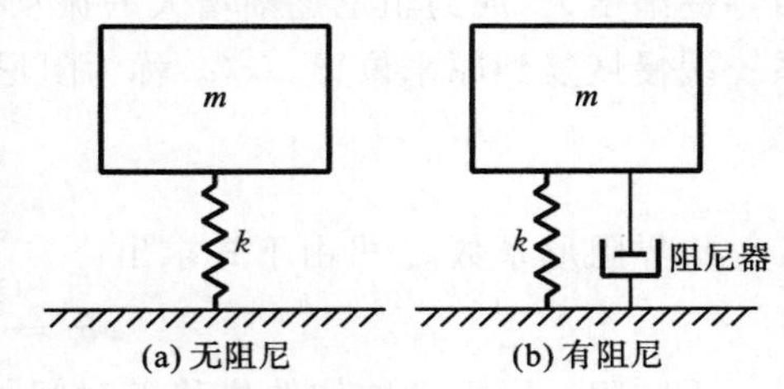

图 2-1　弹簧自由振动示意图

根据单自由度系统有无外力作用，振动可以分为自由振动和受迫振动。自由振动可以根据有、无阻尼分为无阻尼的自由振动和有阻尼的自由振动。受迫振动又可分为外力引起的受迫振动和基础运动引起的受迫振动。

1. 无阻尼的自由振动

图 2-1(a)给出了弹簧系统既无外力，又无阻尼的自由振动的情况。劲度系数 k 表征弹簧产生单位位移所需的力，kx 则为发生位移 x 时的回复力。根据牛顿运动定律，在既无外力，也无阻尼的情况下，其运动方程为

$$m\frac{\mathrm{d}^2x}{\mathrm{d}t^2}=-kx \tag{2-1}$$

即

$$m\frac{\mathrm{d}^2x}{\mathrm{d}t^2}+kx=0 \tag{2-2}$$

当 $t=0$，$x=x_0$ 时，求解得

$$x=x_0\sin(\omega_0t+\pi/2) \tag{2-3}$$

式中：ω_0——固有角频率。

式(2-3)说明 x 为正弦波形，在无阻尼的情况下振动将一直持续下去。其中

$$\omega_0=\sqrt{\frac{k}{m}} \tag{2-4}$$

ω_0还可表示为

$$\omega_0=2\pi f_0 \tag{2-5}$$

式中：f_0——固有频率，与位移、振幅无关。

$$f_0=\frac{1}{2\pi}\sqrt{\frac{k}{m}} \tag{2-6}$$

2. 有阻尼的自由振动

如图 2-1(b)所示,实际振动系统虽然不受外力作用,但往往有内力(如弹簧的内摩擦、滑动摩擦、空气或水的阻力等)和各种阻尼的作用。当摩擦力与振动速度的大小无关时,称为固体摩擦。若摩擦力用 F_f 表示,则有阻尼的自由振动的运动方程为

$$m\frac{d^2x}{dt^2}=-F_f-kx \tag{2-7}$$

存在气体或液体的阻尼时,阻力与振动速度成正比,则运动方程为

$$m\frac{d^2x}{dt^2}=-c\frac{dx}{dt}-kx \tag{2-8}$$

这种摩擦称为黏性摩擦。式(2-8)中 c 为阻尼系数,c 值为零,则为无阻尼振动;随着 c 值由零逐渐增大,成为阻尼逐渐增大的振动;当 c 值达到临界阻尼系数 c_c 值以上时,已无振动,系统缓慢恢复到原来位置。c/c_c 称为阻尼比,用 ζ 表示,即

$$\zeta=\frac{c}{c_c} \tag{2-9}$$

临界阻尼系数 c_c 可由下式求出:

$$c_c=2\sqrt{mk}=2m\omega_0 \tag{2-10}$$

不同阻尼下振动物体的位移随时间的变化关系如图 2-2 所示。根据阻尼比 ζ 的大小,有三种不同的情况。

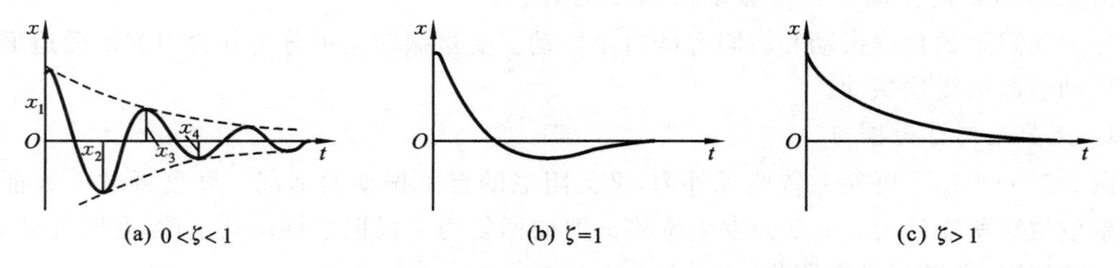

图 2-2 不同阻尼下振动物体的位移随时间的变化关系

① $0<\zeta<1$ 时,为 $c<c_c$ 的状态,即物体虽做振动,但振幅逐渐减小,不久即停止。设 $t=0$ 时,位移 $x=x_0$,速度 $v=0$,解式(2-8),得

$$x=X\exp(-\zeta\omega_0t)\sin(\sqrt{1-\zeta^2}\omega_0t-\varphi) \tag{2-11}$$

其中

$$X=x_0/\sqrt{1-\zeta^2},\quad \varphi=-\arctan(\sqrt{1-\zeta^2}/\zeta)$$

$\exp(-\zeta\omega_0t)$表示振幅随时间的减小程度。$\sqrt{1-\zeta^2}$为小于 1 的数,阻尼振动的固有频率是无阻尼振动的固有频率的$\sqrt{1-\zeta^2}$倍。周期 T 为

$$T=\frac{2\pi}{\omega}=\frac{2\pi}{\omega_0\sqrt{1-\zeta^2}} \tag{2-12}$$

图 2-2(a)表示阻尼振动的波形,此时各振幅的比例为

$$\frac{x_1}{x_3}=\frac{x_2}{x_4}=\cdots=\exp(2\pi\zeta/\sqrt{1-\zeta^2}) \tag{2-13}$$

② $\zeta=1$ 时,为 $c=c_c$ 的状态,称为临界阻尼态,此时的阻尼系数 c 为临界阻尼系数。

③ $\zeta>1$ 时,为 $c>c_c$ 的状态,这种运动已不是振动,而是逐渐衰减的非周期运动,称为过阻尼状态。

阻尼比 ζ 可由实验测得。

2.2.2　单自由度系统的受迫振动

1. 无阻尼的受迫振动

在外力反复作用下的振动称为受迫振动，受迫振动系统的力学模型如图 2-3 所示。

无阻尼时，受迫振动的运动方程为

$$m\frac{\mathrm{d}^2x}{\mathrm{d}t^2}+kx=F_0\sin\omega t \tag{2-14}$$

式中：F_0——激振力的振幅，N；

ω——激振力的角频率，rad/s。

求解式(2-14)，得到在外力作用下的位移 x 为

$$x=\frac{F_0}{k}\frac{1}{1-(\omega/\omega_0)^2}\sin(\omega t-\varphi) \tag{2-15}$$

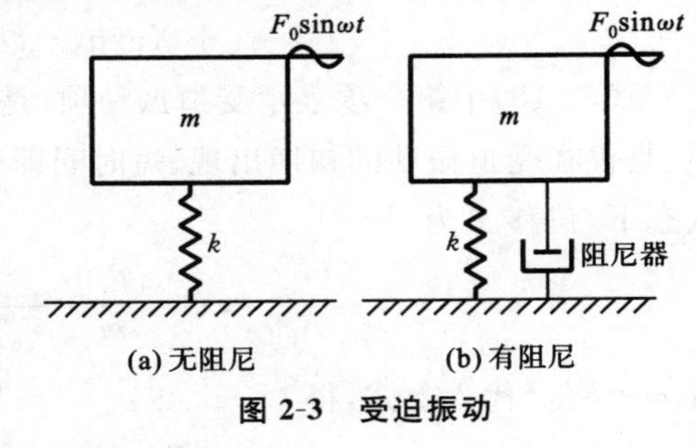

图 2-3　受迫振动

由上式可知，当 $\omega=\omega_0$ 时，x 趋近无穷大，系统处于共振状态。

式(2-15)中的 F_0/k 值表示外力 F_0 在静态作用时的位移，设其为 x_{st}，振动中的位移振幅为 x_0 时，两者之比的绝对值称为位移振幅倍率，即

$$\left|\frac{x_0}{x_{st}}\right|=\left|\frac{1}{1-(\omega/\omega_0)^2}\right| \tag{2-16}$$

图 2-4 为不同阻尼比 ζ 时，振幅倍率与频率比 f/f_0 的关系曲线。对于阻尼比 $\zeta=0$ 的情况，当频率比 f/f_0 为 0 时，振幅倍率为 1；当 f/f_0 为 1 时，振幅倍率最大；随着 f/f_0 由 1 逐渐增大，振幅倍率逐渐减小，当 f/f_0 达到 $\sqrt{2}$ 以上时，振幅倍率减小到 1 以下。

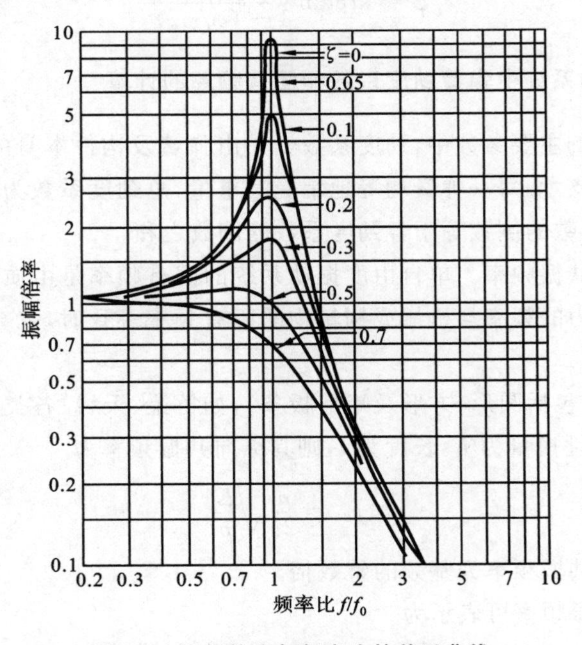

图 2-4　振幅倍率与频率比的关系曲线

2. 有阻尼的受迫振动

当存在与振动速度成正比的阻尼时，受迫振动的运动方程为

$$m\frac{d^2x}{dt^2}+c\frac{dx}{dt}+kx = F_0\sin\omega t \tag{2-17}$$

当 $0<\zeta<1$ 时,求解上式,得

$$x=\frac{F_0}{m}\frac{\sin(\omega t-\varphi)}{\sqrt{(\omega_0^2-\omega^2)^2+(2\zeta\omega_0\omega)^2}}+X\exp(-\zeta\omega_0 t)\sin(\sqrt{1-\zeta^2}\omega_0 t-\varphi) \tag{2-18}$$

式(2-18)中第一项表示受迫振动项,是外力持续作用所表现的恒定项;第二项为阻尼振动项,是仅在受迫振动的初期出现、短时间即衰灭的瞬态项。因此,在阻尼振动项消失后的恒定状态下,位移 x 为

$$x=\frac{F_0}{m}\frac{\sin(\omega t-\varphi)}{\sqrt{(\omega_0^2-\omega^2)^2+(2\zeta\omega_0\omega)^2}} \tag{2-19}$$

将 $m=k/\omega_0^2$ 代入上式,得

$$x=\frac{F_0}{k}\frac{\sin(\omega t-\varphi)}{\sqrt{[1-(\omega/\omega_0)^2]^2+4\zeta^2(\omega/\omega_0)^2}} \tag{2-20}$$

则振幅倍率为

$$\left|\frac{x_0}{x_{st}}\right|=\left|\frac{\sin(\omega t-\varphi)}{\sqrt{[1-(\omega/\omega_0)^2]^2+4\zeta^2(\omega/\omega_0)^2}}\right| \tag{2-21}$$

图 2-4 就是式(2-21)的关系曲线。由图 2-4 可知,ζ 越小,振幅倍率曲线的峰值越高;ζ 越大,振幅倍率曲线的峰值越低,也越平缓。此时的相位角 φ 为

$$\varphi=\arctan\frac{2\zeta\omega/\omega_0}{1-(\omega/\omega_0)^2} \tag{2-22}$$

2.2.3 单自由度振动系统中弹簧劲度系数和固有频率的计算

在描述振动系统的主要参数中,劲度系数 k 是由弹簧及构件本身的性质所决定的。如果物体由 n 个弹簧并联支承,每一弹簧均等地承受其重量,总劲度系数为各劲度系数之和;弹簧串联使用时,总劲度系数的倒数等于各劲度系数的倒数之和。

固有频率又称为共振频率。单自由度振动系统的固有频率是由质量、劲度系数及衰减系数所决定的。当激振力的频率与机械或构筑物的固有频率一致时,就会发生共振,振幅扩大,作用于基础的力增大。

对于棒状振动体(包括圆形、方形及矩形板条),如桥梁、天线、各类机械及构件等,设棒状体的材料密度为 ρ,弹性模量为 E,长度为 l,则其纵向共振频率为

$$f_0=\frac{n}{2l}\sqrt{\frac{E}{\rho}} \tag{2-23}$$

式中:n——振动体的共振频率为基频的整数倍。

棒状体的横向共振频率可表示为

$$f'_0\propto\frac{k'}{l^2}\sqrt{\frac{E}{\rho}} \tag{2-24}$$

式中:k'——与棒横截面半径或厚度成正比的量。

表 2-2 列出了简单振动体与基波频率的关系。

表 2-2　简单振动体与基波频率

振动体	基波频率	高谐波频率	备注
弦的横向振动	$\frac{1}{2l}\sqrt{\frac{F_\tau}{\rho}}$	基波的整数倍	l:长度;F_τ:张力;ρ:密度
棒的纵向振动	$\frac{1}{2l}\sqrt{\frac{E}{\rho}}$	基波的整数倍	E:弹性模量;ρ:密度
杆的横向振动	$\frac{K_1 d}{l^2}\sqrt{\frac{E}{\rho}}$	非基波的整数倍	K_1:常数;d:厚度或直径
两端开口或闭合的空气柱	$\frac{c}{2l}$	基波的整数倍	c:声速;开口时要对长度 l 进行开口修正
圆形膜	$\frac{0.7}{2r}\sqrt{\frac{F_\tau}{\rho''}}$	非基波的整数倍	ρ'':面密度;r:半径;F_τ:张力
周边固定圆形盘	$\frac{K_2 d}{r^2\sqrt{\frac{E}{\rho(1-\sigma^2)}}}$	非基波的整数倍	K_2:常数;σ:泊松比

设备安装在房屋地板(楼板)上时,为了防止建筑物产生共振响应,还需要对建筑物各构件各自的固有频率进行估算。当机械设备安装在房屋地板(楼板)上时,可用下式计算其固有频率:

$$f_0=\frac{1}{2\pi}\sqrt{\frac{k}{m}}\approx 0.5\sqrt{\frac{1}{x_d}} \tag{2-25}$$

式中:x_d——地面(楼板)的变形量,m;

k——弹簧的劲度系数,N/m;

m——物体的质量,kg。

只要估算出地面(楼板)的变形量,便可以大致确定建筑结构中大多数公共系统地面(楼板)的共振频率。

表 2-3 列出了不同跨距混凝土楼板的固有频率,可供参考。

表 2-3　不同跨距混凝土楼板的固有频率

跨距/m	固有频率/Hz	跨距/m	固有频率/Hz
3	12	12	6
6	9	18	5
9	7		

实践中有些情况并非如此简单,例如当机器安装在悬臂梁或间支梁不同的位置时,由于梁的变形不同,固有频率也不同。当机器从梁的中心点移向支撑点时,由于梁的变形逐渐减小,其固有频率也逐步提高。固有频率还受构筑物的大小、激振场所和方向等因素的影响,有时会产生多种固有频率,表现不出明显的共振。

2.3　环境振动评价标准

2.3.1　描述振动的主要参数

1. 振动位移

振动位移是物体振动时相对于某一个参照系的位置移动。振动位移能很好地描述振动的

物理现象,常用于机械结构的强度、变形的研究。在振动测量中,常用位移级 L_S(单位为 dB)来表示:

$$L_S = 20\ \lg \frac{S}{S_0} \tag{2-26}$$

式中:S——振动位移,m;

S_0——位移基准值,一般取 8×10^{-12} m。

2. 振动速度

人们受振动影响的程度也取决于振动速度。振动速度即物体振动时位移的时间变化量。通常,当振动比较小、频率比较高时,振动速度对人们的感觉起主要作用。在振动测量中,常用速度级 L_v(单位为 dB)来表示:

$$L_v = 20\ \lg \frac{v}{v_0} \tag{2-27}$$

式中:v——振动速度,m/s;

v_0——速度基准值,一般取 5×10^{-8} m/s。

3. 振动加速度和振动级

人们受振动影响的程度也取决于振动的加速度。振动加速度是物体振动速度的时间变化量。通常,当振幅较大、频率较低时,加速度起主要作用。振动加速度一般在研究机械疲劳、冲击等方面被采用,现在也普遍用来评价振动对人体的影响,在外加振动频率接近人体及其器官的固有振动频率时,机体的反应最明显。分析和测量振动加速度时常用加速度级 L_a(单位为 dB)来表示:

$$L_a = 20\ \lg \frac{a_e}{a_0} \tag{2-28}$$

式中:a_e——加速度有效值,m/s²;

a_0——加速度基准值,根据我国制定的《城市区域环境振动测量方法》(GB 10071—1988),加速度基准值取 10^{-6} m/s²。

振动级的定义为修正的加速度级,用 L'_a 表示:

$$L'_a = 20\ \lg \frac{a'_e}{a_0} \tag{2-29}$$

式中:a'_e——修正的加速度有效值,m/s²。

$$a'_e = \sqrt{\sum a_{fe}^2 \cdot 10^{\frac{c_f}{a_{fe}}}} \tag{2-30}$$

式中:a_{fe}——频率为 f 的振动加速度有效值;

c_f——振动修正值,参见表 2-4。

表 2-4 垂直与水平振动的修正值

中心频率/Hz	1	2	4	8	16	31.5	63	90
垂直方向修正值/dB	−6	−3	0	0	−6	−12	−18	−30
水平方向修正值/dB	3	3	−3	−9	−15	−21	−27	−30

【例 2-1】 两台机器各自工作时,在某点测得的振动加速度有效值分别为 2.68×10^{-2} m/s² 和 3.62×10^{-2} m/s²,试求两台机器同时工作时的振动加速度级。

解 两台机器同时工作时的振动加速度有效值为

$$a = \sqrt{2.68^2 + 3.62^2} \times 10^{-2} \text{ m/s}^2 = 4.5 \times 10^{-2} \text{ m/s}^2$$

于是，由式(2-28)求得两台机器同时工作时的振动加速度级为

$$L_a = 20 \lg \frac{a_e}{a_0} = 20 \lg \frac{4.5 \times 10^{-2}}{10^{-6}} \text{ dB} = (20 \lg 4.5 + 20 \lg 10^4) \text{ dB} = (13 + 80) \text{ dB} = 93 \text{ dB}$$

振动级与感觉的关系如表 2-5 所示。

表 2-5　振动级与感觉的关系

振动级/dB	振动感觉状况
100	墙壁出现裂缝
90	容器中的水溢出，暖壶倒地等
80	电灯摇摆，门窗发出响声
70	门窗振动
60	人能感觉到振动

振动位移、速度、加速度之间存在一定的微分或积分关系，因此，在实际测量中，只要测量出其中的一个量，就可以用积分或微分来对另外两个量进行求解。例如，利用加速度计测量振动的加速度，再利用合适的积分器进行积分运算，一次积分可以求得振动速度，二次积分求得振动位移。

4. 振动周期与频率

振动由最大值—最小值—最大值变化一次，即完成一次周期性振动所需要的时间称为周期，单位是秒(s)。

振动频率是指在单位时间内振动的周期数，单位为赫兹(Hz)。简谐振动只有一个频率，在数值上等于周期的倒数；非简谐振动具有多个频率，周期只是基频的倒数。

2.3.2　环境振动评价标准

振动的影响是多方面的，它损害或影响振动作业工人的身心健康和工作效率，干扰居民的正常生活，还影响或损害建筑物、精密仪器和设备等。评价振动对人体的影响比较复杂，根据人体对某种振动刺激的主观感觉和生理反应的各项物理量，国际标准化组织和一些国家提出了不少标准，概括起来可以分成以下几类。

1. 振动对人体影响的评价标准

振动对人体的影响比较复杂，人的体位，接受振动的器官，振动的方向、频率、振幅和加速度都会对其造成影响。人体对振动的感觉标准是：人体刚感到振动是 0.03 m/s^2，不愉快感是 0.49 m/s^2，不可容忍感是 4.9 m/s^2。评价振动对人体的影响远比评价噪声复杂。根据振动强弱对人体的影响，大致分为以下四种情况。

(1) 振动的“感觉阈”：在此范围内人体刚能感觉到振动的信息，但一般不觉得不舒适，此时大多数人可以容忍，对人体无影响。

(2) 振动的“不舒适阈”：这时振动会使人感到不舒服，或有厌烦的反应，这是一种大脑对振动的本能反应，不会产生生理的影响。

(3) 振动的“疲劳阈”：当振动的强度使人进入到“疲劳阈”时，这时人体不仅对振动产生心理反应，而且出现了生理反应，它会使人感到疲劳，出现注意力转移，工作效率低下等。但当振动停止后，这些生理反应也随之消失。实际生活中以该阈为标准，超过该标准者被认为有振动污染。

(4) 振动的“危险阈”：当振动的强度不仅对人体产生心理影响，而且还造成生理性伤害时，这时振动强度就达到了“危险阈”。此时振动会使人体的感觉器官和神经系统产生永久性的病变，即使振动停止也不能复原。

根据振动强弱对人体的影响，国际标准化组织对局部振动和整体振动都提出了相应的标准。

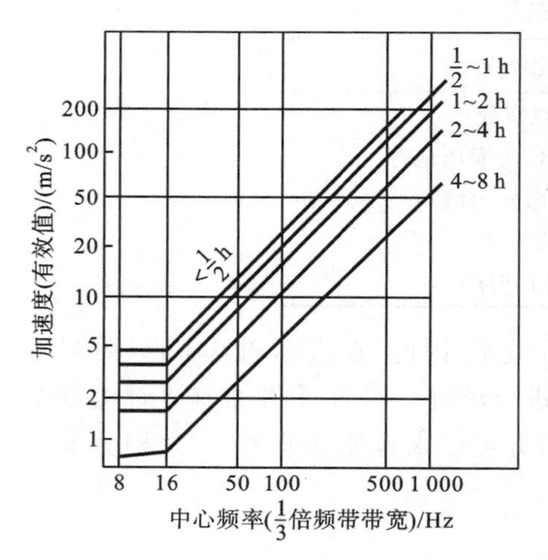

图 2-5　手的暴露评价曲线

(1) 局部振动标准。

国际标准化组织 1981 年起草推荐了《局部振动标准》(ISO 5349)。该标准规定了 8～1 000 Hz不同暴露时间的振动加速度和振动速度的容许值(见图 2-5)，用来评价手传振动对人体的损伤。从图 2-5 可以看出，对于加速度值，8～16 Hz 曲线平坦，16 Hz 以上曲线以每倍频带上升 6 dB。人对加速度最敏感的振动频率范围是 8～16 Hz。

(2) 全身振动标准。

振动对人体的作用取决于 4 个参数：振动强度、频率、方向和暴露时间。国际标准化组织 1974 年公布推荐了《全身振动评价指南》(ISO 2631)。该标准规定了人体暴露在振动作业环境中的允许界限，振动的频率范围为 1～80 Hz。这些界限按三种公认准则给出，即舒适性降低界限、疲劳-工效降低界限和暴露极限。这些界限分别按振动频率、加速度值、暴露时间和对人体躯干的作用方向来规定。图

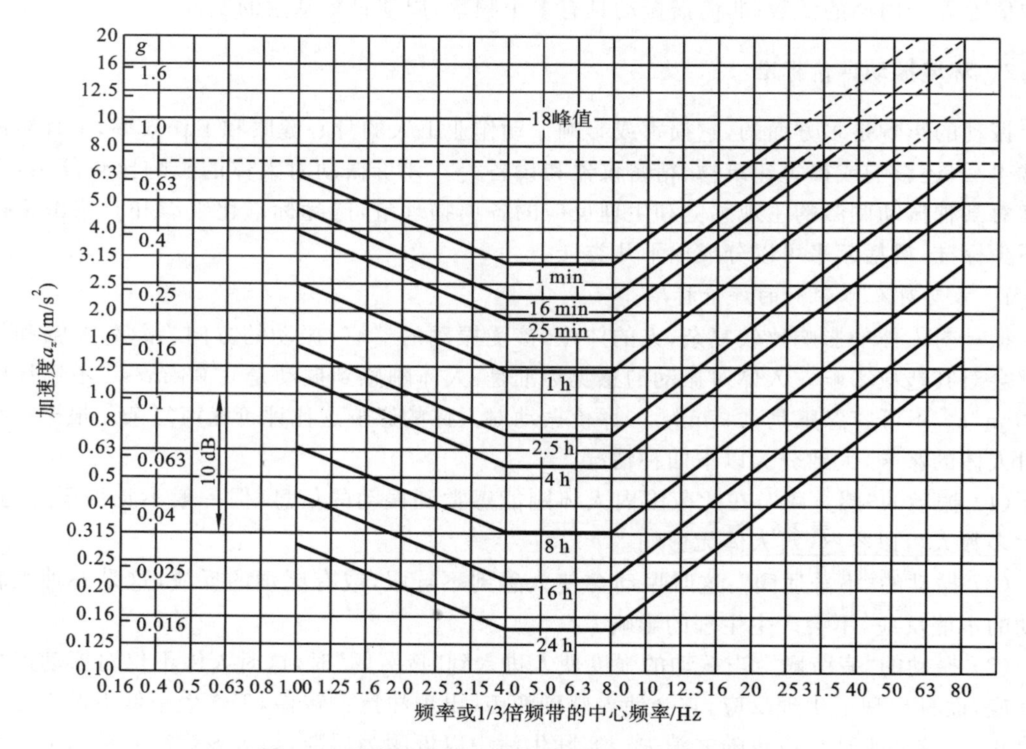

图 2-6　垂直振动标准曲线(疲劳-工效降低界限)

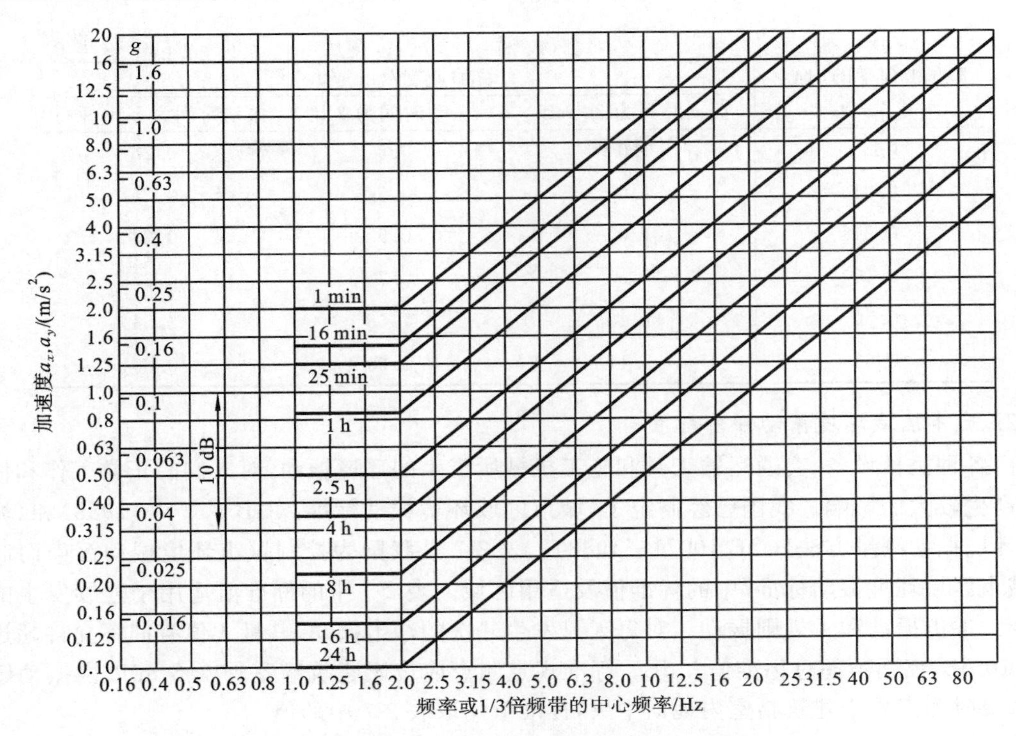

图 2-7　水平振动标准曲线(疲劳-工效降低界限)

2-6、图 2-7 分别给出了垂直振动和水平振动疲劳-工效降低界限曲线，横坐标为 1/3 倍频带的中心频率，纵坐标是加速度的有效值。当振动暴露超过这些界限时，常会出现明显的疲劳和工作效率的降低。对于不同性质的工作，可以有 3～12 dB 的修正范围。超过图中曲线的 2 倍(即＋6 dB)为暴露极限，即使个别人能在强的振动环境中无困难地完成任务，也是不允许的。暴露极限和舒适性降低界限具有相同的曲线，将暴露极限曲线向下移 10 dB，即将相应值减去 10 dB 为舒适性降低界限，降低的程度与所做事情的难易程度有关。

对于垂直振动，人最敏感的频率范围是 4～8 Hz；对于水平振动，人最敏感的频率范围是 1～2 Hz。低于 1 Hz 的振动会出现许多传递形式，并产生一些与较高频率完全不同的影响，例如引起晕动病和晕动并发症等。0.1～0.63 Hz 的振动传递到人体，会引起从不舒适到感到极度疲劳等病症，《全身振动评价指南》对于 0.1～0.63 Hz 人承受垂直方向全身振动极度不舒适的限定值见表 2-6。这些影响不能简单地通过振动的强度、频率和持续时间来解释。不同的人对于低于 1 Hz 的振动反应会有相当大的差别，这与环境因素和个人经历有关。高于 80 Hz 的振动，感觉和影响主要取决于作用点的局部条件，目前还没有建立 80 Hz 以上的关于人的全身振动标准。

表 2-6　垂直方向用振动加速度数值表示的极度不舒适限定值

1/3 倍频带的中心频率/Hz	加速度/(m/s^2)		
	振动时间为 30 min	振动时间为 2 h	振动时间为 8 h(暂行)
0.10	1.0	0.5	0.25
0.125	1.0	0.5	0.25
0.16	1.0	0.5	0.25

续表

1/3 倍频带的中心频率/Hz	加速度/(m/s^2)		
	振动时间为 30 min	振动时间为 2 h	振动时间为 8 h(暂行)
0.20	1.0	0.5	0.25
0.25	1.0	0.5	0.25
0.315	1.0	0.5	0.25
0.40	1.5	0.75	0.375
0.50	2.15	1.08	0.54
0.63	3.15	1.60	0.80

2. 城市区域环境振动评价标准

由各种机械设备、交通运输工具和施工机械所产生的环境振动，对人们的正常工作和休息都会产生较大的影响。我国已经制定了《城市区域环境振动标准》(GB 10070—1988)和《城市区域环境振动测量方法》(GB 10071—1988)。表 2-7 是我国为控制城市环境振动污染而制定的《城市区域环境振动标准》中的标准值及适用区域。表 2-7 中的标准值适用于连续发生的稳态振动、冲击振动和无规则振动。对每天只发生几次的冲击振动，其最大值昼间不允许超过标准值 10 dB，夜间不超过标准值 3 dB。标准规定测点应位于建筑物室外 0.5 m 以内振动敏感处，必要时测点置于建筑物室内地面中央，标准值均取表 2-7 中的值。

表 2-7　城市各类区域垂直方向振级标准值

适用地带范围	昼间/dB	夜间/dB
特殊住宅区	65	65
居民、文教区	70	67
混合区、商业中心区	75	72
工业集中区	75	72
交通干线道路两侧	75	72
铁路干线两侧	80	80

《城市区域环境振动标准》对表 2-7 中适用地带范围的划定为：特殊住宅区是指特别需要安静的住宅区；居民、文教区指纯居民和文教、机关区；混合区是指一般商业与居民混合区，以及工业、商业、少量交通与居民混合区；商业中心区指商业集中的繁华地区；工业集中区是指在一个城市或区域内规划明确确定的工业区；交通干线道路两侧是指车流量每小时 100 辆以上的道路两侧；铁路干线两侧是指每日车流量不少于 20 列的铁道外轨 30 m 外两侧的住宅区。

垂直方向振级的测量及评价量的计算方法，按国家标准《城市区域环境振动标准》有关条款的规定执行。

环境振动一般并不构成对人体的直接危害，主要是对居民生活、睡眠、学习、休息产生干扰和影响。

3. 机械设备振动评价标准

目前世界各国大多采用速度有效值作为量标来评价机械设备的振动(振动的频率一般在10～1 000 Hz之间)，国际标准化组织颁布的《转速为 10～200 r/s 机器的机械振动——规定评价标准的基础》(ISO 2372:1974)规定以振动烈度作为评价机械设备振动的量标。它是在指定的测点和方向上，测量机器振动速度的有效值，再通过各个方向上速度平均值的矢量和来表示机械的振动烈度。振动等级的评定按振动烈度的大小来划分，设为以下四个等级。

A 级：不会使机械设备的正常运转发生危险，通常标为“良好”。

B 级：可验收、允许的振级，通常标为“许可”。

C 级：振级是允许的，但有问题，不满意，应加以改进，通常标为“可容忍”。

D 级：振级太大，机械设备不允许运转，通常标为“不允许”。

对机械设备进行振动评价时，可先将机器按照下述标准进行分类。

第一类：在其正常工作条件下与整机连成一个整体的发动机及其部件，如 15 kW 以下的电动机产品。

第二类：刚性固定在专用基础上的 300 kW 以下发动机、机器和设有专用基础的中等尺寸的机器，如输出功率为 15～75 kW 的电动机。

第三类：装在振动方向刚性或重基础上的具有旋转质量的大型电动机和机器。

第四类：装在振动方向相对较软基础上的具有旋转质量的大型电动机和机器。

然后可参考表 2-8 进行具体评价。

表 2-8　机械设备振动评价标准

<table>
<tr><th rowspan="2">振动烈度的量程/(mm/s)</th><th colspan="4">判定每种机器质量的实例</th></tr>
<tr><th>第一类</th><th>第二类</th><th>第三类</th><th>第四类</th></tr>
<tr><td>0.28</td><td rowspan="3">A</td><td rowspan="4">A</td><td rowspan="5">A</td><td rowspan="6">A</td></tr>
<tr><td>0.45</td></tr>
<tr><td>0.71</td></tr>
<tr><td>1.12</td><td rowspan="2">B</td></tr>
<tr><td>1.8</td><td rowspan="2">B</td></tr>
<tr><td>2.8</td><td rowspan="2">C</td><td rowspan="2">B</td></tr>
<tr><td>4.5</td><td rowspan="2">C</td><td rowspan="2">B</td></tr>
<tr><td>7.1</td><td rowspan="6">D</td><td rowspan="2">C</td></tr>
<tr><td>11.2</td><td rowspan="5">D</td><td rowspan="2">C</td></tr>
<tr><td>18</td><td rowspan="4">D</td></tr>
<tr><td>28</td><td rowspan="3">D</td></tr>
<tr><td>45</td></tr>
<tr><td>71</td></tr>
</table>

4. 建筑物的允许振动标准

建筑物的允许振动标准与其上部结构、底基的特性以及建筑物的重要性有关。德国颁布的标准 DIN 4150 中规定，在短期振动作用下，使建筑物开始遭损坏，诸如粉刷开裂或原有裂缝扩大时，作用在建筑物基础上或楼层平面上的合成振动速度限值见表 2-9。

表 2-9 建筑物振动速度限值

<table>
<tr><td rowspan="4">结构形式</td><td colspan="4">振动速度限值 v/(mm/s)</td></tr>
<tr><td colspan="3">基础</td><td rowspan="2">多层建筑物最高一层楼层平面</td></tr>
<tr><td colspan="3">频率范围/Hz</td></tr>
<tr><td>10 以下</td><td>10～50</td><td>50～100</td><td>混合频率/Hz</td></tr>
<tr><td>商业或工业用的建筑物与类似设计的建筑物</td><td>20</td><td>20～40</td><td>40～50</td><td>40</td></tr>
<tr><td>居住建筑和类似设计的建筑物</td><td>5</td><td>5～15</td><td>15～20</td><td>15</td></tr>
<tr><td>不属于上述所列的对振动特别敏感的建筑物和具有纪念价值的建筑物(如要求保护的建筑物)</td><td>3</td><td>3～8</td><td>8～10</td><td>8</td></tr>
</table>

2.4 环境振动测量技术

2.4.1 振动测量分析系统

振动测量分析系统如图 2-8 所示,通常由拾振器、放大器、衰减器、频率计权网络、频率限止电路、有效值检波器、指示器、接口电路等部分组成。

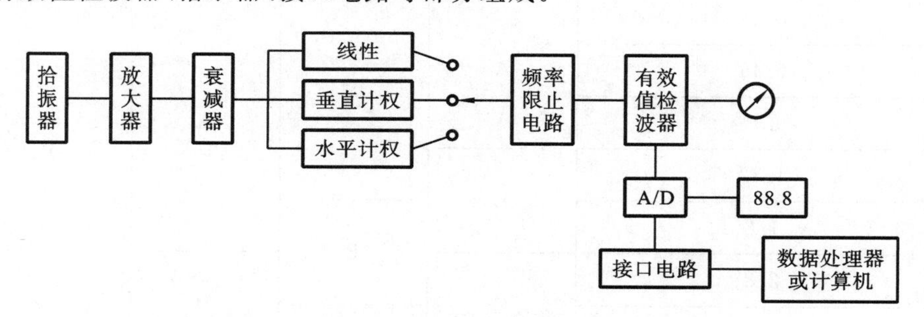

图 2-8 振动测量分析系统

测量振动的拾振器又称传感器,用以将接收的振动信号变换成与振动的位移、振动的速度或者振动的加速度相应的电信号。传感器可以是三轴向的,环境振动测量只需要单轴向的。传感器垂直放置时,测量垂直方向振级;水平放置时,测量水平方向振级。

放大器和衰减器又称二次仪表,可分为电压放大器和电荷放大器两种,就是将微弱的电信号放大,而当输入电信号较大时又要将其进行衰减,扩大测量范围。

环境振动测量一般使用垂直频率计权网络以测量垂直方向振级,但仪器往往也包含有水平频率计权网络以测量水平方向振级,而且还有平直频率响应的加速度特性,测量振动加速度级。

频率限止电路由高通与低通滤波器组成,使振级测量频率范围限制在 1～80 Hz,即只允许 1～80 Hz 的信号不衰减通过,其余信号均被衰减。

有效值检波器用来对放大后的交流信号进行检波,检波器输出的直流信号与输入的交流信号的有效值成比例。

指示器用来指示被测环境振动的测量结果,一般使用的是幅值或级指示器。指示器可以是电表，也可以是数字显示器。数字显示器具有读数直观、准确的优点。

接口电路用来将仪器连接至外部计算机，以便由计算机对测量数据统计分析处理，并将结果打印出来。该技术随着计算机的不断完善和发展，得到日益广泛的应用。

2.4.2　惯性测振仪原理

图 2-9 所示为惯性测振仪的原理简图，惯性测振仪主要包括质量为 m 的惯性物体、劲度系数为 k 的弹簧和阻尼系数为 c 的阻尼器。测量时将测振仪的外壳与被测物体相固定，那么在外壳与振动体一起运动的同时，振动体对外壳的相对运动便被测振仪上的笔和转鼓记录下来。

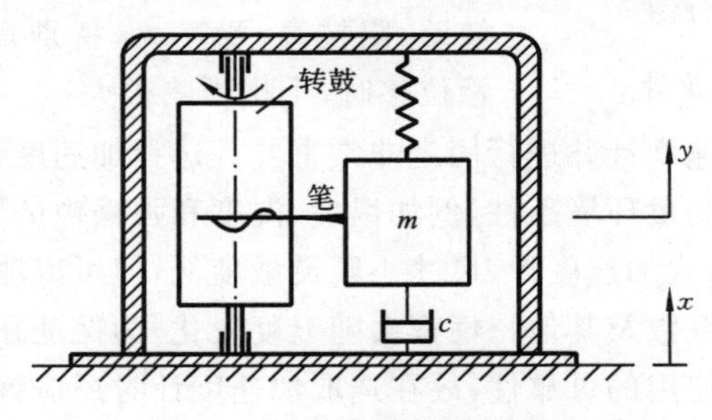

图 2-9　惯性测振仪的原理简图

2.4.3　振动测量的常用仪器

1. 公害测振仪（振级计）

公害测振仪是专门进行公害振动测量的常用仪器，一般由传感器、放大器和衰减器、频率计权网络、频率限止电路、有效检波器、振幅或振级指示器组成。公害振动与机器振动相比，其显著特点是振动强度小，频率低，尤其是作为公害的地面振动所涉及的频率一般都在 20 Hz 以下。人的可感振动频率最高为1 000 Hz，对 100 Hz 以下的振动才较为敏感，而最敏感的振动频率与人体的共振频率数值相等或相近。人体的共振频率：直立时为 4～10 Hz，俯卧时为 3～5 Hz。

根据人体对振动的感觉，要求公害测振仪的加速度灵敏度高，频率低，应对加速度小至 10^{-3} m/s^2 的振动可以进行测量，并将公害测振仪做成质量大、底面积大的结构，以便牢靠地压贴在地面上。其电子线路设计要求频率响应在 1～100 Hz 的范围内具有平直特性。

目前，常用的公害测振仪有日本 NODE 3160 型公害振动级计、丹麦 B&K 2512 型人体振动计、北京测振仪器厂 GAZ-1 型公害测振仪、扬州无线电厂 TYE 5930 型公害振动级计等。

2. 压电式加速度计

加速度计是一种固有频率很高的传感器，它的固有频率比激励频率高得多。加速度计可分为电磁式、压电式两种，目前应用最多的是压电式加速度计，它将振动的加速度转换为相应的电信号以便利用电子仪器进一步测量并分析其频谱。其结构示意图如图 2-10 所示。

该加速度计换能元件为两个压电片（石英晶体或陶瓷），压电片上放置一个振动体，它借助于弹簧把压电片夹紧，整个结构放置于具有坚固的厚底座的金属壳中。在测量振动时将传感器的底座固定在被测振动物体上。工作时，当传感器受到振动时，振动体对压电片施加与振动加速度成正比例的交变作用力。在压电效应的作用下，两片压电片上会产生一个与交变作用力成正比，即正比于振动体的加速度的交变电压。这个交变电压被传感器以电信号的形式输

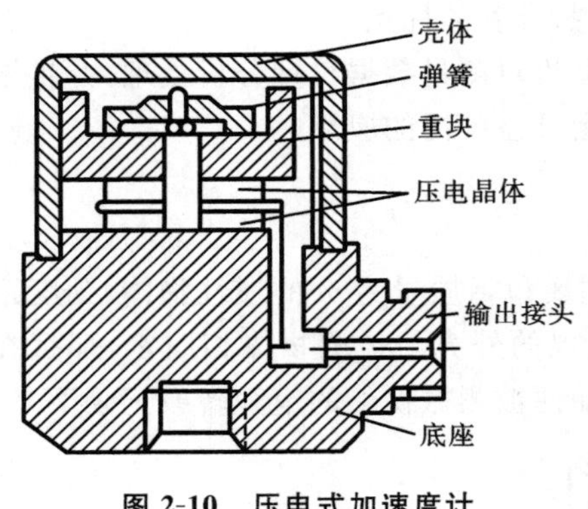

图 2-10　压电式加速度计

出,用来确定振动的振幅、频率等。此外,该加速度计还可以与电子积分网络联合使用,以此可以获得与位移或速度成正比的交变电压。

压电式加速度计具有谐振频率高、尺寸小、质量轻、灵敏度高和坚固等优点。它具有较宽的频率响应和加速度测量范围,可以在－150～260 ℃温度范围内使用,有时甚至可达 600 ℃,而且结构简单,使用方便,所以在振动测量中获得广泛应用。但它的抗低频性能较差、阻抗高、噪声大,特别是利用它进行二次积分测量位移时,干扰影响很大。

测量时选择合适的加速度计并进行固定非常重要。选择加速度计时主要考虑灵敏度和它的频率特性。其次要考虑测量环境条件,例如温度、湿度和强噪声的影响等。灵敏度和频率特性是互相制约的,对于压电式加速度计,尺寸小则灵敏度低,但可以测量频率范围较宽。

由于压电元件的电压系数及其他特性都会随温度变化,为保证在一些高温、强声场和有电磁干扰的环境中加速度计使用的可靠性,故在选取加速度计时还应该注意以下几点:加速度计的质量要小于待测物体质量的 1/10;工作频率上限要小于加速度计谐振频率的 10 倍,下限要小于待测对象工作频率下限的 4 倍;连续振动加速度值要小于最大冲击额定值的 1/3。表 2-10 给出了几种加速度计的性能参数,供使用时选择。

3. 利用声级计测量振动

当把声级计上的电容传声器换成振动传感器(如加速度计),同时将声音计权网络换成振动计权网络,就组成了一个测量振动的基本系统,如图 2-11 所示。当测量加速度时,将声级计头部的传声器取下,换上积分器,利用电缆将积分器的输入端与加速度计连接起来,加速度计固定在被测物体上,积分器起到了一组积分网络的作用。利用声级计测量振动比较方便,但它有一定的适用范围,它仅适用于声频范围内的振动测量。

表 2-10　几种加速度计的性能参数

项目	YD-1	YD-3-G	YD-4-G	YD-5	YD-8	YD-12
电压灵敏度/(mV/g)	80～130	10～15	10～15	4～6	8～10	40～60
电荷灵敏度/(pC/g)	—	—	—	2～3	—	—
频率范围/Hz	2～10 000	2～10 000	2～10 000	2～10 000	2～18 000	1～10 000
电容/pF	700	1 000～1 300	1 000～1 300	500	390	1 000
可测最大加速度/(m/s^2)	200	200	200	3 000	500	500
温度范围/℃	常温	<260	<260	－20～40	常温	常温
质量/g	约 40	约 12	约 12	约 10	约 3	约 25
最大尺寸	30 mm×15 mm	14 mm×14 mm	14 mm×14 mm	12 mm×14 mm	9 mm×9 mm	16 mm×15 mm
特点	灵敏度高	高温	高温	冲击	微型	中心压轴式

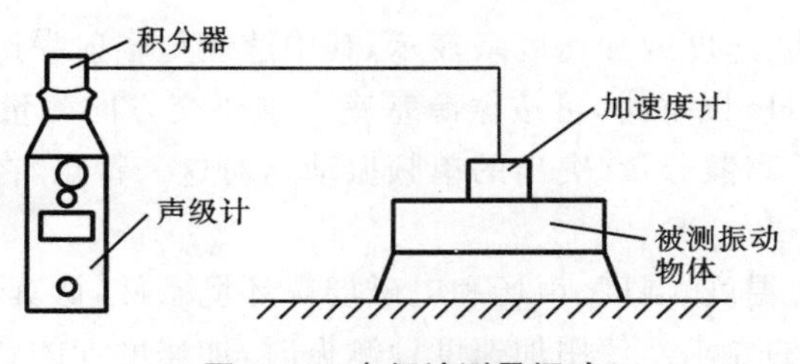

图 2-11　声级计测量振动

4. 利用激光测量振动

激光是 20 世纪 60 年代出现的一种新光源，它具有相干性、方向性、单色性好和亮度高等特点。利用激光源做成的干涉仪测量振动比一般的光干涉仪要精确。所以激光干涉仪已被用做加速度计的一级标准。此外，激光全息干涉测振法也已广泛应用。全息照相利用光的干涉原理记录由振动引起的干涉条纹，用比较部件的振动也可显示振动表面的振动方式，在各种频率下拍摄全息图就可以观察各种振动方式。采用连续曝光时间平均法来记录振动物体的全息图可以测得振动平面上幅度分布的时间平均值。在振动节点处产生亮纹，而腹点则产生暗纹。对于处在波节与物体上已知静止点之间的轮廓线加以计数，便可求得该物体上各点振动的幅度。

2.4.4　振动测量方法

在环境振动问题中，振动测量包括两类：一类是对环境振动的测量；另一类是对引起噪声辐射的物体振动的测量。

1. 环境振动的测量

环境振动是指使人整体暴露在振动环境中的振动。环境振动的特点一般是振动强度范围广，加速度有效值的范围为 $3\times10^{-3}\sim3\ m/s^2$，振动频率为 1～80 Hz 或 0.1～1 Hz 的超低频。因此，测量仪器应选择高灵敏度加速度计、低频振动测量放大器和窄带滤波器，或使用装有国际标准化组织推荐的频率计权网络的环境振动测量仪，通过计权网络测量得到振动级。

环境振动测量一般测量 x、y、z 三个方向上的加速度有效值，测量范围一般在 1～80 Hz 内。环境振动可以通过测量值同振动标准所规定的数值进行比较来评价。为了准确测量传到人体的振动，振动测点应尽可能选在振动物体和人体表面接触的地方。站在地面或坐在平台上的人，如人体和支撑物之间没有缓冲垫，则传感器应安置在地面或平台上；如人体和支撑物之间有柔软的垫层，则应在人体和垫层之间插入一刚性结构（如钢板），放置传感器。

在住宅、医院、办公室等建筑物内测量振动，应该在室内地面中心附近选择 3～5 个测点进行测量；考虑楼房对振动的放大作用，应在建筑物各层都选择几个房间进行测量。

为了了解环境振动源的振动特征和影响范围，应在振动源的基础座上，以及距基础座 5 m、10 m、20 m 等位置上选择测点，进行振动测量。

在测量公路两侧由于机动车辆引起的振动时，应在距离公路边缘上 5 m、10 m、20 m 处选定测点，测量时传感器要水平放置在平坦坚硬的地面上，而不应放在沙地、泥地、草坪上。

2. 物体振动的测量

对辐射噪声物体的振动测量，不仅要测量发声物体的振动，还要测量振动源的振动和振动传导物体的振动，其测点选择应根据实际情况而定。

在声频范围内的振动测量，一般取 20～20 000 Hz 的均方根振动值，用窄带来分析振动的频谱。振动值可以用位移、速度或加速度来表示,其中速度与辐射噪声有密切关系。当振动频率的测量范围扩展到 20 Hz 以下时,可按振源基座三维正交方向测量振动加速度。机械振动在多数情况下包括重要的离散分量(突出的单频振动),对这一特点,在振动测量中应予以充分的注意。

测量前应该充分了解温度、湿度、声场和电磁场等环境条件,认真选择加速度计,使其灵敏度、频率响应都满足测量的要求。使用加速度计测振时,加速度计的感振方向和振动物体测点位置的振动方向应该一致。如果两个方向之间有夹角 α,则测量值的相对误差为$1-\cos\alpha$。对于质量小的振动物体,附在它上面的加速度计要足够小,以免影响振动的状态。

在测量过程中,加速度计必须与被测物良好地接触,否则会在垂直或水平方向产生相对移动,使测量结果产生严重误差。常用的压电加速度计可用金属螺栓、绝缘螺栓和云母垫圈、永久磁铁、胶合剂和胶合螺栓、蜡膜黏附等方法附着固定在振动物体上。

3. 振动测量结果

振动测量一般应记录仪器型号、振动源情况、加速度计设置方法及表面形态,绘制测量现场示意图。根据我国制定的《城市区域环境振动测量方法》,对于稳态振动,每个测点测量一次,取 5 s 内的平均示数作为评价量;对于冲击振动,取每次冲击过程中的最大示数作为评价量,对于重复出现的冲击振动,以 10 次读数的算术平均值为评价量;对于无规振动,每个测点等间隔地读取瞬时示数,采样间隙不大于 5 s,连续测量时间不少于1 000 s,以测量数据的累计百分振级值作为评价量;对于铁路振动,读取每次列车通过过程中的最大示数,每个测点连续测量 20 次列车,以 20 次列车读数的算术平均值作为评价量。

测量报告应体现以下内容。

① 监测目的和监测依据:说明监测任务的来源、通过监测欲达到的目的、监测工作的法律依据和技术依据等。

② 监测时间:说明现场监测和调查的起止时间。

③ 监测内容:说明现场监测和调查工作的具体内容。

④ 污染源概况:说明监测范围内的振动污染源状况和污染源周围的环境状况,振动源对周围环境的影响和危害状况。

⑤ 测点设置:说明布点原则,测点数量、方位和代表性等。

⑥ 评价标准及评价量:说明评价量确定的依据、目的和意义,根据监测要求适合报告使用的评价标准。

⑦ 监测方法:说明监测仪器的型号、测量系统的组成、仪器检定和校准状况、环境条件、拾振器的设置、采样方法、监测数据的处理和评价量的获得方法等。

⑧ 监测结果:将所得数据进行处理,并以列表、绘图或文字等形式说明。

⑨ 结果评述或结论:对监测结果进行分析讨论,结合有关标准,评述监测对象的污染水平和超标状况。

2.5　环境振动污染控制技术

2.5.1　振动控制的基本方法

振动控制的任务就是通过一定的手段使受控对象的振动水平满足预定要求。控制振动的方法很多，大体上可归纳为以下三大类：减少振动源的扰动、隔振、阻尼减振。

1. 减少振动源的扰动

城市区域的环境振动源主要有工厂振源、交通振源、工程振源和地震等。对振源控制的最有效方法是提高和改进振动设备的设计和提高制造加工装配精度等。例如对强力撞击引起的振动，控制此类振动的有效方法是在不影响产品加工质量等的情况下，改进加工工艺，即用不撞击的方法来代替撞击方法，如用焊接代替铆接、用压延代替冲压、用滚轧代替锤击等；对旋转机械引起的振动，因为此类机械大部分属高速运转类，其转速多数都在1 000 r/min以上，因而其微小的质量偏心力或安装间隙的不均匀就会带来严重的振动危害，性能差的风机往往动平衡不佳，不仅振动厉害，还伴有强烈的噪声，为此，应尽可能调好其动、静平衡，提高制造质量，严格控制安装间隙，以减少其离心偏心惯性力的产生；对旋转设备的用户而言，在保证生产工艺的前提下，应尽可能选择振动小的设备；对传动轴系引起的振动，通常应使其受力均匀，传动扭矩平衡，并有足够的刚度等，以改善其扭转振动、横向振动和纵向振动；对工业各种管道而言，因为传递和输送介质不同而产生的管道振动也不一样，通常在管道内流动的介质，其压力、速度、温度和密度等往往是随时间而变化的，这种变化又常常是周期性的，如与压缩机相衔接的管道系统，由于周期性地注入和吸走气体，激发了气流脉动，而脉动气流形成了对管道的激振力，产生了管道的机械振动，为此，在管道设计时，应注意适当配置各管道元件，以改善介质流动特性，避免气流共振和减低脉冲压力，例如在动力设备与管道之间的连接处，采用柔性帆布管接头，防止振动的传出，在水泵进出口处加橡胶软接头，防止水泵机体振动沿管路传出，在管路穿墙而过时，应使管路与墙体脱开，并垫以弹性材料，以减少墙体振动，为了减少管道振动对周围建筑物的影响，应每隔一定距离设置隔振吊架和隔振支座等。

另外对于各种动力机械类，也可采取改变振源的扰动频率和改变振源机械结构的固有频率等，来达到减少振动源的扰动的目的。如改变机器的转速、更换机型、采用局部加强法或在壳体上增加质量等，都是行之有效的改变振动源扰动的措施。

2. 隔振

隔振就是利用波动在物体间的传播规律，将振动源与基础或其他物体的近于刚性连接改为弹性连接，防止或减弱振动能量的传播，从而实现减振降噪的目的。实际上振动不可能绝对隔绝，所以通常称为隔振或减振。如果机械设备与基础之间是近刚性的连接，当设备运转时会产生一个干扰力，这个干扰力就会百分之百地传给基础，由基础向四周传播。如果将设备与地基的连接改为弹性连接，由于弹性装置的隔振作用，设备产生的干扰力便不会全部传给基础，只传递一部分或完全被隔绝。由于振动传递被隔绝，固体声被降低，因而也收到了降低噪声的效果。

如果对振源采取隔振措施，把振动能量限制在振源上而不向外界扩散，使振源产生的大部分振动为隔振装置所吸收，减少振源对设备的干扰，从而达到减小振动的目的，这种施加于振源的方法通常称为积极隔振（也称为主动隔振），如风机、水泵、压缩机及冲床的隔振一般采用积极隔振；隔振技术有时也应用在需要保护的物体附近，把需要低振动的物体同振动环境隔开，避免物体受到振动的影响，这种施加于防振对象的方法通常称为消极隔振（也称为被动隔振），仪器与精密设备的隔振都是消极隔振，在房屋下安装隔振器防止地震破坏也属此类。

采用大型基础来减少振动的影响是最常用、最原始的方法。根据工程振动学原理合理地设计机器的基础，可以减少基础（和机器）的振动和振动向周围的传递。根据经验，一般的切削机床的基础是本身质量的1～2倍,冲锻设备要达到本身的2～5倍,有时达到10倍以上。

利用防振沟也是一种常见的隔振措施,即在振动机械基础的四周开挖具有一定深度和宽度的沟槽,里面可填充松软的物质(如木屑)来隔离振动的传递。一般来说,防振沟越深,隔振效果就越好,而沟的宽度对隔振效果几乎没有影响。防振沟以不添加材料为最佳。防振沟不仅可以用在积极隔振上,即在振动的机械设备周围挖掘防振沟,也可以用于消极隔振,即在怕振动干扰的机械设备附近,在其垂直方向上开挖防振沟。

3. 阻尼减振

阻尼是指阻碍物体的相对运动,并把运动能量转变为系统损耗能量的能力。阻尼减振就是通过黏滞效应或摩擦作用,把机械振动能量转换成热能或其他可以损耗的能量而耗散的措施。

阻尼的作用主要体现在以下几个方面。

① 阻尼能抑制振动物体产生共振和降低振动物体在共振频率区的振幅,从而避免结构因动应力达到极限所造成的破坏。

② 阻尼有助于机械系统受到瞬态冲击后,很快恢复到稳定状态。

③ 阻尼可以提高各类机床、仪器等的加工精度、测量精度和工作精度。各类机器尤其是精密机床,在动态环境下工作需要有较高的抗振性和动态稳定性,通过各种阻尼处理可以大大提高其动态性能。

④ 阻尼有助于降低结构传递振动的能力。在机械系统的隔振结构设计中,合理地运用阻尼技术可以使隔振、减振效果显著提高。

⑤ 阻尼有助于减少因机械振动所产生的声辐射,降低机械噪声。许多机械构件,如交通运输工具的壳体、锯片等的噪声,主要是共振引起的,采用阻尼能有效地抑制共振,从而降低噪声。此外,阻尼还可以使脉冲噪声的脉冲持续时间延长,降低峰值噪声强度。

对于薄板类结构的振动及其辐射噪声,如管道、机械外壳、车船体外壳等,在其结构或部件表面涂贴阻尼材料也能达到明显的减振降噪效果。常用的阻尼减振方法有自由阻尼层处理和约束阻尼层处理两种。自由阻尼层处理是在结构表面直接粘贴阻尼材料。当结构振动时,粘贴在表面的阻尼材料产生拉伸压缩变形,将振动能转化为热能,实现减振效果。约束阻尼层处理是在结构的基板表面粘贴阻尼材料后,再贴上一层刚度较大的约束板,当结构振动时,处于约束板和基板之间的阻尼材料产生拉伸压缩变形,将部分振动能量转化为热能,达到减小结构振动的目的。

另外,在振源上安装动力吸振器,对某些振动源也是降低振动的有效措施。对冲击性振动,吸振措施也能有效地降低冲击激发引起的振动响应。电子吸振器是另一类型的吸振设备。它的吸振原理与上述隔振、阻尼不同,它是利用电子设备产生一个与原来振幅相等、相位相反的振动,以抵消原来振动而达到降低振动的目的。

在某些振动环境中,采取若干振动防护措施,更能有效地消除或减轻振动对人的危害。

2.5.2 隔振材料和元件

一般来说,作为隔振材料和元件应该符合下列要求:材料的弹性模量低,承载能力大,强度高,耐久性好,不易疲劳破坏,阻尼性能好,无毒,无放射性,抗酸、碱、油等环境条件,取材方便,易于加工等。工程中广泛使用的隔振材料和元件有金属弹簧、空气弹簧、橡胶、软木、毛毡、玻璃纤维、矿棉毡等。表 2-11 列出了常见的隔振材料和元件的性能特点。

表 2-11　常见的隔振材料和元件的性能

隔振材料和元件	频率范围	最佳工作频率	阻尼	缺点	备注
金属螺旋弹簧	宽频	低频	很低，仅为临界阻尼的 0.1%	容易传递高频振动	广泛应用
金属板弹簧	低频	低频	很低	—	特殊情况使用
空气弹簧	取决于空气容积	—	低	结构复杂	—
橡胶	取决于成分和硬度	高频	随硬度增加而增加	载荷容易受影响	—
软木	取决于密度	高频	较低，一般为临界阻尼的 6%	—	—
毛毡	取决于密度和厚度	高频（40 Hz 以上）	高	—	通常采用厚度 1～3 cm

1. 金属弹簧隔振器

金属弹簧隔振器广泛应用于工业振动控制中，应用较多的是螺旋弹簧隔振器和板条式钢板隔振器，如图 2-12 所示。螺旋弹簧隔振器适用范围广，在各类风机、空气压缩机、球磨机、粉碎机等大、中、小型的机械设备中都有使用。板条式钢板减振器是由几块钢板条叠合制成，利用钢板条之间的摩擦，可以获得适宜的阻尼比。这种隔振器只在一个方向上有隔振作用，多用于运输车辆的车体减振和只有垂直冲击的锻锤基础隔振。

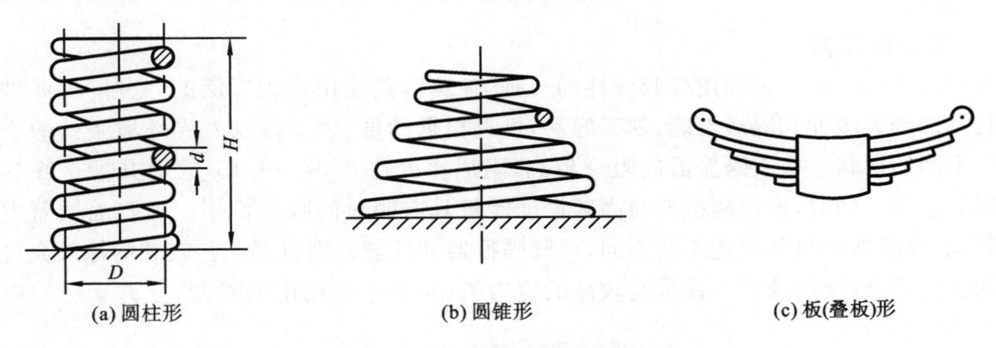

图 2-12　金属弹簧隔振器

金属弹簧隔振器的优点：低频隔振效果好，适用频率为 1.5～5 Hz；力学性能稳定，弹簧的动劲度、静劲度的计算值与实测值基本一致，误差一般小于 5%；允许位移大，可承受较大负载，而且在受到长期大载荷作用时也不产生松弛现象；适用范围广，在很宽的温度范围（−40～150 ℃）和不同的环境条件下，可以保持稳定的弹性，耐油，耐腐蚀，不老化，寿命长；适应性强，能适用于不同要求的弹性支撑系统；设计加工简单，易于控制，可以大规模生产，既可制成压缩型，又可制成悬吊型。

金属弹簧隔振器的缺点：阻尼系数很小，阻尼性能较差，高频隔振效果差，容易传递高频振动，在运转时易产生共振，从而使设备产生摇摆。因此，有些金属弹簧隔振器专门进行了阻尼处理，在使用中往往要在弹簧和基础之间加橡胶、毛毡等内阻较大的衬垫，以及内插杆和弹簧盖等稳定装置，使高频隔振性能有较大改善。

2. 空气弹簧隔振器

空气弹簧隔振器也称为“气垫”。空气弹簧隔振器一般有两种结构形式：一是在可伸缩的密闭容器中填充压缩空气，利用其体积弹性而起隔振作用，即当空气弹簧受到激振力而产生位移时，容器的形状将发生变化，容积的改变使得容器内的空气压强发生变动，从而使其中的空气内能发生变化，达到吸收振动能量的作用；二是由弹簧、附加气囊和高度控制阀组成。空气弹簧的组成原理如图 2-13 所示。

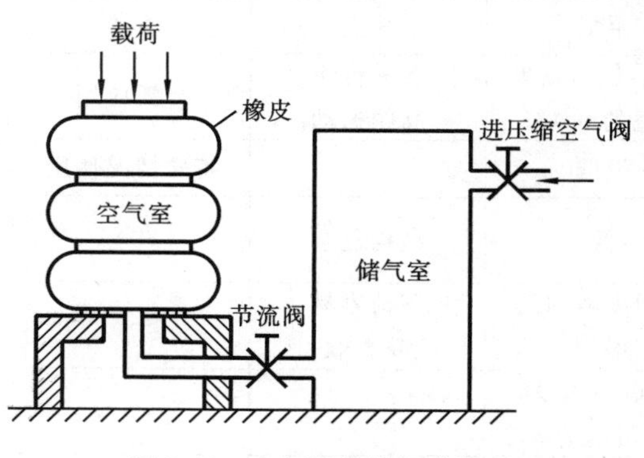

图 2-13 空气弹簧的组成原理

空气弹簧隔振器具有劲度可以随荷载而变化、固有频率保持不变的特点；靠气囊气室的改变可对隔振器的劲度进行选择，因此可以达到很小的固有频率(在 1 Hz 以下)；空气弹簧隔振器一般设有自动调节机构，每当负荷改变时，可调节橡胶腔内的气体压力，使之保持恒定的静态压缩量，从而达到隔振的目的，因此可以适应多种荷载需要，抗振性能好，耐疲劳。目前，空气弹簧隔振器一般应用于压缩机、气锤、汽车、火车、地铁等机械的隔振，可以有效地减少振动的危害和降低辐射噪声，大大提高了车辆乘坐的舒适度。

空气弹簧隔振器的缺点是需要有压缩气源及一套复杂的辅助系统，造价昂贵，并且荷重只限于一个方向，故一般工程上采用较少。

3. 橡胶

(1) 橡胶隔振器。

橡胶隔振器实质上是利用橡胶弹性的一种“弹簧”，是使用最为广泛的一种隔振元件。它具有良好的隔振缓冲和隔声性能，加工容易，可以根据劲度、强度以及外界环境条件的不同而设计成不同的形状。橡胶隔振器的阻尼较高，阻尼比可达 0.07～0.15，故对共振振峰具有良好的抑制作用。同时，橡胶隔振器对高频振动能量具有明显的吸收作用。橡胶隔振器主要由橡胶制成，橡胶的配料和制造工艺不同，橡胶隔振器的性能差别也很大。较软的橡胶允许承受较低的应力值；较硬的橡胶允许承受较高的应力值；对于中等硬度的橡胶，允许承受的应力值为$(3\sim7)\times10^5$ Pa。

橡胶隔振器一般由约束面与自由面构成，约束面通常和金属相接，自由面则指垂直加载于约束面时产生变形的那一面。在受到负荷压缩时，橡胶横向胀大，但与金属的接触面则受约束，因此，只有自由面能发生变形。这样，即使使用同样弹性系数的橡胶，通过改变约束面和自由面的尺寸，制成的隔振器的劲度也不同。就是说，橡胶隔振器的隔振参数，不仅与使用的橡胶材料成分有关，也与构成形状、方式等有关。设计橡胶隔振器时，其最终隔振参数需要由试验确定，尤其在要求较准确的情况下，更应如此。

(2) 橡胶隔振垫。

利用橡胶本身的自然弹性设计出来的橡胶隔振垫是近几年发展起来的一种隔振材料。常用的橡胶隔振垫一般有肋状垫、镂孔垫、钉子垫及 WJ 型橡胶隔振垫等。

WJ 型橡胶隔振垫是一种新型橡胶垫，其结构是在橡胶垫的两面设置有不同高度的圆台，分别交叉配置。当 WJ 型隔振垫在载荷作用下，较高的凸圆台受压变形，较低的圆台尚未受压时，其中间部分荷载而弯成波浪形，振动能量通过交叉圆台和中间弯曲波来传递，能较好地分散并吸收任意方向的振动。由于原凸面斜向地被压缩,起到制动作用,在使用中无须紧固就可以防止机器滑动,并且承载越大,越不易滑动。WJ 型橡胶隔振垫的性能如表 2-12 所示。

表 2-12　WJ 型橡胶隔振垫的性能

型号	额定荷载 /(kg/cm^2)	极限荷载 /(kg/cm^2)	额定荷载下形变/mm	额定荷载下固有频率/Hz	应用范围
WJ-40	2～4	30	4.2±0.5	14.3	电子仪器、钟表、工业机械、光学仪器等
WJ-60	4～6	50	4.2±0.5	13.8～14.3	空气压缩机、发电机组、空调、搅拌机等
WJ-85	6～8	70	3.5±0.5	17.6	冲床、普通车床、磨床、铣床等
WJ-90	8～10	90	3.5±0.5	17.2～18.1	锻压机、钣金加工机、精密磨床等

橡胶隔振垫的劲度由橡胶的弹性模量和几何形状决定。由于表面是凸台或肋状等形状,能增加隔振垫的压缩量,使固有频率降低。凸台的疏密直接影响隔振垫的技术性能。

橡胶隔振与金属弹簧隔振相比,有以下特点。

① 可以做成各种复杂形状,有效地利用有限的空间。

② 橡胶有内摩擦,阻尼比较大,因此不会产生像钢弹簧那样的强烈共振,也不至于形成螺旋弹簧所特有的共振激增现象。另外,橡胶隔振器都是由橡胶和金属接合而成的,金属与橡胶的声阻抗差别较大,也可以有效地起到隔声作用。

③ 橡胶隔振器的弹性系数可借助改变橡胶成分和结构而在相当大的范围内变动。

④ 橡胶隔振器对太低的固有频率 f_0(如低于 5 Hz)不适用,其静态压缩量也不能过大(一般不应大于 1 cm)。因此,对具有较低的干扰频率机组和质量特别大的设备不适用。

⑤ 橡胶隔振器的性能易受到温度影响。在高温下使用,性能不好;在低温下使用,弹性系数也会改变。如用天然橡胶制成的橡胶隔振器,使用温度为－30～60 ℃。橡胶一般是不耐油污的,在油中使用,易损坏失效。如果必须在油中使用时应改用丁腈橡胶。为了增强橡胶隔振器适应气候变化的性能,防止龟裂,应在天然橡胶的外侧涂上氯丁橡胶。此外,橡胶隔振器使用一段时间后,应检查它是否老化而弹性变坏,如果已损坏应及时更换。

4. 软木

隔振用的软木与天然软木不同,是将天然软木经高温、高压、蒸汽烘干和压缩制成的板状或块状物。软木具有一定的弹性,一般软木的静态弹性模量约为 1.3×10^6 Pa,动态弹性模量为静态弹性模量的 2～3 倍。软木可以压缩,当压缩量达到 30%时也不会出现横向伸展。软木受压,应力超过 40 kPa 时,发生破坏,设计时取软木受压荷载为 5～20 kPa,阻尼比为 0.04～0.05。软木隔振系统的固有频率一般可控制在 20～30 Hz 范围内,常用的厚度为 5～15 cm。软木的优点是质轻、耐腐蚀、保温性能好、加工方便等。但是由于厚度不宜太厚,固有频率较高,所以软木不适于低频隔振,且其隔振效果受粒度粗细、软木层厚度、载荷大小以及结构形式等因素的影响。目前国内并无专用的隔振软木产品,通常用保温软木代替。在实际工程中,人们常把软木切成小块,均匀布置在机器基座或混凝土座下面。一般将软木切成 100 mm×100 mm 的小块,然后根据机器的总荷载求出所需要的块数,常用做重型机器基础和高频隔振,常见的有大型空调通风机、印刷机等机械的隔振。如果机组的总荷载较大,软木承受压力一定会造成基座面积小于所设计的软木面积,此时,可在机器底座下面附设混凝土板或钢板以增大它的面积。

5. 玻璃纤维、毛毡、沥青毡

酚醛树脂或聚醋酸乙烯胶合的玻璃纤维板、矿渣棉和各类材质的毛毡均具有良好的隔振效果。玻璃纤维和矿渣棉类材料具有耐腐蚀、防火、弹性好、性能不随温度而变化等优点,主要用于机器设备及特殊建筑物基础的隔振。常用的玻璃纤维板承载力为$(1\sim2)\times10^4$ Pa,阻尼比为0.04～0.07,自由状态的最佳厚度为5～15 cm,隔振系统的固有频率为5～10 Hz。

采用玻璃纤维板时,最好使用预制混凝土基座,将玻璃纤维板均匀地垫在基座底部,使荷载得以均匀分布,同时需要采用防水措施,以免玻璃纤维板丧失弹性。

对于负荷很小而隔振要求不高的设备,使用毛毡既经济又方便。工业毛毡是用粗羊毛制成的,在振动受压时,毛毡的压缩量等于或小于厚度的25%,此时其刚度是线性的;大于25%后,则呈现非线性,这时刚度剧增,可达前者的10倍。毛毡的固有频率取决于它的厚度,一般情况下,30 Hz是毛毡的最低固有频率,因此毛毡垫对于40 Hz以上的激振频率才能起到隔振作用。毛毡的可压缩量一般不要超过厚度的1/4。当压缩量增大时,弹性失效,隔振效果变差。

采用毛毡时,因为毛毡的防水、防腐、防火性能差,使用时应该注意防潮、防腐、防虫、防火,可用油纸或塑料薄膜予以包裹,缝隙宜用沥青涂抹密封。毛毡类隔振垫的优点是价格低廉,安装方便,可根据需要切成任何形状和大小,并可重叠放置,获得良好的隔振效果。

沥青毡是用沥青黏结羊毛加压制成的,它主要用于垫衬锻锤的隔振。

以上介绍的是常用的几种隔振器。另外,泡沫塑料、塑料气垫纸、矿渣棉毡、废橡胶、废金属丝等,也可作为隔振材料使用。有些专业生产厂家生产的一些专用隔振材料和装置,也可用于不同条件下的隔振。

工程应用中除单独使用某种隔振材料外,也常将几种隔振材料结合使用,如应用最多的有钢弹簧-橡胶复合式减振器、软木-弹簧隔振装置及毡类-弹簧隔振装置等,这些隔振装置综合了不同材料的优点。

2.5.3 阻尼材料

在工程上应用较多的是阻尼材料。现有的阻尼材料大致可以分为:①弹性阻尼材料,如橡胶类、沥青类和塑料类;②复合材料,包括层压材料以及混合材料;③阻尼合金,基体包括铁基、铝基等;④摩擦阻尼材料,如不锈钢丝网、钢丝绳和玻璃纤维;⑤其他类,如阻尼陶瓷、玻璃等。

衡量阻尼材料的主要参数是材料的损耗因子,用β来表示,它不仅可以作为对材料内部阻尼的量度,还可以成为涂层与金属薄板复合系统的阻尼特征的量度。同时,β与薄板的固有振动频率和在单位时间内转变为热能而散失的部分振动能量成正比。β值越大,则单位时间内损耗的振动能量越多,减振的阻尼效果越好。作为阻尼材料,β至少要在10^{-2}数量级,通常由于制作配方成分不一,β的变化很大。

在所有的阻尼材料中,弹性阻尼材料具有很大的阻尼损耗因子和良好的减振性能,但适应温度的变化范围窄,只要温度稍有变化,其阻尼特性就会有较大的变化,性能不够稳定,不能作为机器本身的结构件,同时对于一些高温场合也不能应用。因此,人们研制出了耐高温的大阻尼合金,这是一种新型的具有较高阻尼损耗因子的金属材料,其弹性模量在10^{11} Pa左右,损耗因子在0.05～0.15之间,可以直接用这种材料做机器的零件,具有良好的导热性,但是价格贵。复合阻尼材料是一种由多种材料组成的阻尼板材,通常做成自黏性的,可由铝质约束层、阻尼层和防粘纸组成。这种材料施工工艺简单,有较好的控制结构振动和降低噪声的效果。

表 2-13 列出了室温下材料的性能常数，给出了工程上常用的材料的弹性模量和损耗因子。

表 2-14 为几种国产阻尼材料的损耗因子。

表 2-13　室温下材料的性能常数

材料	密度/(kg/m³)	弹性模量/Pa	损耗因子 β
铝	2 700	7.2×10^{10}	10^{-3}
钢(铁)	7 800	2.1×10^{11}	$(1\sim6)\times10^{-4}$
金	19 300	8×10^{10}	3×10^{-4}
铜	8 900	1.25×10^{11}	2×10^{-3}
镁	1 740	4.3×10^{10}	10^{-4}
黄铜	8 500	9.5×10^{10}	$(0.2\sim1)\times10^{-3}$
阻尼合金	—	$(1\sim2)\times10^{11}$	0.05～0.15
石棉	2 000	2.8×10^{10}	$(0.7\sim2)\times10^{-2}$
沥青	1 800～2 300	7.7×10^{9}	0.38
橡皮	700～1 000	$(2\sim10)\times10^{9}$	0.01
软木	120～250	0.025×10^{9}	0.13～0.17
干砂	1 500	0.03×10^{9}	0.12～0.6
砖	1 900～2 200	1.6×10^{10}	0.01～0.02
钢筋混凝土	2 300	2.6×10^{9}	$(4\sim8)\times10^{-3}$
层压板	600	5.4×10^{10}	0.013
聚苯乙烯	—	3×10^{8}	2.01
硬橡胶	—	2×10^{8}	1.01

表 2-14　几种国产阻尼材料的损耗因子

名称	厚度/mm	损耗因子 β
石棉漆	3	3.5×10^{-2}
硅石阻尼浆	4	1.4×10^{-2}
石棉沥青膏	2.5	1.1×10^{-2}
聚氯乙烯胶泥	3	9.3×10^{-2}
软木纸板	1.5	3.1×10^{-2}

由表 2-13 可知，金属材料的损耗因子小，而非金属材料一般具有较高的阻尼，损耗因子大，但是非金属材料的损耗因子会随温度和频率的改变而变化。

黏弹性阻尼材料是应用很广泛的非金属阻尼材料，一般由石油沥青中的氧化沥青等与其他各种附加剂组成。附加剂包括以下几种：①填充剂，如石棉纤维和滑石粉等，主要保证阻尼层有良好的黏滞性和可流动性；②油剂，可起软化作用；③酚醛树脂，可增加黏合性；④漆与橡胶液，可增加耐磨性。黏弹性阻尼材料损耗因子大，在工程上常常将它与金属板材黏结成具有很高强度又有较大结构损耗因子的阻尼结构，例如在薄板或管道上紧贴或喷涂上一层内摩擦大的材料，如沥青、软橡胶或其他高分子涂料，也是抑制振动的有效措施。

表 2-15 为软木防热隔振阻尼浆的配比。据测定，该阻尼涂料在常温下 $\beta=(4\sim5)\times10^{-2}$，

在 80 ℃以下,β 几乎不变,当升温至 150 ℃时,$\beta=(3\sim4)\times10^{-2}$,经长期使用,发现其与钢板黏结性良好。

表 2-15 软木防热隔振阻尼浆的配比

材料名称	质量分数/(%)	材料名称	质量分数/(%)
厚白漆	20	软木屑(粒径 3～5 mm)	13
光油	13	水	27
生石膏	23	松香水	4

表 2-16 为 J-70-1 防振隔热阻尼浆的配比。该涂料已用于长征号燃气轮机的顶棚和东方红 4 型内燃机车车壁上,有较好的降噪作用。

表 2-16 J-70-1 防振隔热阻尼浆的配比

材料名称	质量分数/(%)	材料名称	质量分数/(%)
30%氯丁橡胶液	60	粗膨胀硅石(粒径 1～5 mm)	8
420 环氧树脂	2	石棉粉	6
胡麻油醇酸树脂	4	萘酸钴液	0.6
珍珠岩(膨胀)	8	萘酸铅液	0.8
细膨胀硅石(粒径 0.3～1.0 mm)	10	萘酸锰液	0.6

表 2-17 为沥青阻尼浆的配比。该涂料应用在某些越野车上,有一定效果。实测 $\beta=(3\sim4)\times10^{-2}$。

表 2-17 沥青阻尼浆的配比

材料名称	质量分数/(%)	材料名称	质量分数/(%)
沥青	57	蓖麻油	1.5
胺焦油	23.5	石棉油	14
热桐油	4	汽油	适量

2.5.4 防止共振

当振动机械激振力的振动频率与设备的固有频率一致时就会产生共振。产生共振的设备将振动得更加厉害,振动对设备本身的损伤也更大。由于共振的放大作用,其放大倍数可达几倍到几十倍,因此带来了十分严重的破坏和危害。手持的加工机械如锯、刨会产生强烈的振动并带有壳体的共振,产生的抖动使操作者的肢体达到难以忍受的程度;载重的车辆在路面行驶时,往往对道路两侧的居民建筑物产生共振影响,会发生地面的晃动和门窗的抖动。最为著名的如美国塔科马峡谷中的长 853 m、宽 12 m 的悬索吊桥,在 1940 年的 8 级飓风的袭击中发生了难以理解的振动,数千吨重的钢铁大桥像一条缎带一样以 8.5 m 的振幅左右来回起伏飘荡,桥面振动形成了高达数米的长波浪,在沉重的结构上缓慢爬行,从侧面看就像是一条正在发怒的巨蟒,振幅之大令人难以置信。经研究,大桥是毁于共振,因为流动的空气在绕过障碍物时会迫使其产生振动,当振动达到一定程度时就会引起障碍物的共振。共振使笨重的钢铁大桥发生严重扭曲,最后彻底毁坏。因此,减少和防止共振响应是振动控制的一个重要方面。

控制共振的主要方法有:①改变机器的转速或改换机型来改变振动的频率;②将振动源安装在非刚性的基础上以降低共振响应;③用粘贴弹性高阻尼结构材料来增加一些壳机体或仪

器仪表的阻尼，以增加能量散逸，降低其振幅；④改变设施的结构和总体尺寸或采取局部加强法来改变结构的固有频率等。

2.6 隔振设计与计算

2.6.1 振动传递系数与隔振效率

描述和评价隔振效果最常用的是振动传递系数 T_f，又称为力传递率、振动传递率等。振动传递系数定义为通过隔振元件传递到基础的力的幅值 F_{f0} 与作用于系统的激振力或者总的干扰力的幅值 F_0 的比值，即

$$T_f = \frac{F_{f0}}{F_0} = \sqrt{\frac{1+(2\zeta\omega/\omega_0)^2}{[1-(\omega/\omega_0)^2]^2+(2\zeta\omega/\omega_0)^2}} = \sqrt{\frac{1+4\zeta^2(f/f_0)^2}{[1-(f/f_0)^2]^2+4\zeta^2(f/f_0)^2}} \tag{2-31}$$

当系统为单自由度无阻尼振动时，即 $\zeta=0$，上式简化为

$$T_f = \frac{F_{f0}}{F_0} = \left|\frac{1}{1-(f/f_0)^2}\right| \tag{2-32}$$

如果以阻尼比 $\zeta=c/c_c$ 为参数，式(2-31)中振动传递系数 T_f 与频率比 f/f_0 的关系曲线如图 2-14 所示。由图 2-14 可知：① $f \ll f_0$ 的区域，即外力频率远低于系统固有频率，此时 T_f 接近于 1，表明振动完全被传递，无减振效果；② $0<f<\sqrt{2}f_0$ 的区域，$T_f>1$，传递力大于激振力，振动被放大，隔振系统设计失败时可能出现此类情况，若增大阻尼，可使 T_f 减小；③ $f \approx f_0$ 的区域，为共振状态，防振设计中须极力避免这种状态；④ $f \approx \sqrt{2}f_0$ 的区域，$T_f \approx 1$，与有无阻尼以及阻尼的大小无关，此时传递力与激振力相同，系统仍无隔振作用；⑤ $f>\sqrt{2}f_0$ 的区域，$T_f<1$，传递力小于激振力，系统才具有隔振作用，并且频率越高，T_f 越小，阻尼越大，T_f 越大。$\zeta=0$ 时，T_f 最小，防振效果最好。这就是用弹性材料支承机械，使传递到基础的激振力减少的原理。

通常隔振设备的特性是给定的。因此，要想得到好的隔振效果，首先必须保证 $f/f_0>\sqrt{2}$，在设计隔振系统时必须充分考虑系统的固有振动特性，使设备的整体振动频率 f_0 比设备干扰频率 f 小得多，从而保证 $f/f_0>\sqrt{2}$，得到好的隔振效果。从理论上讲，f/f_0 越大，隔振效果越好，但是在实际工程中必须兼顾系统稳定性和成本等因素，通常设计 f/f_0 在 2.5～5 之间。这是因为通常 f 是给定的，要进一步提高 f/f_0，就只有降低 f_0，而设计过低的 f_0 不仅在工艺上存在困难，而且造价高。如果系统干扰频率 f 比较低，系统设计时很难达到 $f/f_0>\sqrt{2}$ 的要求，则必须通过增大隔振系统阻尼的方法来抑制系统的振动响应。此外，对于旋转机械如电动机等，在这些机械的启动和停止过程中，其干扰频率是变化的，在该过程中必然会出现隔振系统频率与机械扰动频率一致的情形，为了避免系统共振，设计这些设备的隔振系统时就必须考虑采用一定的阻尼以限制共振区附近的振动。

在隔振设计中，有时也使用隔振效率 η 的概念，隔振效率定义为

$$\eta = (1-T_f)\times 100\% \tag{2-33}$$

显然，若 $\zeta=0$，当 $T_f=0$ 时，$\eta=100\%$，激振力完全被隔离，隔振效果最好；当 $T_f<1$ 时，传递力小于激振力，有防振效果；当 $T_f=1$ 时，$\eta=0$，激振力全部传给基础，没有隔振作用；当 T_f

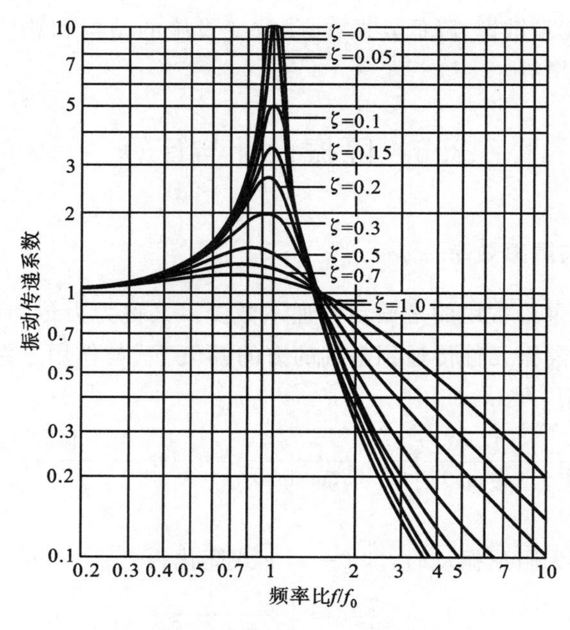

图 2-14 振动传递系数 T_f 与频率比 f/f_0 的关系

>1 时,传递力大于激振力,振动被放大,隔振系统设计失败时可能出现此情况。

在工程中常用振动级的概念,隔振处理后,其力的振动级差为

$$\Delta L = 20\ \lg \frac{F_0}{F_{f0}} = 20\ \lg \frac{1}{T_f} \tag{2-34}$$

例如,采用某种隔振措施后,使机器振动系统激励力传递到基础的力的振幅减弱为原来的1/10,即 $T_f=0.1$,则传递到基础的力的振动级降低了 20 dB。

【例 2-2】 质量为 1 700 kg、转速为 1 200 r/min 的空气压缩机,每转在垂直方向产生 1%的激振力。为防振在 6 个点设置弹性支承,当设计频率比 f/f_0 为 3 时,试求:(1)每一弹性材料的荷载;(2)固有频率;(3)劲度系数;(4)振动传递系数;(5)隔振效率。

解 (1) 每一弹性材料的荷载为 $W=\frac{1\ 700}{6}\times 9.8\ \text{N}=2\ 777\ \text{N}$

(2) 固有频率为 $f_0=\frac{f}{3}=\frac{1}{3}\times\frac{1\ 200}{60}\ \text{Hz}=6.67\ \text{Hz}$

(3) 劲度系数为 $k=\frac{1\ 700}{6}(2\pi\times 6.67)^2\ \text{N/m}=4.97\times 10^5\ \text{N/m}$

(4) 振动传递系数为 $T_f=\left|\frac{1}{1-(f/f_0)^2}\right|=\frac{1}{3^2-1}=0.125$

(5) 隔振效率为 $\eta=(1-T_f)\times 100\%=(1-0.125)\times 100\%=87.5\%$

2.6.2 弹簧隔振器的设计与计算

通常应用最广泛的弹簧隔振器是螺旋弹簧隔振器。因此,这里仅介绍最为常用的圆柱形螺旋弹簧隔振器。螺旋弹簧减振器的使用和设计程序如下。

(1) 首先根据机器设备的质量、可能的最低激振力频率、预期的隔振效率确定弹簧的安装数目。

(2) 根据图 2-15,由激振力频率和按设计所要求的隔振效率可查得钢弹簧的静态压缩量 x。

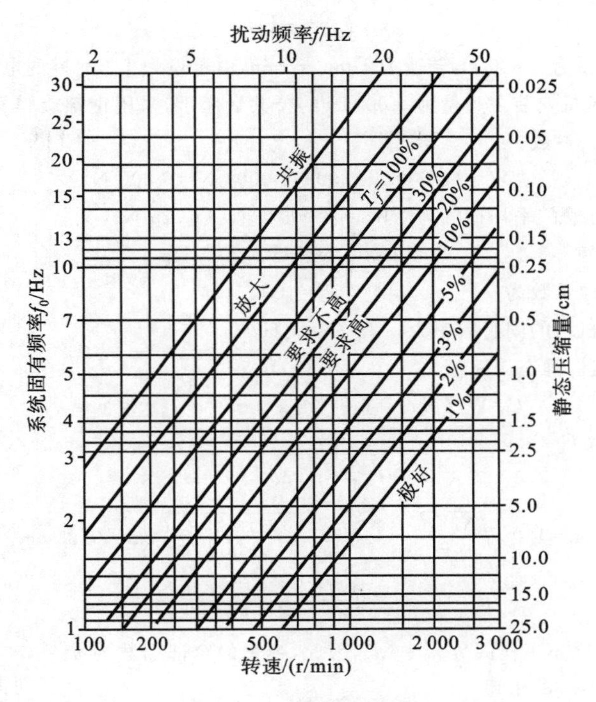

图 2-15　隔振设计选用

(3) 由机器设备总负荷 W 和安装支点数 N，确定选用弹簧的劲度系数 k。

$$k=\frac{W}{Nx} \tag{2-35}$$

(4) 确定弹簧的有效工作圈数 n_0 和弹簧条的直径 d。

$$n_0=\frac{Gd^4}{8kD^3} \tag{2-36}$$

式中：G——弹簧的剪切弹性系数，对于钢弹簧，常取 $8\times10^6\ \mathrm{N/cm^2}$；

D——弹簧圈平均直径，cm；

d——弹簧条直径，cm。

其中

$$d=1.6\sqrt{\frac{KW_0C}{\tau}} \tag{2-37}$$

式中：K——系数，$K=(4C+2)/(4C-3)$；

C——弹簧圈直径 D 与弹簧条直径 d 之比值，即 D/d，一般取 4～10；

W_0——一个弹簧上的荷载，N；

τ——弹簧材料的容许扭应力，对于钢弹簧，取值为 $4\times10^4\ \mathrm{N/cm^2}$。

(5) 确定弹簧未受荷载时的高度 H 和弹簧条的长度 L。

$$H=nd+(n-1)\frac{d}{4}+x \tag{2-38}$$

弹簧的全部圈数 n 应包括有效工作圈数 n_0 和不工作圈数 n'，即 $n=n_0+n'$。在 $n_0<7$ 时，可取 $n'=1.5$；在 $n_0>7$ 时，取 $n'=2.5$。一般情况下，H 与 D 的比值应不大于 2，即 $H/D\leqslant2$。

弹簧条的长度为

$$L = \pi D n \tag{2-39}$$

【例 2-3】 某风机重量为 4 600 N,转速为 1 000 r/min,由重量为 1 300 N 的电动机拖动(电动机的激振力忽略不计)。电动机与风机安装在重量为 1 000 N 的公共台座上,采用钢螺旋弹簧隔振器 4 点支撑。要求隔振效率为 90%,计算有关参数。

解 设备总重量　$W=(4\ 600+1\ 300+1\ 000)\ \text{N}=6\ 900\ \text{N}$

采用 4 点支撑,每个弹簧的平均荷载为　$W_0=6\ 900/4\ \text{N}=1\ 725\ \text{N}$

风机激振力的基本频率　$f=1\ 000/60\ \text{Hz}=16.7\ \text{Hz}$

由式(2-33)得振动传递系数为　$T_f=0.1$

由式(2-32)得被隔振机组的固有频率为　$f_0=5\ \text{Hz}$

由图 2-15 查得钢弹簧的静态压缩量　$x=1\ \text{cm}$

钢弹簧的劲度系数为　$k=W/(Nx)=6\ 900/4\ \text{N/cm}=1\ 725\ \text{N/cm}$

采用钢螺旋弹簧,选取 $C=5$,因此

$$K = (4C+2)/(4C-3) = 1.3$$

弹簧条直径为　$d=1.6\sqrt{\dfrac{KW_0C}{\tau}}=1.6\sqrt{\dfrac{1.3\times 1\ 725\times 5}{40\ 000}}\ \text{cm}=0.85\ \text{cm}$

弹簧有效工作圈数　$n_0=\dfrac{Gd^4}{8kD^3}=\dfrac{Gd}{8kC^3}=\dfrac{8\times 10^6\times 0.85}{8\times 1\ 725\times 5^3}=4$

因为 $n_0<7$,所以取弹簧不工作圈数 $n'=1.5$,因此,弹簧的全部圈数为 $n=n_0+n'=4+1.5=5.5$。弹簧不受载荷时的高度可由式(2-38)求得

$$H = nd + (n-1)d/4 + x = 6.62\ \text{cm}$$

由于 $H/D=6.62/(5\times 0.85)=1.56<2$,符合要求。

每个弹簧条的长度　$L=\pi Dn=3.14\times 5\times 0.85\times 5.5\ \text{cm}=73.4\ \text{cm}$

2.6.3 橡胶隔振器的设计与计算

橡胶隔振器的设计主要是选用硬度合适的橡胶材料,根据需要确定一定的形状、面积和高度等。分析计算中,就是根据所需要的最大静态压缩量 x,计算材料厚度和所需压缩或剪切面积。其中材料的厚度为

$$h = \frac{xE_d}{\sigma} \tag{2-40}$$

式中:h——材料厚度,cm;

x——橡胶的最大静态压缩量,cm;

E_d——橡胶的动态弹性模量,kg/cm^2;

σ——橡胶的允许应力,kg/cm^2。

所需面积为

$$S = \frac{m}{\sigma} \tag{2-41}$$

式中:S——橡胶的支承面积,cm^2;

m——设备质量,kg。

橡胶的材料常数 E_d 和 σ 通常由实验测得,表 2-18 给出几种常用橡胶的有关参数。

目前,国内已有许多系列化的橡胶隔振器,最大负荷可以在 1 000 kg 以上,最大压缩量可达 4.8 cm,最低固有频率的下限控制在 5 Hz 附近。这类产品,由于安装方便,效果明显,在工业和民用设备减振工程中得到广泛应用。

表 2-18　常用橡胶的有关参数

材料名称	允许应力 σ/(kg/cm²)	动态弹性模量 E_d/(kg/cm²)	E_d/σ
软橡胶	1～2	50	25～50
较硬橡胶	3～4	200～250	50～83
开槽或有孔橡胶	2～2.5	40～50	18～25
海绵状橡胶	0.3	30	100

2.6.4　橡胶隔振垫的设计与计算

橡胶隔振垫是应用最广泛的一种隔振材料。设计选用隔振垫时，主要是选择合适的橡胶材料、隔振垫的布置方式、几何尺寸等。

在橡胶隔振垫的设计中，隔振垫的固有频率可以用下式计算：

$$f_0 = 0.5\frac{1}{\sqrt{x_d}} \tag{2-42}$$

式中：x_d——隔振垫在机器质量的作用下所产生的压缩量，cm。

其中

$$x_d = \frac{hm}{E_d S} \tag{2-43}$$

式中：h——隔振垫的工作高度，cm；

m——振动系统的总质量(包括机器质量和台座质量)，其中台座质量一般取机器质量的 2～3 倍，至少要大于 1 倍；

E_d——橡胶的动态弹性模量，kg/cm²；

S——隔振垫的总面积，cm²。

其中隔振垫的总面积的计算与式(2-41)相同。每个隔振垫的面积为

$$S_1 = \frac{S}{N} \tag{2-44}$$

式中：N——隔振垫数量，由构造要求决定，一般取 $N \geqslant 4$。

如果隔振垫是边长为 b 的正方形，隔振垫的静态工作高度 h 一般应满足的条件为

$$0.12b < h < 1.2b \tag{2-45}$$

在设计橡胶隔振垫时，由于橡胶品种很多，往往感到难以选择，甚至把硬度很大的实心橡胶皮作垫层，结果适得其反，系统发生共振。这一点务必引起注意。表 2-19 为橡胶硬度和弹性模量之间的关系，其中 50°者相当于软橡皮。

表 2-19　橡胶硬度和弹性模量之间的关系

邵氏硬度	30°	35°	40°	45°	50°	55°	60°	65°	70°
E_d/(kg/cm²)	14	20	90	40	50	60	71	84	100

在设备下安装隔振器及隔振元件，是目前在工程上常见的控制物体振动的有效措施。设计时，一定要注意把物体和隔振器系统的固有频率设计得比激发频率低 60%以上，即 $f/f_0 \geqslant 2.5$，如果再选择合适的隔振材料，能够进一步起到减少振动与冲击力的传递的作用，只要隔振器及隔振材料选择得当，隔振效率可达 85%以上，而且不必采用大型基础。

2.6.5 环境振动污染控制实例

【实例 2-1】 上钢五厂大型离心风机隔振。

风机型号:G4-73-11,No20D。

使用场合:上钢五厂一电炉车间,电炉排烟除尘系统共 3 台。

机组技术参数:风机轴功率 550 kW,风量 175 000～326 000 m^3/h,风压 419～580 Pa,转速 600～960 r/min,风机总质量 7 800 kg,叶轮直径 2 000 mm,叶轮质量 1 568 kg;电动机型号 JSQ158-6,功率 550 kW,转速 986 r/min;风机与电动机之间采用 YDT-100/10 型液力耦合器连接调速,耦合器质量 1 470 kg;机组总质量 12.75 t,平面尺寸约 7 000 mm×3 500 mm。

风机的扰动力估算:当转速为 960 r/min 时,总扰力为 2 180 N;当转速为 600 r/min 时,总扰力为 10 240 N。

风机组隔振要求如下。

(1) 采用金属螺旋弹簧为隔振元件,固有频率 2.4 Hz,转速 600 r/min 时,隔振效率要求 90%以上。

(2) 为确保风机机组的正常运转及使用寿命,要求把风机机组隔振后的允许振动速度控制在 10 mm/s 以内。

该风机的设计方案如图 2-16 所示,为了保证风机机组自身振动达到以上指标,风机隔振系统公共底座的质量设计为机组质量的 3 倍左右。

这一隔振结构形式的优点是降低了机组的重心,提高了隔振器的支承面,有利于机组的稳定性,公共底座即隔振台采用混凝土及钢的混合结构,安装及调节都比较方便。

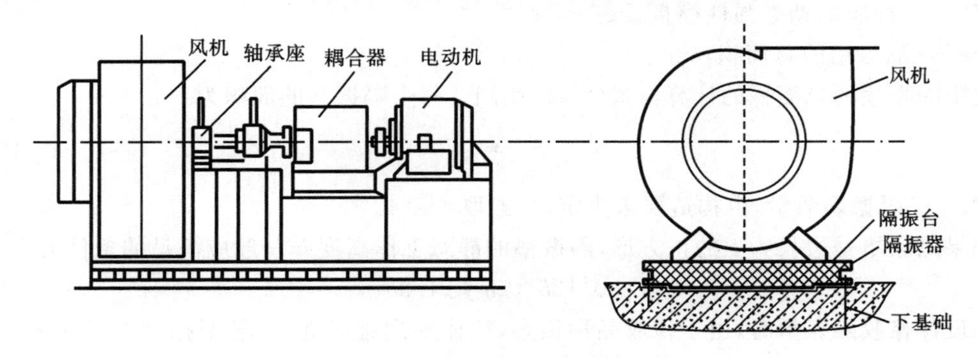

图 2-16　离心风机隔振装置

该厂 3 台 G4-73-11,No.20D 风机采用以上隔振安装后,风机的自身振动较小,人站在风机旁的地面上不感到明显的地面振动。具体测试数据(有效值)如下:

机组垂直方向振动速度为 2.0～5.8 mm/s,振幅为 0.018～0.067 mm;

机组水平方向振动速度为 0.7～4.0 mm/s,振幅为 0.012～0.048 mm;

基础垂直方向振动速度为 0.11～0.32 mm/s,振幅为 0.004 0～0.005 8 mm。

满足设计要求。

【实例 2-2】 上钢三厂 1 t 蒸汽锤隔振。

蒸汽锤型号:1 t 蒸汽锤(自由锻)。

使用场合:上钢三厂一机动部锻工车间,蒸汽锤离居民住宅仅 30 m,蒸汽锤运转锤击时对居民生活影响较大。

蒸汽锤动力参数：锤头质量 1 250 kg，活塞直径 80 mm，活塞最大行程 900 mm，使用蒸汽压力 4～6 kPa，最大打击能量约 30 kN·m，锤的机架质量 13 t，砧座质量 15.5 t。

未采取隔振措施前锤击时，蒸汽锤基础、车间地面、车间办公室及居民住宅处的振动测定值见表 2-20。

表 2-20　蒸汽锤隔振前后各处振动比较

地点	隔振前			隔振后		
	$a/(m/s^2)$	$v/(mm/s)$	S/m^2	$a/(m/s^2)$	$v/(mm/s)$	S/m^2
内基础	92	103	2.0	4	10.0	0.5
外基础(6 m)	8.0	6.0	0.5	0.15	0.65	0.012
车间休息室(24 m)	0.43	4.0	0.032	0.03	—	—
居民住宅处(30 m)	0.25	2.5	0.055	0.03	0.2	0.004 5

隔振形式为基础下支承金属螺旋弹簧隔振器，如图 2-17 所示，整个设计方案如下。

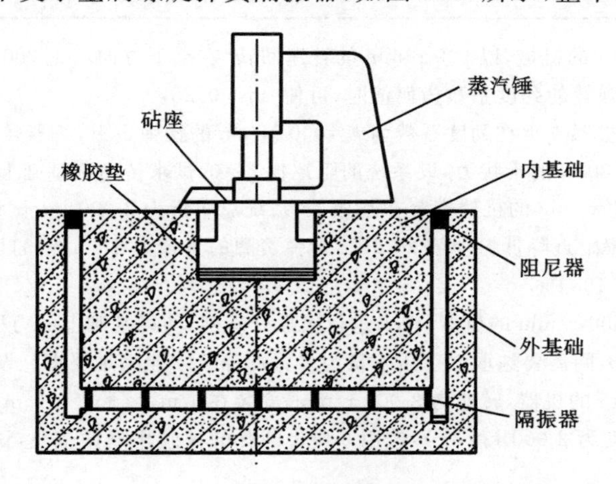

图 2-17　1 t 蒸汽锤隔振示意图

(1) 系统的固有频率为 5 Hz 左右，内基础下支承了 100 支隔振器，金属螺旋弹簧硫化在橡胶之中，阻尼比提高到 0.06 左右，以控制锤击时内基础的自振振动。

(2) 为了控制内基础的振动，内基础的质量设计为 175 t，并设置了 8 组限位阻尼器，可控制内基础的水平位移及弹跳。

(3) 内外基础均采用钢筋混凝土结构，内基础用钢板制成外壳，既可代替浇灌模板，又可以增大内基础的强度与刚度。在砧座下支承了 3 层橡胶运输带，既可增加一些隔振效果，又可保护砧座下的混凝土结构在强冲击力下的强度。

1 t 蒸汽锤采取以上隔振形式后隔振效果显著。经有关部门测定，蒸汽锤运转时居民住宅处已不再感到明显振动，车间内地面振动也较隔振前有很大改善，已经达到城市环境振动标准。

思　考　题

1. 什么是环境振动污染？如何分类？
2. 环境振动的危害主要表现在哪些方面？
3. 无阻尼自由振动与阻尼振动有何区别？
4. 表示振动的主要参数有哪些？它们是如何定义的？

5. 共振现象是怎样产生的？有何危害？如何防治？
6. 振动的控制方法主要有哪些？
7. 什么是隔振？什么是积极隔振？什么是消极隔振？请列举一些相关的实例进行说明。
8. 简述常见的隔振元件,并说明各自的特点以及适用情况。
9. 什么是阻尼减振？简述阻尼减振的原理。
10. 简述常见振动测量仪器的构造和工作原理。
11. 将两台机器先后开动,由某一测点测量其振动,得加速度有效值分别为 4.25 g 和 3.62 g(g 表示重力加速度),求两台机器同时开动时的加速度级。
12. 设某处有 8 台能完全独立启动的机器。逐台分别启动时,由某一测点测得 8 个振动级数值(见表 2-21),求这 8 台机器同时启动时该测点的振动级是多少分贝。

表 2-21　振动级数值

机器	1	2	3	4	5	6	7	8
振动级/dB	82	79	74	72	80	68	75	65

13. 一台质量为 1 000 t 的机械,以 900 r/min 的转速回转,在上下方向产生 200 N 的不平衡力时,若采用 4 个弹簧,当每个弹簧的劲度系数为何值时,可使 $T_f \leqslant 0.25$？
14. 质量为 500 kg 的机器支承在劲度系数为 $k=900$ N/cm 的钢弹簧上,机器转速为 3 000 r/min,因转动不平衡而产生 1 000 N 的干扰力,设系统的阻尼比 $\zeta=0$,试求传递到基础上的力的幅值是多少。
15. 有一台转速为 800 r/min 的机器安装在基板上,系统总质量为 2 000 kg,试设计钢弹簧隔振装置。要求在振动干扰频率附近降低振动级 20 dB。设弹簧圈的直径为 4 cm,钢的切变模量为 8×10^6 Pa,容许扭应力为 4.2×10^4 Pa。
16. 有一台转速为 1 500 r/min 的机器,在未进行隔振处理前,测得基础上的力振级为 80 dB,为使机器的力振级降低 20 dB,问需要选取静态压缩量为多大的弹簧才能满足要求？设阻尼比 $\zeta=0$。
17. 有一台自重 600 kg 的机器,转速为 2 000 r/min,安装在 1 m×2 m×0.1 m 的钢筋混凝土底板上(设钢筋混凝土的密度为 2 000 kg/m^3),选用 6 块带圆孔的橡胶作隔振垫块,试计算橡胶垫块的厚度和面积。
18. 一机组重 1 t,转速为 2 400 r/min,质量均匀分布,要求选用 4 支钢弹簧隔振,使振动传递系数为 0.1。试问弹簧的静态压缩量为多少？每个弹簧的劲度系数为多少？
19. 设一台电动机连同机座总质量为 840 kg,电动机转速为 1 500 r/min。要求隔振的振动传递系数 $T_f=0.2$,试设计橡胶隔振垫。为计算简便,设 $\zeta=0$。
20. 一台重 6 120 N 的电动机,安装在相同的 6 个隔振器上,每个隔振器垂向刚度为 6×10^4 N/m,电动机转速为 800 r/min,试求:(1)不计阻尼时,系统的振动传递系数;(2)阻尼比为 0.004 5 时,系统的振动传递系数;(3)不计阻尼,安装 4 个隔振器时,系统的振动传递系数。

第3章　环境放射性污染控制

3.1　环境放射性污染概述

3.1.1　放射性及其危害

1. 放射性的概念

放射性是一种不稳定的原子核自发地发生衰变的现象，在衰变的过程中同时释放出射线，即原子在裂变的过程中释放出射线的物质属性。具有这种性质的物质称为放射性物质。放射性物质种类很多，铀、钍和镭就是常见的放射性物质。放射性物质衰变时可从原子核中释放出对人体有危害的α射线、β射线、γ射线、X射线等。

α射线是由α粒子组成的，α粒子实际上是带2个正电荷、质量数为4的氦离子。尽管它们从原子核发射出来的速度在$(1.4\sim2.0)\times10^{11}$ cm/s之间变化。但它们在室温时，在空气中的行程不超过10 cm，用一张普通纸就能够挡住。在射程范围内，α粒子具有极强的电离作用。

β射线是由带负电的β粒子组成的，其运动速度是光速的30%～90%。β粒子实际上是电子，通常，在空气中能够飞行上百米。用几毫米的铝片屏蔽就可以挡住β射线。β粒子的穿透能力随着它们的运动速度而变化。由于β粒子质量轻，所以其电离能比α粒子弱得多。

γ射线实际上就是光子，是真正的电磁辐射，速度与光速相同，它与X射线都具有很强的穿透力，对人的危害最大，往往用铁、铅和混凝土屏蔽。X射线是波长介于紫外线和γ射线之间的电磁辐射，是一种波长很短的电磁波。X射线具有很高的穿透性，能透过许多对可见光不透明的物质。这种肉眼看不见的射线。

2. 放射性污染的危害

放射性污染主要是指因人类的生产、生活活动排放的放射性物质所产生的电离辐射超过放射环境标准时，产生放射性污染而危害人体健康的一种现象，主要指对人体健康带来危害的人工放射性污染。第二次世界大战后，随着原子能工业的发展，核武器试验频繁，核能和放射性同位素的应用日益增多，使得放射性物质大量增加，因此放射性污染愈来愈受到人们的重视。可以使很多固体材料发出肉眼可见的荧光，使照相底片感光以及空气电离等效应。

(1) 辐射损伤。

核辐射与物质相互作用的主要效应是使其原子发生电离和激发。细胞主要由水组成，辐射作用于人体细胞将使水分子发生电离，形成一种对染色体有害的物质，产生染色体畸变。这种损伤使细胞的结构和功能发生变化，使人体呈现放射病、眼晶体白内障或晚发性癌等临床症状。

产生辐射损伤的过程极其复杂，大致分为4个阶段，如图3-1所示。

① 物理阶段。该阶段只持续很短时间(约10^{-16} s)，此时能量在细胞内聚集并引起电离，在水中的作用过程为

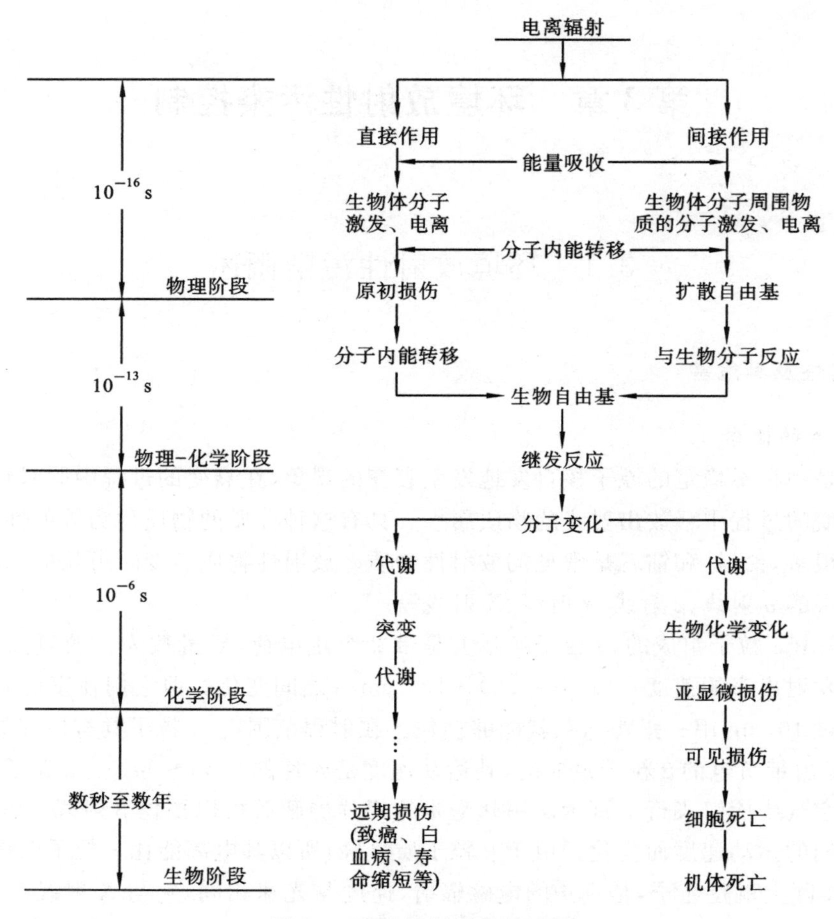

图 3-1 产生辐射损伤的过程

$$H_2O \xrightarrow{辐射} H_2O^+ + e^-$$

② 物理-化学阶段。该阶段大约持续 10^{-13} s,离子和其他水分子作用形成新的产物。正离子分解,或负离子附着在水分子上,然后分解。

$$H_2O^+ \longrightarrow H^+ + OH \cdot$$

$$H_2O + e^- \longrightarrow H_2O^-$$

$$H_2O^- \longrightarrow H \cdot + OH^-$$

这里的 H · 和 OH · 称为自由基,它们有不成对的电子,化学活性很大。OH · 和 OH · 可生成强氧化剂过氧化氢 H_2O_2。H^+、OH^- 不参加以后的反应。

③ 化学阶段。该阶段往往持续 10^{-6} s,这期间,反应产物和细胞的重要有机分子相互作用。自由基和强氧化剂破坏构成染色体的复杂分子。

④ 生物阶段。该阶段时间从数秒至数年,可能导致细胞的早期死亡,阻止细胞分裂或延迟细胞分裂,细胞永久变态,一直可持续到子代细胞。

(2) 躯体效应和遗传效应。

辐射对人体的效应是由于单位细胞受到损伤所致。辐射的躯体效应是由于人类普通细胞受到损伤引起的,并且只影响到受照人本身。遗传效应是由于性腺中的细胞受到损伤引起的,这种损伤能影响到受照人的子孙。

① 躯体效应。

放射线对生物的危害是十分严重的。放射性损伤有急性损伤和慢性损伤。如果人在短时间内受到大剂量的X射线、γ射线和中子的全身照射，就会产生急性损伤。在人体的器官或组织内，由于辐射致细胞死亡或阻碍细胞分裂等原因，使细胞严重减少，就会发生这种效应。骨髓、胃肠道和神经系统辐射损伤程度取决于所接受剂量的大小，引起的躯体症状称为急性放射病。急剧接受1 Gy以上的剂量会引起恶心和呕吐，2 Gy的全身照射可致急性胃肠型放射病，当剂量大于3 Gy时，被照射个体的死亡率是很大的。3～10 Gy的计量范围称为感染死亡区，轻者有脱毛、感染等症状。当剂量更大时，出现腹泻、呕吐等肠胃损伤。在极高的剂量照射下，发生中枢神经损伤直至死亡。中枢神经损伤症状主要有无力、怠倦、无欲、虚脱、昏睡等，严重时全身肌肉震颤而引起癫痫样痉挛。细胞分裂旺盛的小肠对电离辐射的敏感性很高，如果受到照射，上皮细胞分裂受到抑制，很快会引起淋巴组织破坏。放射能引起淋巴细胞染色体的变化。

急性照射的另一种效应是皮肤产生红斑或溃疡。因为皮肤最容易受到β射线和γ射线的照射，接受较大的剂量。例如，单次接受3 Gy射线或低能γ射线的照射，皮肤将产生红斑，剂量更大时将出现水泡、皮肤溃疡等病变。急性放射性病主要临床症状及经过如表3-1所示。

表3-1 急性放射性病主要临床症状及经过

受辐射照射后经过的时间	症状		
	700 R以上	300～550 R	100～250 R
第一周	最初数小时恶心、呕吐、腹泻	最初数小时恶心、呕吐、腹泻	第一天发生恶心、呕吐、腹泻
第二周	潜伏期（无明显症状）	潜伏期（无明显症状）	潜伏期（无明显症状）
第三周	腹泻、内脏出血、絮凝、口腔或咽喉炎、发热、急性衰弱、死亡（不经治疗时死亡率为100%）	脱毛、食欲减退、全身不适、内脏出血、紫斑、皮下出血、鼻血、苍白、口腔或咽喉炎、腹泻、衰弱、消瘦，更严重者死亡（不经治疗时450 R的死亡率为50%）	脱毛、食欲减退、不安、喉炎、内出血、紫斑、皮下出血、苍白、腹泻、轻度衰弱，如无并发症，三个月后恢复
第四周			

表3-2 不同辐射量照射的后果及不同场合所受的辐射量

辐射量/Sv	后果
4.5～8.0	30天内将进入垂死状态
2.0～4.5	掉头发，血液发生严重病变，一些人在2～6周内死亡
0.6～1.0	出现各种辐射疾病
0.1	患癌症的可能性为1/130
5×10^{-2}	每年工作所遭受的核辐射量
7×10^{-3}	大脑扫描的核辐射量
6×10^{-4}	人体内的辐射量
1×10^{-4}	乘飞机时遭受的核辐射量
8×10^{-5}	建筑材料每年所产生的辐射量
1×10^{-5}	腿部或者手臂进行X射线检查时的辐射量

受照射数年内的效应称为辐射的慢性损伤，当受急性照射恢复后或长期接受超容许水平的低剂量照射时，可能产生慢性损伤（见表3-2）。放射线照射后的慢性损伤会导致人群白血病和各种癌症的发病率增加、寿命缩短。因受放射线照射而诱发的骨骼肿瘤、白血病、肺病、卵

巢癌等恶性肿瘤,在人体内的潜伏期可长达10～20年之久,因此把放射线称为致癌射线。此外,人体受到放射线照射还会出现不育症、遗传症。

由于核设施辐射防护工作的进步和发展,职业照射和广大公众所接受的照射远低于早期效应的阈剂量水平。在事故条件下,才有可能接受到上述高水平的剂量。

② 遗传效应。

放射线与人体相互作用会导致某些特有的生物效应。核辐射可以引起细胞基因突变,而基因对细胞的生长发育及细胞分裂的规则性和方向性起着决定作用,如果基因的结构发生了变化,必将在生物体上产生某种全新的特征,一般基因的突变对人体是有害的。如果突变发生在生殖细胞上,就会在后代产生某种特殊的变化,通常称为核辐射的遗传效应。核辐射还具有潜伏性,主要表现为白血病和癌症。辐射只是增加突变的可能性,即使在受到大剂量的照射下,遗传特征改变的概率也是不大的,这样就给研究辐射的效应带来了很多困难,需要大量的研究对象,并且要观察许多代才能得到一定的规律。研究人类时更困难,因为有些遗传效应在第一代后裔表现出来,有些遗传效应在以后若干代才有所表现,加之照射人群的数量有限,所以现有的许多结论都来自动物实验。动物受照射后的效应可能与人的效应有所相似,但是将动物实验的资料用于人也可能会引起误差。遗传物质的突变可为染色体突变,也可为基因突变。基因突变是由于细胞内DNA分子上某一小段,由于辐射而引起的分子结构的变化,这些突变可使后代发生畸形、遗传性疾病,或不适于生存而死亡。但是从对人类的调查材料来看,即使在日本的长崎、广岛,辐射的遗传效应也不是很严重。

(3) 放射性核素内照射对人体的影响。

过量的放射性物质可以通过空气、饮用水和复杂的食物链等多种途径进入人体(即过量的内照射剂量),沉积于体内某些组织器官和系统,从而引起的放射性损伤称为内照射放射性损伤。放射性核素在这种情况下造成的电离辐射称为内照射。

氡通过呼吸进入人体,衰变时产生的短寿命放射性核素会沉积在支气管、肺和肾组织中,当这些短寿命放射性核素衰变时,释放出的α粒子对内照射损伤最大,可使呼吸系统上皮细胞受到辐射。长期的体内照射可能引起局部组织损伤,甚至诱发肺癌和支气管癌等。据估算,人的一生中,如果在氡浓度为370 Bq/m^3的室内环境中生活,每千人中将有30～120人死于肺癌。氡及其子体在衰变时还会同时放出穿透力极强的γ射线,对人体造成外照射。氡的危害有两个特点:隐蔽性和随机性。作为一种化学物质,氡无色、无味,含量极低,难以察觉;氡的危害主要是核辐射生物效应,它的直接作用(对生命物质的破坏或传输的能量)相对机械力伤害、烫伤、触电而言是很微小的,但由此引发的复杂生物化学过程可以导致严重的伤害。例如,短期接受1 Sv剂量的照射时,在生物体内产生的电离,激发分子的比例只有10^{-8},传输的能量相当于8.4×10^{-4} J/g。这本身是微小而难以觉察的,但它可以导致明显的放射病症状(呕吐、疲倦、血象变化等)。氡的照射一般是慢性的,一年内有0.1 Sv就算是高的,其直接作用不可能觉察,但它仍可能引发肺癌。这种危害是有沉痛的教训的。1922年,埃及多名考古学家发掘古埃及杜唐卡门法老陵墓,其后离奇死亡,自此法老毒咒之说不胫而走,人们都传说古埃及人在金字塔里下了毒咒,使得擅自闯入金字塔的人中毒咒而送命。最近,加拿大及埃及的室内环境专家破解了这个困扰人们近百年的毒咒之谜。他们发现,是金字塔含有大量具有危险程度的氡气,使接触者患肺癌而死亡。

最后需要强调的是,长期从事放射性工作的人员,体内往往为某些微量的放射性核素所污染,但只有积累到了一定剂量时才显出损伤效应。例如,对从事铀作业的职工的健康做了多年的大量调查，发现肝炎发生率和白细胞数及分类的异常与铀作业工龄长短、空气中铀尘浓度的高低之间无明显差异，对某单位的铀作业职工的白细胞值统计了 8 年，没有发现有逐渐升高或下降的趋势。所以一般环境中存在的极微量的放射性核素进入人体是不会因照射而引起机体损伤的，只有放射性核素因事故进入人体才可能对机体造成危害。

3.1.2　放射性污染源

放射性污染源可分为天然辐射源和人工辐射源。

1. 天然辐射源

地球本身就是一个辐射体，地球形成时就包含了许多天然的放射性物质，因此地球上任何形式的生物都不可避免地受到天然辐射源的照射，也就是说，地球上每一个角落、每一种介质都无不包含着天然放射性物质，所以放射性是一种极普遍的现象，人类正是在天然放射性环境中进化、生存和发展的。天然本底的辐射主要来源有宇宙射线、地球表面的放射性物质、空气中存在的放射性物质、地面水系含有的放射性物质和人体内的放射性物质。研究天然本底辐射水平具有重要的实用价值和科学意义。其一，核工业及辐射应用的发展均有改变本底辐射水平的可能。因此有必要以天然本底辐射水平作为基线，区别天然本底与人工放射性污染，及时反映污染并采取相应的环境保护措施。其二，对制定辐射防护标准有较大的参考价值。其三，人类所接受的辐射剂量的 80%来自天然本底照射，研究本底辐射与人体健康之间的关系，揭示辐射对人危害的实质性问题有重大的意义。

(1) 宇宙射线。

宇宙射线是从宇宙空间向地面辐射的射线，是一种来自宇宙空间的高能粒子流。习惯上又把宇宙射线分为初级宇宙射线和次级宇宙射线两种。其中，在地球大气层以外的宇宙射线称为初级宇宙射线。初级宇宙射线进入大气层后和空气中的原子核发生碰撞，即产生次级宇宙射线。

宇宙射线是人类始终长期受到照射的一种天然辐射源。不同时间，不同纬度，不同高度，宇宙射线的强度也不相同。由于地球磁场的屏蔽作用和大气的吸收作用，到达地面的宇宙射线的强度是很弱的，对人体并无危害。宇宙射线被大气强烈吸收，其强度随着高度的增加而增加，在海拔数千米内，高度每升高 1 500 m，总剂量率增加 1 倍。宇宙射线强度也受地磁纬度的影响，低纬度地区剂量率低，高纬度地区剂量率高。由于高空超音速飞机和宇航技术的发展，研究宇宙射线的性质和作用才日益被重视。

初级宇宙射线是从宇宙空间辐射到地球上空的原始宇宙射线。它是一种带正电荷的高能粒子流，其中绝大部分是质子(占 83%～89%)，还有 α 粒子(占 10%～15%)和重核(原子序数 $Z \geqslant 3$ 的核)及高能电子(占 1%～2%)等。这些粒子能量小的约为 10 eV，个别的可达 10^{20} eV。由于初级宇宙射线在大气层的上部与空气中的原子核碰撞而产生次级宇宙射线，所以在 15 km 以下的高空，初级宇宙射线已经大部分成为次级宇宙射线。

次级宇宙射线形成很复杂，是由介子(占 70%)、电子、光子、质子、中子等组成。由初级宇宙射线与空气中原子核相作用而产生的初级粒子能量很高，足以引起新的核作用，产生新的次级粒子，新的次级粒子又可引起第三次核作用。因此，形成级联核作用。在低海拔处的宇宙射线中，μ 介子占 20%左右，μ 介子的衰变也产生高能电子。

宇宙射线与大气层中的原子核作用还产生一些放射性同位素，将这类同位素也归到天然放射性核素中。产生的放射性同位素主要有 ^{14}C、^{7}Be、^{32}P、^{35}S、^{10}Be。如天然存在的 ^{14}C 是宇宙

射线中的中子慢化后被空气中的^{14}N俘获而产生的:

$$^{14}N+^{1}n \longrightarrow ^{14}C+^{1}H(n,p)$$

(2) 地球表面的放射性物质。

地层中的岩石和土壤中均含有少量的放射性核素,其中土壤主要由岩石的侵蚀和风化作用而产生,因此土壤中的放射性物质是从岩石中转移而来的。由于自然条件的不同,因此土壤中天然放射性物质的浓度变化范围很大。农肥的施用会显著影响土壤中的放射性物质浓度,如锂肥中含有一定量的^{40}K,磷酸中含镭和铀的浓度较高。

地球表面的放射性物质来自地球表面的各种介质(土壤、岩石、大气及水)中的放射性核素,它可分为中等质量和重天然放射性核素两种。中等质量的天然放射性核素即原子系数小于83的核素,数量不多,如^{40}K。重天然放射性核素即原子系数大于83的核素,如铀系、镭系、钍系,是地球形成时就已存在的核素和它们的衰变产物。

(3) 空气中存在的放射性物质。

空气中的天然放射性物质主要是由地壳中铀系和钍系的子代产物氡和钍射气的扩散,其他天然放射性核素的含量甚微。这些放射性气体的子体很容易附着于空气溶胶颗粒上,而形成放射性溶胶。

室内空气中放射性物质的浓度比室外高,这主要和建筑材料及室内通风情况有关。

(4) 地表水系含有的放射性物质。

地面水系含有的放射性物质往往由水流类型决定。海水中含有大量的^{40}K,天然泉水中则有相当数量的铀、钍和镭。水中天然放射性物质的浓度与水所接触的岩石、土壤中该元素的含量有关。据报道,各种内陆河中天然铀的浓度范围为0.3～10 μg/L,平均为0.5 μg/L。^{226}Ra的浓度变化较大,一般为0.1～10 pCi/L。有些高本底地区水中的^{226}Ra含量可达到正常地区的几倍到十几倍。地球上任何一个地方的水或多或少都含有一定量的放射性物质,并通过饮用对人体构成内照射。

(5) 人体内的放射性物质。

由于大气、土壤和水中都含有一定量的放射性核素,人们通过呼吸、饮水和食物不断地把放射性核素摄入体内,进入人体的微量放射性核素分布在全身各个器官和组织,对人体产生内照射剂量。

以放射性核素对人体能够产生较显著剂量的有^{14}C、^{7}Be、^{22}Na和^{3}H。以^{14}C为例,体内^{14}C的平均浓度为227 Bq/kg碳。^{3}H在体内的平均浓度与地球地表水的浓度相近,地表水中^{3}H的平均浓度为400 Bq/m^3水。由于K是构成人体的重要生理元素,^{40}K是对人体产生较大内照射剂量的天然放射性核素之一,因为脂肪中并不含钾,钾在人体内的平均浓度与人胖瘦有关。

天然铀、钍和其子体也是人体内照射剂量的重要来源。在肌肉中天然铀、钍的平均浓度分别为0.19 μg/kg和0.9 μg/kg,在骨骼中的平均浓度为7 μg/kg和3.1 μg/kg。

镭进入人体的主要途径是食物,70%～90%的镭沉积在骨中,其余部分均分配在软组织中。根据26个国家人体骨骼中^{226}Ra含量的测量结果,按人口加权平均,每千克钙中含^{226}Ra的中值为0.85 Bq。

氡及其短寿命子体对人体产生内照射剂量的主要途径是吸入。氡气对人的内照射剂量贡献很小,主要是吸入短寿命子体并沉积在呼吸道内,由它发射的α粒子对气管支气管上皮基底细胞产生很大的照射剂量。^{210}Po和^{210}Pb通过食道进入人体内,在正常地区,^{210}Po和^{210}Pb的日摄入量为0.1 Bq。

2. 人工辐射源

对人类影响最大的是人工放射性污染源，主要有核试验的沉降物，核工业的“三废”排放以及其他核技术的应用。

(1) 核试验的沉降物。

核试验是全球放射性污染的主要来源。在大气层中进行核试验时，带有放射性的颗粒沉降物最后沉降到地面，造成对大气、海洋、地面、动植物和人体的污染，而且这种污染由于大气的扩散将污染全球环境。这些进入平流层的碎片几乎全部沉积在地球表面，其中未衰变完全的放射性物质，大部分尚存在于土壤、农作物和动物组织中。

1963 年后，美国、苏联等国家将核试验转入地下，由于发生“冒顶”和其他泄漏事故，仍然对人类环境造成污染。

核电站的放射性逸出事故，也会给环境带来散落物而造成污染。由于不充分的实验和设计，美国三里岛核电站于 1979 年发生严重的技术事故，逸出的散落物相当于一次大规模的核试验。大气层核试验产生的放射性尘埃是迄今土壤环境的主要放射性污染源。核试验爆炸和核泄漏事故可大面积污染土壤，使具有长期残存的放射性核素^{137}Cs、^{90}Sr 在土壤中存在。1970 年以前，全世界大气层由于核试验进入大气平流层的^{90}Sr 达到 5.76×10^{17} Gy，其中 97%已沉降到地面，这相当于核工业后处理厂排放^{90}Sr 的 10^4 倍以上。核工业与核试验过程中排放的废水、废气和废渣，也是造成土壤环境放射性污染的一个原因。在美国，地下掩埋的放射性废物(3×10^6 m^3)污染了约 7×10^7 m^3 的地表土壤、3×10^9 m^3 的地下水。

放射性沉降物的性质与核武器装料、爆炸方式、核武器吨位、爆炸地区土壤的成分、离爆炸中心的距离，以及爆后间隔的时间等有关。早期沉降物的性质如下。

① 粒子形状及结构。沉降物粒子的形状和结构与爆炸区土壤及爆炸方式有关。陆地爆炸粒子多为黑褐色，部分小粒子为黄褐色，表面圆滑，多呈球形或椭圆形。粒子内部有的呈蜂窝状或空心球状，多为均匀的玻璃体结构，易被压碎。

② 密度。放射性沉降物的密度接近于爆炸区土壤的密度(2.6 g/cm^3)，一般在 2.0～3.0 g/cm^3范围之内。

③ 粒子大小和分散度。放射性沉降物的粒子大小及其分散度与爆炸方式、当量、距离爆炸中心远近等条件有关。爆炸产生的沉降物粒子最大可达到 2 000 μm，空爆时最大则只有几十微米。沉降物中 1 μm 至几微米的粒子占大多数。离爆炸中心较远的地区，其沉降粒子多在几微米至几十微米之间。

④ 溶解度。沉降物的溶解度与粒子的大小和溶剂的酸碱度有关。溶剂的酸度愈高，粒子愈小，愈容易溶解。

⑤ 化学成分。放射性沉降物的放射性成分主要是核裂变产物。早期沉降物中主要的放射性核素有^{239}Np(感生放射性)、放射性稀土元素、^{140}Ba、^{99}Mo、^{131}I、^{132}I、^{133}I、^{135}I、^{195}Ir、^{197}Ir、^{90}Sr 等。氢弹爆炸还有一定数量的^{237}U 和^{14}C 等。

地爆沉降物中的化学成分主要取决于爆炸区土壤的成分。

⑥ β 能量和衰变。在核武器的装料(^{235}U、^{238}U、^{239}Pu)发生裂变后，生成几十种元素的 200 多种放射性核素。因此，放射性强度随时间的推移而很快减弱。放射性沉降物中 β 粒子的能量随核爆炸后不同时间而异。

(2) 核工业的“三废”排放。

原子能工业在核燃料的生产、使用与回收的核燃料循环过程中均会产生“三废”，对周围环境带来污染,对环境造成的影响如下。

① 核燃料的生产过程包括铀矿开采、铀水法冶炼工厂、核燃料精制与加工过程产生的放射性废物。

从铀矿开采、冶炼直到燃料元件制出,所涉及的主要天然放射性核素是铀、镭、氡等。铀矿山的主要放射性影响源于^{222}Rn及其子体。即使在矿山退役后,这种影响还会持续一段时间。

铀矿石在水法冶炼厂进行提取的过程中产生的污染源主要是气态的含铀粉尘、氡以及液态的含铀废水和废渣。水法冶炼厂的尾矿渣量很大,尾矿渣及浆液占地面积和对环境造成的污染是一个很严重的问题。目前,尚缺乏妥善的处置办法。

② 核反应堆运行过程包括生产性反应堆、核电站与其他核动力装置的运行过程产生的放射性废物。

核燃料在反应堆中燃烧,反应堆属封闭系统。对人体的辐照主要来自气载核素,如碘、氪、氙等惰性物。实测资料表明,由放射性惰性气体造成的剂量当量为 0.05～0.10 mSv;压水堆排出的废水中含有一定量的氚及中子活化产物,如^{60}Co、^{51}Cr、^{54}Mn等。另外,还可能含有由于燃料元件外壳破损逸出,或因外壳表面被少量铀沾染通过核反应而产生的裂变产物。

③ 核燃料处理过程包括废燃料元件的切割、脱壳、酸溶与燃料的分离与净化过程产生的放射性废物。

经反应堆辐照一定时间后的乏燃料仍具极高的放射性活度。通常乏燃料被储存在冷却池中以待其大部分核素衰变。但当其被送往后处理厂时,仍含有大量半衰期长的裂变产物,如锶、铯和锕系核素,其活度在10^{17} Bq 级。因此,在乏燃料的存放、运输、处理、转化及回收处置等过程中均需特别重视其防护工作,以免造成危害。

自核燃料后处理厂排出的氚和氪,在环境中将产生积累,成为潜在的污染源。

核动力舰艇和核潜艇的迅速发展,对海洋的污染又增加了一个新的污染源。核潜艇产生的放射性废物有净化器上的活化产物,如^{50}Fe、^{60}Co、^{51}Cr等。此外,在启动和一次回路以及辅助系统中排出和泄漏的水中都含有一定的放射性物质。

(3) 其他放射性污染。

① 医疗照射引起的放射性污染。

由于辐射在医学上的广泛应用,医用射线源已成为主要的人工辐射污染源。辐射在医学上主要用于对癌症的诊断和治疗方面。在诊断检查过程中,各个患者所受的局部剂量差别较大,大约比天然辐射源的年平均剂量高 50 倍;而在辐射治疗中,个人所受剂量又比诊断时高出数千倍,并且通常是在几周内集中施加于人体的某一部分。

诊断与治疗所用的辐射绝大多数为外照射,而服用带有放射性的药物则造成了内照射。近几十年来,由于人们逐渐认识到医疗照射的潜在危险,已把更多的注意力放在既能满足诊断放射学的要求,又使患者所受的剂量最小,甚至免受辐射的方法上,并取得了一定的研究进展。

从核技术使用以来,最严重的一起放射性污染事件于 1984 年 1 月发生在美国。当地的一座治疗癌症的医院,存放装有 40 多磅(1 磅＝0.453 592 37 kg)放射性^{60}Co的金属桶被人运走,桶盖被撬开,桶被弄碎,当即有 6 000 多颗发亮的小圆粒——具有强放射性的^{60}Co小丸滚落出来,散落在附近场地上,通过人们的各种活动造成大面积的污染。许多接触^{60}Co小丸的人一个月后出现了严重的受害症状,牙龈和鼻子出血,指甲发黑等。有的表面上没有什么症状,但经化验发现白细胞数、精子数等大大减少。此污染事件虽然当时没有造成人员死亡,但接触^{60}Co 放射性污染的人，患癌症的可能性要大得多。

② 一般居民消费用品。

一般居民消费用品包括含有天然或人工放射性核素的产品，如放射性发光表盘、夜光表及彩电等。虽然它们对环境造成的污染很小，但也有研究的必要。

3.1.3　放射性污染在自然环境中的动态

核工业和核试验所产生的放射性物质通过各种途径释放到自然环境中。因此，环境中放射性物质的种类和数量取决于核爆炸和核设施的规模和性质。放射性物质在大气和水体中的迁移以扩散为主，由大气圈和水圈进入土壤以后将参加更复杂的迁移和变化过程。

进入环境中的放射性物质不能用化学、物理和生物方法使之减少或消除，只能使它们从一种环境介质转移到另一种环境介质中。所以，放射性物质从环境中的消除只能随着时间的推移自行衰变而消失。

1. 放射性污染在大气中的动态

核试验和核设施的生产过程中向大气释放了大量的放射性气体及放射性气溶胶，造成了地球大气圈的局部或全球性污染。根据联合国原子辐射效应委员会 1982 年提交联合国大会的报告指出，从 1945 年到 1980 年底全世界共进行了 800 多次核试验，对全球所有居民造成的总的集体有效剂量当量约 3×10^{7} Sv/人，其中外照射为 2.5×10^{6} Sv/人，内照射为 2.7×10^{7} Sv/人。

放射性核素在大气中的动态与相应的稳定同位素相同，只是前者具有衰变特性，随着时间的推移，从环境中逐渐消失。一些放射性核素半衰期虽短，但它的子体寿命很长，其危险性不可低估。如^{90}Kr 的半衰期只有 33 s，但它的第二代子体^{90}Kr 却具有较大的危害。

放射性污染在大气中的稀释与扩散和许多气象因素有关，如风向、风速、温度和温度梯度等。特别是温度梯度对局部地区的大气污染有直接的关系。

放射性气体或气溶胶除了随空气流动扩散稀释外，放射性气溶胶的沉降也能使其浓度降低。例如，一些大颗粒的气溶胶粒子能在较短的时间内沉降到地球表面。

大气对氩、氙等惰性气体几乎没有净化作用，它们主要靠自行衰变而减少。^{14}C 和^{3}H 可以通过生物循环进入人体，参与生物的基础代谢过程。

2. 放射性污染在水中的动态

放射性物质可以通过各种途径污染江、河、湖、海等地面水。其主要来源有核设施排放的放射性废水、大气中的放射性粒子的沉降、地面上的放射性物质被冲洗到地面水源等。而地下水的污染主要是由被污染的地面水向地下的渗透造成的。

放射性物质在水中以两种形式存在：溶解状态（离子形式）和悬浮状态。两者在水中的动态有各自的规律。水中的放射性污染物，一部分吸附在悬浮物中而下沉至水底，形成被污染的淤泥，另一部分则在水中逐渐地扩散。

排入河流中的污染液与整个水体混合需要一定的时间，而且取决于完全混合前所经流程的具体条件。研究表明，进入地面水的放射性物质，大部分沉降在距排放口几公里的范围内，并保持在沉渣中，当水系中有湖泊或水库时，这种现象更为明显。

沉积在水底的放射性物质，在洪水期间被波浪急流搅动有再悬浮和溶解的可能，或当水介质酸碱度变化时它们再被溶解，形成对水源的再污染。

当放射性污水排入海洋时，同时向水平和垂直两个方向扩散，一般水平方向扩散较快，排出物随海流向广阔的水域扩展并得到稀释。在河流入海时,因咸淡水的混合界面处有悬浮物的凝聚和沉淀,故河口附近的海底沉积物中放射性物质浓度较大。

溶解和悬浮状态的放射性物质,还可以被微生物吸收和吸附,然后作为食物转移到比较高级的生物体。这些生物死亡后,又携带着放射性物质沉积在水底。

放射性物质在地下水的迁移和扩散主要受到下列因素的影响:放射性同位素的半衰期、地下水流动方向和流速、地下水中的放射性核素向含水岩层间的渗透。从放射性卫生学的观点来看,长寿命放射性核素污染地下水是相当危险的。

在地下水流动过程中,水中含有的化学元素(包括放射性元素)与岩层发生化学作用,地下水溶解岩层中的无机盐,而岩层又吸附地下水中的某些元素。被岩层吸附的某些放射性核素仍有解除吸附再污染的可能。

放射性物质不仅在水体内转移扩散,还可以转移到水体以外的环境中去。如用污染水灌溉农田时会造成土壤和农作物的污染。用取水设备汲取居民生活用水或工业用水,也会造成放射性污染的转移和扩散。

3. 放射性污染在土壤中的动态

大气中放射性尘埃的沉降、放射性废水的排放和放射性固体废物的地下埋藏,都会使土壤遭到污染。存在于岩石和土壤中的放射性物质,由于地下水的浸滤作用而受损失,地下水中的天然放射性核素主要来源于此途径。此外,黏附于地表颗粒土壤上的放射性核素,在风力的作用下,可转变成尘埃或气溶胶,进而转入到大气圈,并进一步迁移到植物或动物体内。土壤中的某些可溶性放射性核素被植物根部吸收后,继而输送到可食部分,接着再被食草动物采食,然后转移到食肉动物,最终成为食品和人体中放射性核素的重要来源之一。土壤中放射性水平增高会使外照射剂量提高。因此土壤的污染给人类带来了多方面的危害。

放射性物质在土壤中以三种状态存在。①固定型:比较牢固地吸附在黏土矿物质表面或包藏在晶格内层,既不能被植物根部吸收,又不能在土壤中迁移。②离子代换型:以离子形态被吸附在带有阴性电荷的土壤胶体表面上,在一定条件下,可被其他阳离子取代解吸下来。③溶解型:以游离状态溶解在土壤溶液里,它最活泼也容易被植物吸收,在雨水的冲淋下或农田灌溉水冲刷下渗入土壤下层,或向水平方向扩散。

沉降并保留在土壤中的放射性污染物绝大部分集中在 6 cm 深的表土层内。土壤主要由岩石的侵蚀和风化作用而产生,其中的放射性污染物是从岩石转移而来的。由于岩石的种类很多,受到自然条件的作用程度也不尽一致,因此土壤中天然放射性核素的浓度变化范围是很大的。土壤的地理位置、地质来源、水文条件、气候以及农业历史等都是影响土壤中天然放射性核素含量的重要因素。

放射性核素在不同植被层覆盖的土壤中分布有很大不同。农业耕作措施可以改变放射性物质在土壤中的分布。降雨量的多少和降雨强度的大小影响到放射性核素从土壤中流失和转移。土壤中的生物能够分解有机物,改变土壤的机械结构功能,对其中放射性物质的动态有一定的影响。

关于土壤中放射性物质水平迁移目前研究得较少。据报道,有适当离子交换能力和地下水渗入的土壤里,^{90}Sr 以每天 1.1～1.3 cm 的速度向水平方向移动,估计一年中水平迁移的距离不超过 5 m。

3.1.4　我国核辐射环境现状

各地陆地的γ辐射空气吸收剂量率仍为当地天然辐射本底水平，环境介质中的放射性核素含量保持在天然本底涨落范围。我国整体环境未受到放射性污染，辐射环境质量仍保持在原有水平。

2013年，辽宁红沿河核电站和福建宁德核电站投入运行。秦山核电基地各核电站、大亚湾/岭澳核电站、田湾核电站、红沿河核电站和宁德核电站外围各辐射环境自动监测站实时连续γ辐射空气吸收剂量率(未扣除宇宙射线响应值)年均值均在当地天然本底水平涨落范围内。核电站外围气溶胶、沉降物、地表水、地下水和土壤等各种环境介质中除氚外其他放射性核素活度与历年相比均无明显变化。秦山核电基地周围环境空气、降水、地表水、井水及部分生物样品中氚活度，大亚湾/岭澳核电站和田湾核电站排放口附近海域海水中氚活度与核电站运行前本底值相比均有所升高，但对公众造成的辐射剂量均远低于国家规定的剂量限值。

3.2　放射性污染的基本量

3.2.1　描述放射性辐射的基本量

对放射性核素具体测量的内容有放射源强度、半衰期、照射量等。

1. 放射源强度

放射源强度 A 又称为放射源活度，是指单位时间内发生核衰变的数目。

$$A = -\frac{\mathrm{d}N}{\mathrm{d}t} = \lambda N \tag{3-1}$$

其单位为贝可(Bq)，1 Bq 表示每秒钟发生一次核转变。

新旧常用放射性单位见表3-3。

表3-3　新旧常用放射性单位对照表

量的单位及符号	SI单位名称及符号	表示式	曾用单位	换算关系
活度 A	Bq(贝可)	s^{-1}	Ci(居里)	$1\ Ci = 3.7\times10^{10}\ Bq$
照射量 X	—	C/kg	R(伦琴)	$1\ R = 2.58\times10^{-4}\ C/kg$
吸收剂量 D	Gy(戈瑞)	J/kg	rad(拉德)	1 rad=0.01 Gy
剂量当量 H	Sv(希沃特)	J/kg	rem(雷姆)	1 rem=0.01 Sv

2. 半衰期

半衰期是指当放射性的核素因衰变而减少到原来的一半时所需的时间。

$$T_{1/2} = 0.693/\lambda \tag{3-2}$$

3. 照射量

照射量是对射线在空气中电离量的一种量度，是X、γ辐射场的定量描述，而不是剂量的量度。

$$X = \frac{\mathrm{d}Q}{\mathrm{d}m} \tag{3-3}$$

式中：X——照射量，C/kg；

$\mathrm{d}Q$——射线在空气中完全被阻止时所引起质量为 $\mathrm{d}m$ 的某一体积元的空气电离所产生

的带电粒子（正的或负的）的总电量值；

dm——受照空气的质量，kg。

1 R 是指 γ 射线或 X 射线照射 1 cm^3 标准状况下（0 ℃和 101.325 kPa）的空气，能引起空气电离而产生 1 静电单位正电荷和 1 静电单位负电荷的带电粒子。这一单位仅适用于 γ 射线或 X 射线透过空气介质的情况，不能用于其他类型的辐射和介质。

4. 吸收剂量

吸收剂量 D 是表示在电离辐射与物质发生相互作用时单位质量的物质吸收电离辐射能量大小的物理量。

$$D = \frac{d\varepsilon}{dm} \tag{3-4}$$

式中：D——吸收剂量，Gy；

$d\varepsilon$——电离辐射授予质量为 dm 的物质的平均能量。

吸收剂量有时用吸收剂量率 P 来表示。它定义为单位时间内的吸收剂量，即

$$P = dD/dt \tag{3-5}$$

吸收剂量率的单位为 Gy/s 或 rad/s。

5. 剂量当量

组织内某一点的剂量当量 H 是该点的吸收剂量 D 乘以品质系数 Q 和其他修正系数 N，具体表示为

$$H = DQN \tag{3-6}$$

式中：H——剂量当量，Sv；

Q——品质系数；

D——在该点所接受的吸收剂量；

N——国际辐射防护委员会（ICRP）规定的其他修正系数，目前规定 $N=1$。

品质系数可用来计量剂量的微观分布对危害的影响，其值取决于导致电离粒子的初始动能、种类及照射类型等。国际辐射防护委员会为内照射和外照射规定了都可使用的 Q 值，如表 3-4 所示。

表 3-4　各种辐射相对应的 Q 值

辐射类型	Q
X 射线、γ 射线和电子	1
能量未知的中子、质子和静止质量小于 1 个原子质量单位的单电荷粒子	10
能量未知的 α 粒子和多电荷粒子，包括电荷数未知的重粒子	20

6. 有效剂量当量

有效剂量当量 H_e 是指用相对危险度系数加权的平均器官剂量当量之和，表示为

$$H_e = \sum W_T H_T \tag{3-7}$$

式中：H_e——有效剂量当量，Sv；

H_T——器官或组织所接受的剂量当量；

W_T——该器官的相对危险度系数。

中华人民共和国《辐射防护规定》（GB 8703—1988）给出的 W_T 值如表 3-5 所示。

7. 待积剂量当量

待积剂量当量 $H_{50,T}$ 是指单次摄入某种放射性核素后，在 50 年期间该组织或器官所接受

的总剂量当量。

待积剂量当量是内照射剂量学非常重要的基本量。放射性核素进入体内以后，蓄积此核素的器官称源器官(S)，从它内部发射的射线粒子使周围的靶器官(T)受到照射，接受的剂量用待积剂量当量表示。$H_{50,\mathrm{T}}$的计算由下式表示：

$$H_{50,\mathrm{T}} = U_{\mathrm{S}} \cdot \mathrm{SEE}(\mathrm{T} \leftarrow \mathrm{S}) \tag{3-8}$$

式中：U_{S}——源器官 S 摄入放射性核素后 50 年内发生的总衰变数；

SEE(T←S)——源器官中的放射性粒子传输给单位质量靶器官的有效能量，T←S 表示由源器官 S 传输给靶器官 T。

表 3-5　相对危险度系数 W_{T}

器官或组织名称	W_{T}	器官或组织名称	W_{T}
性腺	0.25	甲状腺	0.03
乳腺	0.15	副表面	0.03
红骨髓	0.12	其余组织*	0.06
肺	0.12		

*其余组织为表中尚未指明的受到剂量当量最大的器官或组织，每一个的 W_{T} 为 0.06。当胃肠道受到照射时，胃、小肠、上段大肠和下段大肠为 4 个独立的器官，手、前臂、足和眼晶体不包括在“其余组织”之内。

8. 年摄入量限值

年摄入量限值(ALI)表示在一年时间内，来自单次或多次摄入的某一放射性核素的累积摄入量，参考人的待积剂量当量达到职业性照射的年剂量当量限值(50 mSv)。

9. 导出空气浓度

导出空气浓度(DAC)为年摄入量限值(ALI)除以参考人在一年工作时间中吸入的空气体积所得的商，即

$$\mathrm{DAC} = \frac{\mathrm{ALI}}{2.4 \times 10^{3}} \tag{3-9}$$

式中：2.4×10^{3}——参考人在一年工作时间内吸入的空气体积，m^{3}。

3.2.2　辐射效应的有关概念

1. 随机效应和非随机效应

辐射对人的有害效应分为随机效应和非随机效应。

(1) 随机效应。

随机效应是指辐射引起有害效应的概率(不是指效应的严重程度)与所受剂量大小成比例的效应。这种效应没有阈值，所以剂量和效应呈线性无阈的关系。躯体的随机效应主要是辐射诱发的各种恶性肿瘤(癌症)，辐射所致遗传效应也是随机效应。

(2) 非随机效应。

非随机效应是指效应严重程度与所受剂量大小成比例的效应，存在着阈值剂量。某些非随机效应是特殊的器官或组织所独有的，例如眼晶体的白内障、皮肤的良性损伤以及性细胞的损伤引起生育能力的损害等。

2. 危险度和危害

(1) 危险度。

危险度是指某个组织或器官接受单位剂量照射后引起第 i 种有害效应的概率。ICRP 规

定,全身均匀受照时的危险度为 10^{-2} Sv^{-1},表 3-6 给出了几种辐射敏感度较高的器官或组织诱发致死性癌症的危险度。

表 3-6　几种对辐射敏感器官或组织的危险度

器官或组织	危险度/(Sv^{-1})	器官或组织	危险度/(Sv^{-1})
性腺	0.004 0	甲状腺	0.000 5
乳腺	0.002 5	骨	0.000 5
红骨髓	0.002 0	其余五个组织的总和	0.005 0
肺	0.002 0	总计	0.016 5

(2) 危害。

危害是指有害效应的发生频数与效应的严重程度的乘积:

$$G = \sum h_i r_i g_i \tag{3-10}$$

式中:G——危害;

h_i——第 i 组人群接受的平均剂量当量;

$h_i r_i$——第 i 组发生有害效应的频数;

g_i——严重程度,对可治愈的癌症,$g_i=0$,对致死癌症,$g_i=1$。

3.2.3　剂量限制体系

为了防止发生非随机效应,并将随机效应的发生率降低到可以接受的水平,ICRP 提出了下述剂量限值体系(辐射防护三原则)对正常照射加以限值。

(1) 辐射实践正当性。

在施行伴有辐射照射的任何实践之前,必须经过正当性判断,确认这种实践具有正当的理由,获得的利益大于代价(包括健康损害和非健康损害的代价)。

(2) 辐射防护最优化。

应该避免一切不必要的辐射,在考虑到经济和社会因素的条件下,所有辐射都应保持在可合理达到的水平。

(3) 个人剂量的限值。

用剂量限值对个人所受的照射加以限制。

3.3　辐射对人体的总剂量及环境放射性标准

3.3.1　辐射对人体的总剂量

1. 天然辐射源的正常照射

由于全世界居民都受到天然辐射源的照射,集体剂量贡献最大,因此,了解所受照射剂量、天然辐射剂量的变化情况具有很大的实际意义。

在地球上的任何一点,来自宇宙射线的剂量率是相对稳定的。但它随纬度和海拔高度而变化。在海平面中纬度地区通常每年受到 28 mrem(1 rem=10 mSv)的照射。在海拔数千米以内,高度每增加 1.5 km,剂量率增加约 1 倍。

外环境中的放射性物质,可以通过呼吸道、消化道和皮肤三个途径进入人体,人体遭受过量的放射性照射时，会损害健康。环境中的放射性污染会对人体产生外照射剂量，同时经过转移而沉积在人的体内产生内照射剂量，从而使广大公众接受额外附加照射，对自然环境造成危害。放射性物质进入人体造成放射性污染典型的污染通路如图 3-2 所示。

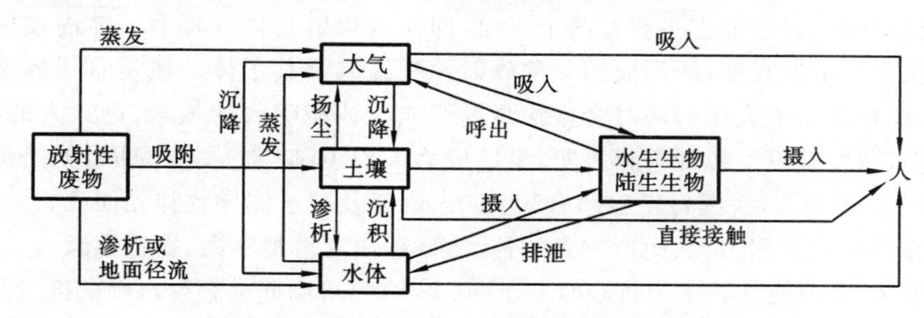

图 3-2　放射性物质进入人体的典型的污染通路

天然辐射对人体的总剂量包括外照射剂量与内照射剂量。表 3-7 列出了正常地区天然辐射产生的年有效剂量当量。显然，内照射约比外照射高 1 倍，这是对成年人进行的估计。对于儿童，因吸入氡的有效剂量当量要高于成人，10 岁以下的儿童组年有效剂量当量约为每年 3 mSv。

近年来，对天然放射性又有进一步的认识，对地面和建筑材料的 γ 辐射、吸入 ^{222}Rn 及其子体产物在肺内的剂量都有新的探讨。如肺组织剂量比其他组织所受的剂量要高出 20%～45%，并且 α 辐射占重要部分，其他器官主要为 β 辐射和 γ 辐射。

表 3-7　正常本底地区天然辐射产生的总剂量

辐射源		年有效剂量当量/μSv		
		外照射	内照射	总计
宇宙辐射	电子成分	280	0	280
	中子成分	21	0	21
宇生放射性核素		0	15	15
陆生放射性核素		0	0	0
^{40}K		120	180	300
^{87}Rb		0	6	6
^{238}U 系		90	954	1 044
^{232}Th 系		140	186	326
总计		651	1 341	1 992

2. 由于技术发展使天然辐射源增加的照射

现代科学技术的迅速发展，使居民所受的天然辐射源的照射剂量增加。照射剂量的增加主要来源于以下方面。

(1) 与建筑有关。

人们的生活消费品如玻璃、陶瓷、建筑材料等不同程度地存在放射性物质。建筑陶瓷主要是由黏土、沙石、矿渣或工业废渣和一些天然助料等材料成型涂釉经烧结而成。建筑陶瓷表面的釉料中，含有放射性较高的锆铟砂，虽然建筑陶瓷的烧结温度大多在 1 100～1 300 ℃，但是并不能消除这些物质的放射性，其放射性高低取决于材料和釉料的放射性，各地各品种瓷砖的放射性有差异。

近年来，天然石材放射性超标的现象经国家有关部门监督检查后，建筑陶瓷的放射性日益引起了人们的重视。天津市对上百名用户送检石材、瓷砖和 63 个家庭内装饰面的检测结果显示,按照国家目前的建筑材料放射性标准,瓷砖符合标准的约占总数的90%。某建筑陶瓷生产大省的分析测试中心2000年7月在对近百个建材产品放射物检测中发现,抛光砖、釉面砖等建材陶瓷新产品中的放射性超标,不合格率超过1/3。因此必须引起足够的重视。

建筑材料中的放射性危害主要有两个方面,即体内辐射与体外辐射。体内辐射主要来自放射性辐射在空气中的衰变,而形成的一种放射性物质氡及其子体。氡是自然界唯一的天然放射性气体,氡在作用于人体的同时会很快衰退变成人体能吸收的核素,进入人的呼吸系统,造成辐射损伤,诱发肺癌。统计资料表明,氡已成为人们患肺癌的主要原因,美国每年因此死亡的达5 000～20 000人,我国每年也约有50 000人因氡及其子体导致肺癌而死亡。另外,氡还对人体脂肪有很高的亲和力,从而影响人的神经系统,使人精神不振、昏昏欲睡。

在寒冷地区,室内换气频率为每小时0.1～0.2次时,可引起α辐射对肺的剂量达到每年几拉德。在日常用水时其中的氡可能释放出来,不仅饮用后造成内照射,而且水中氡气还可以释放出来,释放量与水在使用前的处理过程有关。水中氡浓度一般约为37 Bq/kg,由生活用水产生的室内附加氡浓度平均约为3.7 Bq/m^3。若通风不畅通,室内空气中氡的浓度也增高,这样,通过吸入所致肺中的剂量将高于正常饮用水摄入胃内所造成的辐射剂量。降低氡的浓度,最常用的方法便是通风。对于地下室,也应解决通风问题,并在墙壁和地面覆盖致密的材料或防氡涂料,以阻挡氡的扩散。专家分别在北京和广州的地铁里检测,其氡浓度非常低,在17～54 Bq/m^3之间。这就是因为地铁内墙壁铺有放射性低而质地又很密的材料,加上有很强的通风系统。

一般来说,石材分为大理石、花岗岩,大理石放射性比花岗岩小。根据石材的颜色可以简单判断辐射的强弱,红色、绿色、深红色的超标较多,如杜鹃红、印度红、枫叶红、玫瑰红等超标较多。

(2) 与燃料燃烧有关

在煤动力工业中,煤炭含有一定量的铀、钍和镭,通过燃烧可使放射性核素浓缩而散布于环境中。不同来源的煤、煤渣、飘尘(灰)的放射性核素的浓度是不同的。据统计,年生产能力为百万千瓦的电厂,由沉降下来的煤灰造成的集体剂量负荷贡献很小,为0.002～0.02人·rad/(MW·a)。但用煤灰、煤渣和煤矿石做建筑材料,不同程度地增加了房屋的辐射剂量率。

另外,天然气是从地下开发出来的,其中也含有氡。但是天然气经过输送或储存后氡浓度将会降低,一般在$10 \sim 3\times10^4$ Bq/m^3范围内。用天然气取暖和做饭对室内氡浓度的贡献与自来水的差不多,是建筑物中氡的来源之一,也应引起重视。

(3) 磷酸盐肥料的使用

人们在探求农作物增产途径的过程中,广泛地开发天然肥源,其中磷肥的开发量最大。磷矿通常与铀共生,因此随着磷矿的开采、磷肥的生产和使用,一部分铀系的放射性核素就从矿层中转入到环境中来,通过生物链进入人体。每吨市售磷矿石的集体剂量负荷大约是3×10^{-6}人·Gy。全世界每年用10^8 t磷酸盐肥料,每年由于使用磷肥造成的集体剂量负荷是3×10^2人·Gy。

化肥原料中携带放射性核素,化肥的施用将放射性元素扩散到广大农田环境。研究显示,在美国一些州施用磷肥80年的土壤中,^{238}U的浓度提高了1倍。钾肥中含有放射性核素^{40}K,钾是动、植物必需的营养元素,很容易通过食物链在人体内积累。我国20世纪90年代初的钾肥(K_2O)消耗量约1 500 kt/a,估计进入农田的^{40}K放射性总强度达3.7×10^{13} Bq/a。粉煤灰作为土壤改良剂施用,亦会将放射性污染物质带进土壤。杨俊诚等的模拟研究表明,粉煤灰施用量达675 t/hm^2时,土壤中的放射性核素^{236}Ra和^{238}Ra的比活度分别为对照点的3.56倍和2.60倍。

(4) 飞行乘客

每年世界上大约有 10^9 旅客在空中旅行 1 h。在平均日照条件下，由于空中旅行所致的年集体剂量为 3 kGy，高空飞行的超音速飞机驾驶员应注意在大的太阳闪光发生时，减少宇宙射线的危害。

3. 消费品的辐射

含有各种放射性核素的消费品是为满足人们的各种需要而添加的。应用最广泛的具有辐射的消费品有夜光钟表、罗盘、发光标志、烟雾检出器和电视等。在消费品中应用最广泛的放射性核素有 ^{3}H、^{85}Kr、^{147}Pm 和 ^{226}Ra 等。用镭作涂料的夜光手表对性腺的辐射平均为每年几毫拉德。虽然近年来改用 ^{3}H 作发光涂料，使外照射有所减少，但有些 ^{3}H 可以从表中逸出并引起全年 0.5 mrad(1 rad＝10 mGy)的全身内照射剂量。由手表工业中应用的发光涂料可引起全世界人群的集体剂量负荷为每年 10^6 人 · rad。同时，它还将引起某些职业性照射。

近年来，由于技术的改进，彩色电视机发射的 X 射线可以忽略。

根据联合国原子辐射效应科学委员会统计，消费品造成的辐射剂量负荷为每年性腺剂量小于 1 mrad。

4. 核工业造成的辐射

在核工业中，生产的各个环节都会向环境释放少量的放射性物质。它们的半衰期都较短，很快就会衰变消失。只有少数半衰期较长的核素，才能扩散到较远的地区，甚至全球。

联合国原子辐射效应科学委员会估算了除去职业照射以外的由于核动力生产所造成的集体剂量负荷，全世界居民中 50％的集体剂量负荷是由于核动力生产中长寿放射性核素 ^{14}C、^{85}Kr 和 ^{3}H 的全球扩散所造成的。一些国家对这些核素和 ^{129}I 向环境中的排放已严加限制，以减少全球的集体剂量负荷。

整个核工业的生产过程造成的辐射剂量见表 3-8。

表 3-8 核工业生产过程中所致辐射剂量

核燃料流程的阶段	集体剂量负荷 /(人 · rad/(MW · a))	核燃料流程的阶段	集体剂量负荷 /(人 · rad/(MW · a))
采矿、选矿和核燃料制造职业照射	0.2～0.3	全球居民照射	1.1～3.4
反应堆运转职业照射	1.0	研究和发展职业照射	1.4
后处理职业照射	1.2	整个工业	5.2～8.2

5. 核爆炸沉降物对人群造成的辐射

据估计，1976 年以前所有核爆炸造成全球总的剂量负荷为 100(性腺)～200 mrad(骨衬细胞)。北半球(温带)比此值要高出 50％，南半球约低于该值 50％。由 ^{137}Cs 和短寿命核素的 γ 辐射所致的外照射，对所有组织的全球剂量负荷约为 70 mrad。内照射中占有支配地位的是长寿命核素 ^{90}Sr 和 ^{137}Cs，它们的半衰期约为 30 年。寿命短一些的有 ^{106}Sm 和 ^{144}Ce。与核动力的情况一样，^{14}C 给出了最高的剂量负荷，对性腺和肺为 120 mrad，对骨衬细胞和红骨髓为 450 mrad。这些剂量将在几千年内释放。

6. 医疗照射

发达国家具有充分放射诊断治疗条件，可对人造成有遗传作用的剂量。来自医疗辐射的全球集体剂量负荷，放射设备发达的国家为 5×10^7 人 · rad，而设施有限的国家则约为 2×10^6 人 · rad。

3.3.2　环境放射性标准

1. 辐射防护的基本原则

辐射防护的目的是防止有害的非随机效应发生，并限制随机效应的发生率，使之合理地达到尽可能低的水平。目前，国际上公认的一次性全身辐射对人体产生的生物效应见表 3-9。

国际放射防护委员会在总结了大量的科研成果和防护工作经验后提出了辐射防护的基本原则，即前述的剂量限制体系。

表 3-9　辐射对人体产生的生物效应

剂量当量率/(Sv/s)	生物效应	剂量当量率/(Sv/s)	生物效应
＜0.1	无影响	1～2	有损伤，可能感觉到全身无力
0.1～0.25	未观察到临床效应	2～4	有损伤，全身无力，体弱的人可能因此死亡
0.25～0.5	可引起血液变化，但无严重伤害	4.5	50%受照射 30 天内死亡，其余 50%能恢复，但有永久性损伤
0.5～1	血液发生变化且有一定损伤，但无倦怠感	＞6	可能因此死亡

2. 辐射的防护标准

第二次世界大战，十几万人在日本广岛、长崎遭受原子弹的袭击中死亡，辐射的巨大破坏力使人惊骇。加上核工业及和平利用原子能的迅速发展，放射污染的潜在危害受到世界各国的普遍重视，促使一些国家开始制定有关辐射防护的法规。20 世纪 50 年代，许多国家就颁布了原子能法，随之还制定了各种各样的辐射防护法规、标准。正是由于有了现代先进技术的保证和完善的辐射防护法规标准的制定、执行，才能够使辐射性事故的发生率降至极低。

1960 年 2 月，我国第一次发布了发射卫生法规《放射性工作卫生防护暂行规定》。依据这个法规同时发布了《电离辐射的最大容许标准》《放射性同位素工作的卫生防护细则》和《放射工作人员的健康检查须知》三个执行细则。

1964 年 1 月，我国发布了《放射性同位素工作卫生防护管理办法》。该法规明确规定了卫生公安劳动部门和国家科委根据《放射性工作卫生防护暂行规定》，有责任对《放射性同位素工作卫生防护管理办法》执行情况进行检查和监督，同时规定了放射性同位素实验室基建工程的预防监督、放射性同位素工作的申请及许可和登记、放射工作单位的卫生防护组织和计量监督、放射性事故的处理等办法。

1974 年 5 月，我国颁布了《放射防护规定》(GB J8—1974)。《放射防护规定》集管理法规和标准为一体，其中包括 7 章共 48 条和 5 个附录。在《放射防护规定》中，有关人体器官分类和剂量当量限值主要采用了当时国际放射防护委员会的建议，但对眼晶体采取了较为严格的限制。

1984 年 9 月 5 日，我国颁发了《核电站基本建设环境保护管理办法》，规定建设单位及其主管部门必须负责做好核电站基本建设过程中的环境保护工作，认真执行防止污染和生态破坏的设施与主体工程同时设计、同时施工、同时投产的规定，严格遵守国家和地方环境保护法规、标准，对电离辐射的防护工作从建设开始做起。在此法律的指导之下我国成功开展了大亚湾和秦山核电站的建设。

1988年3月11日，国家环境保护局批准了《辐射防护规定》(GB 8703—1988)。《辐射防护规定》分总则、剂量限制体系、辐射照射的控制措施、放射性废物管理、放射性物质安全运输、选址要求、辐射监测、辐射事故管理、辐射防护评价、肤色和工作人员的健康管理及名词术语的定义和解释等，规定了有关剂量的当量限值，见表3-10。

表3-10 个人年剂量当量限值①

人员	有效剂量当量/(mSv/a)	眼球/(mSv/a)	其他单个器官或组织	一次/mSv	一生/mSv	孕妇/(mSv/a)	16～18岁青年/(mSv/a)
职业人员	50	150	500	100	250	15	15②
公众成员	1	50	50	—	—	—	—

注：①表内所列数值均指内、外照射的总剂量，但不包括天然本底照射和医疗照射；

②16岁以下人员按照公众处理。

上述的环境限值仅仅是一个约束条件，不能认为达到了上述限值就是合法的。

在《辐射防护规定》中指出，公众成员的年有效剂量当量不超过1 mSv，如果按终生剂量平均的年有效剂量当量不超过1 mSv，则在某些年份里允许以每年5 mSv作为剂量限值，这是对随机效应的限值。对非随机效应，公众成员的皮肤和眼晶体的年剂量当量的限值是50 mSv。在内照射控制的情况下，其内照射的次级限值取年摄入量限值(ALI)的1/50；如果按终生平均不超过ALI值的1/50，则在某些年份允许取ALI的1/10。当关键组包括婴儿和儿童时，原则上应根据器官大小和代谢方面与成年人的差异估计应取的ALI值的份额，在缺乏有关资料时可取ALI值的1%。

1989年10月24日，我国施行的《放射性同位素与射线装置放射防护条例》包括总则、许可登记、放射防护管理、放射事故管理、放射防护监督、处罚和附则等7章内容。

近年来，我国对辐射防护标准进行了修订并出台了一些新的符合我国国情的标准，我国强制执行的关于辐射防护的国家标准及规定主要如下。

《辐射防护规定》(GB 8703—1988)

《低中水平放射性固体废物的浅地层处置规定》(GB 9132—1988)

《轻水堆核电厂放射性固体废物处理系统技术规定》(GB 9134—1988)

《轻水堆核电厂放射性废液处理系统技术规定》(GB 9135—1988)

《轻水堆核电厂放射性废气处理系统技术规定》(GB 9136—1988)

《铀、钍矿冶放射性废物安全管理技术规定》(GB 14585—1993)

《铀矿设施退役环境管理技术规定》(GB 14586—1993)

《反应堆退役环境管理技术规定》(GB 14588—1993)

《核电厂低、中水平放射性固体废物暂时贮存技术规定》(GB 14589—1993)

《核辐射环境质量评价一般规定》(GB 11215—1989)

《核设施流出物和环境放射性监测质量保证计划的一般要求》(GB 11216—1989)

《核设施流出物监测的一般规定》(GB 11217—1989)

《辐射环境监测技术规范》(HJ/T 61—2001)

3.4　放射性监测与评价

3.4.1　放射性监测

1. 放射性监测的分类和内容

(1) 放射性监测的分类。

放射性监测按照监测对象可分为以下几类。

① 现场监测,即对放射性物质生产或应用单位内部工作区域所做的监测。

② 个人剂量监测,即对放射性专业工作人员或公众做内照射和外照射的剂量监测。

③ 环境监测,即对放射性生产和应用单位外部环境,包括空气、水体、土壤、生物、固体废物等所做的监测。

(2) 放射性监测的内容。

在环境监测中,主要测定的放射性核素如下。

① α 放射性核素,即^{239}Pu、^{226}Ra、^{222}Rn、^{224}Ra、^{210}Po、^{222}Th、^{234}U和^{235}U。

② β 放射性核素,即^{3}H、^{90}Sr、^{89}Sr、^{134}Cs、^{137}Cs和^{60}Co。这些核素在环境中出现的可能性较大,其毒性也较大。

对放射性核素具体测量的内容如下。

① 放射源强度、半衰期、射线种类及能量。

② 环境和人体中放射性物质含量、放射性强度、空间照射量或电离辐射剂量。

2. 放射性监测的检测器

最常用的检测器有电离型检测器、闪烁检测器和半导体检测器。

(1) 电离型检测器。

电离型检测器是利用射线通过气体介质,使气体发生电离的原理制成的探测器。检测器包括电流电离室(见图 3-3)、正比计数管和盖革计数管(GM 管,见图 3-4)三种。

① 电流电离室。电流电离室测量由于电离作用而产生的电离电流(见图 3-5),适用于测量强放射性,不能用于甄别射线类型。

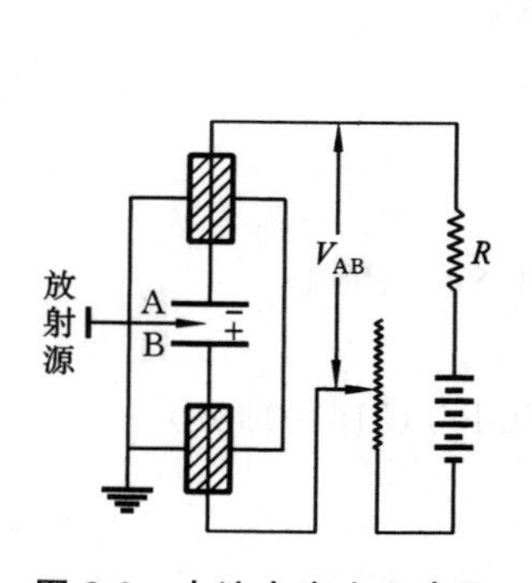

图 3-3　电流电离室示意图

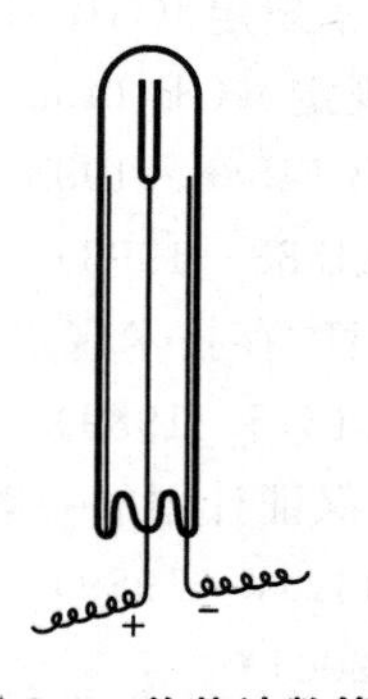

图 3-4　盖革计数管

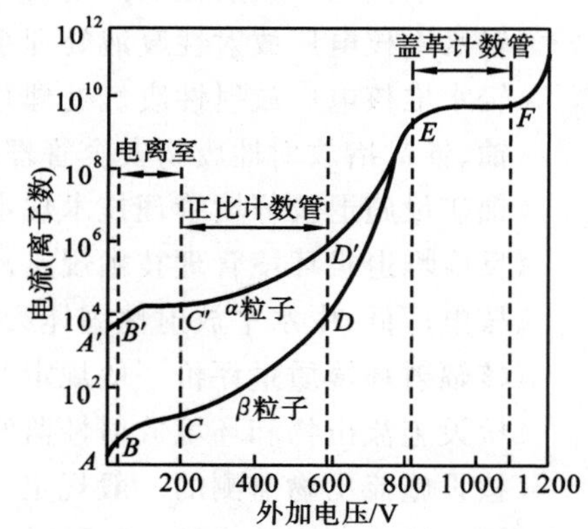

图 3-5　α、β 粒子的电离作用与外加电压的关系曲线

② 正比计数管。正比计数管在正比区(图 3-5 中 *CD* 段)工作,用于 α 粒子和 β 粒子计数,具有性能稳定、本底响应低等优点。用于低能 γ 射线的能谱测量和鉴定放射性核素用的 α 射线的能谱测定。

③ 盖革计数管。常见的盖革计数管是应用最广泛的放射性检测器,用于检测 β 射线和 γ 射线强度(见图 3-6)。这种计数器对进入灵敏区域的粒子有效计数率接近 100%,对不同射线都给出大小相同的脉冲,但不能用于区别不同的射线。

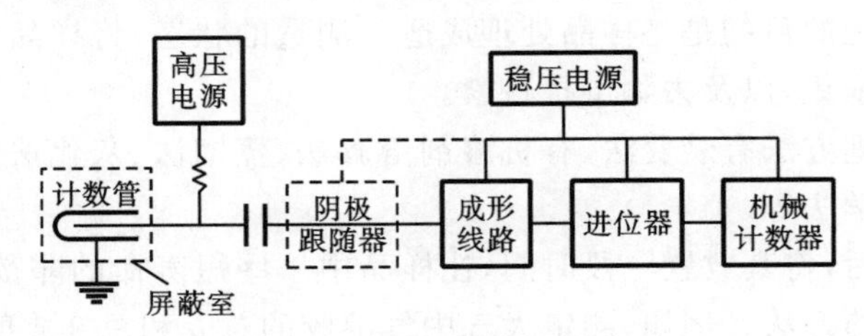

图 3-6　射线强度测量装置

(2) 闪烁检测器。

闪烁检测器是利用射线与物质作用发生闪光的仪器。它具有一个受带电粒子作用后其内部原子或分子被激发而发射光子的闪烁体。当射线照在闪光体上时,便发射出荧光光子,并且利用光导和反光材料等将大部分光子收集在光电倍增管的光阴极上。光子在灵敏阴极上打出光电子,经过倍增放大后在阳极上产生电压脉冲,此脉冲还是很小的,需再经电子线路放大和处理后记录下来。

(3) 半导体检测器。

半导体检测器的原理是当放射性粒子射入这种元件后,产生电子-空穴对,电子和空穴受外加电场的作用,分别向两极运动,并被电极所收集,从而产生脉冲电流,再经放大后,由多道分析器或计数器记录。半导体检测器可用于测量 α、β 和 γ 射线的辐射。

常用放射性检测器的特点见表 3-11。

表 3-11　常用放射性检测器的特点

射线种类	检测器	特点
α	闪烁检测器	检测灵敏度低,探测面积大
	正比计数管	探测效率高,技术要求高
	半导体检测器	本底小,灵敏度高,探测面积小
	电流电离室	检测较大放射性活度
β	正比计数管	检测效率较高,装置体积较大
	盖革计数管	检测效率较高,装置体积较大
	闪烁检测器	检测效率较低,本底小
	半导体检测器	检测面积小,装置体积小
γ	闪烁检测器	检测效率高,能量分辨能力强
	半导体检测器	能量分辨能力强,装置体积小

3. *放射性监测的方法*

监测的一般步骤包括采样、样品预处理、样品总放射性或放射性核素的测定。

(1) 样品的采集。

首先对放射性沉降物进行采集,沉降物包括干沉降物和湿沉降物,主要来源于大气层核爆炸所产生的放射性尘埃，小部分来源于人工放射性微粒。

对于放射性干沉降物样品可用水盘法、粘纸法、高罐法采集。

湿沉降物是指随雨（雪）降落的沉降物。其采集方法除上述方法外，常用一种能同时对雨水中核素进行浓集的采样器。

放射性气溶胶的采集常用滤料阻留采样法，其原理与大气中颗粒物的采集相同。

(2) 样品预处理。

对样品进行预处理的目的是将样品处理成适于测量的状态，将样品的欲测核素转变成适于测量的形态并进行浓集，以及去除干扰核素。

常用的样品预处理方法有衰变法、有机溶剂溶解法、蒸馏法、灰化法、溶剂萃取法、离子交换法、共沉淀法、电化学法等。

衰变法是指采样后，将其放置一段时间，让样品中一些短寿命的非欲测核素衰变除去，然后再进行放射性测量的方法。例如，测定大气中气溶胶的总 α 和总 β 放射性时常用这种方法，即用过滤法采样后，放置 4～5 h，使短寿命的氡、钍子体衰变除去。

共沉淀法是用一般化学沉淀法分离环境样品中放射性核素时，因核素含量很低，不能达到分离目的，如果加入与欲分离放射性核素性质相近的非放射性元素载体，由于二者之间发生共沉淀或吸附共沉淀作用，载体将放射性核素载带下来，达到分离和富集目的的方法。例如，用 ^{59}Co 作载体沉淀 ^{60}Co，则发生共沉淀；用新沉淀出来的水合二氧化锰作载体沉淀水样中的钚，则两者间发生吸附共沉淀。这种分离富集方法具有简便、实验条件容易满足等优点。

对于蒸干的水样或固体样品，可在瓷坩埚内于 500 ℃马弗炉中灰化，冷却后称重，再转入测量盘中铺成薄层检测其放射性。

电化学法是通过电解将放射性核素沉积在阴极上，或以氧化物形式沉积在阳极上的方法。如果使放射性核素沉积在惰性金属片电极上，可直接进行放射性测量；如果将其沉积在惰性金属丝电极上，可先将沉积物溶出，再制备成样品源。

(3) 样品的测定。

① 水样中总 α 放射性活度的测定。

取一定体积水样，过滤除去固体物质，滤液加硫酸酸化，蒸发至干，在不超过 350 ℃温度下灰化，将灰化后的样品移入测量盘中并铺成均匀薄层，用闪烁检测器测量水样的总 α 放射性活度，其计算公式为

$$Q_{\alpha}=\frac{n_{c}-n_{b}}{n_{s}V} \tag{3-11}$$

式中：Q_{α}——总 α 放射性活度，Bq/L；

n_{c}——用闪烁检测器测量水样得到的计数率，计数/min；

n_{b}——空测量盘的本底计数率，计数/min；

n_{s}——根据标准源的活度计数率计算出的检测器的计数率，计数/(Bq · min)；

V——所取水样体积，L。

② 水样中总 β 放射性活度的测定。

与总 α 放射性活度测定步骤基本相同，但检测器用低本底的盖革计数管，且以含 ^{40}K 的化合物作标准源。

③ 土壤中总 α、β 放射性活度的测定。

在采样点选定的范围内，沿直线每隔一定距离采集一份土壤样品，共采集 4～5 份。采样

时用取土器或小刀取10 cm×10 cm深1 cm的表土。除去土壤中的石块、草类等杂物，在实验室内晾干或烘干，移至干净的平板上压碎，铺成1～2 cm厚的方块，用四分法反复缩分，直到剩余200～300 g土样，再于500 ℃灼烧，待冷却后研细、过筛备用。称取适量制备好的土样放于测量盘中，铺成均匀的样品层，用相应的探测器分别测量。

④ 大气中氡的测定。

^{222}Rn是^{226}Ra的衰变产物，为一种放射性惰性气体。用电流电离室通过测量电离电流测定其浓度，也可用闪烁检测器记录由氡衰变时所放出的α粒子计算其含量。

$$A_{Rn}=\frac{K(J_c-J_b)}{V}f \tag{3-12}$$

式中：A_{Rn}——空气中^{222}Rn的含量，Bq/L；

J_b——电离室本底电离电流，格/min；

J_c——引入^{222}Rn后的总电离电流，格/min；

V——采气体积，L；

K——检测仪器格值，Bq · min/格；

f——换算系数，据^{222}Rn导入电离室后静置时间而定，可查表得知。

⑤ 大气中各种形态^{131}I的测定。

碘的同位素很多，除^{131}I是天然存在的稳定性同位素外，其余都是放射性同位素。大气中的^{131}I以元素、化合物等各种化学形态和蒸气、气溶胶等不同状态存在，因此采样方法各不相同。该采样器由粒子过滤器、元素碘吸附器、次碘酸吸附器、甲基碘吸附器和炭吸附床组成。对于例行环境监测，可在低流速下连续采样一周或一周以上，然后用γ谱仪定量测定各种化学形态的^{131}I。

⑥ 个人外照射剂量的测定。

个人外照射剂量监测是指用救援人员佩带的剂量计所进行的测量并对这些测量结果作出评价。这种监测的主要目的是估算明显受到照射的器官或组织所接受的剂量当量，评价是否符合有关放射性防护标准，是否须进一步采取措施。此外，还可探究人员所受剂量的趋势和场所条件，以及在特殊照射与事故照射下的有关信息。

个人外照射剂量的对象是一年内所受外照射剂量可能超过个人剂量限值的30%的救援人员。剂量计的选择与佩戴位置应当首先考虑监测目的与评价方法，如监测的辐射类型、能量、剂量当量的大小与强度及准确度要求。佩带的位置根据需要监测的部位而定。

使用剂量计时应当佩戴在躯干表面受照射最强的部位上。当四肢特别是手部所受剂量较大时应在手指部佩带附加的剂量计。穿着防护服工作时要用两个剂量计，一个佩戴在防护服的内侧，用来估算有效剂量当量，另一个佩戴在防护服外侧，用来估算皮肤和眼睛的剂量当量。

在照射量率较高事故区域内进行应急处置时，通常要求采用附加的剂量计，及早获取剂量当量的信息。简易的直读式剂量计和声光报警仪在此类操作中具有重要作用。

在个人外照射剂量监测中，最常用的个人剂量计有热释光剂量计、胶片剂量计、辐射光致发光剂量计。目前，热释光剂量计应用最为广泛。

⑦ 内照射监测方法。

内照射是由于体内放射性物质污染造成的，通常根据事故现场的监测结果估算吸入放射性物质的可能性来确定需要监测的人员。内照射监测方法分生物检验法和体外直接测量法两类，可以根据放射性污染物质在人体内的代谢规律、辐射性质等来判断采用哪种方法。生物检验法设备简单,操作方便,可采集多个样品重复测量,但误差较大。体外直接测量法快速、准确,但设备复杂,价格昂贵。

生物检验法最有实际意义的样品是尿,其次是粪便。必要时可收集呼出气和鼻擦拭样品等。尿比较容易收集,尿中的放射性核素的含量可以同体内含量联系起来。通常先用化学方法浓集样品中要测量的放射性核素,除去干扰核素,再制成一定规格的测量样品,进行活度测量,并估算体内的放射性物质的含量。

体外直接测量法是用全身计量装置直接测量体内能发射 C 射线或 X 射线的放射性物质的含量。某些不易转移的核素主要沉积在肺部,吸入后相当长时间不易从尿中监测到,这时采用全身计数器对准肺部测量即可。放射性碘主要积聚在甲状腺中,除了可用全身计数器测定全身负荷量外,常可利用较为简单的甲状腺计数器直接测量。

3.4.2 放射性评价

环境质量评价按时间顺序分为回顾性评价、现状评价和预测评价。

环境质量评价是环境保护工作的一项重要内容,同时也是环境管理工作的重要手段。只有对环境质量做出科学的评价,指出环境的发展趋势及存在的问题,才能制定有效的环境保护规划和措施。因此辐射环境质量评价在环境保护工作中具有非常重要的地位。

评价辐射环境的指标归纳如下。

(1) 关键居民组所接受的平均有效剂量当量。

在广大群体中选择出具有某些特征的组,这一特征使得他们从某一给定的实践中受到的照射剂量高于群体中其他成员。所以,一般以关键居民组的平均有效剂量当量进行辐射环境评价,因为关键组成员接受的照射剂量作为辐射实践对公众辐射影响的上限值,安全可靠程度较高。

(2) 集体剂量当量。

集体剂量当量是描述某个给定的辐射实践施加给整个群体的剂量当量总和,用于评价群体可能因辐射产生的附加危害,并评价防护水平是否达到最优化。

(3) 剂量当量负荷和集体剂量当量负荷。

剂量当量负荷和集体剂量当量负荷用于评价放射性环境污染在将来对人群可能产生的危害。这两个量是把整个受照射群体所接受的平均剂量当量率或群体的集体当量率对全部时间进行积分求得的。两种平均剂量当量都是在规定的时间内(一般在一年内)进行某一实践造成的。假定一切有关的因素都保持恒定不变,那么,年平均剂量当量和集体剂量当量分别等于一年实践所给出的剂量当量负荷和集体剂量当量负荷。需要保持恒定的条件包括进行实践的速率、环境条件、受照射群体中的人数以及人们接触环境的方式。在某些情况下,不可能使这一实践保持足够长时间恒定不变,即年剂量当量率达不到平衡值,采用剂量当量率积分就可求出负荷量。

(4) 每基本单元所用的集体剂量当量。

以核动力电站为例,通常以每兆瓦年(电)所产生的集体剂量当量来比较和衡量所获得一定经济利益所产生的危害。

3.4.3 辐射环境质量评价的整体模式

评价放射性核素排放到环境后对环境质量的影响,其主要内容就是估算关键居民组中的个人平均接受的有效剂量当量和剂量当量负荷，并与相应的剂量限值作比较。这就需要把放射性核素进入环境后使人受到照射的各种途径用一些由合理假定构成的模式近似地表征出来。整个模式要求能表征出待排入环境放射性核素的物理化学性质、状态、载带介质输运和弥散能力、照射途径及食物链的特征以及人对放射性核素摄入和代谢等方面的资料。通过模式进行计算要得到剂量当量值（或集体剂量当量）和由模式参数的不确定性造成预示剂量的离散程度两个结果。

为满足以上要求，整体模式应包括三部分：①载带介质对放射性核素的输运和弥散，可根据排放资料计算载带介质的放射性比活度和外照射水平；②生物链的转移，可由载带介质中的活度推算出人体的摄入量；③人体代谢模式，可根据摄入量计算出各器官或组织受到的剂量。

确定评价整体模式的全过程由下述五个步骤组成。

(1) 确定整体模式的目的。

要达到这个目的必须考虑三种途径：①污染空气和土壤使人直接受到外照射剂量；②吸入污染空气受到的内照射剂量；③食入污染的粮食和动植物使人们接受的内照射剂量。

(2) 绘制方框图。

把放射性核素在环境中转移的动态过程涉及的环境体系及生态体系简化成均匀的、分立的单元，然后把这些单元用有标记的方框来表示，方框和方框间的箭头表示位移方向和途径。

(3) 鉴别和确定位移参数。

这些参数（包括转移参数和消费参数）要根据野外调查及实验资料来确定。

(4) 预示体系的响应。

预示体系的响应有两种方法，即浓集因子法和系统分析方法。

① 浓集因子法。该法适用于缓慢连续排放的情况。它假定从核设施向环境排放的比活度与原来环境中的放射性比活度之间存在着平衡关系，于是，各库室间的比活度和时间无关，相邻库室间放射性活度之比为常数，称为浓集因子。根据各库室的比活度、公众暴露于该核素和介质的时间、对该核素的摄入率，估算出公众对该核素的年摄入量和年剂量当量。

② 系统分析方法。系统分析方法是用一组相连的库室模拟放射性核素在特定环境中的动力学行为的方法。

(5) 模式和参数的检验。

可采用参数的灵敏度分析和模式的可靠度分析两种方法。

① 参数的灵敏度分析。在确定模式的每一步中都应当对参数的灵敏度进行分析。由于把灵敏度分析技术用于最初选定的那些途径的初步数据，所以可以推断出各种照射途径的相对重要性。而后可以从理论上确定真实系统中哪些途径需要优先进行实验研究。

② 模式的可靠度分析。通过可靠度分析可定量地说明模式的所有参数不确定度联合造成总的结果的离散程度。分析结果的定量表示采用可靠度指数 $R_{\sigma,n}$，$R_{\sigma,n}$ 由 0 变化到 1。而 $1/R_{\sigma,n}$ 表示了预示剂量的离散范围。

上述知识原则上简单地介绍了辐射环境评价方法的指导思想。实际工作是相当复杂的，工作量非常大。

3.5 放射性污染的防治

3.5.1 放射性防护技术

随着社会的发展和人民生活水平的提高,辐射防护问题已经不仅仅局限于核工业、医疗卫生、核物理实验研究等领域,在农业、冶金、建材、建筑、地质勘探、环境保护等涉及民生的许多领域都引起了重视。因此,为了工作人员和广大居民的身体健康,必须掌握一定的辐射防护知识和技术。

1. 外照射防护

外照射的防护方法主要包括时间防护、距离防护和屏蔽防护。

(1) 时间防护。

由于人体所受的辐射剂量与受照射的时间成正比,所以熟练掌握操作技能,缩短受照射时间,是实现防护的有效办法。

(2) 距离防护。

点状放射源周围的辐射剂量与距离的平方成反比。因此,尽可能远离放射源是减少吸收量的有效办法。

(3) 屏蔽防护。

在放射性物质和人体之间放置能够吸收或减弱射线强度的材料,以达到防护目的。屏蔽材料的选择及厚度与射线的性质和强度有关。

① α 射线的屏蔽。由于 α 粒子质量大,因此它的穿透能力弱,在空气中经过 3～8 cm 距离就被吸收了,几乎不用考虑对其进行外照射屏蔽。但在操作强度较大的 α 射线时需要戴上封闭式手套。

② β 射线的屏蔽。β 射线在物质中的穿透能力比 α 射线强,在空气中可穿过几米至十几米距离。一般采用低原子序数的材料如铝、塑料、有机玻璃等屏蔽 β 射线,外面再加高原子序数的材料如铁、铅等减弱和吸收轫致辐射。

③ X 射线和 γ 射线的屏蔽。X 射线和 γ 射线都有很强的穿透能力,屏蔽材料的密度越大,屏蔽效果越好。常用的屏蔽材料有水、水泥、铁、铅等。

④ 中子的屏蔽。中子的穿透能力也很强。对于快中子,可用含氢多的水和石蜡作减速剂;对于热中子,常用镉、锂和硼作吸收剂。屏蔽层的厚度要随着中子通量和能量的增加而增加。

注意,上述屏蔽方法只是针对单一射线的防护。在放射源不止放出一种射线时必须综合考虑。但对于外照射,按 γ 射线和中子设计的屏蔽层用于防护 α 射线和 β 射线是足够的。而对于内照射防护,α 射线和 β 射线就成了主要防护对象。

2. 内照射防护

工作场所或环境中的放射性物质一旦进入人体,它就会长期沉积在某些组织或器官中,既难以探测或准确监测,又难以排出体外,从而造成终生伤害。因此,必须严格防止内照射的发生。内照射防护的基本原则和措施是切断放射性物质进入体内的各个途径,具体方法:制定各种必要的规章制度;工作场所通风换气;在放射性工作场所严禁吸烟、吃东西和饮水;在操作放射性物质时要戴上个人防护用具；加强放射性物质的管理；严密监视放射性物质的污染情况，发现情况时尽早采取措施，防止污染范围扩大；布局设计要合理，防止交叉污染等。

3.5.2 放射性废物的治理

1. 放射性废物的特征

(1) 放射性废物中含有的放射性物质，一般采用物理、化学和生物方法不能使其含量减少，只能利用自然衰变的方法，使它们消失掉。因此，放射性"三废"的处理方法有稀释分散、减容储存和回收利用。

(2) 放射性废物中的放射性物质不但会对人体产生内、外照射的危害，同时放射性的热效应使废物温度升高。所以处理放射性废物必须采取复杂的屏蔽和封闭措施，并应采取远距离操作及通风冷却措施。

(3) 某些放射性核素的毒性比非放射性核素大许多倍，因此，放射性废物处理比非放射性废物处理要严格、困难得多。

(4) 废物中放射性核素含量非常小，一般都处在高度稀释状态，因此要采取极其复杂的处理手段进行多次处理才能达到要求。

(5) 放射性和非放射性有害废物同时兼容，所以在处理放射性废物的同时必须兼顾非放射性废物的处理。

对于具体的放射性废物，则要涉及净化系数、减容比等指标。放射性废物处理流程示意图如图 3-7 所示。

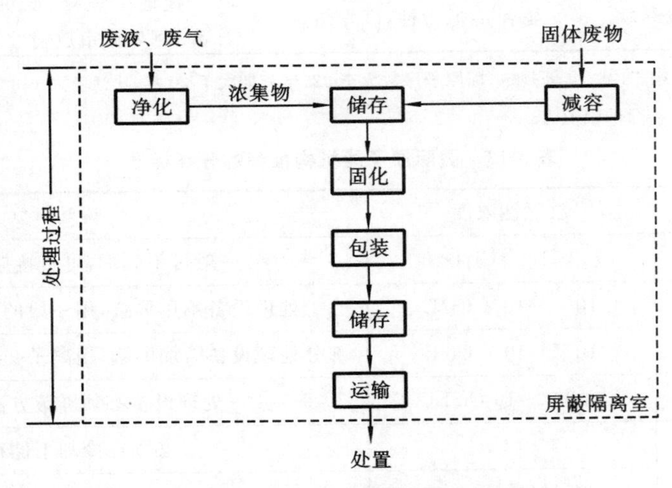

图 3-7 放射性废物处理流程示意图

2. 放射性废物的分类

根据我国《辐射防护规定》，把放射性核素含量超过国家规定限位的固体、液体和气体废弃物，统称为放射性废物。从处理和处置的角度，按比活度和半衰期将放射性废物分为高放长寿命、中放长寿命、低放长寿命、中放短寿命和低放短寿命五类。寿命长短的区分按半衰期 30 年为限。我国的分类系统与它们要求的屏蔽措施及处置方法以及这些废物的来源列于表 3-12。表 3-13 列出了国际原子能机构(IAEA)推荐的分类标准。

表 3-12　我国推荐的分类标准

按物理状态分类	分级类别	特征	
废气	高放	工艺废气	需要分离、衰变储存、过滤等综合处理
	低放	放射性厂房或放化实验室排风	需要过滤和(或)稀释处理
废水	高放	β、γ 高于 3.7×10^{5} Bq/L,α 高于或低于超铀废物标准	需要厚屏蔽、冷却、特殊处理
	中放	β、γ 为 $3.7\times10^{3}\sim3.7\times10^{5}$ Bq/L,α 低于超铀废物标准	需要适当屏蔽和处理
	低放	β、γ 为 $3.7\sim3.7\times10^{3}$ Bq/L,α 低于超铀废物标准	不需要屏蔽或只要简单屏蔽,处理较简单
	一般超铀废液	β、γ 中/低,α 超标	不需要屏蔽或只要简单屏蔽,要特殊处理
固体废物	高放长寿命	显著 α,高毒性,高发热量	深地层处理,例如高放固化体、乏燃料元件、超铀废物等
	中放长寿命	显著 α,中等毒性,低发热	深地层处置(也可能矿坑岩穴处置),例如包壳废物、超铀废物等
	低放长寿命	显著 α,低/中毒性,微发热量	深地层处置(也可能采用矿坑、岩穴处置),例如超铀废物等
	中放短寿命	微量 α,中等毒性,低发热量	浅地层埋藏、矿坑、岩穴处置,例如核电站废物等
	低放短寿命	显著 α,低毒性,微发热量	浅地层埋藏、矿坑岩穴处置、海洋投弃,例如城市放射性废物等

注:①超铀废物的定义同美国 1982 年新规定,即原子序数大于 92,半衰期大于 20 年,比活度大于 3 700 Bq/g 的废物;
②固体废物长寿命、短寿命的限值为 30 年。

表 3-13　国际原子能机构推荐的分类标准

废物种类	类别	放射性浓度	说明	
液体废物	1	$\leqslant10^{-9}$ Ci/L	一般可不处理,可直接排入环境	
	2	$10^{-9}\sim10^{-6}$ Ci/L	处理设备不用屏蔽,用一般的蒸发方法处理	
	3	$10^{-6}\sim10^{-4}$ Ci/L	部分处理设备需加屏蔽,用离子交换或化学方法处理	
	4	$10^{-4}\sim10$ Ci/L	处理设备必须屏蔽方法处理	
	5	>10 C_i/L	必须在冷却下储存	
气体废物	1	$\leqslant10^{-10}$ Ci/m^3	一般可不处理	
	2	$10^{-10}\sim10^{-6}$ Ci/m^3	一般要用过滤方法处理	
	3	$>10^{-6}$ Ci/m^3	一般要用综合方法处理	
固体废物	1	$\leqslant0.2$ R/h	不必采用特殊防护	主要为 β、γ 放射体,α 放射体可忽略不计
	2	$0.2\sim2$ R/h	需薄层混凝土或铝屏蔽防护	
	3	>2 R/h	需特殊的防护装置	
	4	α 放射性固体废物,以 Ci/m^3 为单位	主要为 α 放射体,要防止超临界问题	

3.5.3　放射性废水的治理

放射性废水的处理非常重要。现在已经发展起来的有效废水处理技术很多，如化学处理、离子交换、吸附法、膜分离法、生物处理、蒸发浓缩等。根据放射性比活度的高低、废水量的大小及水质和不同的处置方式，可选择上述一种方法或几种方法联合使用，达到理想的处理效果。

放射性废水处理应遵循以下原则：处理目标应技术可行，经济合理和法规许可，废水应在产生场地就地分类收集，处理方法应与处理方案相适应，尽可能实现闭路循环，尽量减少向环境排放放射性物质，在处理运行和设备维修期间，应使工作人员受到的照射降低到“可合理达到的最低水平”。

1. 放射性废水的收集

放射性废水在处理或排放前，必须具备废水收集系统。废水的收集要根据废水的来源、数量、特征及类属设计废水收集系统。对于强放废水（比活度大于 3.7×10^9 Bq/L），收集废水的管道和容器需要专门设计和建造。对于中放废水（比活度为 $3.7\times10^5\sim3.7\times10^9$ Bq/L），采用具有屏蔽的管道输入专门的收集容器等待处理。对于低放废水（比活度小于 3.7×10^5 Bq/L）的收集系统防护考虑比较简单。值得注意的是，对超铀放射性废水因其寿命长、毒性大需慎重考虑。

2. 高放废水的处理

目前，对高放废水处理的技术方案有四种。

(1) 把现存的废水和将来产生的高放废水全都利用玻璃、水泥、陶瓷或沥青固化起来，进行最终处置而不考虑综合利用。

(2) 从高放废水中分离出在国民经济中很有用的锕系元素，然后将高放废水固化起来进行处置。提取的锕系元素有 ^{241}Am、^{278}Np、^{238}Pu 等。

(3) 从高放废水中提取有用的核素，如 ^{90}Sr、^{137}Cs、^{155}Eu、^{147}Pm，其他废水进行固化处理。

(4) 把所有的放射性核素全部提取出来。对高放废水目前各国都处在研究实验阶段。

3. 中放和低放废水的处理

对中、低放射性水平的废水处理首先应该考虑采取以下三种措施：尽可能多地截留水中的放射性物质，使大体积水得到净化；把放射性废水浓缩，尽量减小需要储存的体积及控制放射性废水的体积；把放射性废水转变成不会弥散的状态或固化块。

目前，应用于实践的中、低放射性水平的废水处理方法很多，常用化学沉淀法、离子交换法、吸附法、蒸发等方法进行处理。

(1) 化学沉淀法。化学沉淀法是向废水中投放一定量的化学凝聚体剂，如硫酸锰、硫酸钾铝、铝酸钠、硫酸铁、氯化铁、碳酸钠等。助凝剂有活性二氧化硅、黏土、方解石和聚合电解质等，使废水中胶体物质失去稳定而凝聚成细小的可沉淀的颗粒，并能与水中原有的悬浮物结合为疏松绒粒。该绒粒对水中放射性核素具有很强的吸附能力，从而净化了水中的放射性物质、胶体和悬浮物。

化学沉淀法的特点：方法简便，对设备要求不高，在去除放射性物质的同时，还去除悬浮物、胶体、常量盐、有机物和微生物等。化学沉淀法与其他方法联用时一般作为预处理方法。它去除放射性物质的效率为50%～70%。

(2) 离子交换法。离子交换树脂有阳离子、阴离子和两性交换树脂。离子交换法处理放射性废水的原理是，当废水通过离子交换树脂时，放射性离子交换到树脂上，使废水得到净化。

离子交换法已经广泛地应用在核工业生产工艺及废水处理工艺上。一些放射性实验室的废水处理也采用了这种方法,使废水得到了净化。值得注意的是,待处理废水中的放射性核素不可呈离子状态,而且是可以交换的,呈胶体状态是不能交换的。

(3) 吸附法。吸附法是用多孔的固体吸附剂处理放射性废水,使其中所含有的一种或数种核素吸附在它的表面,从而达到去除有害元素的方法。

吸附剂有三大类:①天然无机材料,如蒙脱石和天然沸石等;②人工无机材料,如金属的水合氢氧化物和氧化物、多价金属难溶盐基吸附剂、杂多酸盐基吸附剂、硅酸、合成沸石和一些金属粉末;③天然有机吸附剂,如磺化煤及活性炭等。

吸附剂不但可以吸附分子,还可以吸附离子。吸附作用主要是基于固体表面的吸附能力,被吸附的物质以不同的方式固着在固体表面。例如,活性炭是较好的吸附剂。吸附剂首先应具有很大的内表面,其次是对不同的核素有不同的选择能力。

此外,适用于中、低放射性水平的废水处理的技术还有膜分离技术、蒸发浓缩技术等方法,应根据具体情况要求选择使用。

3.5.4 放射性气的治理

放射性污染物在废气中存在的形态包括放射性气体、放射性气溶胶和放射性粉尘。对于挥发性放射性气体,可以用吸附或者稀释的方法进行治理;对于放射性气溶胶,通常可用除尘技术进行净化;对于放射性污染物,通常用高效过滤器过滤、吸附等方法处理,使空气净化后经高烟囱排放,如果放射性活度在允许限值范围,可直接由烟囱排放。

高烟囱排放是借助大气稀释作用处理放射性气体常用的方法,用于处理放射性气体浓度低的场合。烟囱的高度对废气的扩散有很大影响,必须根据实际情况(排放方式、排放量、地形及气象条件)来设计,并选择有利的气象条件排放。

1. 放射性粉尘的处理

对于产生放射性粉尘工作场所排出的气体,可用干式或湿式除尘器捕集粉尘。常用的干式除尘器有旋风分离器、布袋式过滤除尘器和静电除尘器等。湿式除尘器有喷雾塔、冲击式水浴除尘器、泡沫除尘器和喷射式洗涤器等。例如,生产浓缩铀的气体扩散工厂产生的放射性气体在经高烟囱排入大气前,先使废气经过旋风分离器、玻璃丝过滤器除掉含铀粉尘。

2. 放射性气溶胶的处理

放射性气溶胶的处理是采用各种高效过滤器捕集气溶胶粒子。为了提高捕集效率,过滤器的填充材料多采用各种高效滤材,如玻璃纤维、石棉、聚氯乙烯纤维、陶瓷纤维和高效滤布等。

3. 放射性气体的处理

由于放射性气体的来源和性质不同,处理方法也不相同。常用的方法是吸附,即选用对某种放射性气体有吸附能力的材料做成吸附塔。经过吸附的气体再排入烟囱。吸附材料吸附饱和后需再生才可以继续用于放射性气体的处理。

3.5.5 核电厂放射性废液处理实例

1992—1993 年间,我国相继建成并投运的秦山核电厂(QNP,300 MW)和大亚湾核电站(GNPS,900 MW×2),于 1996 年内先后通过了国际原子能机构和国家的检查和验收,“三废”处理达到了国家规定的要求。

目前,我国上述两个核电站的实践,在放射性废液处理方面采取了相同的方法和相似的流程，在此按照“合理、可行、尽量低”的原则和相关法规要求，对放射性废液处理系统（TEU）的防治实例进行简要的介绍。

1. 放射性废液的来源

放射性废液主要来自由核岛疏排系统（RPE）分别收集的下列三种废水。

（1）工艺废水。

工艺废水来自回路化学和容积控制系统（RCV）、反应堆水池和乏燃料水池的冷却和处理系统（PTR）、硼回收系统（TEP）、TEU 各系统除盐器和过滤器的泄漏、冲洗与疏排及固体废物处理系统（TES）废树脂箱，燃料运输通道、乏燃料容器、TEP 中间储存箱和浓缩液箱的疏排。这种废水含有少量可溶化学杂质（例如硼、钠、锂等），放射性浓度较高，约为 5×10^8 Bq/m^3。

（2）化学废水。

化学废水来自核取样系统（REN）、SRE 系统与热实验室的疏排，核岛设备与乏燃料容器的清洗，反应堆厂房地坑与 TEU 浓缩液储槽的疏排。这种废水含有较高浓度的化学产物，放射性浓度也较高，约为 1.4×10^8 Bq/m^3。

（3）地面废水。

地面废水来自设备泄漏、核岛厂房地面冲洗、设备冷却水系统（RRI）与热实验室的疏排、蒸汽发生器排污系统（APG）除盐器的冲洗与树脂再生。这种废水含有各种化学产物，放射性浓度较低，约为 6×10^6 Bq/m^3（此值低于技术规格书中规定的排放阈值 1.85×10^7 Bq/m^3）。

另外，还有洗衣房的服务废水，放射性浓度和化学产物含量均很低。

2. 处理方法

放射性废液处理流程如图 3-8 所示。根据各类废水中的放射性浓度和化学产物含量选择各自所需的处理工艺，如表 3-14 所示。

表 3-14　各类废水的处理工艺

化学产物含量	处理工艺	
	$<1.85\times10^7$ Bq/m^3	$>1.85\times10^7$ Bq/m^3
低	过滤	除盐（离子交换）
高	过滤	蒸发

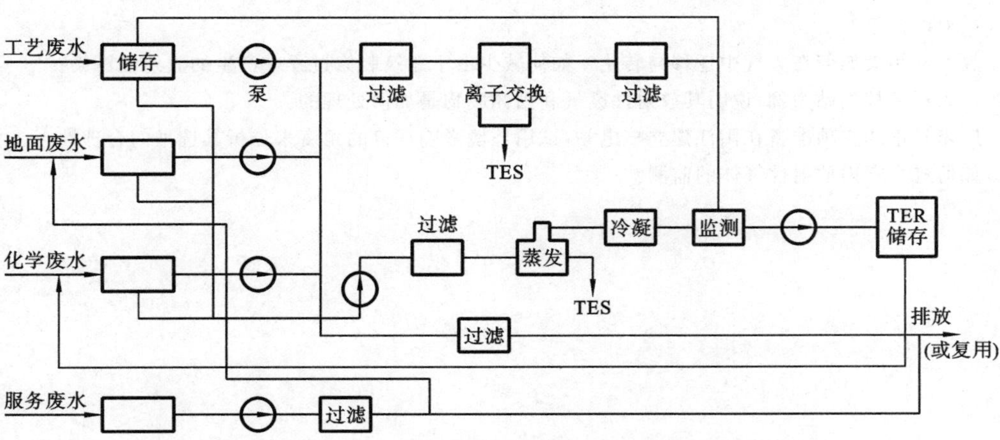

图 3-8　放射性废液处理示意流程图

因此,上述三种待处理的废水被疏排系统选择分装于各自的储槽中,以便使每种废水得到各自的处理。工艺废水带有较高放射性,含有少量化学产物,宜采用离子交换除盐法处理;化学废水带有较高放射性,含有较高浓度的化学产物,主要采用蒸发法处理;地面废水带有较低放射性(通常,放射性浓度低于排放阈值),主要采用过滤法处理。各类废水的处理方法在流程配置上具有灵活性,可互相补充。

服务废水可不经处理直接排放(有监测),但当放射性浓度和化学产物含量较高时,也可采用上述方法处理。

各类废水在处理前均要在储槽内进行一次放射性浓度和化学组分的监测,处理后的废水经监测槽监测合格后排放或复用,不合格废液由 TER 储槽接纳,供返回再处理。在排放总管上设有累计活度监测仪。蒸发浓缩液送往 TES 进行水泥固化。

3. 运行结果

(1) 处理后废液满足排放要求。经过滤除盐后的废水和经蒸发后的馏出液中放射性浓度低于 1.85×10^{7} Bq/m^{3},通过废液排放的放射比年活度均低于国家环保局规定的限值,仅占很小的份额。

(2) 系统设计容量基本上满足预期运行要求。在大亚湾核电站试运行期间,由于设备暴露问题多,停堆检修多,地面污染冲洗多,加上运行管理不严,废水产生量较多。按照我国《辐射防护规定》,低放废液必须采用槽式排放,则原设计的 2×30 m^{3} 监测槽显得太小,使监测人员来不及测量。为此,于 1993 年底大亚湾核电站增设了 3×500 m^{3} 储槽作为 TER 排放槽,利用原 3×500 m^{3} TER 槽作为监测槽,解决了此问题。另外,由于通风系统进风除湿产生的大量凝结水(无放射性)误排入地面废水前置储槽,使该储槽容量不足,经常满槽,将这股凝结水直接排放后,这个问题也得到了解决。

可见,TEU 系统能够满足核电站正常运行和预期的废液处理要求,并使释放到环境去的放射性物质降低到合理、可行、尽量低的水平,符合处理能力的要求,也符合关于废液采用槽式排放和排放的放射性活度低于限值的要求。因此,TEU 系统的运行是安全的。

思 考 题

1. 人工放射性污染源中医用射线源在近十年有何变化?对人类有何影响?如何既满足医学需求又减少放射性污染?
2. 放射性污染如何在大气中迁移与转化?如何减少由于建筑装修过程中产生的放射性污染?
3. 以大亚湾核电站为例,说明其放射性废气和固体废物是如何处理的。
4. 广东省正式立项准备在阳江建立核电站,试用环境影响评价的角度来分析其选址的合理性。
5. 如何进行室内放射性气体的监测?

第 4 章　环境电磁辐射污染控制

4.1　环境电磁辐射污染概述

4.1.1　电场与磁场

1. 电场与电场强度

(1) 电场。

电荷的周围存在着一种特殊的物质称为电场。两个电荷之间的相互作用并不是电荷之间的直接作用，而是一个电荷的电场对另一个电荷所发生的作用，也就是说，在电荷周围的空间里，总是有电场力在作用着。因此，将有电场力作用存在的空间称为电场。电场是物质的一种特殊形态。

电荷和电场是同时存在的两个方面，只要有电荷，那么它的周围就必然有电场，它们永远是不可分割的整体。当电荷静止不动时，电场也静止不变，这种电场称为静电场。当电荷运动时，电场也在变化运动，这种电场称为动电场。起电的过程，也就是电场建立的过程。起电后，分离正、负电荷时，需用外力做功。

(2) 电场强度。

电场强度是用来表示电场中各个点电场的强弱和方向的物理量。电荷的强弱可由单位电荷在电场中所受力的大小来表示。同一电荷在电场中受力大的地方电场就强，反之受力弱的地方电场就弱。实验证明，距离带电体近的地方则电场强，反之远的地方则电场弱。所以，电场强度即为试验电荷所受的力和试验电荷所带电量之比值。电场强度的单位为 V/m。在输电线路和高压电器设备附近的工频电场强度通常用 kV/m 表示，而家用电器设备附近电场强度相对较低，通常用 V/m 表示。

电场强度是一个矢量，它的方向为试验电荷(带有微量电荷的物体)在某点所受力的方向，基本公式为

$$\boldsymbol{E} = \frac{\boldsymbol{F}}{Q} \tag{4-1}$$

式中：$\boldsymbol{E}$——某点的电场强度，V/m；

$\boldsymbol{F}$——电荷 Q 在该点所受的力，N。

2. 磁场与磁场强度

磁场是电流在它通过的导体周围所产生的具有磁力作用的场，如果导体中流通的电流是直流电，那么磁场也是恒定不变的；如果导体中流通的电流是交流电，那么磁场也是变化的。电流的频率越高，其磁场变化的频率也就越高。

磁场的强弱用磁场强度来表示，它是一个矢量。磁场强度的大小等于在该点上单位磁极所受的力。常用表示单位为安/米(A/m)、毫安/米(mA/m)、微安/米(μA/m)。

4.1.2 电磁场与电磁辐射

1. 电磁场

任何交流电路的周围一定范围空间存在交变电磁场,该电磁场的频率与交流电的频率相同。

电场和磁场是互相联系,互相作用,同时并存的。由于交变电场的存在,就会在其周围产生交变的磁场;磁场的变化,又会在其周围产生新的电场。它们的运动方向是互相垂直的,并与自己的运动方向垂直。这种交变的电场与磁场的总和,就是通常所说的电磁场。电磁场是一种基本的场物质形态,是一种特殊的物质,与实物相比,具有以下不同点:实物具有一定的形状和体积,而电磁场弥漫整个空间,没有固定的形状和体积;实物具有不可叠加性,而电磁场具有叠加性,在同一个空间范围内,可以同时容纳若干种不同的电磁场;实物可以作用于人的各种感官,而电磁场则看不见,摸不着,嗅不到;实物的速度远远小于光速,而电磁波在真空中的速度等于光速;实物的密度、质量较大,而电磁场的密度、质量较小;实物在外力作用下可以被加速,具有加速度,而电磁场没有加速度;实物可以选为参考系,而电磁场则不能作为参考系。

研究电磁场,首先就要了解它的物质性,把它作为一种特殊的物质来看待,它也具有一定的能量、动量、动量矩,并遵守能量、动量、动量矩守恒定律,电磁场也能从一种形式转化为另一种形式,但不能创生或消灭。

注意,一般存在于某一空间的静止电场和静止磁场不能称为电磁场。在这种情况下,电场与磁场各自独立地发生作用,两者之间没有关系。通常所称的电磁场始终是交变的电场与交变的磁场的组合,彼此之间相互作用,相互维持。这种相互联系说明了电磁场能在空间中运动的原理。

2. 电磁辐射

电磁辐射是指能量以电磁波形式由源发射到空间的现象。

(1) 电磁波。

电磁波的产生原理如图 4-1 所示。这种变化的电场与磁场交替地产生,由近及远,相互垂直,并与自己的运动方向垂直的以一定速度在空间内传播的过程称为电磁辐射,亦称为电磁波。

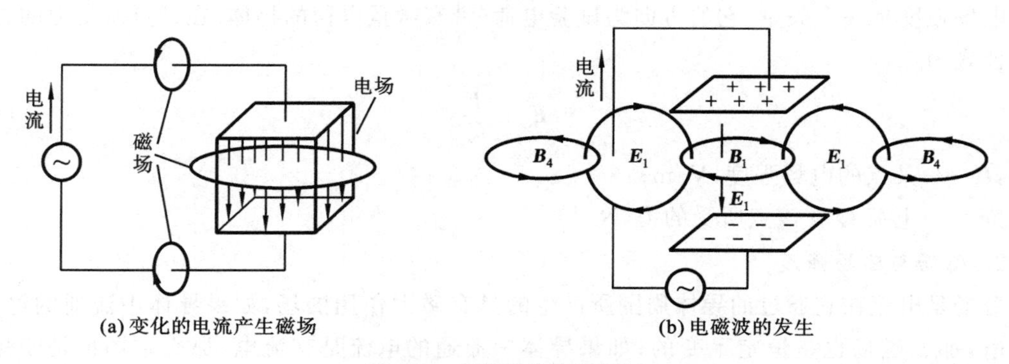

(a) 变化的电流产生磁场　　(b) 电磁波的发生

图 4-1　电磁波的产生原理

电磁波类似于水波。当丢一块石子到水里时,水里就会泛起水波,一浪推一浪地向四周扩张开来。水波是水分子在振动,水分子上下的振动就形成了所看见的水波。当利用发射机把强大的高频率电流输送到发射天线上时，电流就会在天线中振荡，从而在天线的周围产生了高速度变化的电磁场。电磁波的传播如图 4-2 所示。

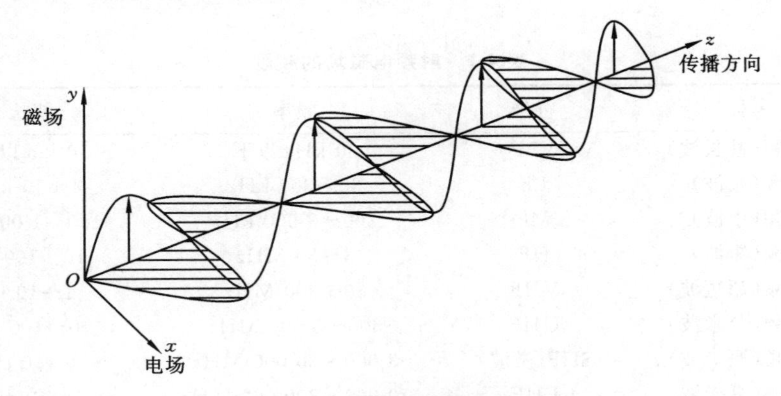

图 4-2　电磁波的传播

(2) 电磁波的频率(f)。

尽管电磁波的传播速度很快，可是它却不一定能传播得很远，要使它传播得很远，就必须有迅速变化的电场和磁场，也就是有很高的振荡频率。频率是电磁波每秒钟振荡的次数，单位为 Hz 或 s^{-1}。

(3) 电磁波的波长(λ)。

波长是电磁波在完成 1 周的时间内所经过的距离，其单位为 m、μm 或 nm 等。

(4) 电磁波的波速(c)。

电磁波通过介质的传播速度与介质的电和磁的特性有关，用一些参数来确定，如介质的介电常数 ε 和磁导率 μ。相对介电常数 ε_r 是无因次量，其大小用具有介质的平板电容器的电容量与真空中同一平板电容器电容量之比来表示。真空介电常数 ε_0 值为 8.85×10^{-12} F/m。在实际应用中，常以空气代表真空。磁导率 μ 是描述介质对磁场的影响的量。相对磁导率 μ_r 是介质的磁导率与真空磁导率之比，是一个无因次量。真空磁导率 μ_0 为 1.257×10^{-6} H/m。在介质中，电磁波的传播速度 c 为

$$c=\frac{c_0}{\sqrt{\varepsilon_r\mu_r}} \tag{4-2}$$

式中：c_0——真空中的光速，$c_0=2.993\times10^8$ m/s。

(5) 电磁波的周期(T)。

振荡一次所需的时间称为一个周期，单位为 s。由于空气中 ε_r 和 μ_r 的值均为 1，故电磁波在空气中的波长和频率的关系可简化为

$$\lambda=\frac{c}{f} \tag{4-3}$$

在空气中，不论电磁波的频率是多少，电磁波每秒传播的距离总是 3×10^8 m，因此频率越高，波长就越短，两者是互为反比例的。

4.1.3　射频电磁场

交流电的频率为 10^5 Hz 以上时，它的周围便形成了高频的电场和磁场，称为射频电磁场。而一般将每秒钟振荡 10^5 次以上的交流电称为高频电流。

由于无线电广播、电视以及微波技术等迅速地普及,射频设备的功率成倍提高,电磁辐射大幅度增加,目前已达到可以直接威胁人身健康的程度。通常射频电磁场按频率划分不同的频段(见表 4-1)。

表 4-1　射频电磁场的频段

名称	符号	频率	波长
甚低频(甚长波)	VLF	30 kHz 以下	10 km 以上
低频(长波)	LF	30～300 kHz	1～10 km
中频(中波)	MF	300～3 000 kHz	100～1 000 m
高频(短波)	HF	3～30 MHz	10～100 m
甚高频(超短波)	VHF	30～300 MHz	1～10 m
特高频(分米波)	UHF	300～3 000 MHz	10～100 cm
超高频(厘米波)	SHF(微波)	3 000～30 000 MHz	1～10 cm
极高频(毫米波)	EHF	30 000～300 000 MHz	1～10 mm
(亚毫米波)		>300 000 MHz	<1 mm

无线电波的波长为 10^{-3}～10^{4} m。继无线电波之后为红外线、可见光、紫外线、X 射线,大致划分如图 4-3 所示。

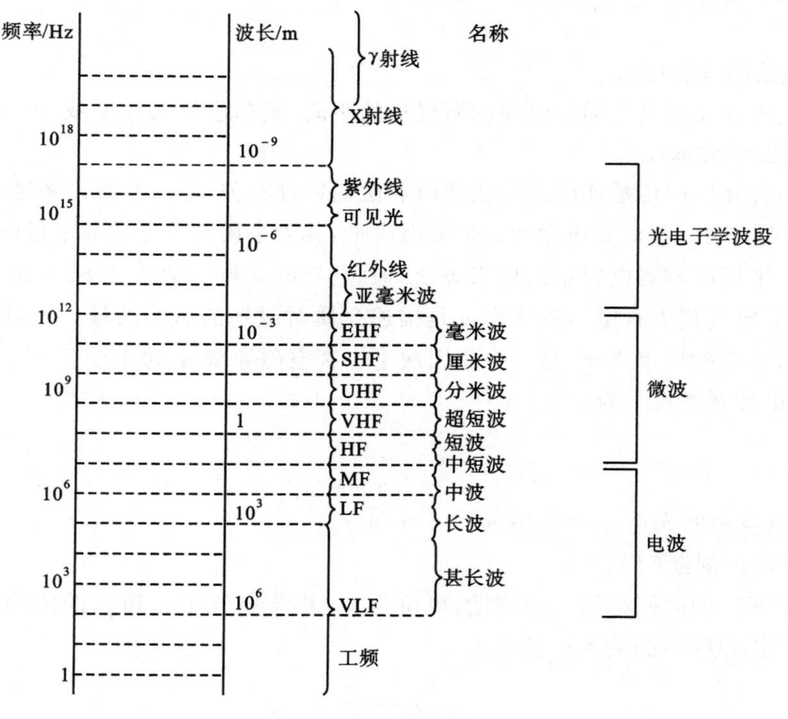

图 4-3　电磁波频谱图

任何射频电磁场的发生源周围均有两个作用场存在着,即以感应为主的近区场(又称感应区)和以辐射为主的远区场(又称辐射场)。它们的相对划分界限为一个波长。

近区场与远区场的划分,只是在电荷电流交变的情况下才能成立。一方面,这种分布在电荷电流附近的场依然存在,即感应场;另一方面,又出现了一种新的电磁场成分,它脱离了电荷电流并以波的形式向外传播。换言之,在交变情况下,电磁场可以看作两个成分:一个分布在电荷电流的周围，当距离 R 增大时，它至少以 $1/R^2$ 衰减，这一部分场是依附着电荷电流而存在的，这就是近区场；另一成分是脱离了电荷电流而以波的形式向外传播的场，它从场源发射出以后，即按自己的规律运动，而与场源无关，它按 $1/R$ 衰减，这就是远区场。

1. 近区场的特点

(1) 在近区场内，电场强度与电磁强度的大小没有确定的比例关系。一般情况下，电场强度值比较大，而磁场强度值则比较小，有时很小；只是在槽路线圈等部位的附近，磁场强度值很大，而电场强度值则很小。总的来看，电压高、电流小的场源（如天线、馈线等）电场强度比磁场强度大得多，而电压低、电流大的场源（如电流线圈）磁场强度又远大于电场强度。

(2) 近区场电磁场强度要比远区场电磁场强度大得多，而且近区场电磁场强度比远区场电磁场强度衰减速度快。

(3) 近区场电磁感应现象与场源密切相关，近区场不能脱离场源而独立存在。

2. 远区场的特点

(1) 远区场以辐射形式存在，电场强度与磁场强度之间具有固定关系：

$$\boldsymbol{E} = \sqrt{\frac{\mu_0}{\varepsilon_0}}\boldsymbol{H} = 120\pi\boldsymbol{H} \tag{4-4}$$

(2) 电场强度与磁场强度相互垂直，而且都与传播方向垂直。

(3) 电磁波在真空中的传播速度为

$$c = 1/\sqrt{\varepsilon_0\mu_0} \approx 3\times 10^8\ \text{m/s} \tag{4-5}$$

4.1.4 环境电磁辐射的来源

1. 环境电磁辐射污染的定义

所谓电磁环境是指某个存在电磁辐射的空间范围。电磁辐射以电磁波的形式在空间环境中传播，不能静止地存在于空间某处。人类工作和生活的环境充满了电磁辐射。

电磁辐射污染是指人类使用产生电磁辐射的器具而泄漏的电磁能量传播到室内外空间中，其量超出环境本底值，且其性质、频率、强度和持续时间等综合影响引起周围受辐射影响人群的不适感，并使人体健康和生态环境受到损害。

2. 电磁辐射污染源

人为辐射的产生源种类、产生的时间和地区以及频率分布特性是多种多样的。若根据辐射源的规模大小对人为辐射进行分类，可分为以下三类。

(1) 城市杂波辐射。

即使在附近没有特定的人为辐射源，也可能有发生于远处多数辐射源合成的杂波。城市杂波与各辐射源电波波形和产生机构等方面的关系不大，但它与城市规模和利用电器的文化活动、生产服务以及家用电器等因素有直接的正比例关系。城市杂波没有特殊的极化面，大致可以看成连续波。

在我国，城市杂波辐射就是环境电磁辐射，它是评价大环境质量的一个重要参数，也是城市规划与治理诸方面的一个重要依据。

(2) 建筑物杂波。

在变电站所、工厂厂房和大型建筑物以及构筑物中多数辐射源会产生一种杂波，这种来自上述建筑物的杂波称为建筑物杂波。这种杂波多从接收机之外的部分传入接收机中，产生干扰。建筑物杂波一般呈冲击性与周期性波形,可以认为是冲击波。

(3) 单一杂波辐射。

它是特定的电器设备与电子装置工作产生的杂波辐射,它因设备与装置的不同而具有特殊的波形和强度。单一杂波辐射的主要成分是工业、科研、医疗设备(简称 ISM 设备)的电磁辐射,这类设备对信号的干扰程度与该设备的构造、频率、发射天线形式、设备与接收机的距离以及周围地形地貌有密切关系。

当电磁辐射体运行时,便产生或释放电磁能量,它随着其功率、频率不同而不同,所产生的电磁辐射强度不同,近区场和远区场的状况也不同。但不管何种频率或波长的电磁波,其在空中的传播速率是相同的,即 3×10^{8} m/s。这些电磁波可传得很远,可是在近区场的电磁场却随着与发射中心距离的延长急剧衰减。

电磁场源可以分为自然电磁场源和人工电磁场源,各自分类和来源如表 4-2 和表 4-3 所示。

表 4-2　自然电磁场源的分类

分类	来源
大气与空气污染源	自然界的火花放电、雷电、台风、寒冷雪飘、火山喷烟
太阳电磁场源	太阳的黑点活动与黑体放射
宇宙电磁场源	银河系恒星的爆发、宇宙间电子移动

表 4-3　人工电磁场源的分类

<table>
<tr><th colspan="2">分类</th><th>设备名称</th><th>污染来源与部件</th></tr>
<tr><td rowspan="4">放电所致场源</td><td>电晕放电</td><td>电力线(送配电线)</td><td>高电压、大电流而引起静电感应、电磁感应、大地泄漏电流所造成</td></tr>
<tr><td>辉光放电</td><td>放电管</td><td>白炽灯、高压汞灯及其他放电管</td></tr>
<tr><td>弧光放电</td><td>开关、电气铁道、放电管</td><td>点火系统、发电机、整流器</td></tr>
<tr><td>火花放电</td><td>电气设备、发动机、冷藏车、汽车</td><td>整流器、发电机、放电管、点火系统</td></tr>
<tr><td colspan="2">工频感应场源</td><td>大功率输电线、电气设备、电气铁道无线电发射机、雷达</td><td>高电压、大电流的电场电气设备广播、电视与通风设备的振荡与发射系统</td></tr>
<tr><td colspan="2" rowspan="2">射频辐射场源</td><td>高频加热设备、热合机、微波干燥机</td><td>工业用射频利用设备的工作电路与振荡系统</td></tr>
<tr><td>理疗机、治疗机</td><td>医学用射频利用设备的工作电路与振荡系统</td></tr>
<tr><td colspan="2">家用电器</td><td>微波炉、电脑、电磁炉、电热毯</td><td>功率源为主</td></tr>
<tr><td colspan="2">移动通信设备</td><td>手机、对讲机</td><td>天线为主</td></tr>
<tr><td colspan="2">建筑物反射</td><td>高层楼群以及大的金属构件</td><td>墙壁、钢筋、吊车</td></tr>
</table>

电力系统工业设备、电气化铁道系统、广播电视和微波发射系统、电磁冶炼系统及电加热设备等均能产生电磁辐射。以电磁冶炼系统为例,电磁冶炼采用的是感应加热,即将需要加热的对象物质置于工作频率为 200～300 kHz 的电磁场中,利用涡流损耗进行加热。感应加热设备的辐射源一般是指感应加热器、馈电线以及高频变压器等元器件,尤其是高频感应加热设备在工作时会产生强大的电磁感应场和辐射场,辐射场内的基波与谐波往往造成比较严重的环境污染。

4.1.5　电磁辐射污染的传播途径

电磁辐射所造成的环境污染途径大体上可分为空间辐射、导线传播和复合污染三种。

1. 空间辐射

当电子设备或电气装置工作时，会不断地向空间辐射电磁能量，设备本身就是一个发射天线。

由射频设备所形成的空间辐射，分为两种：①以场源为中心，半径为一个波长的范围之内的电磁能量传播是以电磁感应方式为主，将能量施加于附近的仪器仪表、电子设备和人体上的；②在半径为一个波长的范围之外的电磁能量的传播，是以空间放射方式将能量施加于敏感元件和人体之上的。

2. 导线传播

当射频设备与其他设备共用一个电源供电时，或者它们之间有电器连接时，那么电磁能量（信号）就会通过导线进行传播。

此外，信号的输出/输入电路等也能在强电磁场中"拾取"信号并将所有"拾取"的信号再进行传播。

3. 复合污染

它是同时存在空间辐射与导线传播所造成的电磁污染。

电磁辐射的污染途径如图4-4所示。

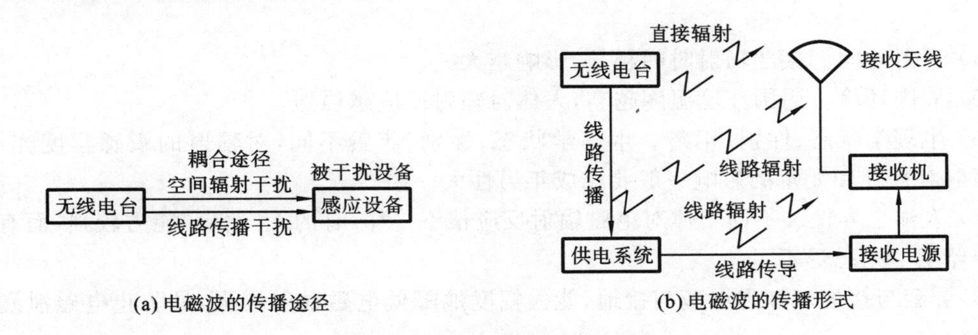

图4-4　电磁辐射的污染途径

4.2　环境电磁辐射污染的影响和危害

4.2.1　电磁辐射污染对装置、物质和设备的影响和危害

1. 射频辐射对通信、电视机的干扰

射频设备和广播发射机振荡回路的电磁泄漏，以及电源线、馈线和天线等向外辐射的电磁能，不仅对周围操作人员的健康造成影响，而且可以干扰位于这个区域范围内的各种电子设备的正常工作，如无线电通信、无线电计量、雷达导航、电视、电子计算机及电气医疗设备等电子系统。在空间电波的干扰下，可使信号失误，图形失真，控制失灵，以致无法正常工作。电视机受到射频辐射的干扰，将会使图像上出现活动波纹或斜线，使图像不清楚，影响收看的效果。

还应指出，电磁波不仅可以干扰和它同频或邻频的设备，而且还可以干扰比它频率高得多的设备，也可以干扰比它频率低得多的设备。其对无线电设备所造成的干扰危害是相当严重的，必须对此严加限制。

2. 电磁辐射对易爆物质和装置的危害

火药、炸药及雷管等都具有较低的燃烧能点,遇到摩擦、碰撞、冲击等情况,很容易发生爆炸,在辐射能作用下,同样可以发生意外的爆炸。许多常规兵器采用电气引爆装置,如遇高电平的电磁感应和辐射,可能造成控制机构的误动,从而使控制失灵,发生意外的爆炸。如高频辐射强场能够使导弹制导系统控制失灵,电爆管的效应提前或滞后。

3. 电磁辐射对挥发性物质的危害

挥发性液体和气体,例如酒精、煤油、液化石油气等易燃物质,在高电平电磁感应和辐射作用下,可发生燃烧现象,特别是在静电危害方面尤为突出。

4.2.2 电磁辐射对人体健康的影响

1. 微波辐射对人体健康的影响因素

国内外的研究发现,微波辐射对人体健康的危害与下列因素有关。

(1) 功率密度。功率密度越高,辐射作用越强烈;波长越短,对人体影响越大。

(2) 波形。脉冲波比连续波影响大。

(3) 距离远近。随着离辐射源距离的增加,辐射强度迅速减弱,距离与场强成反比例关系。

(4) 照射时间。接触辐射时间越长,影响越大。

(5) 周围环境。周围环境温度越高,人体对辐射反应越强烈。

(6) 生理学状态、性别、年龄。生理学状态、性别、年龄不同,对辐射的敏感程度亦不同。微波辐射对女性和儿童的影响一般要比成年男性大一些。

(7) 人体个异性。不同个体对电磁辐射反应很不一样,有的人"适应"能力较强,而有的人在同样环境下则忍受不了。

(8)屏蔽与接地。加强屏蔽与接地,能大幅度地降低电磁辐射场强,是防止电磁泄漏的主要手段。

2. 电磁辐射对人体的作用机理

对人体产生危害的电磁辐射主要是射频电磁场。当射频电磁场的场强达到足够大时,会对人体产生危害作用。当机体处在射频电磁场的作用下时,能吸收一定的辐射能量,而产生生物学作用,主要是热作用。

为了叙述方便,通常将作用机体比做电介质电容器。电介质中正、负电荷的中心重合的分子称为非极性分子,正、负电荷的中心不重合的分子称为极性分子。在射频电磁场作用下,非极性分子的正、负电荷分别朝相反的方向运动,致使分子发生极化作用,被极化了的分子称为偶极子;极性分子发生重新排列,这种作用为偶极子的取向作用。由于射频电磁场方向变化极快,致使偶极子发生迅速的取向作用,在取向过程中,偶极子与周围分子发生碰撞而产生大量的热。所以,当机体处在电磁场中时,人体内的分子发生重新排列,由于分子在排列过程中的相互碰撞摩擦消耗了场能而转化为热能,引起热作用。此外,体内还有电介质溶液,其中的离子因受到场力作用而发生位置变化,当频率很高时将在其平衡位置附近振动,也能使介质发热。

通过上述关于电磁场对机体的作用机理分析得到,电磁场强度愈大,分子运动过程中将场能转化为热能的量值愈大,身体热作用就愈明显与剧烈。也就是说,射频电磁场对人体的作用程度是与场强成正比的。因此,当射频电磁场的辐射强度在一定量值范围内时,它可以使人的身体产生温热作用，有益于人体健康。然而，当射频电磁场的强度超过一定限度时，将使人体体温或局部组织温度急剧升高，破坏热平衡而有害于人体健康。随着场强的不断提高，射频电磁场对人体的不良影响也必然加强。

3. 电磁辐射对人体的危害与不良影响

电磁辐射对人体的危害与波长有关。长波对人体的危害较弱，随着波长的缩短，对人体的危害逐渐加大，而微波的危害最大。一般认为，微波辐射对内分泌和免疫系统的作用有两方面，小剂量、短时间作用是兴奋效应，大剂量、长时间作用是抑制效应。另外，微波辐射可使毛细血管内皮细胞的胞体内小泡增多，使其胞饮作用加强，导致血脑屏障渗透性增高。一般来说，这种增高对机体是不利的。

电磁辐射尤其是微波对人体健康有不利影响，主要表现在以下几个方面。

(1) 电磁辐射的致癌和治癌作用。

大部分实验动物经微波作用后，可以使癌的发生率上升。调查表明，在 2 mGs(1 Gs=10^{-4} T)以上电磁场中，人群患白血病的概率为正常的2.93倍，肌肉肿瘤的概率为正常的3.26倍。一些微波生物学家的实验表明，电磁辐射会促使人体内的遗传基因微粒细胞染色体发生突变和有丝分裂异常，而使某些组织出现病理性增生过程，使正常细胞变为癌细胞。美国洛杉矶地区的研究人员曾经研究了14岁以下儿童血癌的发生原因，研究人员在儿童的房间内以24 h的监督器来监督电磁波强度，赫然发现当儿童房间中电磁波强度的平均值大于2.68 mGs时，这些儿童得血癌的概率较一般儿童高出约48%。

另一方面，微波对人体组织的致热效应，不仅可以用来进行理疗，还可以用来治疗癌症，使癌组织中心温度上升，从而破坏了癌细胞的增生。

(2) 对视觉系统的影响。

眼组织含有大量的水分，易吸收电磁辐射，而且眼的血流量少，故在电磁辐射作用下，眼球的温度易升高。温度升高是产生白内障的主要条件。温度上升导致眼晶状体蛋白质凝固，较低强度的微波长期作用，可以加速晶状体的衰老和混浊，并有可能使有色视野缩小和暗适应时间延长，造成某些视觉障碍。长期低强度电磁辐射的作用，可促进视觉疲劳，眼感到不舒适和感到干燥等现象。强度在100 mW/cm^2的微波照射眼睛几分钟，就可使晶状体出现水肿，严重的则成为白内障。强度更高的微波，则会使视力完全消失。

(3) 对生殖系统和遗传的影响。

长期接触超短波发生器的人，男人可出现性机能下降、阳痿，女人出现月经周期紊乱。由于睾丸的血液循环不良，对电磁辐射非常敏感，精子生成受到抑制而影响生育；电磁辐射也会使卵细胞出现变性，破坏了排卵过程，而使女性失去生育能力。

高强度的电磁辐射可以产生遗传效应，使睾丸染色体出现畸变和有丝分裂异常。妊娠妇女在早期或在妊娠前，接受了短波透热疗法，结果使其子代出现先天性出生缺陷(畸形婴儿)。

(4) 对血液系统的影响。

在电磁辐射的作用下，周围血象可出现白细胞不稳定，主要是下降倾向，红细胞的生成受到抑制，出现网状红细胞减少。操纵雷达的人多数出现白细胞降低。此外，当无线电波和放射线同时作用于人体时，对血液系统的作用较单一因素作用可产生更明显的伤害。

(5) 对机体免疫功能的危害。

电磁辐射的作用使身体抵抗力下降。动物实验和对人群受辐射作用的研究与调查表明，人体的白细胞吞噬细菌的百分率和吞噬的细菌数均下降。此外，受电磁辐射长期作用的人，其抗体形成受到明显抑制。

(6) 引起心血管疾病。

受电磁辐射作用的人常发生血流动力学失调,血管通透性和张力降低。由于植物神经调节功能受到影响,人们多数出现心动过缓症状,少数呈现心动过速。受害者出现血压波动,开始升高,后又回复至正常,最后出现血压偏低;迷走神经发生过敏反应,房室传导不良。此外,长期受电磁辐射作用的人,更早、更易促使心血管系统疾病的发生和发展。

(7) 对中枢神经系统的危害。

神经系统对电磁辐射的作用很敏感,受其低强度反复作用后,中枢神经机能发生改变,出现神经衰弱症候群,主要表现有头痛、头晕、无力、记忆力减退、睡眠障碍(失眠、多梦或嗜睡)、白天打瞌睡、易激动、多汗、心悸、胸闷、脱发等,尤其是入睡困难、无力、多汗和记忆力减退更为突出。这些均说明大脑是抑制过程占优势,所以受害者除有上述症候群外,还表现有短时间记忆力减退、视觉运动反应时值明显延长、手脑协调动作差等。

瑞典的研究发现,只要职场工作环境电磁波强度大于 2 mGs,得阿尔茨海默病(老年前期痴呆)的机会会比一般人高出 4 倍。

美国北卡罗来纳大学的研究人员发现,工程师、广播设备架设人员、电厂联络人员、电线及电话线架设人员以及电厂中的仪器操作员等,死于老年痴呆症及帕金森病的比例较一般人高出 1.5～3.8 倍。

(8) 对胎儿的影响。

世界卫生组织认为,计算机、电视机、移动电话等产生的电磁辐射对胎儿有不良影响。孕妇在怀孕期的前三个月尤其要避免接触电磁辐射。因为当胎儿在母体内时,对有害因素的毒性作用比成人敏感,受到电磁辐射后,将产生不良的影响。如果是在胚胎形成期受到电磁辐射,有可能导致流产;如果是在胎儿的发育期受到辐射,也可能损伤中枢神经系统,导致婴儿智力低下。据最新调查显示,我国每年出生的 2 000 万婴儿中,有 35 万为缺陷儿,其中 25 万为智力残缺,有专家认为,电磁辐射也是影响因素之一。

4.3 电磁辐射的测量及标准

4.3.1 电磁辐射的测量技术

1. 电磁污染源的调查

(1) 调查目的和内容。

① 调查目的。为了迅速开展治理工作,切实保护环境,造福人类,电磁污染的调查研究是非常必要的。

② 调查内容。调查内容主要包括以下三个方面。

a. 设计各类调查表并进行调查;

b. 测量;

c. 测试数据整理以及综合分析与绘制辐射图。

将场强测试结果按强度大小、频率高低进行分类整理,通过定点距离与场强关系值,场强与频率及时间变化关系特性表(或曲线),作出各种特性曲线和绘制辐射图。

2. 电磁污染的监测方法

电磁污染的测量实际是电磁辐射强度的测量。在这里，重点介绍工业、科研和医用射频设备辐射强度的测量方法。基于它们所造成的污染是由这些设备在工作过程中产生的电磁辐射引起的。因此，对于这类设备辐射强度的测量可以一次性进行。测量方法大体如下。

当设备工作时，以辐射源为中心，确定东、南、西、北、东北、东南、西北、西南8个方向(间隔45°角)做近区场与远区场的测量。

(1) 近区场场强的测量。

① 首先计算近区场的作用范围，即1/6波长之间均为近区场。

② 由于射频电磁场感应区中电场强度与磁场强度不呈固定关系的特点，感应区场强的测定应分别进行电场强度与磁场强度的测定。

③ 采用经有关部门检定合格的射频电磁场(近区)强度测定仪进行测定。测定前应按产品说明书规定，关好柜门，上好盖门，拧紧螺栓，使设备处于完好状态。测定时，射频设备必须按说明书规定处于正常工作状态。

④ 在每个方位上，以设备面板为相对水平零点，分别选取10 cm、0.5 m、1 m、2 m、3 m、10 m、50 m为测定距离，一直测到近区场边界为止。

⑤ 取三种测定高度：

头部　离地面150～170 cm处；

胸部　离地面110～130 cm处；

下腹部　离地面70～90 cm处。

⑥ 测定方向以测定点上的天线中心点为中心，全方向转动探头，以指示最大的方向为测定方向。现场为复合场时，暂以测定点上的最强方向上的最大值为准(若出现几个最大点时，以其中最大的一点为准)。

⑦ 应避免人体对测定的影响。测定电场时，测试者不应站在电场天线的延伸线方向上；测定磁场时，测试者不应与磁场探头的环状天线平面相平行。操作者应尽量离天线远些，测试天线附近1 m范围内除操作者外避免站人或放置金属物体。

⑧ 测定部位附近应尽量避开对电磁波有吸收或反射作用的物体。

(2) 远区场场强的测量。

① 根据计算，确定远区场起始边界。

② 在8个方位上分别选取3 m、11 m、30 m、50 m、100 m、150 m、200 m、300 m作为测定距离。

③ 可以只测磁场或电场强度。

④ 测定高度均取2 m。如有高层建筑，则分别选取1、3、5、7、10、15等层测量高度。

⑤ 测定仪器为标定合格的远场仪并选取场仪所示的准峰值。

4.3.2 环境电磁辐射污染防护标准

1. 我国电磁辐射防护标准

我国自20世纪80年代以来先后制定了一系列电磁辐射防护标准。

(1)《电磁环境控制限值》。

《电磁环境控制限值》(GB 8702—2014)是对《电磁辐射防护规定》(GB 8702—1988)和《环境电磁波卫生标准》(GB 9175—1988)的整合修订。该标准参考了国际非电离辐射防护委员会(ICNIRP)《限制时变电场、磁场和电磁场(300 GHz 及以下)暴露导则,1998》,以及电气与电子工程师学会(IEEE)《关于人体暴露到 0～3 kHz 电磁场安全水平的 IEEE 标准》,并考虑了我国电磁环境保护工作实践。

该标准主要规定了电场、磁场、电磁场所致公众暴露的控制限值,如表 4-4 所示。

表 4-4　公众曝露控制限值

频率范围	电场强度 E /(V/m)	磁场强度 H /(A/m)	磁感应强度 B /(μT)	等效平面波功率密度 S_{eq}/(W/m²)
1 Hz～8 Hz	8000	$32000/f^2$	$40000/f^2$	—
8 Hz～25 Hz	8000	$4000/f$	$5000/f$	—
0.025 kHz～1.2 kHz	$200/f$	$4/f$	$5/f$	—
1.2 kHz～3 kHz	$200/f$	3.3	4.1	—
2.9 kHz～57 kHz	$200/f$	$10/f$	$12/f$	—
57 kHz～100 kHz	40	$10/f$	$12/f$	—
0.1 MHz～3 MHz	40	0.1	0.12	4
3 MHz～30 MHz	$67/f^{1/2}$	$0.17/f^{1/2}$	$0.21/f^{1/2}$	$12/f$
30 MHz～3000 MHz	12	0.032	0.04	0.4
3000 MHz～15000 MHz	$0.22f^{1/2}$	$0.001f^{1/2}$	$0.0012f^{1/2}$	$f/7500$
15 GHz～300 GHz	27	0.073	0.092	2

注:① 0.1 MHz～300 GHz 频率,场量参数是任意连续 6 min 内的方均根值。

② 100 kHz 以下频率,需同时限制电场强度和磁感应强度;100 kHz 以上频率,在远场区,可以只限制电场强度或磁场强度,或等效平面波功率密度,在近场区,需同时限制电场强度和磁场强度。

③ 架空输电线路线下的耕地、园地、牧草地、畜禽饲养地、养殖水面、道路等场所,其频率 50 Hz 的电场强度控制限值为 10 kV/m,且应给出警示和防护指示标志。

对于脉冲电磁波,除满足上述要求外,其功率密度的瞬时峰值不得超过表 4-4 中所列限值的 1000 倍,或场强的瞬时峰值不得超过表 4-4 中所列限值的 32 倍。

(2)《工业企业设计卫生标准》

《工业企业设计卫生标准》(GBZ1—2010)中关于电磁辐射的标准内容摘要如下:

① 产生工频电磁场的设备安装地址(位置)的选择应与居住区、学校、医院、幼儿园等保持一定的距离,使上述区域电场强度最高容许接触水平控制在 4 kV/m。

② 对有可能危及电力设施安全的建筑物、构筑物进行设计时,应遵循国家有关法律、法规要求。

③ 在选择极低频电磁场发射源和电力设备时,应综合考虑安全性、可靠性以及经济社会效益;新建电力设施时,应在不影响健康、社会效益以及技术经济可行的前提下,采取合理、有效的措施以降低极低频电磁场辐射的接触水平。

④ 对于在生产过程中有可能产生非电离辐射的设备,应制定非电离辐射防护规划,采取有效的屏蔽、接地、吸收等工程技术措施及自动化或半自动化远距离操作,如预期不能屏蔽的应设计反射性隔离或吸收性隔离措施,使劳动者非电离辐射作业的接触水平符合《工作场所有害因素职业接触限值物理因素》(GBZ2.2)的要求。

⑤ 设计劳动定员时应考虑电磁辐射环境对装有心脏起搏器病人等特殊人群的健康影响。

(3) 国家军用标准

我国先后制定了《超短波辐射作业区安全限值》(GJB 1002—1990)和《水面舰艇磁场对人体作用安全限值》(GJB 2779—1996)。其安全限值分别见表 4-5 和表 4-6。

表 4-5　超短波(30～300 MHz)辐射作业区安全限值

辐射条件	日辐射时间/h	容许平均电场强度/(V/m)	容许暴露电场强度上限/(V/m)
脉冲波	8	10	87
连续波	8	14	123

注:①当在脉冲条件下工作电场强度大于 10 V/m,在连续波条件下工作电场强度大于 14 V/m 时,都必须采取有效防护措施;

②如实测数据以平均功率密度表示时,须将数据按下式换算成等效值。

$$E = \sqrt{P_d \times 377}$$

式中:E——电场强度,V/m;

P_d——功率密度,W/m²。

表 4-6　《水面舰艇磁场对人体作用安全限值》的具体内容

舱室	容许功率密度/(mW/cm²)	允许暴露时间
生活舱	5	8 h/日,每周 5 日,连续不超过 4 周
一般工作舱	7	8 h/日,每周 5 日,连续不超过 4 周
	40	连续不超过 4 周
强磁场设备舱	40	1 h/日,每周 5 日,连续不超过 4 周
	80	30 min/日,每周 5 日,连续不超过 4 周
	200	10 min/日,每周 5 日,连续不超过 4 周

注:①生活舱包括居住舱、会议室、餐厅等生活与休息舱室;

②一般工作舱指除强磁场设备舱以外的各种作业舱室。

2. 国际电磁辐射标准简介

(1) 工频电场卫生标准。

目前,大约已有 20 个国家制定了工频电场的电磁辐射标准,有的是国家标准,有的是组织和地方制定的标准,但是大多数标准还是推荐值。表 4-7 为一些国家的工频电场标准。

表 4-7　一些国家的工频电场强度限值

国别	类别	容许电场强度/(kV/m)	暴露时间	区域
俄罗斯	国家标准	＜5	工作日	运行区
		＜25	短时	维护区
德国	工业标准	≤20	长期	
		≤30	短期	维护工作区
捷克	国家标准	≤15	长期	变电所
波兰		≤15	长期	变电所
		≤20	短期	变电所
西班牙	导则	≤20		

(2) 工频磁场卫生标准。

目前磁场对人体健康的影响问题还没有引起重视,只有少数几个国家规定了工频磁场的磁通量密度限值。国际辐射防护协会所属国际非电离辐射委员会(IRPA/INIRC)于 1990 年向各国推荐频率为 50/60 Hz 电场和磁场限值临时导则,见表 4-8。

表 4-8 IRPA/INIRC50/60 Hz 电磁场限值

群体	受照群体	电场强度/(kV/m)	磁通量密度/mT
职业群体	整工作日内	10	0.5
	短时间内	30	5
	局限于四肢	—	25
公众群体	每天最多达 24 h	5	0.1
	每天数小时内	10	1

注:短时间内是指每天不得超过 2 h。

① 职业照射。

受照射时间计算公式为

$$t \leqslant 80/E \tag{4-6}$$

式中:t——时间,h;

E——电场强度,kV/m。

② 公众照射。容许受照射的时间仅每天数分钟,且此时体内感应电流密度不大于 2 mA/m²;如果磁通量密度大于 1 mT 时,受照射时间必须限制在每天数分钟以内。

(3) 射频电磁辐射标准。

国际辐射防护协会于 1988 年对射频电磁辐射标准做了修改,具体见表 4-9 和表 4-10。

(4) 无线通信标准。

人们在无线通信环境中工作和生活受到长时间辐射,即使场强不高,也有可能造成对人体的慢性危害,产生慢性累积效应。因此,为保护职业人群和公众人群的安全与健康,应当制定无线通信容许限值。国际非电离辐射防护委员会(IC-NPR)制定的《无线通信标准》被世界卫生组织和越来越多的国家、地区逐步采用。

表 4-9 射频电磁辐射职业暴露限值

频率/MHz	电场强度/(V/m)	磁场强度/(A/m)	功率密度/(mW/cm²)
0.1～1	614	1.6	—
1～10	$614/f$	$1.6/f$	—
10～400	61	0.16	1
400～2 000	$3f^{1/2}$	$0.008f^{1/2}$	5/4 000
2 000～30 000	137	0.36	5

注:f 为频率,MHz。

表 4-10 射频电磁辐射公众暴露限值

频率/MHz	电场强度/(V/m)	磁场强度/(A/m)	功率密度/(mW/cm²)
0.1～1	87	0.23	—
1～10	$87/f^{1/2}$	$0.23/f$	—
10～400	27.5	0.073	0.2
400～2 000	$1.375f^{1/2}$	$0.0037f^{1/2}$	$f/2\ 000$
2 000～30 000	61	0.16	1

注:f 为频率,MHz。

（5）磁场标准。

我国在磁场暴露卫生标准方面研究较少，国外一些个人和研究机构对恒定磁场职业暴露标准提出了一些建议或推荐限值，但尚未得到公认，仅具有参考价值。

3. 电磁辐射评价测量范围

对电磁辐射进行评价的测量范围一般如表 4-11 所示。

表 4-11　电磁辐射防护评价测量范围

<table>
<tr><th>电磁辐射设备</th><th colspan="2">防护测量范围</th></tr>
<tr><td>功率 $P>200$ kW 的发射设备</td><td colspan="2">以发射天线为中心，半径为 1 km 的范围；若最大辐射场强点处于 1 km 外，则范围扩大至最大场强处，直至场强值低于标准限值为止</td></tr>
<tr><td>功率 $200\ \text{kW} \geqslant P > 100$ kW 的发射设备</td><td>以天线为中心、半径为 1 km 的范围</td><td rowspan="2">对于有方向性的天线，范围可从天线辐射主瓣的半功率角内扩大到 0.5 km；如有高层建筑的部分楼层进入天线辐射主瓣的半功率角内时，应选择不同高度对这些楼层进行室内或室外场强测量</td></tr>
<tr><td>功率 $P \leqslant 100$ kW 的发射设备</td><td>以天线为中心、半径为 0.5 km的范围</td></tr>
<tr><td>工业、科教、医疗电磁辐射设备</td><td colspan="2">以设备为中心、半径为 250 m 的范围</td></tr>
<tr><td>高压输电线路和电气化铁道</td><td colspan="2">以有代表性为准，对具体线路作认真详尽分析后，确定其具体范围</td></tr>
<tr><td>可移动式电磁辐射设备</td><td colspan="2">一般按移动设备载体的移动范围来确定；对于可能进入人口稠密区的陆上可移动设备，尚需考虑对公众的影响，来确定其具体范围</td></tr>
</table>

4.4　环境电磁辐射污染的防治

为防止电磁辐射污染环境，影响人体健康，除了制定出适当的安全卫生标准外，还要对高频设备进行有效的屏蔽防护，选定的无线电台场地要符合有关规定，新增设电视发射塔要考虑到对环境的影响，在微波应用方面，也要采取防护措施，减少对人体的危害和对环境的污染。

4.4.1　环境电磁辐射污染的特点

环境电磁辐射污染有如下特点。

（1）有用信号与污染是共生的。

水、气、声、渣等污染要素，与其产品是分开的。例如，生产合格的纸，排出污水。而电磁辐射不同，发射的就是有用信号，但其对公众健康来讲，同时具有污染的特性。在一定程度上，电磁波的有用信号和污染是共生的，其污染不能单独治理。

（2）产生的污染具有可预见性。

电磁辐射设备对环境的辐射能量密度可根据其设备性能和发射方式进行估算，具有可预见性。在设计阶段，对于不同方案，可以初步估算出对环境污染的不同结果，由此可以进行方案的比较取舍。

（3）产生的污染具有可控制性。

电磁辐射设备向环境发射的电磁能量，可以通过改变发射功率、改变增益等技术手段来控制。一旦断电，其污染立即消除，而且与周围建筑物的布局和人群分布有关。所以，为了最大限度地发挥电磁辐射的经济性能,减少对环境的污染,必须对电磁辐射设施的建设项目进行环境影响评价。

4.4.2 电磁辐射污染防护的基本原则

环境电磁辐射污染防护的基本原则如下。

(1) 屏蔽辐射源或辐射单元。

(2) 屏蔽工作点。

(3) 采用吸收材料,减少辐射源的直接辐射。

(4) 消除工作现场二次辐射,避免或减少二次辐射。

(5) 屏蔽设施必须有很好的单独接地。

(6) 加强个人防护,如穿具屏蔽功能的工作服、戴具屏蔽功能的工作帽等。

其特点是着眼于增加电磁波在介质中的传播衰减,使到达人体时的场强和能量水平降低到电磁波照射卫生标准以下。

4.4.3 电磁辐射防治的基本方法

1. 屏蔽

1) 屏蔽的分类

屏蔽是指采取一切可能的措施将电磁辐射的作用与影响限定在一个特定的区域内。

(1) 按照屏蔽的方法分为主动场屏蔽与被动场屏蔽。

两者的区别在于场源与屏蔽体的位置不同。前者场源位于屏蔽体之内,用来限制场源对外部空间的影响;后者场源位于屏蔽体之外,主要用于防治外界电磁场对屏蔽室内的影响。

(2) 按照屏蔽的内容分为电磁屏蔽、静电屏蔽和磁屏蔽三种。

电磁屏蔽是指采取一定的措施以消除电磁感应的影响;静电屏蔽则是利用静电场的特性,使电场线终止于屏蔽的表面上,从而抑制电场的干扰;磁屏蔽则是用高磁导率材料制成的磁屏蔽体将磁场封闭在内,以防止电磁辐射的危害。实际防治工作中采用最多的是电磁屏蔽。

2) 电磁屏蔽机理

电磁屏蔽主要依靠屏蔽体的吸收和反射起作用。

(1) 吸收。

电损耗、磁损耗及介质损耗等共同组成了屏蔽体的吸收作用。通过这些损耗在屏蔽体内转化为热消耗,从而达到阻止电磁辐射和防止电磁干扰的目的。

(2) 反射。

主要利用介质(空气)与金属的波阻抗不一致而使一部分电磁波被反射回空气介质中,但仍有一部分能穿透屏蔽体。穿透的电磁波由于屏蔽体在电磁场中产生的电损耗、磁损耗及介电损耗等而消耗部分能量,即部分电磁波被吸收,吸收后剩余的电磁波在到达屏蔽体另一表面时,同样由于阻抗不匹配又会有部分电磁波反射回屏蔽体内,形成在屏蔽体内的多次反射,而剩余部分则穿透屏蔽体进入空气介质。

电磁干扰过程必须具备三要素:电磁干扰源、电磁敏感设备、传播途径。电磁屏蔽措施主要是从电磁干扰源及传播途径两方面来防治电磁辐射:一方面抑制屏蔽室内电磁波外泄即抑制电磁干扰源;另一方面阻断电磁波的传播途径以防止外部电磁波进入室内。

电磁屏蔽作用一般可以分成三种。第一种是对静电场以及变化很慢的交变电场的屏蔽,即静电屏蔽的作用。这种屏蔽现象是由屏蔽体表面的电荷运动而产生的,在外界电场的作用下电荷重新分布，直到屏蔽体的内部电场均为零时停止运动。高压带电作业工人所穿的带电作业服就是利用这个原理研制的。第二种屏蔽是对静磁场以及变化很慢的交变磁场的屏蔽，即磁屏蔽的作用。与静电屏蔽不同的是，它使用的材料不是铜网，而是有较高磁导率的磁性材料。防磁功能手表就是基于这一原理制造的。第三种电磁屏蔽的作用就是对高频、微波电磁场的屏蔽。若电磁波的频率达到百万赫兹或者亿万赫兹，此时射向导体壳的电磁波就像光波射向镜面一样被反射回来，另外还有一小部分电磁波能量被消耗掉，即外部电磁波很难穿过屏蔽体进入内部，同样地，屏蔽体内部的电磁波也很难穿透出去。

3）电磁屏蔽室的设计制作

按统一规格制造，便于拆装运输的电磁屏蔽包围物统称电磁屏蔽室，按其结构可以分成两类。

（1）板型屏蔽室：由若干块金属薄板制成，对于毫米波段，只能采用这类屏蔽室。

（2）网型屏蔽室：由若干块金属网或板拉网等嵌在金属骨架上装配或焊接制成。

影响电磁屏蔽室屏蔽效果的因素有以下几种。

① 孔洞及缝隙：屏蔽壳体上出现的各种不连续孔洞的大小及其分布密度、屏蔽体上的焊接缝隙、可拆卸板或镶板缝隙及门缝等。

② 屏蔽材料：所选屏蔽材料的种类或材质、电气性能，如电导率和磁导率等。

③ 空腔谐振：当封闭的屏蔽壳体受到大功率高频设备泄漏的相关频率电磁能量的激励时，将产生空腔谐振；甚至壳体中的一些大功率脉冲（当脉冲的前后沿非常陡峭时）也能导致这种谐振的出现，从而降低屏蔽效能。

④ 混合屏蔽及天线效应：不同种屏蔽材料在屏蔽壳体中混合使用，各种金属导线引入屏蔽体空间内，会影响屏蔽效果。

⑤ 辐射源的距离、辐射频率等因素也对屏蔽效果有影响。

屏蔽室结构设计一般要求如下。

① 屏蔽材料的选择。由于各种材料对电磁波的吸收和反射效果不同，材料的选择成为屏蔽效果好坏的关键。材料内部电场强度与磁场强度在传播过程中均按指数规律迅速衰减，电磁波的衰减系数值越大，衰减得越快，屏蔽效果越好。屏蔽材料必须选用导电性和透磁性高的材料，由中波与短波各频段实验结果可知，铜、铝、铁均具有较好的屏蔽效果，可结合具体情况选用。对于超短波和微波频段，一般采用屏蔽材料与吸收材料制成复合材料，用来防止电磁辐射。

② 屏蔽结构的设计。设计时，要求尽量减少不必要的开孔、缝隙以及尖端突出物。电磁屏蔽室内通常有各种仪器设备，工作人员需要进出，因而要求屏蔽室设有门、通风孔、照明孔等配套设施，使屏蔽室内出现不连续部位。孔洞上接金属套管可以减小孔洞的影响，套管与孔洞周围要有可靠的电气设备连接；孔洞的尺寸要小于干扰电磁波的波长。另外，屏蔽室的每一条焊缝都应做到电磁屏蔽。

③ 屏蔽厚度的选用。一般认为，接地良好时，屏蔽效率随屏蔽厚度的增加而增大。但鉴于射频（特别是高频波段）的特性，所以厚度无须无限制地增加。由实验可知，当屏蔽厚度达 1 mm 以上时，其屏蔽效率的差别不显著。

④ 屏蔽网孔大小（目数）及间距的确定。如选用屏蔽金属网，对于中短波，一般目数小些就可以保证屏蔽效果；而对于超短波、微波来说，屏蔽网目数一定要大。由实验得知：a. 屏蔽网的网孔越密，网丝的直径越粗，其屏蔽效率越高；b. 对于相同直径的网材，铜网的屏蔽效率大于相同规格的铁网；c. 一般随频率增加，屏蔽材料的屏蔽效率也相应增大，当频率达到 3×10^8

Hz 左右时出现最大屏蔽效率，而后随频率增加呈急剧下降趋势；d. 一般双层金属网屏蔽效率大于单层网，当金属网间距在 5 以上时，双层网的衰减量相当于单层网的 2 倍。

一般情况下，屏蔽间距越大，电磁场强度的衰减就越快。为了提高屏蔽效果，需确定适当的屏蔽体与场源的间距。间距太小，很可能达不到要求的屏蔽效果；间距过大，一方面会使屏蔽失去意义，另一方面会增加不必要的空间体积，给工作带来不便。一些常用设备主要部件的屏蔽间距为：a. 高频输出变压器的水平屏蔽间距为 20～30 cm，垂直间距为 50～60 cm；b. 在能保证屏蔽体有良好的高频电气接触性能与射频接地的条件下，振荡回路的屏蔽间距可缩小到 10～20 cm；c. 基于输出馈线是一个强辐射体，为了保证馈线输出匹配良好，一般将屏蔽馈线所用的屏蔽馈筒到传输线之间的距离选择为 1/4 工作波长的奇数倍。

2. 接地技术

(1) 接地抑制电磁辐射的机理。

接地有射频接地和高频接地两类。射频接地是将场源屏蔽体或屏蔽体部件内感应电流加以迅速地引流以形成等电势分布，避免屏蔽体产生二次辐射所采取的措施，是实践中常用的一种方法。高频接地是将设备屏蔽体和大地之间，或者与大地上可以看作公共点的某些构件之间，采用低电阻导体连接起来，形成电流通路，使屏蔽系统与大地之间形成一个等电势分布。

(2) 接地系统的设计与实施。

接地系统包括接地线、接地极。其结构如图 4-5 所示。

① 接地线。射频电流存在趋肤效应，故屏蔽体的接地系统表面积要足够大，以宽为 10 cm 的铜带为宜。

a. 设备的接地。原则上要求每台设备应当有各自的接地连接，不应采用汇流排线，以避免引起干扰的耦合效应发生。

b. 屏蔽部件的接地。任何金属屏蔽部件应使用宽的金属带作为接地线并进行多点接地，且均与接地极良好连接。

c. 屏蔽电缆的接地。电缆的金属屏蔽是产生射频电磁场设备的电流回路，故要求电缆的屏蔽外皮要妥善接地。

② 接地极。接地极的结构设计有如下几种形式。

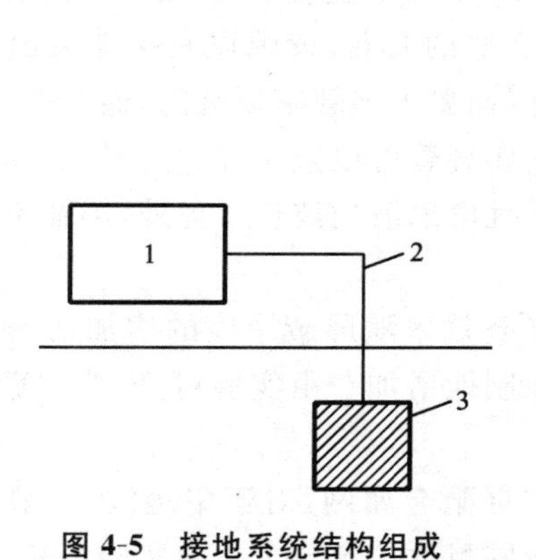

图 4-5 接地系统结构组成

1—射频设备；2—接地线；3—接地极

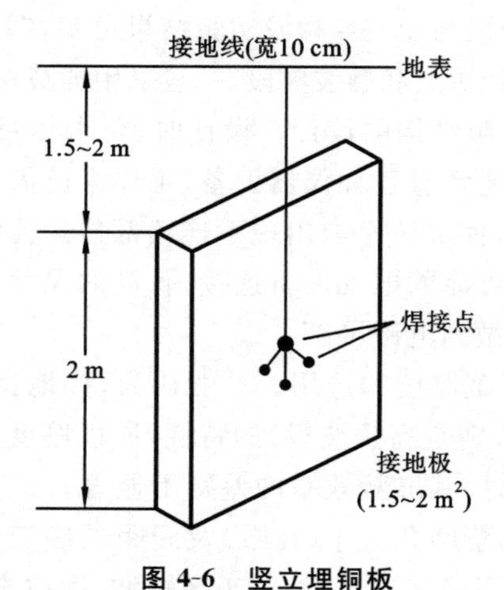

图 4-6 竖立埋铜板

a. 埋置接地铜板。一般是将 2 m^2 的铜板埋在地下土壤中，并将接地线良好地连接在接地铜板上。埋置铜板又分为竖立埋、横立埋与平埋三种，分别如图 4-6 至图 4-8 所示。

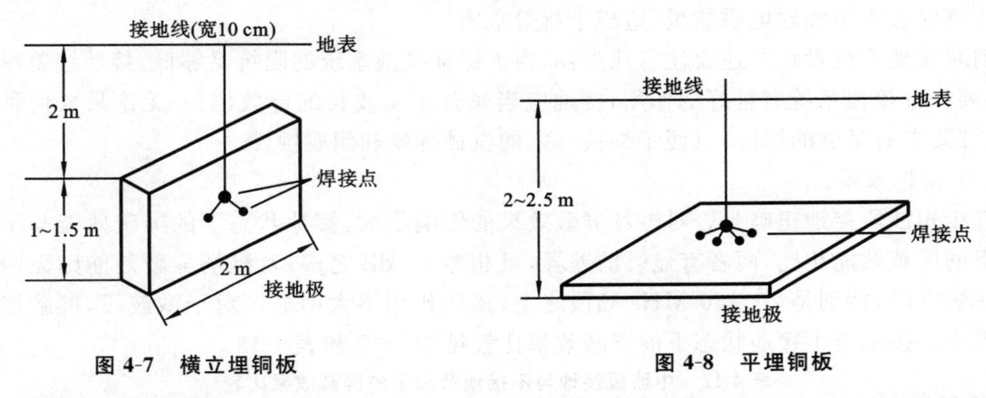

图 4-7　横立埋铜板　　图 4-8　平埋铜板

b. 埋置接地格网铜板。在一块 2 m^2 的铜板上立焊“井”字形铜板，使其成为格网结构，而后埋入土壤中，如图 4-9 所示。

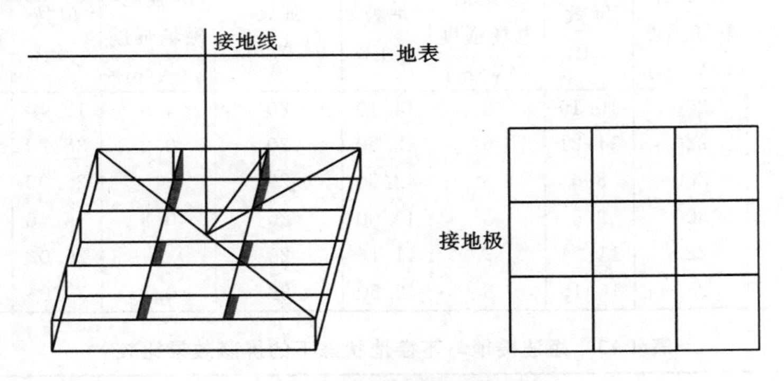

图 4-9　格网式接地线

c. 埋置嵌入接地棒。一般将长度为 2 m、直径为 5～10 cm 的金属铜棒或铁棒打进土壤中，或挖坑埋置，然后将各接地棒上端连接在一起，并与屏蔽体相连接。接地棒的分布如图4-10所示。

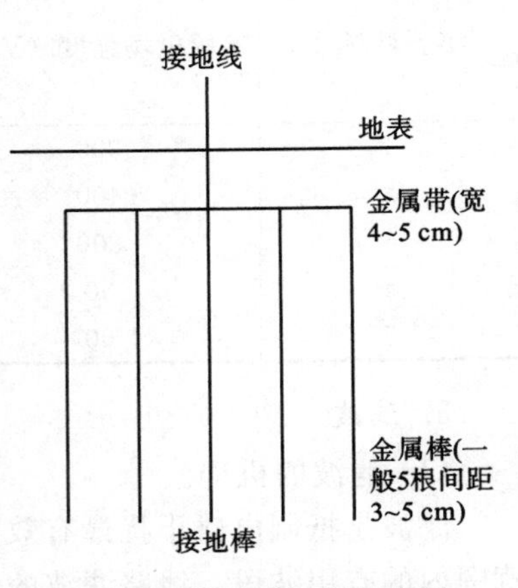

图 4-10　接地棒埋置示意图

以上介绍的是单个接地线与接地极的基本结构和埋置方式，在实际应用中若用多根单一接地极（棒状）或多片单一接地极（板状），设计时要特别注意它们之间的屏蔽问题，棒与棒之间和板与板之间存在着互相屏蔽效应，因此接地极附近的土壤都得不到充分利用，泄流面积变小，流散电阻变大，使得整个组合接地极的电阻势必大于单独埋设的单一接地极电阻的并联值。所以，复合接地极中的各个单一接地体间距要大，考虑到施工方便，一般以 3～5 m 间距为宜。

③ 一点接地与多点接地。如果射频设备本身进行“接地”处理，通常情况下，最好的选择是实行单点接地。否则，当有两个以上接地点时，从这些点到外部必须构成了干扰通路，在屏蔽线外皮上有干扰电流通过，使得屏蔽外皮各点电势不同而产生干扰。

若对射频场源本身实行屏蔽，则要求分别用接地线与接地极相连接，即采取共用接地极而分用接地线的办法,屏蔽体可以实行多点接地。

无论采取单点接地或多点接地,都须注意接地体本身所具有的天线效应问题,否则,当接地不完善时会大量辐射电磁能量,造成干扰等危害。

射频接地系统设计时还要注意几点:a. 为了保证接地系统的阻抗足够低,接地线要尽可能短;b. 要保证接地系统有良好的作用,接地应当避开 1/4 波长的奇数倍;c. 无论采取何种接地方式,都要求有足够的厚度,以便于维持一定的机械强度和耐腐蚀性。

(3) 接地效果。

在中短波段接地正确与否对电场屏蔽效果的影响很大,接地状态下的屏蔽效能与不接地状态下的屏蔽效能相比,两者有显著的差异,可相差 30 dB 之多,对磁场屏蔽效能则无明显影响。在短波段,特别是 20～30 MHz 频段之上,接地作用不太明显。对于微波段,屏蔽接地作用则更小。接地与不接地状态下的屏蔽效果比较见表 4-12 和表 4-13。

表 4-12　中波段接地与不接地状态下的屏蔽效果比较

实验材料号	实验电场强度/(V/m)	屏蔽不接地		屏蔽接地		实验磁场强度/(A/m)	屏蔽不接地		屏蔽接地	
		屏蔽后电场强度/(V/m)	屏效/dB	屏蔽后电场强度/(V/m)	屏效/dB		屏蔽后磁场强度/(A/m)	屏效/dB	屏蔽后磁场强度/(A/m)	屏效/dB
2	800	250	10.19	5	44.10	20	4.5	12.40	1	26.02
3	800	220	11.21	6	42.50	20	0.2	38.20	0.2	38.20
4	800	300	8.6	6	42.50	20	1	26.02	3	16.48
6	800	300	8.6	8	40.00	20	0.3	36.46	0.3	36.46
8	800	220	11.21	7	41.16	20	1	26.02	1	26.02
10	800	250	10.19	6	42.50	20	0.5	32.04	0.5	32.04

表 4-13　短波接地与不接地状态下的屏蔽效果比较

实验材料号	实验电场强度/(V/m)	屏蔽不接地		屏蔽接地	
		屏蔽后电场强度/(V/m)	屏效/dB	屏蔽后电场强度/(V/m)	屏效/dB
1	300	30	90	25	91.6
2	400	60	85	50	87.5
3	800	80	90	70～80	90
4	50	35	30	28	44
5	60	35～40	33.3	32	46.7

3. 滤波

(1) 滤波的机理。

滤波是抵制电磁干扰最有效的手段之一。滤波即在电磁波的所有频谱中分离出一定频率范围内的有用波段。线路滤波的作用是保证有用信号通过的同时阻截无用信号通过。

(2) 滤波器。

滤波器是一种具有分离频带作用的无源选择性网络。所谓选择性就是它具有能够从输入端(或输出端)电流的所有频谱中分离出一定频率范围内有用电流的能力。即在一个给定的通频带范围内,滤波器具有非常小的衰减,能让电能(电流)很容易通过;而在此频带之外滤波器具有极大的衰减,能抑制电能(电流)通过。电源网络的所有引入线在屏蔽室入口处必须装设滤波器。若导线分别引入屏蔽室,则要求对每根导线都必须进行单独滤波。在对付电磁干扰信号的传导和某些辐射干扰方面，电源电磁干扰滤波器是相当有效的器件。

(3) 滤波器的设计要点。

滤波器是由电阻、电容和电感组成的一种网络器件。滤波器在电路中的位置设置根据干扰侵入途径来确定。滤波器的设计需遵循如下要点。

① 截止频率的确定。鉴于滤波器所允许通过的电流为工频 50 Hz 电流，比所要滤除的杂波电流频率低得多，为了使其在衰减区域之前的衰减量尽可能地少，在衰减区域内的衰减量尽可能地大，则必须妥善地选定截止频率、k 值等参数。若要得到更大的衰减常数，那么截止频率一定要取低些。

② 阻抗的确定。基于滤波器允许通过的工频电流要比需要滤除的高频电流的频率低得多，因此在通频带中的阻抗匹配问题就显得不十分重要了，电源滤波器的阻抗匹配无须考虑；但滤波器阻频带区域的衰减值却要认真对待，尽量提高其衰减值。

在实际应用中，当滤波器的对象阻抗与终结阻抗的绝对值相等或接近时，便产生了接近共轭匹配状态，因而衰减值降低。为避免这种现象，应在保证最大衰减值的条件下，使滤波器的对象阻抗极大或极小。考虑到滤波器的对象阻抗值不能高于线圈自身的特性阻抗值，所以滤波器的对象阻抗要取最小数值。

③ 阻频带宽的确定。为了获得比较宽的阻抗带，k 值(k 为 π 型网络的旁路电容与总分布电容的比值)的选择必须大一些。例如，当 $k=40$ 时，基波与二次谐波的抑制在 40 dB 左右；而当 $k=4\ 000$时，从基波到几十次高谐波均可被抑制在 40 dB。

④ 线圈 Q 值的确定。若线圈有损耗，那么其工程衰减值将为常量。理论分析可知，通频带愈宽，工作衰减值愈小；Q 值愈大，工作衰减值愈小。相移系数 α 和衰减常数 β 与 Q 的关系是

$$\beta = \frac{2\alpha}{Q} \tag{4-7}$$

除此以外，设计滤波器时还应考虑线路与结构、屏蔽及接地形式等因素。

(4) 滤波器的安装准则。

① 滤波器一定要接到每一根馈入屏蔽室内电源线的各个单独配线上。为了少用滤波器，必须科学地设计电源线系统，尽量使引入线减至最少。

② 各电源线的滤波器应当分别屏蔽，在可能的条件下应当对整体滤波器施行总屏蔽，且屏蔽体一定要接地良好。

③ 为了避免滤波器置于强磁场中，应当将滤波器的主要零件放在室外，如必须将滤波器放入屏蔽室内，务必放在场强较弱的地方。

④ 必须完全隔断滤波器输入端与输出端的杂乱耦合，如可将滤波器两端头分别置在屏蔽室内外。

⑤ 应在滤波器屏蔽壳下面接地，以便尽可能减少感应电磁场对电源线的影响。

⑥ 滤波器的屏蔽壳应与屏蔽室的壳有良好的电气接触。

⑦ 将电源线放置在滤波器的两侧，并装在金属导管之中，或者使用靠近地面的铅皮电缆，尽可能将之埋入一定深度的土壤中。

⑧ 在使用接地线的情况下，接地线应尽可能地短，并直接接到高频电源的回线上，或者在接地电阻十分低的地方接地，并且高频电源插座亦要有良好的接地。

⑨ 电源线必须垂直引入滤波器输入端，以减少电源线上的干扰电压与屏蔽壳体耦合。

⑩ 一般情况下,可将电源线中的零线接到屏蔽室的接地芯柱,而将火线通过滤波器引入到屏蔽室内。

⑪ 滤波器装在屏蔽的容器内,网络的分隔部分用金属板隔开,其目的是消除回路中的各部分相互耦合,用一根裸铜线穿过每一隔板,并将每一穿过的地方焊牢。

⑫ 滤波器最好在靠近需要滤波的部位安装。

4. 其他措施

电磁辐射防治还可采用其他方法:①采用电磁辐射阻波抑制器,通过反作用场的作用,在一定程度上抑制无用的电磁辐射;②新产品和新设备的设计制造时,尽可能使用低辐射产品;③从规划着手,对各种电磁辐射设备进行合理安排和布局,并采用机械化或自动化作业,减少作业人员直接进入强电磁辐射区的次数或工作时间。另外,加强个体防护和安排适当的饮食,也可以抵抗电磁辐射的伤害。

4.4.4 环境电磁辐射污染防治

1. 广播、电视发射台的电磁辐射防护

广播、电视发射台的电磁辐射防护首先应该在项目建设前,以《电磁辐射防护规定》为标准,进行电磁辐射环境影响评价,实行预防性卫生监督,提出包括防护带要求等预防性防护措施。对于业已建成的发射台对周围区域造成较强场强,一般可考虑以下防护措施。

(1) 在条件许可的情况下,采取措施,减少对人群密集居住方位的辐射强度,如改变发射天线的结构和方向角。

(2) 在中波发射天线周围场强大约为 15 V/m,短波场强为 6 V/m 的范围设置一片绿化带。

(3) 调整住房用途,将在中波发射天线周围场强大约为 10 V/m,短波场源周围场强为 4 V/m的范围内的住房,改为非生活用房。

(4) 利用建筑材料对电磁辐射的吸收或反射特性,在辐射频率较高的波段,使用不同的建筑材料,如用钢筋混凝土或金属材料覆盖建筑物,以衰减室内场强。

2. 微波设备的电磁辐射防护

为了防止和避免微波辐射对环境的“污染”而造成公害,影响人体健康,在微波辐射的安全防护方面,主要的措施有以下三方面。

(1) 减少源的辐射或泄漏。

根据微波传输原理,采用合理的微波设备结构,正确设计并采用适当的措施,完全可以将设备的泄漏水平控制在安全标准以下。在合理设计的微波设备制成之后,应对泄漏进行必要的测定。合理地使用微波设备,为了减少不必要的伤害,规定维修制度和操作规程是必要的。

在进行雷达等大功率发射设备的调整和试验时,可利用等效天线或大功率吸收负载的方法来减少从微波天线泄漏的直接辐射。利用功率吸收器(等效天线)可将电磁能转化为热能耗散掉。

(2) 实行屏蔽和吸收。

为了防止微波在工作地点的辐射,可采用反射型和吸收型两种屏蔽方法。

① 反射微波辐射的屏蔽。使用板状、片状和网状的金属组成的屏蔽设施来反射、散射微波,可以较大衰减微波辐射作用。一般来说,板、片状的屏蔽壁比网状的屏蔽壁效果好,也有人用涂银尼龙布来屏蔽,亦有不错的效果。

② 吸收微波辐射的屏蔽。对于射频，特别是微波辐射，也常利用吸收材料进行微波吸收。

吸收材料是一种既能吸收电磁波，又对电磁波的发射和散射都极小的材料。目前电磁辐射吸收材料可分为两类。一类为谐振型吸收材料，是利用某些材料的谐振特性制成的吸收材料。这种吸收材料厚度小，对频率范围较窄的微波辐射有较好的吸收效率。另一类为匹配型吸收材料，是利用某些材料和自由空间的阻抗匹配，达到吸收微波辐射能的目的。

人们最早使用的吸收材料是一种厚度很薄的空隙布。这层薄布不是任意的编制物，它具有 377 Ω 的表面电阻率，并且是用炭或碳化物浸过的。

如果把炭黑、石墨羧基铁和铁氧体等，按一定的配方比例填入塑料中，即可以制成较好的窄带电波吸收体。为了使材料具有较好的机械性能或耐高温等性能，可以把这些吸收物质填入橡胶、玻璃钢等物体内。

微波吸收的方案有两个：一是仅用吸收材料贴附在罩体或障板上，将辐射电磁波吸收；二是把吸收材料贴附在屏蔽材料罩体和障板上，进一步削弱射频电磁波的透射。

微波炉在使用时会产生电磁波。通常，微波炉的炉体和炉门之间，是可能泄漏电磁波的主要部位。在其间装有金属弹簧片以减小缝隙，然而这个缝隙的减小程度是有限度的，由于经常开、关炉门，而附有灰尘杂物和金属氧化膜等，使微波炉泄漏仍然存在。为此，人们采用导电橡胶来防泄漏，由于长期使用，重复加热，橡胶会老化，从而失去弹性，以至缝隙又出现了。目前，人们用微波吸收材料来代替导电橡胶，这样一来，即使在炉门与炉体之间有缝隙，也不会产生微波泄漏。这种吸收材料由铁氧体与橡胶混合而成，它具有良好的弹性和柔软性，容易制成所需的结构形状和尺寸，使用时相当方便。

微波辐射能量随距离加大而衰减，且波束方向狭窄，传播集中，可以加大微波场源与工作人员或生活区的距离，达到保护人民群众健康的目的。

(3) 微波作业人员的个体防护。

必须进入微波辐射强度超过照射卫生标准的微波环境操作人员，可采取下列防护措施。

① 穿微波防护服。根据屏蔽和吸收原理设计成三层金属膜布防护服。内层是牢固棉布层，防止微波从衣缝中泄漏照射人体；中间层为涂金属的反射层，反射从空间射来的微波能量；外层为介电绝缘材料，用以介电绝缘和防蚀，并采用电密性拉锁，袖口、领口、裤角口处使用松紧扣结构。也可用直径很细的钢丝、铝丝、柞蚕丝、棉线等混织金属丝布制作防护服。

② 戴防护面具。面具可制作成封闭型(罩上整个头部)或半边型(只罩头部的后面和面部)。

③ 戴防护眼镜。眼镜可用金属网或薄膜做成风镜式。较受欢迎的是金属膜防目镜。

3. 高频设备的电磁辐射防护

高频设备的电磁辐射防护的频率范围一般是指 0.1～300 MHz，如上所述，其防护技术有电磁屏蔽、接地技术及滤波等几种。由于感应电流和频率成正比，低频时感应电流很小，所产生的磁感线不足以抵消外来电磁场的磁感线，因此电磁屏蔽只适用于高频设备。

4. 环境静电污染防治

频率为零时的电磁场即为静电场。静电场中没有辐射，然而高压静电放电也能引爆引燃易燃气体和易燃物品，对人体健康、电子仪器等产生重大危害。当静电积累到一定程度并引起放电，且能量超过物质的引燃点时，就会发生火灾。

防止和消除静电危害，控制和减少静电灾害的发生，主要从三个方面入手：一是尽量减少静电的产生；二是在静电产生不可避免的情况下，采取加速释放静电的措施，以减少静电的积累；三是当静电的产生、积累都无法避免时，要积极采取防止放电着火的措施。

(1) 防止或减少静电的产生。

为了防止或减少静电的产生,应做到以下几点。

① 选材时尽量考虑采用物性类同或导电性能相近的材料,尽量采用导体材料,不用或少用高绝缘材料。

② 改善装卸和运输方式,尽量减少摩擦和碰撞。

③ 防止和减少不同物质的混合和杂质的混入。

④ 控制速度(传动速度、流动速度、气体输送速度、排放速度等)。

⑤ 增大接触面的平滑度,减小摩擦力。

各种油料的防静电措施如下。

① 液体易燃物质在流量大、流速高的情况下,可使油面静电电位很快上升,达到引燃点而引起着火,因此,要控制输送流量、速度。

② 采用合适的进油方式,尽量避免上部喷注,宜采用底部进油。

③ 防止混入其他油料、水以及杂质,确保油料清洁。

④ 油料搅拌时要均匀。

⑤ 改善过滤条件,过滤器材料的选用、孔径安装部位都要符合规定,控制流过过滤器的速度和压力。

⑥ 放料时避免泄喷,在需要放出油料时,开口部要大些,喷出压力应在 10×10^5 Pa 以下。

⑦ 严格执行清洗规程。

(2) 加速静电释放。

① 加速静电荷的释放。可采用良好的接地措施,改善材料的导电性等方法,如使用防静电添加剂、涂刷或者镀上防静电层、增加环境的相对湿度等。

② 中和消除静电。中和消除静电是指用极性相反的电荷去抵消积累的电荷,如采用不同极性的缓冲器。消除静电是用人为的方法产生相反极性的电荷来消除原来积累的电荷,可采用自感应式静电消除器、外加电源式静电消除器以及同位素静电消除器等。

(3) 防止放电着火。

① 安装放电器。在设备的合适位置上预先设置放电器,以便于释放积累的静电,如飞机的机翼后沿设有多组放电器,以避免过载放电着火。

② 屏蔽带电体。采用隔离的办法来限制带电体对周围物体产生电气作用及放电现象。

③ 加强静电的测量和报警。安装静电的测量和报警系统,及早发现危险,及时采取有效措施,防止静电着火发生。

④ 防止或减少可燃性混合物的形成。控制可燃物的浓度,从而降低着火的概率。

5. 合理使用手机防止电磁辐射

手机已相当普及,随之而来的手机电磁辐射问题也引起了人们的普遍关注。经测试得出以下结果。

(1) 手机呼出时与网络最初取得联系的几秒钟内电磁辐射最大,随着振铃第一声响过,此辐射逐渐减小,达到一个稳态值。通话过程中辐射值一般低于最大值而高于稳态值。

(2) 待机状态下,虽然手机不时发射信号与基站保持联系,但电磁辐射很小。专家认为,手机放于衣袋中或挂于腰带上,不会影响人体健康。

(3) CDMA 类手机的电磁辐射较低,仅为 GSM 手机的几十分之一到十分之一。

(4) 两款天线内置式手机的电磁辐射均较低,与多数同类天线外置式手机相比,约为其十分之一。

(5) 对天线内置式手机而言，以手机背面的电磁辐射为大，前面板也有辐射，但仅为背面的几分之一。

(6) 对天线外置式手机而言，机体虽也有电磁辐射，但仍以天线周围的电磁辐射为最大。

为此手机用户在享受手机带来的方便的同时，谨防手机电磁辐射可能对健康造成的危害，可采取以下防护措施。

(1) 手机呼出时与网络最初取得联系的几秒内电磁辐射最大，因此在最初几秒，最好不要马上将手机贴耳接听。

(2) 最好使用分离耳机和分离话筒。手机电磁辐射强度与距离的平方成反比，使用分离耳机和分离话筒，加大了头部与天线的距离，会大大降低头部受到的电磁辐射。

(3) 在信号不好的地方使用手机，拉出天线可以改善通话质量，并使手机在较低功率水平上工作，功率越低，电磁辐射强度越低。

(4) 身边如有其他电话可用，就不要使用手机。

(5) 尽量减少通话时间。使用手机者应尽量长话短说，尽量减少每一次通话时间。如一次通话确需要较长时间，那么中间不妨停一停，分成两次或三次交谈。

(6) 呼吁政府主管部门，加快制定手机电磁辐射的安全标准，早日结束目前这一领域无人监管的现状；呼吁国内外手机生产厂家，积极开发生产适应消费者需要的"绿色手机"，在享受科技带来的便捷时，也能安心享受健康和安全。

6. 室内电磁辐射的防护

对于室内环境中办公设备、家用电器和手机带来的电磁辐射危害，人们应采取如下保护措施。

(1) 自觉遵守国家标准，正确使用电脑、手机、微波炉等办公设备和家用电器。

(2) 电器摆放不能过于集中。在卧室中，要尽量少放，甚至不放电器。

(3) 电器使用时间不宜过长，尽量避免同时使用多台电器。

(4) 注意人与电器的距离，能远则远。

(5) 尽量缩短使用电剃须刀和吹风机的时间。

(6) 长时间坐在计算机前工作，最好穿防辐射大褂或马甲、围裙等防护用品。在视频显示终端，要加装荧光屏防护网。

(7) 经常饮茶或服用螺旋藻片，加强机体抵抗电磁辐射的能力。

(8) 对辐射较大的家用电器，如电热毯、微波炉、电磁炉等，可采用不锈钢纤维布做成罩子，或进行化学镀膜来反射和吸收阻隔电磁辐射。

7. 电磁辐射源的管理

(1) 输出功率等于和小于 15 W 的移动式无线电通信设备，如陆上海上移动通信设备以及步话机等电磁辐射体可以免于管理。向没有屏蔽空间的辐射等效功率小于表 4-14 所列数值的辐射体可免于管理。

表 4-14　可豁免的电磁辐射体的等效辐射功率

频率范围/MHz	等效辐射功率/W
0.1～3	300
3～300 000	100

(2) 凡其功率超过表4-23所列豁免水平的一切电磁辐射体的所有者,必须向所在地区的环境保护部门申报、登记,并接受监督。新建或购置豁免水平以上的电磁辐射体的单位或个人,必须事先向环境保护部门提交"环境影响报告书(表)"。新建或新购置的电磁辐射体运行后,必须实地测量电磁辐射场的空间分布。必要时以实测为基础划出防护带,并设警戒符号。

(3) 一切拥有产生电磁辐射体的单位或个人,必须加强电磁辐射体的固有安全设计。工业、科学和医学中应用的电磁辐射设备,出厂时必须具有满足"无线电干扰限值"的证明书。运行时应定期检查这些设备的漏能水平,不能在高漏能水平下使用,并避免对居民日常生活的干扰。长波通信、中波广播、短波通信及广播的发射天线,离开人口稠密区的距离,必须满足安全限值的要求。

(4) 电磁辐射水平超过规定限值的工作场所必须配备必要的职业防护设备。

(5) 对伴有电磁辐射的设备进行操作和管理的人员,应施行电磁辐射防护训练。训练内容应包括电磁辐射的性质及其危害性,常用防护措施、用具以及使用方法,个人防护用具及使用方法,电磁辐射防护规定。

8. 电力机车辐射的抑制技术

电力机车一般具有牵引力大、速度快、污染少等优势,但其电磁辐射污染问题较为突出,亟待治理。有学者提出利用高频铁氧体磁性材料抑制电力机车受电弓离线产生的部分干扰电磁辐射。这是一种从源方面降低无线电干扰的方法。

(1) 高频铁氧体磁环对电磁辐射的抑制作用。

通过20～180 MHz干扰电磁波实验结果表明,高频铁氧体磁环对电磁辐射的抑制作用机制主要是利用铁氧体高频区域的畴壁共振损耗来抵制电磁波的辐射。

电力机车产生的无线电干扰其频域很宽,一部分由受电弓向外辐射,在受电弓上套装铁氧体磁环后,使干扰电磁波首先射入铁氧体,然后穿过铁氧体向外辐射,在此过程中干扰电磁波的辐射能量就会适当减少。另外,受电弓在干扰辐射过程中起着天线作用,由于在上面套装磁性材料,则必然对这个"天线"的参数有一定影响,也会使某些频段的干扰辐射能量相应减少,从而起到一定的抑制作用。

(2) 高频铁氧体磁环的抑制效果。

将高频铁氧体磁环套装在电力机车受电弓上,用此磁环来抑制电气化铁道产生的无线电干扰确有一定效果,可有效减轻电气化铁道对沿线两侧无线电设施的影响。

磁环加装的位置及数量对抑制效果影响较大。目前,我国电力机车受电弓尚不允许增加2 kg以上的磁环。因此,要想提高抑制效果,必须对现有受电弓的电气、机械结构等加以改进,减少导电通路,提高铁氧体磁环对导电体的覆盖率,以改善高频铁氧体磁环的抑制效果。

4.5 环境电磁辐射污染控制应用实例

4.5.1 高频感应加热设备的屏蔽防护

高频感应加热设备在工业企业中用途很广,为了防止其对环境的污染,必须采取经济有效的屏蔽防护措施。高频感应加热设备常用的屏蔽防护措施主要有局部屏蔽、整体屏蔽、远程操作三种形式。

局部屏蔽是指对高频设备主要辐射部件,如高频馈线、感应线圈等用铝板或铜网等屏蔽起来，并对屏蔽罩采取良好接地。

整体屏蔽是把整个高频设备或若干台高频设备放在一个金属网屏蔽室内，对屏蔽室采取良好接地。工作时，工作人员一般不进入屏蔽室，控制台放在屏蔽室外。

远程操作是利用电磁波随距离加大而衰减的特性，把控制台放在远离设备的低场强区域，通过远程控制进行操作。对高频设备本身只需采取简单的屏蔽措施即可。

4.5.2　屏蔽装置构成及主要技术参数

GP-100-C3 型设备是常用的国产高频感应加热设备，其输出功率为 100 kW，频率为200～300 kHz。该屏蔽装置结构(见图 4-11)由以下几部分构成。

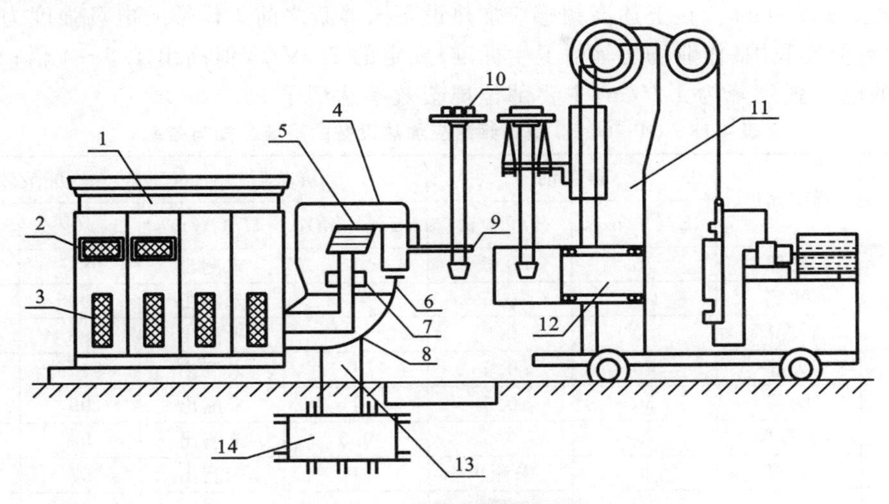

图 4-11　屏蔽罩装置示意图

1—振荡器柜；2—窥视窗屏蔽网；3—散热窗屏蔽网；4—淬火变压器屏蔽罩；5—淬火变压器；6—馈线屏蔽罩；7—馈线安装检修窗；8—输出馈线；9—感应器；10—淬火工件；11—淬火机床；12—感应器屏蔽板；13—接地线；14—接地板

(1) 淬火变压器屏蔽罩。采用 2 mm 厚铝板做屏蔽罩，其罩直径为淬火变压器直径的 1.8 倍以上，高度为直径的 3 倍，顶端宜采用圆弧曲面，屏蔽罩的几何形状尽可能采取平缓曲面的设计，以免棱角突出引起尖端辐射。

(2) 馈线屏蔽罩。采用 2 mm 厚铝板，罩为圆锥桶形，大端直径为 560 mm，小端直径为 350 mm，并与直径为 350 mm 的 90°弯桶组合而成为一个整体罩。在圆锥桶的对称两侧，开两个活动梯形检修窗(上底为 220 mm，下底为 180 mm，高为 150 mm)。

(3) 感应器屏蔽板。采用 2 mm 厚铝板，两面对称安装，在板上安装四个滚轮，可往返活动，行程 600 mm，板长 900 mm，宽 700 mm，板的安装中心距地面 950 mm，板上装一反光镜。工作时拉过屏蔽板即可起到屏蔽感应器的作用，又可通过反光镜观察工作的淬火状况。

(4) 窥视窗及散热窗屏蔽网。两者均采用 32～40 目铜网，以框架的形式安装在振荡器柜内，拆装方便且不影响工作时的观察。

(5) 屏蔽装置接地线。接地引线采用 90 mm 宽、2 mm 厚的紫铜板，在避开波长整数倍的前提下尽可能缩短其长度。接地板采用埋深 2 m 的 1 m^2 铜板，以保证接地电阻小于 1 Ω(实际测得电阻为 0.2 Ω)。

4.5.3 屏蔽罩原理

屏蔽罩装置(见图 4-11)工作原理如下:利用导电性能好、磁导率高的铝板和铜网做成所需不同几何形状的屏蔽体 2、3、4、6、12,辐射源 1、5、8、9 辐射的电磁能量一方面引起屏蔽体 2、3、4、6、12 的电磁感应,生成与场源 1、5、8、9 相同的电荷,通过接地线 13、接地板 14 流入大地;另一方面,由于场源 1、8、9 的磁场变化,使得屏蔽体 2、3、4、6、12 感应出涡流,产生与原来的磁通方向相反的磁通,两者方向相反引起相互抵消,从而起到屏蔽作用。

4.5.4 屏蔽效果

屏蔽效果见表 4-15。在上述高频感应加热设备未屏蔽之前工作带的电场强度为 50～100 V/m,这一数值比我国《作业场所辐射卫生标准》规定的 20 V/m 值高出 1.5～4 倍;经屏蔽后各工作点的电场强度降为 1 V/m,主要部位屏蔽效率达到了 98.5%。

表 4-15　GP-100-C3 型高频感应加热设备的屏蔽性能与效率

测试部位距离	测试高度	屏蔽前		屏蔽后		屏蔽效率	
		E/(V/m)	H/(A/m)	E/(V/m)	H/(A/m)	η_E/(%)	η_H/(%)
淬火变压器30 m处	头部	75	0.5	1	未测出	98.6	100
	胸部	100	0.5	1	未测出	99	100
	下腹部	50	0.5	1	未测出	98	100
工人操作位	头部	40	0.5	1	未测出	97.5	100
	胸部	50	0.5	1	未测出	99	100
	下腹部	75	0.5	0.5	未测出	99	100
振荡器柜20 cm处	头部	9	未测出	1	未测出	67	—
	胸部	10	未测出	1	未测出	70	—
	下腹部	8	未测出	1	未测出	75	—
淬火变压器10 cm处	上部	1 500	未测出	1	未测出	99.6	—
	下部	750	未测出	1	未测出	99.5	—

注:①测试高度指工人立位姿势的头部(距地面 170 cm)、胸部(距地面 130 cm)、下腹部(距地面 90 cm)。

②屏蔽效率计算公式为

$$\eta_E = \frac{E_1 - E_2}{E_1} \times 100\%$$

式中:η_E——电场屏蔽效率;

E_1、E_2——屏蔽前后电场强度。

$$\eta_H = \frac{H_1 - H_2}{H_1} \times 100\%$$

式中:η_H——磁场屏蔽效率;

H_1、H_2——屏蔽前后磁场强度。

该屏蔽装置将固定式屏蔽板改为装有滚动滑轮的活动板,便于操作,安装了反光镜,减轻操作者劳动强度,同时便于操作者观察到工作的淬火状况。高频馈线的绝缘支架必须符合高压标准以保证屏蔽效果。胶木板易被击穿,造成高频无栅流,改用高压瓶就可解决这个问题;屏蔽后振荡器柜和槽路柜之间用金属外壳隔离,以避免产生的热将柜子烧红;屏蔽以后高频输出会增加,对柜路和馈线需重新调整以保证工作。

思　考　题

1. 什么是电磁辐射污染？电磁污染源可分为哪几类？各有何特性？

2. 电力系统、电气化铁道、电磁发射系统、电磁冶炼和电磁加热设备产生电磁污染的机理及其特性是什么？试总结说明并加以比较。
3. 电磁波的传播途径有哪些？
4. 电磁辐射评价包括哪些内容？评价的具体方法有哪些？
5. 电磁辐射防治有哪些措施？各自的适用条件是什么？
6. 若一线工人每天工作 6 h，其接触连续波和脉冲波的容许辐射平均功率密度分别是多少？以《工作地点微波辐射强度卫生限值》标准要求计算。

第 5 章　环境热污染控制

5.1　热　环　境

所谓热环境就是指提供给人类生产、生活及生命活动的良好的生存空间的温度环境。太阳能量辐射创造了人类生存空间的大的热环境，而各种能源提供的能量则对人类生存的小的热环境做进一步的调整，使之更适宜于人类的生存。同时人类的各种活动也在不断改变着人类生存的热环境。热环境可以分为自然热环境和人工热环境，如表 5-1 所示。

表 5-1　热环境的分类

名称	热源	特征
自然热环境	太阳	热特征取决于环境接收太阳辐射的情况，并与环境中大气同地表间的热交换有关，也受气象条件的影响
人工热环境	房屋、火炉、机械、化学反应等	人类为了防御、缓和外界环境剧烈的热特征变化，创造更适于生存的热环境。人类的各种生产、生活和生命活动都是在人类创造的人工热环境中进行的

5.1.1　人类生存热环境的热量来源

地球是人类生产、生活及生命活动的主要空间，太阳是其天然热源，并以电磁波的方式不断向地球辐射能量。环境的热特征不仅与太阳辐射能量的大小有关，同时还取决于环境中大气同地表之间的热交换的状况。太阳表面的有效温度为5 497 ℃，其辐射通量又称太阳常数，是指在地球大气圈外层空间，垂直于太阳光线束的单位面积上单位时间内接受的太阳辐射能量的大小，其值大约为 1.95 cal/(cm^2 · min)(1 cal＝4.184 0 J)。太阳辐射通量分配状况如图 5-1 所示。

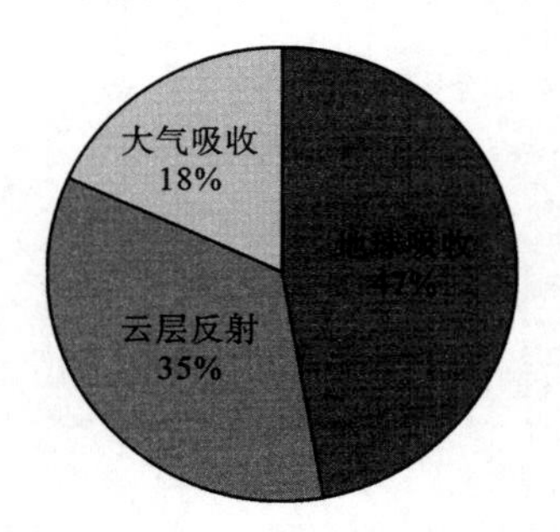

图 5-1　太阳辐射通量分配状况图

自然环境的温度变化较大，而满足人体舒适要求的温度范围又相对较窄，不适宜的热环境会影响人的工作效率、身体健康及生命安全。舒适的热环境有利于人的身心健康，从而可以提高工作效率。为了维系人类生存较为适宜的温度范围，创造良好的热环境，除太阳辐射能外，人类还需各种能源产生的能量。可以说人类的各种生产、生活和生命活动都是在人类创造的热环境中进行的。热环境中的人为热量来源主要包括以下几种。

(1) 各种大功率的电器机械装置在运转过程中，以副作用的形式向环境释放的热能，如电动机、发电机和各种电器等。

(2) 放热的化学反应过程，如化工厂的化学反应炉和核反应堆中的化学反应，太阳辐射能量实际就是化学反应氢核聚变产生的。

(3) 密集人群释放的辐射能量，一个成年人对外辐射的能量相当于一个 146 W 的发热器所散发的能量，例如在密闭潜艇内，人体辐射和烹饪等所产生的能量积累可以使舱内温度达到50 ℃。

5.1.2　地表接受太阳辐射能量的影响因素

从地球接受来自太阳辐射能量的途径可以看出地壳以外的大气层是影响地球结合能量的一个重要方面。这主要取决于大气的组成，即大气中臭氧、水蒸气和二氧化碳的含量的多少。大气中主要物质吸收辐射能量的波长范围见表5-2。

表5-2　大气中主要物质吸收辐射能量的波长范围

物质种类	吸收能量的波长范围		
N_2、O_2、N、O	<0.1 μm	短波	距地100 km，对紫外光完全吸收
O_2	<0.24 μm	短波	距地50～100 km，对紫外光部分吸收
O_3	0.2～0.36 μm	短波	在平流层中，吸收绝大部分的紫外光
	0.4～0.85 μm	长波	—
	8.3～10.6 μm	长波	对来自地表辐射少量吸收
H_2O	0.93～2.85 μm	长波	—
	4.5～80 μm	长波	6～25 km附近，对来自地表辐射吸收能力较强
CO_2	4.3 μm附近	长波	—
	12.9～17.1 μm	长波	对来自地表辐射完全吸收

距地表20～50 km的高空为臭氧层，它主要吸收太阳辐射中对地球生命系统构成极大危害的紫外线波段的辐射能量，从这个意义上来说，臭氧层就是地球的护身符。

太阳辐射中到达地表的主要是短波辐射，其中较少的长波辐射被大气中的水蒸气和二氧化碳所吸收。而大气中的其他气体分子，如尘埃和云，对大气辐射起反射和散射作用。其中的大颗粒主要起反射作用，而小的微粒对短波辐射的散射作用较短。

地表的形态类型是影响地表接受太阳辐射能量的另一重要因素。地表在吸收部分太阳辐射的同时，又对太阳辐射起反射作用。而且吸热后温度升高的地表也同样以长波的形式向外辐射能量。地表的形态类型决定了吸收和反射太阳辐射能量之间的比例关系，不同的地表类型，差异较大。

5.1.3　地球环境换热方程

太阳向地表和大气辐射热能，地表和大气之间不停地以辐射方式进行潜热交换和以对流传导方式进行显热交换。地表和大气间不停地进行着这两种能量交换，地表热环境的状况取决于这两者的交换结果。可以假设一柱体空间，其上表面为太空，地表面无限延伸至竖向热流为零的表面。柱体空间区域与外界热交换的方程为

$$G=(Q+q)(1-a)+I_{进}-I_{出}-H-L_E-F \tag{5-1}$$

式中：G——柱体空间区域总能量；

Q——太阳直接辐射能量；

q——大气威力散射太阳辐射能量；

a——地表短波反射率；

$I_{进}$——到达地表的长波辐射能量；

$I_{出}$——地表向外的长波辐射能量；

H——地表与大气交换的显热量；

L_E——地表与大气交换的潜热量；

F——柱体空间区域与外界水平方向交换的热流能量。

该空间区域的净辐射能量为

$$R = (Q+q)(1-a) + I_{进} - I_{出} = G + H + L_E + F \tag{5-2}$$

不同地区的热环境系数 R、H、L_E、F 是不同的，如表 5-3 所示。

表 5-3　全球不同纬度区的热污染系数

纬度区	海洋				陆地				地球			
	R	H	L_E	F	R	H	L_E	F	R	H	L_E	F
80°～90°N	—	—	—	—	—	—	—	—	−9	−10	3	−2
70°～80°N	—	—	—	—	—	—	—	—	1	−1	9	−7
60°～70°N	23	16	33	−26	20	6	14	—	21	10	20	−9
50°～60°N	29	16	39	−26	30	11	14	—	30	14	28	−12
40°～50°N	51	14	53	−16	43	21	24	—	48	17	38	−7
30°～40°N	83	13	86	−16	60	27	23	—	73	24	39	−10
20°～30°N	113	9	105	−1	69	49	20	—	96	24	73	−1
10°～20°N	119	6	99	14	71	42	29	—	106	16	81	9
0°～10°N	115	4	80	31	72	24	48	—	105	11	72	22
0°～90°N	—	—	—	—	—	—	—	—	72	16	55	1
0°～10°S	115	4	84	27	72	22	50	—	105	10	76	19
10°～20°S	113	5	104	4	73	32	41	—	104	—	90	3
20°～30°S	101	7	100	−6	70	42	28	—	94	—	83	−5
30°～40°S	82	8	80	−6	62	34	28	—	80	—	74	−5
40°～50°S	57	9	35	−7	41	20	21	—	36	—	53	−7
50°～60°S	28	10	31	−13	31	11	20	—	28	—	31	−14
60°～70°S	—	—	—	—	—	—	—	—	13	—	10	−8
70°～80°S	—	—	—	—	—	—	—	—	−2	—	3	−1
80°～90°S	—	—	—	—	—	—	—	—	−11	—	0	−1
0°～90°S	—	—	—	—	—	—	—	—	72	—	62	−1
全球	82	8	74	0	49	24	25	—	72	—	59	0

注：表中正值表示系统吸热，负值表示系统放热。

5.1.4　人体与热环境之间的热平衡关系

人是恒温动物，机体内营养物质代谢释放出来的化学能，其中 50%以上以热能的形式用于维持体温，其余不足 50%的化学能则载荷于 ATP，经过能量转化与利用，最终也变成热能，并与维持体温的热量一起，由循环血液传导到机体表层并散发于体外。因此，机体在体温调节机制的调控下，使产热过程和散热过程处于平衡，即体热平衡，维持正常的体温。如果机体的产热量大于散热量，体温就会升高；散热量大于产热量，体温就会下降，直到产热量和散热量重新取得平衡时才会使体温稳定在新的水平。

人体内热量平衡关系式为

$$S = M - (\pm W) \pm E \pm R \pm C \tag{5-3}$$

式中：S——人体蓄热率；

M——食物代谢率；

W——外部机械功率；

E——总蒸发热损失率；

R——辐射热损失率；

C——对流热损失率。

人体与环境之间的热交换一般有两种方式：①对外做功（W，如人体运动过程及各种器官有机协调过程的能量消耗）；②转化为体内热（H），并不断传递到体表，最终以热辐射或热传导的方式释放到环境中。如果体内热不能及时得到释放，人体就要依靠自身的热调节系统（如皮肤、汗腺分泌），加强与环境之间的热交换，从而建立与环境新的热平衡以保持体温稳定。

5.1.5　热环境变化过程中人体的自身调节方式

为了适应热环境的温度变化，人体在热环境中会对自身进行调节。人体所能适应的最适温度范围（25～29 ℃）称为中性区。在中性区人体的各种生理机能能够得到较好的发挥，从而可以达到较高的工作效率。中性区的中点称为人为中性点。

空气温度的下降降低辐射，空气流速的增加增大对流传热，这两者都会增加人体对外的散热量。为了保持体温稳定，人体会发生自然的反应，通过血管收缩，减少流向皮肤的血液流量，从而减小皮层的传热系数，降低体内热的外辐射量，如果环境温度继续降低，人就要加快体内物质代谢速率以提供体内热，或依靠衣物以及外部的能量补给，以阻止体温的进一步降低。此时人体的反应为肌肉伸张，表现为打冷战，这一温度区间称为行为调节区。如果外界环境温度再度降低，即进入人体冷却区，人体的各种生理机能难以协调发挥作用，感觉比较冷。有记载的人体存在的最低环境温度为－75 ℃，而通过穿着高效保温服能保证进行正常工作的温度低限为－35 ℃。

环境温度在中性点以上有一较窄的温度范围，称为抗热血管温度调节区。在此温度范围内，人体会加大传至体表的血液流量（比在中性点时高出 2～3 倍的血液流量），此时体表的温度仅比体内低 1 ℃，从而加大体表外辐射量。环境温度继续升高时，人体将要借助体表分泌和蒸发更多的汗液，以潜热的方式向环境释放体内热，此温度范围称为蒸发调节区。在此温度范围内，环境的水蒸气分压和体表的空气流速是影响身体调节功能发挥效果的决定性因素。而后随着环境温度的进一步升高，人体将进入受热区，人体处于热量的耐受状态。

5.1.6　高温环境对人体的危害

人类生产、生活和生命活动所需要的适宜的环境温度相对较窄，而超过中性点的温度环境就可以称为高温环境。但是只有环境温度超过 29 ℃以上时，才会对人体的生理机能产生影响，降低人的工作效率。

（1）人体的热平衡。机体产热与散热保持相对平衡的状态称为人体的热平衡。人体保持着恒定的体温，这对于维持正常的代谢和生理功能都是十分重要的。产热与散热之间的关系可以决定人体是否能维持热量平衡或体内的热积聚是否增加。

在通常情况下，散热的形式是辐射、传导和对流。在高温环境中作业时，劳动者的辐射散热和对流散热发生困难，散热只能依靠蒸发来完成。如在高温、高湿条件下工作时，不仅辐射散热、传导和对流散热无法发挥作用,蒸发散热也将受到阻碍。

(2) 气温和体温。在高温环境下作业时,体温往往有不同的增加,皮肤温度也可迅速升高。但当皮肤温度高达 41～44 ℃时,人就会有灼痛感。如果温度继续升高,就会伤害皮肤基础组织。

(3) 水盐代谢。在常温下,正常人每天进出的水量为 2～2.5 L。在炎热的季节,正常人每天出汗量为 1 L,而在高温下从事体力劳动时,排汗量会大大增加,每天平均出汗量达 3～8 L。由于汗的主要成分为水,同时含有一定量的无机盐和维生素,所以大量出汗对人体的水盐代谢产生显著的影响,同时对微量元素和维生素代谢也产生一定的影响。当水分丧失达到体重的 5%～8%,而未能及时得到补充时,就可能出现无力、口渴、尿少、脉搏增快、体温升高、水盐平衡失调等症状,使工作效率降低。

(4) 消化系统。在高温条件下劳动时,体内血液重新分配,皮肤血管扩张,腹腔内脏血管收缩,这样就会引起消化道贫血,可能出现消化液(唾液、胃液、胰液、胆液、肠液等)分泌减少,使胃肠消化过程所必需的游离盐酸、蛋白酶、酯酶、淀粉酶、胆汁酸的分泌量减少,胃肠消化机能相应减退,与此同时大量排汗以及氯化物的损失使血液中形成胃酸所必需的氯离子储备减少,也会导致胃液酸度降低,这样就会出现食欲减退、消化不良以及其他胃肠疾病。由于高温环境中排空加速,胃中的食物在其化学消化过程尚未充分进行的情况下就被过早地送进十二指肠,从而不能得到充分的消化。

(5) 循环系统。在高温条件下,由于大量出汗,血液浓缩,同时高温使血管扩张,末梢血液循环增加,加上劳动的需要,肌肉的血流量也增加,这些因素都可使心跳过速,加重心脏负担,血压也有所变化。

(6) 神经系统。人体中最重要的生命物质——蛋白质(其中包括控制人体生化反应的各种酶),会在高温中反应异常甚至失去活性。

高温环境的热作用可降低人们中枢神经系统的兴奋性,使机体体温调节功能减弱,热平衡易遭受破坏,而促发中暑。

高温刺激和作业所致的疲劳均可使大脑皮层机能降低和适应能力减退。随着高温作业所致的体温逐渐升高,可见到神经反射潜伏期逐渐延长,运动神经兴奋性明显降低,中枢神经系统抑制占优势。此时,劳动者出现注意力不集中,动作的准确性与协调性差,反应迟钝,作业能力明显下降,易发生工伤事故。

高温作业对神经心理和脑力劳动能力均有明显影响。在高温环境中,需要识别、判断和分析的脑力劳动的作业能力或效率下降尤为明显,而且识别、分析、判断指标的改变发生在各项生理指标改变之前。人体受热时,首先会感到不舒适,其后才会发生体温逐渐升高,并产生困倦感、厌烦情绪、不想动、乏力与嗜睡等症状,进而使作业能力下降、错误率增加。当体温升至 38 ℃以上时,对神经心理活动的影响更加明显。如及时采取降温措施,使体温降至 37 ℃,主观感觉舒适时,错误率也会随之减少;反之,后果是严重的。国外报道,在遭受急性热作用的人群中,有的曾出现突然的情绪失控,如无法自我控制地哭泣或无缘无故地大怒等。

(7) 中暑。中暑是机体热平衡机能紊乱的一种急症。其主要症状如下。

① 热射病。在闷热的房间、公共场所易发生,尤其夏季考场中易发生。初感头痛、头晕、口渴,然后体温迅速升高、脉搏加快、面红,甚至昏迷。

② 日射病。在烈日下活动或停留时间过长,由于日光直接暴晒所致,症状同热射病,但体温不一定升高,头部温度有时增高到 39 ℃以上。

③ 热痉挛。由于在高温环境中，身体大量出汗，丢失大量氯化钠，使血钠过低，引起腿部甚至四肢及全身肌肉痉挛。

(8) 其他。高温可加重肾脏负担，还可降低机体对化学物质毒性作用的耐受度，使毒物对机体的毒作用更加明显。高温也可以使机体的免疫力降低，抗体形成受到抑制，抗病能力下降。另外，高温还会造成不育症。

5.1.7 高温热环境的防护

为防止高温热环境对人体的局部灼伤，一般采用由隔热耐火材料制成的防护手套、头盔和鞋袜等防护物。对于全身性高温环境，其防护措施为采用全身性降温的防护服。研究表明，头部和脊柱的高温冷却防护对于提高人体的高温耐力具有重要的价值和意义。其次，全身冷水浴和大量饮水，也可以起到很好的对抗高温的作用。另外，有意识地经常在高温环境中锻炼，人体就会产生“高温习服”现象，从而更加耐受高温环境。高温习服的上限温度为49 ℃。随着科技水平的不断提高，高温环境中的工作将会逐渐由机械（如机器人）完成，在必须有人类参与的高温环境中，普遍采用环境调节装置调节环境温度，以便适宜于人类的生产、生活和生命活动。

5.1.8 温度的测量方法和生理热环境指标

1. 环境温度的测量方法

环境温度是用来表示环境冷热程度的物理量。鉴于反映环境温度的性质不同，其测量方法主要有以下几种。

(1) 干球温度法。将温度计的水银球不加任何处理，直接放置到环境中进行测量，得到的温度为大气的温度，又称气温。

(2) 湿球温度法。将水银温度计的水银球用湿纱布包裹起来，然后放置到环境中进行测量。由此法测得的温度是湿度饱和情况下的大气温度。干球温度和湿球温度的差值反映了测量环境的湿度状况。

湿球温度与气温、空气中水蒸气分压间存在着一定的关系式：

$$h_e(p_w - p_a) = h_c(T_a - T_w) \tag{5-4}$$

式中：h_e——热蒸发系数；

p_w——湿球温度下的饱和水蒸气分压（湿球表面的水蒸气的压强），Pa；

p_a——环境中的水蒸气分压，Pa；

h_c——热对流系数；

T_a——干球温度，℃；

T_w——湿球温度，℃。

(3) 黑球温度法。将温度计的水银球放入一直径为15 cm外涂黑的空心铜球中心进行测定。此法的测量结果可以反映出环境热辐射的状况，关系式为

$$T_g = (h_c T_a + h_\gamma T_\gamma)/(h_c + h_\gamma) \tag{5-5}$$

式中：T_g——黑球温度，℃；

h_γ——热辐射系数；

T_γ——热辐射温度，℃。

鉴于以上三种温度所反映的环境温度性质不同，各值之间存在着较大差异，在表示环境温度时，必须注明测定时采用的测量方法。

2. 生理热环境指标

环境温度对人体产生的生理效应,除与环境温度的高低有关外,还与环境湿度、风速(空气流动速度)等因素有关。在环境生理学上常采用温度-湿度-风速的综合指标来表示环境温度,称为生理热环境指标。

常用生理热环境指标主要有以下三种。

(1) 有效温度(ET)。有效温度是根据人的主诉制定的温度指标。将温度、湿度和风速三者综合,形成一种具有同等温度感觉的最低风速和饱和湿度的等效气温指标。同样数值的有效温度对于不同的个体而言,其主诉的温度感觉是相同的。该指标应用较广,但是它没有考虑热辐射对人体的影响。

(2) 干-湿-黑球温度。它是干球温度法、湿球温度法和黑球温度法测得的温度值按一定的比例的加权平均值,可以反映出环境温度对人体生理影响的程度。它主要有以下三种表示方法。

① 湿-黑-干球温度(WGBT)计算关系式为

$$\mathrm{WGBT} = 0.7T_{\mathrm{w}} + 0.2T_{\mathrm{g}} + 0.1T_{\mathrm{a}} \tag{5-6}$$

② 湿-黑球温度(WBGT)计算关系式为

$$\mathrm{WBGT} = 0.7T_{\mathrm{w}} + 0.15T_{\mathrm{a}} \tag{5-7}$$

③ 湿-干球温度(WD)计算关系式为

$$\mathrm{WD} = 0.9T_{\mathrm{w}} + 0.1T_{\mathrm{a}} \tag{5-8}$$

在测定人体热耐力限度时,可改用关系式:

$$\mathrm{WD} = 0.9T_{\mathrm{w}} + 0.1T_{\mathrm{a}} \tag{5-9}$$

此外美国气象局制定的湿度指数(THI)也用来表示生理热环境指标,其计算关系式为

$$\mathrm{THI} = 0.4(T_{\mathrm{a}} + T_{\mathrm{w}}) + 15 \tag{5-10}$$

或

$$\mathrm{THI} = T_{\mathrm{a}} - (0.55 - 0.55H_{\mathrm{R}}) \times (T_{\mathrm{a}} - 58) \tag{5-11}$$

式中:H_{R}——相对湿度。

(3) 操作温度(OT)。操作温度指工作环境中的温度值。人体对外界气象环境的主观感觉有别于大气探测仪器获取的各种气象要素结果。人体舒适度及晨练指数是为了从气象角度来评价在不同气候条件下人的舒适感,根据人体与大气环境之间的热交换而制定的生物气象指标。其计算关系式为

$$\mathrm{OT} = \frac{h_{\gamma} T_{\mathrm{w}} + h_{\mathrm{c}} T_{\mathrm{a}}}{h_{\gamma} + h_{\mathrm{c}}} \tag{5-12}$$

5.2 温室效应

5.2.1 温室效应的定义

温室效应(greenhouse effect)是指透射阳光的密闭空间由于与外界缺乏热交换而形成的保温效应,就是太阳短波辐射可以透过大气射入地面,而地面增暖后放出的长波辐射却被大气中的二氧化碳等物质所吸收,从而产生大气变暖的效应。大气中的二氧化碳就像一层厚厚的玻璃,使地球变成了一个大暖房。据估计,如果没有大气,地表平均温度就会下降到-23 ℃,而实际地表平均温度为15 ℃,这就是说温室效应使地表温度提高38 ℃。温室效应又称“花房效应”,是大气保温效应的俗称。大气中的二氧化碳浓度增加,阻止地球热量的散失,使地球发

生可感觉到的气温升高，这就是有名的“温室效应”。破坏大气层与地面间红外线辐射正常关系，吸收地球释放出来的红外线辐射，就像“温室”一样，促使地球气温升高的气体称为“温室气体”。温室效应如图 5-2 所示。

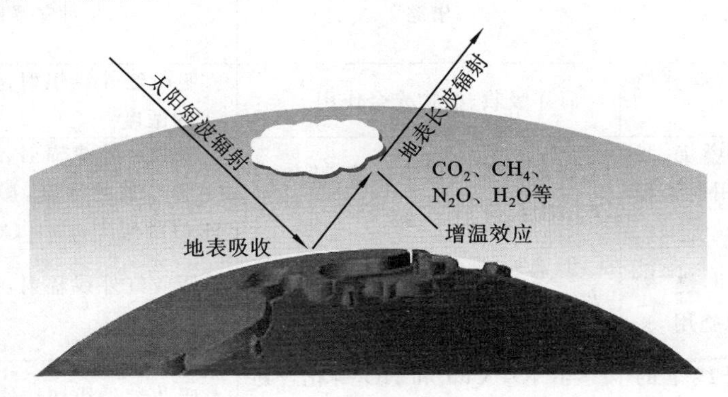

图 5-2　温室效应示意图

大气中能吸收长波辐射的物质有水汽、CO_2、CH_4、N_2O、SO_2、O_3、CFCs、微尘等。通常把 CO_2、CH_4、N_2O、SO_2、O_3、CFCs 等称为温室气体。其中 CO_2 的全球变暖潜能最小，但其含量远远超过其他气体，因此是温室效应中贡献最大者。温室气体的源是指向大气排放各种温室气体、气溶胶或温室气体前体物的过程或活动，比如燃烧过程向大气排入 CO_2、SO_2，农业生产活动向大气排入 CH_4，则燃烧过程与农业生产活动就各自构成 CO_2、SO_2 以及 CH_4 的源。而温室气体的汇则是指从大气中清除温室气体、气溶胶或温室气体前体物的各种过程、活动或机制，比如对大气中的 CO_2 通过光合作用被植物吸收，以及 N_2O 在大气中被化学转化为 NO_x 的过程来说，植物和 NO_x 就分别是 CO_2 和 N_2O 的汇。

5.2.2　温室效应的加剧

地球大气的温室效应创造了适宜于生命存在的热环境。如果没有大气层的存在，地球也将是一个寂寞的世界。除 CO_2 外，能够产生温室效应的气体还有水蒸气、CH_4、N_2O、O_3、SO_2、CO 以及非自然过程产生的氟氯碳化物（CFCs）、氢氟化碳（HFCs）、过氟化碳（PFCs）等。每一种温室效应气体对温室效应的贡献是不同的。HFCs 与 PFCs 吸热能力最大；CH_4 的吸热能力超过 CO_2 21 倍；而 N_2O 的吸热能力比 CO_2 的吸热能力高 270 倍。几种温室气体的主要特征见表 5-4。然而空气中水蒸气的含量比 CO_2 和其他温室气体的总和还要高出很多，所以大气温室效应的保温效果主要还是由水蒸气产生的。但是有部分波长的红外线是水蒸气所不能吸收的，CO_2 所吸收的红外线波长则刚好填补了这个空隙波长。

水蒸气在大气中的含量是相对稳定的，而 CO_2 的浓度却不然。自从欧洲工业革命以来，大气中 CO_2 的浓度持续攀升，究其原因主要有森林大火、火山爆发、发电厂、汽车排出的尾气，而由于化石类矿物燃料的燃烧排放的 CO_2 却占有最大的比例，全球由于此种原因产生的温室气体每天达到 6 000 多万吨。这是“温室效应”加剧的主要原因。在欧洲工业革命之前的 1 000 年，大气中 CO_2 的浓度一直维持在约 280 mL/m^3。工业革命之后大气中 CO_2 含量迅速增加，1950 年之后，增加的速率更快，到 1995 年大气中 CO_2 浓度已达到 358 mL/m^3。自 18 世纪以来，大气中的 CO_2 含量已经增加 30%，而且还以每年 0.5% 的速度继续增加。世界各主要地区 CO_2 年人均排放量见表 5-5。随着大气中 CO_2 浓度的不断提高，更多的能量被保存到地球上，加剧了地球升温。

表 5-4　几种主要温室气体的特征

温室气体	来源	出路	对气候的影响
CO_2	燃料燃烧、森林植被破坏	海洋吸收、植物光合作用	吸收红外线辐射，影响大气平流层中 O_3 的浓度
CH_4	生物尸体燃烧、肠道发酵作用、水稻生长	和羟基发生化学反应、土壤内微生物吸收	吸收红外线辐射，影响大气对流层中 O_3 和羟基的浓度，影响平流层中 O_3 和 H_2O 的浓度，产生 CO_2
N_2O	生物体的燃烧、燃料燃烧、化肥施用	土壤吸收、在大气平流层中被光线分解并和 O 原子发生化学反应	吸收红外线辐射，影响大气平流层中 O_3 的浓度
O_3	O_2 在紫外线下的光化催化合成作用	与 NO_x、ClO_x 和 HO_x 等化合物发生催化反应	吸收紫外线和红外线辐射
CO	植物呼吸作用、燃料燃烧、工业生产	土壤吸收、和羟基发生化学反应	影响平流层中 O_3 和羟基的循环，产生 CO_2
CFCs	工业生产	在平流层中被光线分解并同 O 原子发生化学反应	吸收红外线辐射，影响大气平流层中 O_3 的浓度
SO_2	火山爆发、煤和生物体的燃烧	自然沉降、和羟基发生化学反应	形成悬浮粒子，散射太阳辐射

表 5-5　世界各主要地区 CO_2 年人均排放量　　单位：t/a

年份	北美	欧洲和中亚	西亚	拉丁美洲与加勒比海地区	亚洲与太平洋地区	非洲
1975 年	19.11	8.78	4.88	2.03	1.27	0.94
1995 年	19.93	7.93	7.35	2.55	2.23	1.24

近年来地球变暖的结果并不只是因为大气中 CO_2 浓度的提高所引起的，其他温室气体的作用也是一个重要因素。在谈到温室效应时，常常会谈及 CO_2，只是因为这其中 CO_2 的影响较大而已(它在大气中的浓度是不断上升的)。虽然其他的温室气体在大气中的浓度比 CO_2 要低很多，但它们对红外线的吸收效果要远好于 CO_2，所以，它们潜在的影响力也是不可低估的。表 5-6 表明，温室气体在大气中的含量都呈现出加速增长的趋势。目前 N_2O 的年增长量约为 3.9×10^6 t。据估计，CH_4 的体积分数在 2050 年将增至 2.5×10^{-6}(是 1950 年的 2 倍)，而且可能成为温室效应的主因。另外，气溶胶对全球温度变化的影响十分复杂，据估计，1970 年前北半球人为颗粒物的年排放量为 4.8×10^8 t，而 2000 年则达 7.6×10^8 t。

表 5-6　人为活动对主要温室气体变化的影响

温室气体	CO_2	CH_4	N_2O	CFC-11	HCFC-22
工业革命前体积分数	280×10^{-6}	0.7×10^{-6}	0.275×10^{-6}	0	0
1994 年体积分数	358×10^{-6}	1.72×10^{-6}	0.312×10^{-6}	268×10^{-12}	72×10^{-6}
浓度年增长速率/(%)	0.4	0.6	0.25	0	5

温室气体在大气中的停留时间(即生命期)都很长。CO_2 的生命期为 50～200 年，CH_4 为 12～17 年，N_2O 为 120 年，CFC-12 为 102 年。这些气体一旦进入大气，几乎无法进行回收，只有依靠自然分解过程让它们逐渐消失，因此温室效应气体的影响是长久的，而且是全球性的。从地球任何一个角落排放至大气中的温室气体，在它的生命期中，都有可能达到世界各地，从

而对全球气候产生影响。因此,即使现在人类立即停止所有人造温室气体的产生、排放,但从工业革命以来,累积下来的温室气体仍将继续发挥它们的温室效应,影响全球气候达百年之久。

5.2.3　全球变暖

由于大气层温室效应加剧,导致了严重的全球变暖的发生(如图 5-3 所示),这已是一个不争的事实。全球变暖已成为目前全球环境研究的一个主要课题。已有的统计资料表明,全球温度在过去的 20 年间已经升高了 0.3～0.6 ℃。全球变暖会对已探明的宇宙空间中唯一有生命存在的地球环境产生非常严重的后果。

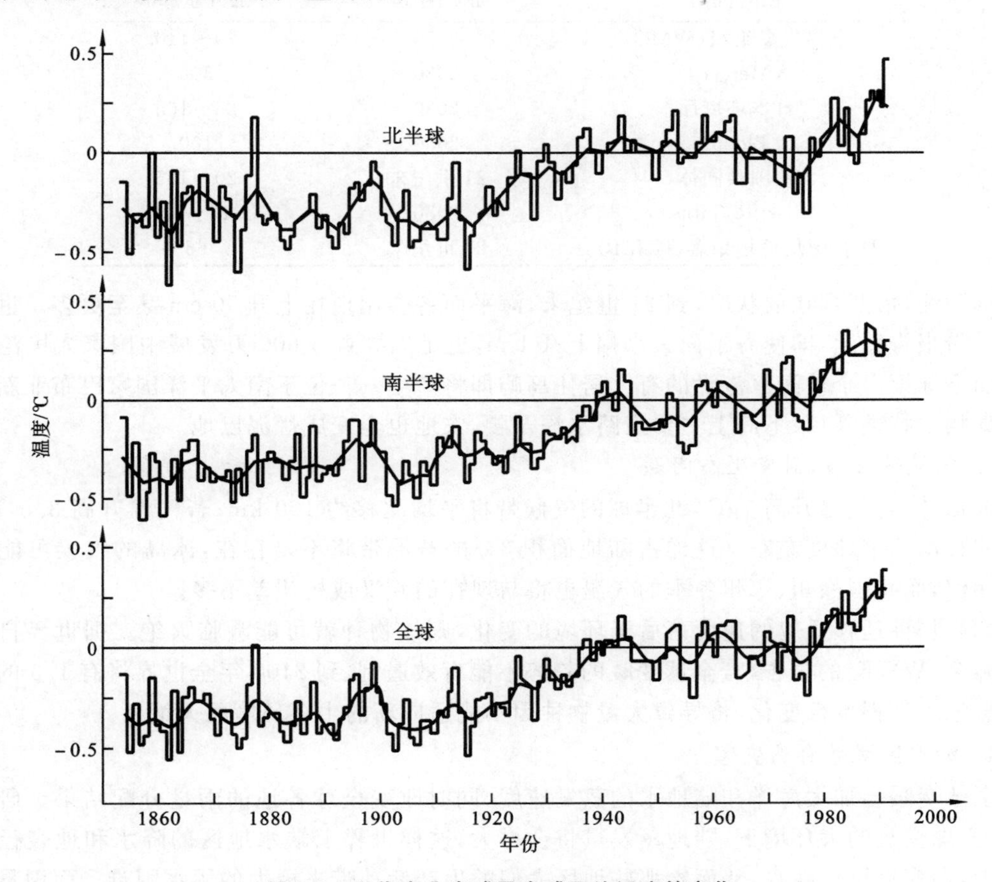

图 5-3　近代南北半球及全球平均温度的变化

1. 冰川消退

根据上面的冰雪反馈理论可知,温室效应导致的气温上升和冰川消退之间是一种正反馈的关系。长期的观测结果表明,由于近百年来海温的升高,海平面已经上升了 2～6 cm。由于海洋热容量大,比较不容易增温,陆地的气温上升幅度将会大于海洋,其中又以北半球高纬度地区上升幅度最大,因为北半球陆地面积较大,从而全球变暖对北半球的影响更大。已有的统计资料表明,格陵兰岛的冰雪融化已使全球海平面上升了约 2.5 cm。冰川的存在对维持全球的能量平衡起到至关重要的作用,对于全球液态水量的调节也起到决定的作用。如果两极的冰川持续消融,其所带来的后果对地球上的生命将会是致命的,而且也是难以预知的。

2. 海平面升高

全球变暖的直接后果便是高山冰雪融化、两极冰川消融、海水受热膨胀,从而导致海平面升高,再加上近年来由于某些地区地下水的过量开采造成的地面下沉,人类将会失去更多的立足之地。观测表明,近 100 多年来海平面上升了 14～15 cm,预测 21 世纪海平面将继续上升(见表 5-7)。海平面上升可直接导致低地被淹、海岸侵蚀加重、排洪不畅、土地盐渍化和海水倒灌等问题。若地球温度按现在的速度继续升高,推测到 2050 年南北极冰山将大幅融化,上海、东京、纽约和悉尼等沿海城市将被淹没。

表 5-7　未来海平面变化的预测

预测机构	预测年份	上升量/cm
世界气象组织(WMO)	2050	20～140
Mercer	2030	500
日本环境厅	2030	26～165
Bloom	2030	100
欧洲共同体	21 世纪末	20～165
Barth&Titus	2050	13～55
联合国环境规划署(UNEP)	21 世纪末	65

据预测,依照现在的状况,到 21 世纪末,海平面将会比现在上升 50 cm 甚至更多。世界银行的一份报告显示,即使海平面只小幅上升 1 m,也足以导致 5 600 万发展中国家人民沦为难民。而全球第一个被海水淹没的有人居住岛屿即将产生——位于南太平洋国家巴布亚新几内亚的岛屿卡特瑞岛,眼下岛上主要道路水深及腰,农地也全变成烂泥巴地。

3. 气候带北移,引发生态问题

据估计,若气温升高 1 ℃,北半球的气候带将平均北移约 100 km;若气温升高 3.5 ℃,则会向北移动 5 个纬度左右。这样占陆地面积 3%的苔原带将不复存在,冰岛的气候可能与苏格兰相似,而我国徐州、郑州冬季的气温也将与现在的武汉或杭州差不多。

如果物种迁移适应的速度落后于环境的变化,则该物种就可能濒临灭绝。据世界自然保护基金会(WWF)的报告,若全球变暖的趋势不能有效遏制,到 2100 年全世界将有 1/3 的动植物栖息地发生根本性变化,将导致大量物种因不能适应新的生存环境而灭绝。

4. 加重区域性自然灾害

全球变暖会加大海洋和陆地水的蒸发速度,同时改变全球各地的雨量分配结果。研究表明,在全球变暖的大环境下,陆地蒸发量将会增大,这样世界上缺水地区的降水和地表径流都会减少,会变得更加缺水,从而给那些地区人们的生产活动带来极大的用水困难。而雨量较大的热带地区,如东南亚一带降水量会更大,从而加剧洪涝灾害的发生。这些情况都将会直接影响到自然生态系统和农业生产活动。目前,世界土地沙化的速率是每年 60 000 km^2。此外,全球变暖还会使局部地区在短时间内发生急剧的天气变化,导致气候异常,造成高温、热浪、热带风暴、龙卷风等自然灾害加重。

5. 危害地球生命系统

全球变暖将会使多种业已灭绝的病毒细菌死灰复燃,使业已控制的有害微生物和害虫得以大量繁殖,人类自身的免疫系统也将因此而降低,从而对地球生命系统构成极大的威胁。

纽约锡拉丘兹大学的科学家在最新一期《科学家杂志》中指出,早前他们发现一种植物病毒 TOMV,由于该病毒在大气中广泛扩散,推断在北极冰层也有其踪迹。于是研究员从格陵兰抽取 4 块年龄有 500～140 000 年的冰块，结果在冰层中发现 TOMV 病毒。研究员指该病毒表层被坚固的蛋白质包围，因此可在逆境生存。这项新发现令研究员相信，一系列的流行性感冒、小儿麻痹症和天花等疫症病毒可能藏在冰块深处，目前人类对这些原始病毒没有抵抗能力，当全球气温上升令冰层融化时，这些埋藏在冰层千年或更长的病毒便可能会复活，形成疫症。科学家表示，虽然他们不知道这些病毒的生存希望，或者其再次适应地面环境的机会，但肯定不能抹杀病毒卷土重来的可能性。

当然，全球变暖、CO_2 含量升高，有利于植物的光合作用，可扩大植物的生长范围，从而提高植物的生产力。但整体来看，温室效应及其引起的全球变暖是弊大于利，因此必须采取各种措施来控制温室效应，抑制全球变暖。

5.3 热岛效应

5.3.1 城市热岛效应现象

城市人口密集、工厂及车辆排热、居民生活用能的释放、城市建筑结构及下垫面特性的综合影响等是城市热岛效应产生的主要原因。热岛强度有明显的日变化和季节变化。日变化表现为夜晚强、白天弱，最大值出现在晴朗无风的夜晚，上海观测到的最大热岛强度达 6 ℃以上。热岛强度的季节分布还与城市特点和气候条件有关，北京是冬季最强，夏季最弱，春秋居中，上海和广州以 10 月最强。年均气温的城乡差值约 1 ℃，如北京为 0.7～1.0 ℃，上海为 0.5～1.4 ℃，洛杉矶为 0.5～1.5 ℃。城市热岛可影响近地层温度层结，并达到一定高度。城市全天以不稳定层结为主，而乡村夜晚多逆温。水平温差的存在使城市暖空气上升，到一定高度向四周辐散，而附近乡村气流下沉，并沿地面向城市辐射，形成热岛环流，称为“乡村风”，这种流场在夜间尤为明显。城市热岛还在一定程度上影响城市空气湿度、云量和降水。对植物的影响则表现为提早发芽和开花、推迟落叶和休眠。

如果同时测定一个城市距地一定高度位置处的温度数据，然后绘制在城市地图上，就可以得到一个城市近地面等温线图，在建筑物最为密集的市中心区，闭合等温线温度最高，然后逐渐向外降低，郊区温度最低，这就像突出海面的岛屿，高温的城市处于低温郊区的包围之中，这种现象被形象地称为“城市热岛效应”(urban heat island effect)。

城市热岛效应是城市气候中典型的特征之一。它是城市气温比郊区气温高的现象。城市热岛的形成原因：一方面，在现代化大城市中，人们的日常生活所发出的热量；另一方面，城市中建筑群密集，沥青和水泥路面比郊区的土壤、植被具有更大的函授比热容(可吸收更多的热量)，而反射率小，使得城市白天吸收储存太阳能比郊区多，夜晚城市降温缓慢，比郊区气温高。城市热岛是以市中心为热岛中心，有一股较强的暖气流在此上升，而郊外上空为相对冷的空气下沉，这样便形成了城郊环流，空气中的各种污染物在这种局地环流的作用下，聚集在城市上空，如果没有很强的冷空气，城市空气污染将加重，人类生存的环境被破坏，导致人类发生各种疾病，甚至造成死亡。

据气象观测资料表明，城市气候与郊区气候相比有“热岛”、“混浊岛”、“干岛”、“湿岛”、“雨岛”等五岛效应，其中最为显著的就是由于城市建设而形成的热岛效应。城市热岛效应早在 18 世纪初首先在伦敦发现。国内外许多学者的研究业已表明：城市热岛强度是夜间大于白天，日落以后城郊温差迅速增大，日出以后又明显减小。表 5-8 为世界主要城市与郊区的年平均温差。中国观测到的"热岛效应"最严重的城市是上海和北京；世界上热岛效应最严重的城市是加拿大的温哥华与德国的柏林。

表 5-8　世界主要城市与郊区的年平均温差

城市	温差/℃	城市	温差/℃
纽约	1.1	巴黎	0.7
柏林	1.0	莫斯科	0.7

城市热岛效应导致城区温度高出郊区农村 0.5～1.5 ℃(年平均值)，夏季，城市局部地区的气温有时甚至比郊区高出 6 ℃以上。如上海市，每年气温在 35 ℃以上的高温天数都要比郊区多出 5～10 天。这当然与城区的地理位置、城市规模、气候条件、人口稠密程度和工业发展与集中的程度等因素有关。2002 年 7 月 16 日，武汉的最低气温甚至升到了 31 ℃，不仅是当天全国各大城市最低气温的最高值，而且还突破了这个城市自 1907 年有气候记录以来夏季最低气温的最高纪录。日本环境省 2002 年夏季发表的调查报告表明，日本大城市的热岛效应在逐渐增强，东京等城市夏季气温超过 30 ℃的时间比 20 年前增加了 1 倍。这份调查报告指出，在东京，1980 年夏季气温超过 30 ℃的时间为 168 h，2000 年增加到 357 h，东京 7—9 月份的平均气温升高了 1.2 ℃。

5.3.2　城市热岛效应的成因

城市热岛效应是人类在城市化进程中无意识地对局部气候所产生的影响，是人类活动对城市区域气候影响中最为典型的特征之一，是在人口高度密集工业集中的城市区域，由人类活动排放的大量热量与其他自然条件因素综合作用的结果。

随着城市建设的高度发展，热岛效应也变得越来越明显。究其原因，主要有以下五个方面。

(1) 城市下垫面(大气底部与地表的接触面)特性的影响。城市内大量的人工构筑物如混凝土、柏油地面、各种建筑墙面等，改变了下垫面的热属性，这些人工构筑物吸热快、传热快，而热容量小，在相同的太阳辐射条件下，它们比自然下垫面(绿地、水面等)升温快，因而其表面的温度明显高于自然下垫面。表 5-9 为不同类型地表的显热系数。白天，在太阳的辐射下，构筑物表面很快升温，受热的构筑物把高温迅速传给大气；日落后，受热的构筑物仍缓慢向市区空气中辐射热量，使得近地气温升高。比如夏天，当草坪温度为 32 ℃、树冠温度为 30 ℃的时候，水泥地面的温度可以高达 57 ℃，柏油马路的温度更是高达 63 ℃，这些高温构筑物形成巨大的热源，烘烤着周围的大气和人们的生活环境。

表 5-9　不同类型地表的显热系数

地表类型	B	C	地表类型	B	C
沙漠	20.00	0.95	针叶林	0.50	0.33
城市	4.00	0.80	阔叶林	0.33	0.25
草原、农田(暖季)	0.67	0.40	雪地	0.10	0.29

注：①B 为鲍恩(Bowen)比，$B=H/L_e$，其中 H 为日地热交换量，L_e为地表热蒸发耗热量；

②C 为显热系数，$C=H/(H+L_e)$。

(2) 人工热源的影响。工业生产、居民生活制冷采暖等固定热源，交通运输、人群等流动热源不断向外释放废热。城市能耗越大，热岛效应越强。美国纽约市 2001 年生产的能量约为接收太阳能量的 1/5。

(3) 日益加剧的城市大气污染的影响。城市中的机动车辆、工业生产以及大量的人群活动产生的大量的氮氧化物、二氧化碳、粉尘等物质改变了城市上空大气的组成,使其吸收太阳辐射和地球长波辐射的能力得到了增强,加剧了大气的温室效应,引起地表的进一步升温。

(4) 高耸入云的建筑物造成近地表风速小且通风不良。城市的平均风速比郊区小25%,城郊之间热量交换弱,城市白天蓄热多,夜晚散热慢,加剧城市热岛效应。

(5) 城市中绿地、林木、水体等自然下垫面的大量减少,加上城市的建筑、广场、道路等构筑物的大量增加,导致城区下垫面不透水面积增大,雨水能很快从排水管道流失,可供蒸发的水分远比郊区农田绿地少,消耗于蒸发的潜热亦少,其所获得的太阳能主要作用于下垫面增温,从而极大削弱了缓解城市热岛效应的能力。

5.3.3 城市热岛效应的影响

(1) 城市热岛效应的存在,使得城区冬季缩短,霜雪减少,有时甚至出现城外降雪城内雨的现象(如上海1996年1月17日至18日),从而可以降低城区冬季采暖能耗。

(2) 夏季,城市热岛效应加剧高温天气,降低工人工作效率,且易造成中暑甚至死亡。医学研究表明,环境温度与人体的生理活动密切相关,环境温度高于28 ℃时,人就有不舒适感;温度再高就易导致烦躁、中暑、精神紊乱;如果气温高于34 ℃加之频繁的热浪冲击,还可引发一系列疾病,特别是使心脏、脑血管和呼吸系统疾病的发病率上升,死亡率明显增加。此外,高温还加快光化学反应速率,从而使大气中O_3浓度上升,加剧大气污染,进一步伤害人体健康。例如,1996年7月9日至14日,美国圣路易斯市气温高达38.1～41.4 ℃,导致城区每天死亡人数由原来正常情况的35人陡增至152人。1980年圣路易斯市和堪萨斯市商业区死亡率分别升高57%和64%,而附近郊区只增加了约10%。

(3) 城市热岛效应会给城市带来暴雨、飓风、云雾等异常的天气现象,即"雨岛效应"、"雾岛效应"。夏季经常发生市郊降雨、市区干燥的现象。对美国宇航局"热带降雨测量"卫星观测数据的分析显示,受热岛效应的影响,城市顺风地带的月平均降雨次数要比顶风区域多28%,在某些城市甚至高出51%。他们还发现,城市顺风地带的最高降雨强度,平均比顶风区域高出48%～116%。这在气象学上被称为"拉波特效应"(拉波特是美国印第安纳州的一个处于大钢铁企业下风向的一个城镇,因此而命名)。例如,2000年上海市区汛期雨量要比远郊多出50 mm以上。而城市雾气则是由工业、生活排放的各种污染物形成的酸雾、油雾、烟雾和光化学雾的集合体,它的增加不仅危害生物,还会妨碍水陆交通和供电。例如,2002年的冬天,整个太原城50天是雾天。

(4) 热岛效应会加剧城市能耗,增大其用水量,从而消耗更多的能源,造成更多的废热排放到环境中去,进一步加剧城市热岛效应,导致恶性循环。原则上来讲,一年四季热岛效应都是存在的,但是,对于居民生活和消费构成影响的主要是夏季高温天气下的热岛效应。为了降低室温和提高空气流通速度,人们普遍使用空调、电扇等电器装置,从而加大了耗电量。例如,目前美国1/6的电力消费用于降温目的,为此每年需付400亿美元。

(5) 形成城市风。由于城市热岛效应,市区中心空气受热不断上升,周围郊区的冷空气向市区汇流补充,城乡间空气的这种对流运动,称为"城市风",在夜间尤为明显。而在城市热岛中心上升的空气又在一定高度向四周郊区冷却扩散下沉以补偿郊区低空的空缺,这样就形成了一种局地环流,称为"城市热岛环流"。这样就使扩散到郊区的废气、烟尘等污染物质重新聚集到市区的上空,难以向下风向扩散稀释,加剧城市大气污染(见图5-4)。

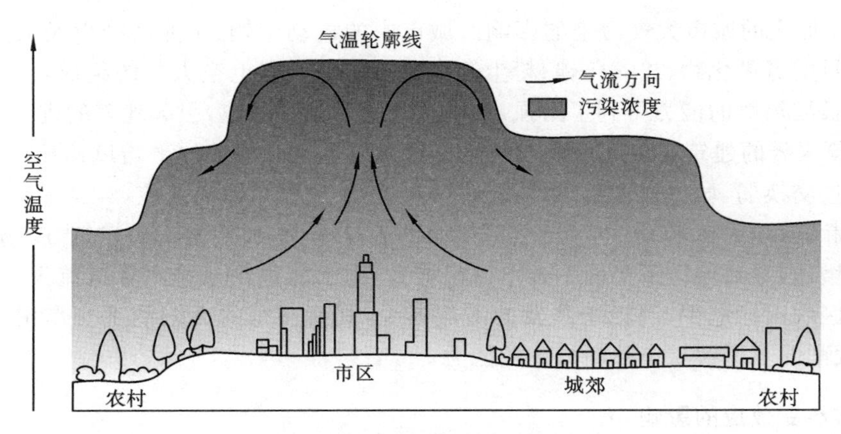

图 5-4　城市热岛效应模式

5.3.4　城市热岛效应的防治

城市中人工构筑物的增加、自然下垫面的减少是加剧城市热岛效应的主要原因,因此在城市中通过各种途径增加自然下垫面的比例,便是缓解城市热岛效应的有效途径之一。

城市绿地是城市中的主要自然因素,大力发展城市绿化,是减轻热岛影响的关键措施。绿地能吸收太阳辐射,而吸收的辐射能量又有大部分用于植物蒸腾耗热和光合作用中转化为化学能,从而用于增加环境温度的热量大大减少。绿地中的园林植物,通过蒸腾作用,不断地从环境中吸收热量,降低环境空气的温度。每公顷绿地平均每天可以从周围环境中吸收 81.1 MJ的热量,相当于 189 台空调的制冷作用。园林植物的光合作用,吸收空气中的 CO_2,每公顷绿地平均每天可以吸收 1.8 t 的 CO_2,削弱了温室效应。

研究表明,城市绿化覆盖率与热岛强度成反比,绿化覆盖率越高,则热岛强度越低。当绿化覆盖率大于 30%时,热岛效应将得到明显的削弱;当绿化覆盖率大于 50%时,绿地对热岛效应的削弱作用极其明显。规模大于 3 hm^2 且绿化覆盖率达到 60%以上的集中绿地,基本上与郊区自然下垫面的温度相当,即消除了城市热岛效应,在城市中形成了以绿地为中心的低温区域,成为人们户外游憩活动的优良环境。例如,在新加坡、吉隆坡等花园城市,热岛效应基本不存在。深圳和上海浦东新区绿化布局合理,草地、花园和苗圃星罗棋布,热岛效应也小于其他城市。除了绿地能够有效缓解城市热岛效应之外,水面、风等也是缓解城市热岛效应的有效因素。水的热容量大,在吸收相同热量的情况下,升温值最小,表现为比其他下垫面的温度低;水面蒸发吸热,也可以降低水体的温度。风能带走城市中的热量,也可以在一定程度上缓解城市热岛效应。

5.4　环境热污染防治

随着科技水平的提高和社会生产力的不断发展,工农业生产和人们的生活都取得了巨大的进步,这其中大量的能源消耗(包括化石燃料和核燃料)不仅产生了大量的有害及放射性的污染物,而且还会产生 CO_2、水蒸气、热水等一些污染物,它们会使局部环境或全球环境增温,并形成对人类和生态系统的直接或间接、及时或潜在的危害。这种日益现代化的工农业生产和人类生活中排放出的废热所造成的环境污染,即为热污染。热污染一般包括水体热污染和大气热污染。目前，噪声污染、水污染、大气污染，已被人们所重视，而对于热污染，人们却几乎熟视无睹。

5.4.1　热污染的成因

热污染基本上是由于人类活动引起的。人类活动主要从以下三个方面影响热环境。

1. 改变了大气的组成

(1) 大气中CO_2含量不断增加。19世纪，大气中的CO_2浓度约为299 mL/m^3，而到1995年大气中CO_2浓度已达到358 mL/m^3。1991年联合国向国际社会披露了CO_2排放量占全球总排放量最多的5个国家为美国(22%)、苏联(18%)、日本(4%)、德国(3%)、英国(2%)。而事实上1997年的调查表明，美国对全球气温变暖应负最大责任的比例远不止22%。

(2) 大气中微细颗粒物大量增加。大气中微细颗粒物对环境有变冷、变热双重效应：颗粒物一方面会加大对太阳辐射的反射作用，另一方面也会加强对地表长波辐射的吸收作用。究竟哪一方面起到关键性的作用，主要取决于微细颗粒物的粒度大小、成分、停留高度、下部云层和地表的反射率等多种因素。

(3) 对流层中水蒸气大量增加。这主要是由日益发达的国际航空业的发展引起的。对流层上部的自然湿度是非常低的，亚声速喷气式飞机排出的水蒸气在这个高度形成卷云。凝聚的水蒸气微粒在近地层几周内就可沉降，而在平流层则能存在1～3年之久。当低空无云时，高空卷云吸收地面辐射，降低环境温度，夜晚由于地面温度降低很快，卷云又会向周围环境辐射能量，使环境温度升高。早在1965年就已发现对流层卷云遍布美国上空，近年来，随着航空业的飞速发展，在繁忙的航空线上发现对流层卷云愈来愈多，云层正不断加厚。

(4) 臭氧层的破坏。臭氧是一种淡蓝色具有特殊臭味的气体，是氧气的同素异形体，化学式为O_3。它起着净化大气和杀菌的作用，并可以把大部分有害的紫外线过滤掉，减少对地球生态和人体的伤害，因而臭氧是地球生命的“保护神”。

① 臭氧层现状。平流层的臭氧是臭氧不断产生又不断被破坏分解两个过程平衡的结果。20世纪70年代初期，科学家已经发出“臭氧层可能遭到破坏”的警告，且从那时开始，根据世界各地地面观测站对大气臭氧总量的观测记录表明，自1958年以来，全球臭氧总量在逐年减少。20世纪80年代的观测结果表明，南极上空的臭氧每年9—10月急剧减少。20世纪90年代中期以来，每年春季南极上空臭氧平均减少2/3。更令人们担心的是，继南极发现“臭氧空洞”之后，1987年科学家又发现在北极的上空也出现臭氧空洞，最近科学观测表明北极臭氧层也有高达2/3的部分已经受损。2000年9月3日南极上空的臭氧空洞面积达到2.83×10^7 km^2，相当于美国领土面积的3倍，是迄今为止观测到的最大的臭氧空洞。预计在今后的20年内，臭氧层将处于最脆弱的状态。

② 臭氧层破坏的原因。破坏臭氧层的罪魁祸首不是自然界本身，而是人类自己。科学研究业已证实，现代工业向大气中释放的大量氟氯烃(CFCs)和溴卤化烷烃哈龙是引起臭氧减少的主要原因。氟氯烃即氟利昂，最初是由美国杜邦公司生产用于制冷作用的。这些物质性质稳定，排入大气后基本不分解。当其升至平流层后，在太阳光紫外线催化作用下，释放大量的氯原子。反应式如下所示：

$$CFCl_3 \xrightarrow{h\nu} CFCl_2 + Cl$$

$$CF_2Cl_2 \xrightarrow{h\nu} CF_2Cl + Cl$$

$$Cl + O_3 \longrightarrow ClO + O_2$$

$$ClO + O \longrightarrow Cl + O_2$$

由此可见,氯原子在其中起到催化剂的作用,一个氯原子自由基更以惊人的破坏力可以分解10万个臭氧分子,而且其寿命长达75～100年,而由哈龙释放的溴原子自由基对臭氧的破坏能力是氯原子的30～60倍,并且氯原子自由基和溴原子自由基的协同破坏力远远大于两者单独的破坏能力。

此外,CCl_4、$CHCl_3$和氮氧化物(超音速飞机的尾气和农业氮肥的施用)以及大气中的核爆炸产物也能破坏臭氧层。

③ 臭氧层破坏对地球环境的危害和影响。紫外线的波长范围为40～400 nm,其中40～290 nm为UV-C;290～320 nm为UV-B;320～400 nm为UV-A。波长越短,能量越大,臭氧层能够吸收UV-C和部分UV-B。研究表明如果大气中臭氧含量减少1/100,达到地面的紫外线UV-B就要增加2%～3%。表5-10为地面紫外线增加量状况。

表 5-10　地面紫外线增加量状况

地理位置	时间	地面紫外线增加量/(%)
北半球中纬度	冬、春季	7
北半球中纬度	夏、秋季	4
南半球中纬度	全年	6
南极地区	春季	130
北极地区	春季	22

注:资料引自联合国环境署报告,1998。

a. 危害人类和动物的生命健康。适量的UV-B是人类健康所必需的,它可以提高人体免疫力,增强人体抵抗环境污染的能力。然而当人体接受了超过其需要量的UV-B时,将导致白内障发病率增加,降低机体对传染病和肿瘤的抵抗能力,降低免疫的应答效果,导致皮肤癌发病率增加。大气中臭氧含量每年减少1/100,皮肤病发病率将会增加1%～2%。

b. 改变植物的生物活性和生物化学过程,抑制植物的光合作用,降低其抵抗病菌和昆虫袭击的能力,降低农作物的产量和质量。

c. 危害水生生态系统。UV-B辐射能够穿透水面至水下10～15 m的区域,过量的UV-B会杀死水中的微生物,削弱吸收地球上产生的CO_2的机能,降低水体自净能力,减少海洋经济产品的产量和质量。科学已经证实UV-B辐射增强能够改变CO_2和CO间的循环。

d. 降低空气质量。EPA指出,当大气中臭氧含量减少25%时,城市光化学烟雾的发生率将增加30%。

e. 降低聚合材料的物理和机械性能,缩短聚合和生物材料(木材、纸张、羊毛、棉织品和塑料等)的使用寿命。

f. 改变大气辐射平衡,引起平流层下部气温变冷,对流层变热,导致全球大气环流的紊乱,破坏地球的辐射平衡。

2. 改变地表形态

(1) 农牧业大发展造成自然植被的严重破坏。随着世界人口数量的不断增长和人们生活水平的不断提高,需要更多的食物来维系人类生命的存在。人类在不断开荒垦田、放牧,填海填湖造田的同时,极大地破坏了自然植被。而一般农田、草原、沙漠是森林植被破坏后的转换三部曲,从而改变了自然热平衡,造成热污染。

(2) 飞速发展的城市建设减少了自然下垫面。城市人口的不断增长和城市市政建设的不断发展，导致大面积混凝土构筑物取代了田野和土地等自然下垫面，改变了地表的反射率和蓄热能力。表 5-11 为下垫面改变引起城市变化情况。

表 5-11　下垫面改变引起城市变化情况

项目	与农村比较结果	项目	与农村比较结果
年平均温度	高 0.5～1.5 ℃	夏季相对湿度	低 8%
冬季平均最低气温	高 1.0～2.0 ℃	冬季相对湿度	低 2%
地面总辐射	少 15%～20%	云量	多 5%～10%
紫外辐射	低 5%～30%	降水	多 5%～10%
平均风速	低 20%～30%		

(3) 石油泄漏改变了海洋水面的受热性质。在北冰洋泄漏的石油覆盖了大面积的冰面，在其他的海洋平面上泄漏的石油也覆盖了大面积的水面。石油与水面、冰面吸收和反射太阳辐射的能力是截然不同的，从而改变了热环境。

3. 直接向环境释放热量

按照热力学定律，人类使用的全部能量最终都将转化为热，传入大气，逸向太空。

5.4.2　水体热污染

向自然水体排放的废温热水导致其升温，当温度升高到影响水生生物的生态结构时，就会发生水质恶化，影响人类生产、生活的使用，即为水体热污染。

1. 水体热污染的热量来源

工业冷却水是水体热污染的主要热源，其中以电力工业为主，其次为冶金、化工、石油、造纸和机械工业。在工业发达的美国，每天所排放的冷却用水达 4.5×10^8 m^3，接近全国用水量的 1/3；废水含热量约 $10\,467\times10^9$ kJ，足够让 25×10^8 m^3 的水升温 10 ℃。例如在美国佛罗里达州的一座火力发电厂，其废热水排放量超过 2 000 m^3/min，导致附近海湾 10～12 hm^2 的水域表层温度上升 4～5 ℃。我国发电行业的冷却水用量占总冷却水用量的 80%左右。各行业冷却水排放量见图 5-5。

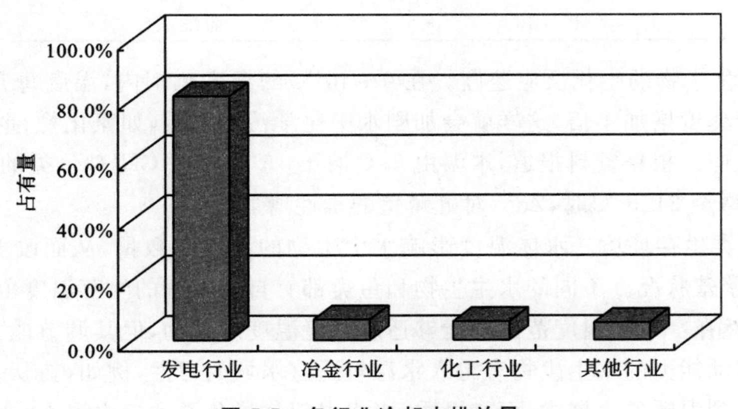

图 5-5　各行业冷却水排放量

另外，核电站也是水体热污染的主要热量来源之一，一般轻水堆核电站的热能利用率为 31%～33%，而剩余的约 2/3 的能量都以热(冷却水)的形式排放到周围环境中。

2. 水体热污染的危害

(1) 降低水体溶解氧且加重水体污染。温度是水的一个重要物理学参数,它将影响到水的其他物理性质指标。随着温度的升高,水的黏度降低,这将影响到水体中沉积物的沉降作用。水中溶解氧(DO)随温度的变化情况如表5-12所示,由表可知随着温度的升高,水中的DO值逐渐降低,而微生物分解有机物的能力是随着温度的升高而增强的,从而随着温度上升水体自净能力加强,提高了其生化需氧量,导致水体严重缺氧,加重了水体污染。

表5-12 氧在蒸馏水中的溶解度

水温/℃	DO值/(mg/L)	水温/℃	DO值/(mg/L)	水温/℃	DO值/(mg/L)
0	14.62	11	11.08	22	8.83
1	14.23	12	10.83	23	8.63
2	13.84	13	10.60	24	8.53
3	13.48	14	10.37	25	8.38
4	13.13	15	10.15	26	8.22
5	12.80	16	9.95	27	8.07
6	12.48	17	9.74	28	7.92
7	12.17	18	9.54	29	7.77
8	11.87	19	9.35	30	7.63
9	11.59	20	9.10		
10	11.33	21	8.99		

(2) 导致藻类生物的群落更替。水温的升高将会导致藻类种群的群落更替。不同温度下的优势藻类种群如表5-13所示。蓝细菌的增殖速度很快,它不仅不是鱼类的良好饵食,而且其中有些还有毒性,它们的大量存在还会降低饮用水水源水质,产生异味,阻塞水流和航道。

表5-13 优势藻类种群随水温变化情况

温度/℃	优势藻类群落
20	硅藻
30	绿藻
35～40	蓝细菌

(3) 加快水生生物的生化反应速度。在0～40 ℃的温度范围内,温度每升高10 ℃,水生生物的生化反应速度增加1倍,这样就会加剧水中化学污染物质(如氰化物、重金属离子)对水生生物的毒性效应。根据资料报道,水温由8 ℃增至16 ℃时,KCN对鱼类的毒性增加1倍;水温由13.5 ℃增至21.5 ℃时,Zn^{2+}对虹鳟鱼的毒性增加1倍。

(4) 破坏鱼类生存环境。水体温度影响水生生物的种类和数量,从而改变鱼类的吃食习性、新陈代谢和繁殖状况。不同的水生生物和鱼类都有自己适宜的生存温度范围,鱼类是冷血动物,其体温虽然在一定的温度范围内能够适应环境温度的波动,但其调节能力远不如陆生生物那么强。有游动能力的水生生物有游入水温较适宜水域的习性,例如,在秋、冬、春三季有些鱼类常常被吸引到温暖的水域中,而在夏季,当水温超过了鱼类适应水温1～3 ℃时,鱼类都会回避暖水流,这就是鱼类调整自我适应环境的一种方式。表5-14为不同鱼类最适生存温度范围。

由表5-14可见,鱼类生存适宜的温度范围是很窄的,有时很小的温度波动都会对鱼类种

表 5-14 不同鱼类最适生存温度范围

鱼类名称	最适温度/℃	鱼类名称	最适温度/℃	鱼类名称	最适温度/℃
对虾	25～28	鲤鱼	25.5～28.5	沙丁鱼	11～16
海蟹	24～31	鳝鱼	20～28	墨鱼	11.5～16
牡蛎	15.5～25.5	比目鱼	3～4	金枪鱼	22～28

群造成致命的伤害。

水温的上升可能导致水体中的鱼类种群的改变。例如，适宜于冷水生存的鲑鱼数量会逐渐减少，会被适宜于暖水生存的鲈鱼、鲶鱼所取代。

温度是水生生物繁殖的基本因素，将会影响到从卵的成熟到排卵的许多环节。例如，许多无脊椎动物有在冬季达到最低水温时排卵的生理特点，水温的上升将会阻止营养物质在其生殖腺内积累，从而限制卵的成熟，降低其繁殖率。即使温升范围在产卵的温度范围内，也会导致产卵时间的改变，从而可能使得孵化的幼体因为找不到充足的事物来源，而导致其自然死亡。同时，适宜的温度范围也有可能导致某些水生生物的爆发性生长，从而导致作为其食物来源的生物群体的急剧减少，甚至种群的灭绝，反过来又会限制其自身种群的发展。鱼类的洄游规律是依据环境水温度的变化而进行的，水体的热污染必将破坏它们的洄游规律。

在热带和亚热带地区，夏季水温本来就高，废热水的稀释较为困难，且会导致水温的进一步升高；在温带区，废热水稀释导致的升温幅度相对较小，而扩散要快得多，从而热污染在热带和亚热带地区对水生生物的影响会更大些。

(5) 危害人类健康。温度的上升，全面降低人体机理的正常免疫功能，给致病微生物，如蚊子、苍蝇、蟑螂、跳蚤和其他传病昆虫以及病原体微生物提供了最佳的滋生繁衍的条件和传播机制，导致其大量滋生、泛滥，形成一种新的"互干连锁效应"，引起各种传染病如痢疾、登革热、血吸虫病、恙虫病、流行性脑膜炎等病毒病原体疾病的扩大流行和反复流行。经科学证实，1965年澳大利亚曾流行过的一种脑膜炎，就是因为发电厂外排冷却水引起河水升温后导致一种变形虫的大量滋生引起的。目前以蚊子为媒介的传染病，已呈急剧增长趋势。2002年3月初，美国纽约新发现一种由蚊子感染的"西尼罗河病毒"导致的怪病。

3. 水体热污染的温升控制标准

废温热水的排放主要有表层排放和浸没排放两种形式，而实际设计中一般排放口的高度介于这两者之间。

表层排放的热量散逸主要是通过水面蒸发、对流、辐射作用进行的，它主要影响近岸边的水生生态系统。当温热水的水流方向和风向相反或在河流入海口处排放时，可能会发生温热水向上游推脱的现象，从而降低其稀释效果，这在工程设计上应予以充分考虑。

浸没排放的热量散逸主要是通过水流的稀释扩散作用进行的，它主要影响水体底部的生态系统。浸没排放是通过布置在水体底部的管道喷嘴或多孔扩散器进行的，它沿水流方向的热污染带的长度要比表层排放小，而在宽度和深度方向都要比表层排放大。

为了尽量降低水体热污染可能带来的对生态环境的破坏作用，通常是控制扩散后水体温升范围和热污染带的规模两项指标。水体温升是指标的高低，需要综合考虑环保和经济合理两方面的因素。《地表水环境质量标准》(GB 3838—2002)规定，人为造成环境水温变化应限制在周平均最大温升小于等于1℃。美国国家技术咨询委员会(NTAC)对水质标准中水温的建议如下。

(1) 淡水生物。

① 温水水生生物。

a. 一年中的任何年份,向河中排放的热量不得使河水温升超过 2.8 ℃;湖泊和水库上层温升不得超过 1.6 ℃;禁止废温热水湖泊浸没排放。

b. 必须保持天然的日温和季温变化。

c. 水体温升不得超过主要水生生物的最高可适温度。表 5-15 为某些鱼类的最高可适温度。

表 5-15 某些鱼类的最高可适温度

种群名称及生理期	最高可适温度/ ℃
鲶鱼、长嘴硬鳞鱼、白鱼、黄鱼、斑点鲈鱼的生长	33.9
大嘴鲈鱼、鼓鱼、青鳃鱼的生长	32.2
小嘴鲈鱼、河鲈鱼、突眼鱼、狗鱼的生长	28.9
鲶鱼、鲱鱼的产卵和孵化	26.7
鲑鱼、鳟鱼的生长和河鲈鱼、小嘴鲈鱼的产卵和孵化	20.0
鲑鱼、鳟鱼的产卵和孵化	12.8
湖泊鳟鱼的产卵和孵化	8.9

② 冷水水生生物。

a. 内陆有鲑属鱼类的河流,不得将湖泊、水库及其产卵区作为废温热水的受纳水体。

b. 其他部分同对温水水生生物的限制。

(2) 海洋和海湾生物。

① 近海和海湾水域日最高温度的平均值:夏季温升不得高于 0.83 ℃,其他季节不得高于 2.2 ℃。

② 除自然因素的影响外,温度变化率不得超过 0.56 ℃/h。

美国科学院(NAS)、美国工程科学院(NAE)和美国环保局(EPA)联合提出的有关水温的水质标准,具体规定了以下几个限制性数值指标。

(1) 夏季最大周平均水温。最大周平均水温主要由生物生长受到限制时的水温来决定。其关系式如下:

最大周平均水温≤主要生物生长最佳温度+(主要生物致死上限温度－主要生物生长最佳温度)/3

生物生长最佳温度是指生物生长率最高时的温度。当将其从生长最佳水温很快转移到较高的水温中,导致其在短时间内有 50%死亡时的水温即为生物致死上限温度。

(2) 冬季最高水温。多年的现象表明,废温热水的排放并未造成鱼类大量的死亡,相反,却在废温热水突然停止排放时,导致鱼类不能很快适应从较高温度水体到自然温度水体的转变,使得鱼类受到"冷冲击"作用而昏迷致死。为防止这一类现象的发生,规定了冬季最高水温这一指标。一般把冬季自然水温作为致死下限温度,然后测定出主要种群的适应温度,再减去 2 ℃,将其作为冬季最高水温。

(3) 短时间极限允许温度。为了防止短停留时间内可能对鱼类造成的热损伤,规定了短时间极限允许温度指标。鱼类热损伤的程度是和水温的高低以及停留时间的长短两者相关的,这当然也因种群和温度的不同而异。停留时间越长,所能存活的水温相应越低;反之,水温越高，所能存活的停留时间越短。例如，小的大嘴鲈鱼在温度从 21.1 ℃升高到 32.2 ℃可能会导致其立即死亡。温度突然升高到 16.7 ℃时，刺鱼只有 35 s 的存活能力，而大马鱼在 10 s 以内会立即死亡。这在废温热水排放系统的设计时需要进行充分考虑。

(4) 繁殖和发育期的温度。处于繁殖和发育期的水生生物对温度变化特别敏感，建议在每年的繁殖季节，对鱼类的繁殖区域，特别需要制定执行更加严格的温升标准。

洄游性鱼类的洄游产卵、孵化水域执行专门的温度标准。河流中形成的热污染带超过允许温升的部分(混合区)，最多只能占河流宽度的 2/3，必须保证不少于河流 1/3 宽度的鱼类通过区。在要求严格的地方，混合区的宽度不允许超过河流横断面的 1/4。

4. 水体热污染的防治

水体热污染的防治，主要是通过改进冷却方式、减少温热水的排放和利用废热水等途径进行。

(1) 设计和改进冷却系统，减少废温热水的排放。一般电厂(站)的冷却水，应根据自然条件，结合经济和可行性两方面的因素采取相应的防治措施。在不具备采用一次通过式冷却排放条件时，冷却水常采用冷却塔系统，使水中废热散逸，并返回到冷凝系统中循环使用，提高水的利用效率。

冷却水池通过水的自然蒸发达到冷却目的。冷却水在流经冷却水池的过程中，实现其冷却效果。这种方案投资小，但是占地面积较大，一个 10^6 kW 发电能力的电站需要配备 400～1 000 hm^2 的冷却水池。采用把冷却水喷射到大气中雾化冷却方式，可以提高蒸发冷却速率，减少用地面积(减少 20%左右)。但是由于穿过喷淋水滴的空气易饱和，当水池的尺寸较大且冷却幅度大于 10 ℃时，是不经济的。

冷却水塔分为干式、湿式和干湿式三种。干式塔是封闭系统，通过传导和对流来达到冷却的目的，其基建费用较高，现已极少采用。湿式塔通过水的喷淋、蒸发来进行冷却，目前应用较为广泛。

根据塔中气流产生的方式不同，又可将湿式塔分为自然通风和机械通风两种类型。为了保证气流充足的抽吸力并使形成的水雾到达地面时能够弥散开来，自然通风型冷却塔要求塔体较大，造成其基建费用较大。在气温较高、湿度较大的地区常采用机械通风型冷却塔。这种塔的基建投资较小，而运行费用较高。

冷却水池、冷却塔在使用过程中产生的大量水蒸气，一方面会导致冷水的散逸，需要进行冷却水的补充(如冷却水一般为水流量的 3%～5%)；另一方面，在气温较低的冬天，易导致下风向数百米以内的区域内，大气中产雾、路面结冰。排出的水蒸气对当地的气候将会产生较大的影响。为了降低这种影响，发展了一种在一般湿式塔上部设置翅管形热交换器的干湿式冷却塔，又称为除雾式冷却塔。它的工作原理：温热水先进入热交换器管内加热湿式塔的排气，再进入湿式塔喷淋、蒸发；在湿式塔内空气被加热、增湿达到饱和状态，然后在干式塔内被进一步加热到过热状态，由于塔顶风机的抽力，在干式塔内就有一部分空气和湿式塔排气相混合，适当调节干、湿式塔两段空气质量的分配率，就可避免形成水雾。

在冷却水循环使用过程中，为了避免化学物质和固体颗粒物过多地积累，系统中需要连续地或周期性地“排污”，排出一部分冷却水(为总循环量的 5%左右)，这部分水的排放同样也会造成水体的热污染，在排放时仍需加以控制。

(2) 废热水的综合利用。目前，国内外都在进行利用温热水进行水产养殖的试验，并已取得了较好的试验成果，如表 5-16 所示。

表 5-16　利用废温热水水产养殖试验状况

试验地点	生物种类	取得成果
中国	非洲鲫鱼	已获成功
日本	虾和红鲷鱼	加快其增长速度
日本	鳗鱼、对虾	已获成功
美国	鲶鱼	已获成功
美国	观赏性鱼	提高其成活率
美国	牡蛎、螃蟹、淡菜	增加其产卵量，延长其生长期

农业也是利用废温热水的一个重要途径。在冬季用废温热水灌溉能促进种子发芽和生长，从而延长适合于作物种植、生长的时间。在温带的暖房中用废温热水灌溉可以种植一些热带或亚热带的植物。这里需要考虑当废温热水源由于某些原因无法提供废温热水时的影响和相应的解决措施。

利用废温热水冬季供暖和夏季作为吸收型空调设备的能源，其应用前景较为乐观。废温热水用于区域性供暖，在瑞典、芬兰、法国和美国都已取得成功。

废温热水的排放可以在一些地区防止航道和港口结冰，从而节约运输费用，但在夏季对生态系统产生不良影响。

污水处理也是废温热水利用的一个较好途径。温度是水微生物的一个重要的生理学指标，活性污泥微生物的生理活动和周围的温度密切相关，适宜的温度范围(20～30 ℃)可以加快其酶促反应的速率，提高其降解有机物的能力，从而增强其水处理的效果。特别是在冬天水处理系统温度较低的情况下，如果能将废温热水排放的热量引入污水处理系统中，将是一举两得的处理方案。这当然要充分考虑经济和可行性两方面的因素。

5.4.3　大气热污染

能源是社会发展和人类进步的命脉。随着能源消耗的加剧，越来越多的副产物 CO_2、水蒸气和颗粒物质被排放到大气中。水蒸气吸收从地面辐射的紫外线，悬浮在空气中的颗粒物吸收从太阳辐射来的能量，加之人类活动向大气中释放的能量，使得大气温度不断升高，即为大气热污染。

不会引起全球性气候变化的环境可吸收废热的上限值并不为人们所知。一些科学家曾提出过不应超出地球表面总辐射能量的1%(24 W/m^2)的说法，然而目前有不少地区，尤其是大城市和工业区排放的热量已经超过了这个数值，虽然这些地区表现了与周围环境不同的气候特征，其影响面积依然是相对较小的，并没有引起全球性的气候变化。

1. 大气热污染引起局部天气变化

(1) 减少太阳到达地球表面的辐射能量，降低大气可见度。排放到大气中的各类污染物对太阳辐射都有一定的吸收和散射作用，从而降低了地表太阳的入射能量，在污染严重的情况下，可减少40%以上。又由于热岛效应的存在，导致污染物难以迅速扩散开来，积存在大气中形成烟雾，增加了大气的浊度，降低了空气质量，降低了可见度。

(2) 破坏降雨量的均衡分布。大气中的颗粒物对水蒸气具有凝结核和冻结核的作用。一方面热污染加大了受污染的大工业城市的下风向地区的降雨量(拉波特效应)；另一方面，由于增大了地表对太阳热能的反射作用，减少了吸收的太阳辐射能量，使得近地表上升气流相对减弱，阻碍了水蒸气的凝结和云雨的形成，加之其他因素，导致局部地区干旱少雨，农作物生长歉收。例如20世纪60年代后期，非洲撒哈拉牧区因受热污染影响，发生了持续6年的特大旱灾，受灾死亡人数达150万以上；非洲大陆因旱灾3年引起大饥荒，死200万人；在埃塞俄比亚、苏丹、莫桑比克、尼泊尔、马里和乍得等6个国家的9 000万人口中，有2 500万人面临饥饿和死亡的威胁。

(3) 加剧城市热岛效应。城市热岛效应和大气热污染之间是一种相辅相成的关系，随着大气热污染的加剧，城市会变得更“热”。

2. 大气热污染引起全球气候变化

目前，尚缺少大气热污染对全球气候影响的实际观测资料，还不能具体确定其对自然环境可能造成的破坏作用及其可能产生的深远影响。然而已有明确的观测资料表明大量存在于大气中的污染物改变了地球和太阳之间的热辐射平衡关系，虽然这种影响尚小。曾有人指出，地球热量平衡稍被干扰，将会导致全球平均气温2 ℃的浮动。无论是平均气温低2 ℃(冰河期)，还是平均气温高2 ℃(无冰期)，对于脆弱的地球生命系统来讲都将是致命的。

(1) 加剧CO_2的温室效应。空气中含有CO_2，而且在过去很长一段时间中，含量基本上保持恒定。这是由于大气中的CO_2始终处于“边增长，边消耗”的动态平衡状态，大气中的CO_2有80%来自动植物的呼吸，20%来自燃料的燃烧。散布在大气中的CO_2通过植物光合作用，转化为有机物质储藏起来。这就是多年来CO_2占空气成分0.03%(体积分数)始终保持不变的原因。但是近几十年来，由于人口急剧增加，工业迅猛发展，呼吸产生的CO_2及煤炭、石油、天然气燃烧产生的CO_2，远远超过了过去的水平。而另一方面，由于对森林乱砍滥伐，大量农田被破坏，破坏了植被，减少了将CO_2转化为有机物的条件。再加上地表水域逐渐缩小，降水量大大降低，减少了吸收溶解CO_2的条件，破坏了CO_2生成与转化的动态平衡，就使大气中的CO_2含量逐年增加，导致地球气温发生了改变。

(2) 大气中颗粒物对气候的影响。到目前为止，近地层大气中的颗粒物主要还是自然界火山爆发的尘埃颗粒以及海水吹向大气中的盐类颗粒，由人类活动导致的大气中颗粒物的增加量尚少，且只是作为凝结核促进水蒸气凝结成云雾，增加空气的混浊度。

① 平流层中大量颗粒物的存在，将会增强对太阳辐射的吸收和反射作用，减弱太阳向对流层和地表的辐射能量，导致平流层能量聚集，温度升高。1963年阿贡山火山大喷发造成大量尘埃进入平流层，导致平流层中的同温层立即升温6～7 ℃，多年以后，该层温升仍高达2～3 ℃的事实充分证明了这一点。

② 对流层中大量存在的颗粒物，对太阳和地表辐射都既有吸收作用又有反射作用，使得其对近地层的气温的影响目前尚缺少统一的说法。

3. 大气热污染的防治

(1) 植树造林，增加森林覆盖面积。绿色植物通过光合作用吸收CO_2，放出O_2。

$$CO_2 \xrightarrow{\text{植物光合作用}} O_2$$

根据化学式可知，植物每吸收44 g CO_2，释放32 g O_2。根据实验测定，每公顷森林每天可以吸收大约1 t CO_2，同时产生0.73 t O_2。据估算，地球上所有植物每年为人类处理CO_2近千亿吨。此外，森林植被能够防风固沙、滞留空气中的粉尘，每公顷森林每年可以滞留粉尘2.2 t，使环境大气中含尘量降低50%左右，进一步抑制大气升温。

(2) 提高燃料燃烧的完全性，提高能源的利用效率，降低废热排放量。目前我国的能源利用率只是世界平均水平的50%，存在着极大的能源浪费现象。研究开发高效节能的能源利用技术、方法和设置,任重而道远。

(3) 发展清洁型和可再生性替代能源,减少化石性能源的使用量。清洁型能源的开发利用是清洁生产的主要内容。所谓清洁型能源就是指它们的利用不产生或极少产生对人类生存环境有害的污染物。

下面介绍几种新能源和可再生性能源。

① 太阳能:太阳向外的电磁波辐射。

② 风能:空气流动的动能。

③ 地热能:地球内部蕴藏的热能,通常是指地下热水和地下蒸汽以及用人工方法从干热岩体中获得的热水与蒸汽所携带的能量。

④ 生物质能:通过生物转化法、热分解法和气化法转化而成的气态、液态和固态燃料所具有的能量。

⑤ 潮汐能:由于天体间的引力作用导致的海水的上涨和降落携带的动能和势能。

⑥ 水能:自然界的水由于重力作用而具有的动能和势能。

(4) 保护臭氧层,共同采取"补天"行动。世界环境组织已将每年的 9 月 16 日定为国际保护臭氧层日。严格执行《保护臭氧层维也纳公约》和《关于消耗臭氧层物质的蒙特利尔议定书》等国际公约。美国和欧盟成员国决定,自 2000 年起,停止生产氟利昂。中国从 1998 年起,实行《中国哈龙行业淘汰计划》,2006 年和到 2010 年底,分别停止哈龙 1211 和 1301 的生产。

环境热污染的研究属于环境物理学的一个分支。由于它刚刚起步,许多问题尚不十分清晰。随着现代工业的发展和人口的不断增长,环境热污染势必日趋严重。为此,尽快提高公众对环境热污染的重视程度,制定环境热污染的控制标准,研究并采取行之有效的防治热污染的措施方为上策。

思 考 题

1. 分析热污染的概念及其热量来源。
2. 简述热污染的概念与类型。
3. 分析引起热污染的主要原因。
4. 热污染的主要危害有哪些?
5. 水体热污染通常发生在什么样的水体?最根本的控制措施是什么?
6. 什么是城市热岛效应?它是如何形成的?
7. 热岛强度的变化与哪些因素有关?
8. 什么是温室效应?主要的温室气体有哪些?
9. 温室效应的主要危害有哪些?
10. 简述大气环境温度的表示方法及相应的测定方法。
11. 热污染的预防和治理措施主要有哪些?你认为还有什么更有效的措施?

第6章　环境光污染控制

6.1　环境光污染概述

1879年爱迪生发明了电灯，创造了一个光明的奇迹。一个多世纪以来，电光源迅速普及发展，现在不同规格的电光源已有数千种，世界年产量达百亿只以上，人工照明消费的电力占电力总产量的10%～15%。但爱迪生不会想到，电灯让人类走出对黑暗的恐惧时，却让人类失去了本来拥有的美丽纯净的夜空。研究表明，世界上将近2/3的人口生活在光污染之下。现代文明程度越高的地区，光污染也就越严重。在一些完全被现代文明覆盖的地区，几乎没有了真正意义的黑夜。对居住在那里的人们而言，璀璨星空只是一个遥远而浪漫的幻想。

昼夜交替是一种自然规律。从根本上说，黑暗是无害的。现代生活少不了照明灯，但人们可以将光限制在需要的地方，尽可能减少光污染，还地球一个纯净的夜空！

6.1.1　光源

1. 光源的定义

宇宙间的物体有的是发光的，有的是不发光的，把发光的物体称为光源。物理学上光源指能发出一定波长范围的电磁波（包括可见光与紫外线、红外线和X射线等不可见光）的物体，通常指能发出可见光的发光体。凡物体自身能发光者都为光源，又称发光体，如太阳、恒星、灯以及燃烧着的物质等。但像月亮表面、桌面等依靠反射外来光才能使人们看到它们，这样的反射物体不能称为光源。在日常生活中，人们离不开光源，光源还被广泛地应用到工农业、医学和国防现代化等方面。

光源分为自然光源和人工光源。自然光源指日光和月光，人工光源就是人工创造的光源。

2. 光源的类型

1）自然光源的类型

（1）热辐射源。

热效应产生的光称为热辐射源，如太阳光、蜡烛发的光等。此类光随着温度的变化会改变颜色。

（2）气体放电光源。

原子发光为气体放电光源，即荧光灯灯管内壁涂抹的荧光物质被电磁波能量激发而产生光，霓虹灯的原理也是一样。原子发光具有独自的基本色彩，所以彩色拍摄时需要进行相应的补正。

（3）同步辐射发光。

同步辐射发光的同时携带有强大的能量，原子炉发的光就是这种，但是在日常生活中几乎没有接触到这种光的机会。

2）人工光源的类型

（1）点光源。

点光源（point light）是从一个点开始分布光能的光源，如白炽灯。点光源的光强分布由一个球面的三维图标表示。缺省时,它的位置同光源图块的插入点位置重合,可使用变换操作对其重新定位。

(2) 线光源。

线光源(linear light)是从一条直线上开始分布光能的能源,如日光灯。可通过点取光源的一个表面来指定线光源的光强分布。线光源放置在所选表面长边中心方向上,光强分布指向表面的正方向。可调整线光源的位置和方向,这些操作不影响用于定义光强分布的表面。

(3) 面光源。

面光源(area light)是从一个三角形或凸四边形表面上开始分布光能的光源,如从整个表面上均匀发射光线的格栅灯。

6.1.2 光环境

1. 光环境的定义

光环境包括室内光环境和室外光环境。

室内光环境主要是指由光(照度水平和分布、照明的形式和颜色)与颜色(色调、色饱和度、室内颜色分布、颜色显现)在室内建立的同房间形状有关的生理和心理环境。其功能是要满足物理、生理(视觉)、心理、人体功效学及美学等方面的要求。

室外光环境是在室外空间由光照射而形成的环境。它的功能除了要满足与室内光环境相同的要求外,还要满足诸如节能和绿色照明等社会方面的要求。对建筑物来说,光环境是由光照射于其内外空间所形成的环境。

2. 光环境的影响因素

光环境有以下基本影响因素。

(1) 照度和亮度。

照度和亮度是明视的基本条件。保证光天南地北照射的光量和光质量的基本条件是照度和亮度。

(2) 光色。

光色指光源的颜色。按照国际照明委员会(CIE)标准表色体系,将三种单色光(如红光、绿光、蓝光)混合,各自进行加减,就能匹配出感觉到与任意光的颜色相同的光。此外,人工光源还有显色性,表现出照射到物体时的可见度。在光环境中还能激发人们的心理反应,如温暖、清爽、明快等。

(3) 周围亮度。

人们观看物体时,眼睛注视的范围与物体的周围亮度有关。根据实验,容易看到注视点的最佳环境是周围亮度大约等于注视点亮度。

(4) 视野以外的亮度分布。

视野以外的亮度分布指室内顶棚、墙面、地面、家具等表面的亮度分布。在光环境中各物体的亮度不同,构成丰富的亮度层次。

(5) 眩光。

在视野中由于亮度的分布或范围不当,或在时空方面存在着亮度的悬殊对比,以致引起不舒适感觉或降低观看细部或目标的能力,这种现象称为眩光。眩光在光环境中是有害因素,应设法控制或避免。

(6) 阴影。

在光环境中无论光源是天然光源还是人工光源，当光存在时，就会存在阴影。在空间中由于阴影的存在，才能突出物体的外形和深度，因而有利于光环境中光的变化，丰富了物体的视觉效果。在光环境中希望存在较为柔和的阴影，而要避免浓重的阴影。

3. 光环境中光的效果

在光环境中以光为主体可产生下列效果。

（1）光的方向性效果。光的方向一般有顺光、侧光、逆光、顶光、底光。在光环境中光的方向性效果主要表现在增强室内空间的可见度，增强或减弱光和阴影的对比，增强或减弱物体的立体感。在室内光环境中只要调整光源的位置和方向，就能获得所要求的方向性效果，这种效果对建筑功能、室内表面、人物形象及人们的心理反应都起着重要作用。

（2）光的造型立体感效果。物体表面上由于光的明暗变化就会产生光的造型立体感效果，简称立体感。在光环境中室内外表面的细部、浮雕、雕塑等都会体现光的这种效果。在室内光环境中人物形象、表面材料等受光照射后都能表现出立体感来，会使人们获得美好的感受。

（3）光的表面效果。在室内空间中光在各表面上的亮度分布或有无光泽，构成光的表面效果。

① 表面亮度。室内空间中光在各表面上的反射程度取决于表面与背景之间的亮度比。这种亮度比能为眼睛提供信息，有利于眼睛适应，使视觉功效与工作行为相互协调，并能降低室内眩光。为了获得良好的室内光环境，顶棚、墙面、门、窗、地面、工作面及工作对象等表面之间应力求获得最佳的亮度比。

② 表面光泽。在室内空间中光照射到表面时，在它的定向反射方向射出强烈的反射光，同时在其他方向因散射而出现少量光，由于反射光在空间分布而呈现出表面的外观性质称为表面光泽。

（4）光的色彩效果。

光和色彩属于不可分开的领域，对室内光环境来说，光和色彩起着相辅相成的作用。光的反射比与色彩的明度直接相关，如表 6-1 所示。可见光的反射比越大，色彩的明度也越大。

表 6-1　色彩的明度与光的反射比的关系

明度/度	0	1	2	3	4	5	6	7	8	9
反射比	0	1.21	3.13	6.56	12.00	19.77	30.05	43.06	59.10	78.66

在室内光环境中通过光的照射，各种材料的表面会呈现出色彩效果。为了获得明亮的光环境，一般高明度色彩用于室内上部以取得明亮效果，低明度色彩用于室内下部以取得稳定效果，因此在光环境中光除了获得感观效果以外，还可获得诸如感情、联想等心理效果。

6.1.3　光污染

1. 光污染的产生

光污染是现代社会中伴随着新技术的发展而出现的环境问题。当光辐射过量时，就会对人们的生活、工作环境以及人体健康产生不利影响，称为光污染。

狭义的光污染指干扰光的有害影响，其定义是“已形成的良好的照明环境，由于逸散光而产生被损害的状况，又由于这种损害的状况而产生的有害影响”。逸散光指从照明器具发出的，使本不应是照射目的的物体被照射到的光。广义的光污染指由人工光源导致的违背人的生理与心理需求或有损于生理与心理健康的现象，包括眩光污染、射线污染、光泛滥、视单调、视屏蔽、频闪等。广义光污染包括了狭义光污染的内容。

光污染属于物理性污染，其特点是：光污染是局部的，随距离的增加而迅速减弱；在环境中不存在残余物，光源消失后污染即消失。

2. 光污染的来源

随着我国现代化城市建设的不断发展，特别是越来越多的城市大量兴建玻璃幕墙建筑和实施“灯亮工程”、“光彩工程”，使城市的光污染问题日益突出，主要表现在以下两个方面。

(1) 现代建筑物形成的光污染。

随着现代化城市的日益发展与繁荣，一种新的都市光污染正在威胁着人的健康。商场、公司、写字楼、饭店、宾馆、酒楼、发廊及舞厅等都采用大块的镜面玻璃、不锈钢板及铝合金门窗装饰。有的甚至从楼顶到底层全部用镜面玻璃装修，使人仿佛置身于镜子的世界，方向难辨。在日照光线强烈的季节里，建筑物的镜面玻璃、釉面瓷砖、不锈钢、铝合金板、磨光花岗岩、大理石等装饰，使人眩晕。据科学测定，上述这些装饰材料的光反射系数都超过 69%，甚至可达 90%，比绿地、森林、深色或毛面砖石的外装饰建筑物的光反射系数大 10 倍左右，完全超过了人体所能承受的极限。

(2) 夜景照明形成的光污染。

日落之后，夜幕低垂，都市的繁华街道上的各种广告牌、霓虹灯、瀑布灯等都亮了起来，光彩夺目，使人置身于人工白昼之中。进入现代化的舞厅，人们为追求刺激效果，常常采用色光源、耀目光源、旋转光源等，令人眼花缭乱。

3. 光污染的种类

国际上一般将光污染分成 3 类：白光污染、人工白昼污染和彩光污染。按光的波长，光污染又分为红外线污染、紫外线污染、激光污染及可见光污染等。

(1) 白光污染。

现代不少建筑物采用大块镜面或铝合金装饰门面，有的甚至整个建筑物都用这种镜面装潢。据测定，白色的粉刷面光反射系数为 69%～80%，而镜面玻璃的光反射系数达 82%～90%，大大超过了人体所能承受的范围。专家们研究发现，长时间在白光污染环境下工作和生活的人，眼角膜和虹膜都会受到程度不同的损害，引起视力的急剧下降，白内障的发病率高达 40%～48%。同时还使人头痛心烦，甚至发生失眠、食欲下降、情绪低落、乏力等类似神经衰弱的症状。

(2) 人工白昼污染。

当夜幕降临后，酒店、商场的广告牌、霓虹灯使人眼花缭乱。一些建筑工地灯火通明，光直冲云霄，亮如白昼，人工白昼对人体的危害不可忽视。由于强光反射，可把附近的居室照得如同白昼，在这样的“不夜城”里，使人夜晚难以入睡，打乱了正常的生物节律，致使精神不振，白天上班工作效率低下，还时常会出现安全方面的事故。据国外的一项调查显示，有 2/3 的人认为人工白昼影响健康，84%的人认为影响睡眠，同时也使昆虫、鸟类的生殖遭受干扰，甚至昆虫和鸟类也可能被强光周围的高温烧死。

(3) 彩光污染。

彩光活动灯、荧光灯以及各种闪烁的彩色光源则构成了彩光污染，危害人体健康。据测定，黑光灯可产生波长为 250～320 nm 的紫外线，其强度远远高于太阳中的紫外线，长期沐浴在这种黑光灯下，会加速皮肤老化，还会引起一系列神经系统症状，诸如头晕、头痛、恶心、食欲不振、乏力、失眠等。彩光污染不仅有损人体的生理机能，还会影响人的心理。长期处在彩光灯的照射下，也会不同程度引起倦怠无力、头晕、性欲减退、阳痿、月经不调、神经衰弱等身心方面的疾病。

(4) 眩光污染。

汽车夜间行驶时照明用的头灯、厂房中不合理的照明布置等都会造成眩光。某些工作场所，例如火车站和机场以及自动化企业的中央控制室，过多和过分复杂的信号灯系统也会造成工作人员视觉锐度的下降，从而影响工作效率。焊枪所产生的强光，若无适当的防护措施，也会伤害人的眼睛。长期在强光条件下工作的工人(如冶炼工、熔烧工、吹玻璃工等)也会由于强光而使眼睛受害。

(5) 视觉污染。

视觉污染是指城市环境中杂乱的视觉环境。例如城市街道两侧杂乱的电线、电话线，杂乱不堪的垃圾废物，乱七八糟的货摊和五颜六色的广告招牌等。

(6) 激光污染。

激光污染也是光污染的一种特殊形式。由于激光具有方向性好、能量集中、颜色纯等特点，而激光通过人眼晶状体的聚集作用后，到达眼底时的光强度可增大几百至几万倍，所以激光对人眼有较大的伤害作用。激光光谱的一部分属于紫外和红外范围，会伤害眼结膜、虹膜和晶状体。功率很大的激光能危害人体深层组织和神经系统。近年来，激光在医学、生物学、环境监测、物理学、化学、天文学以及工业等多方面的应用日益广泛，激光污染愈来愈受到人们的重视。

(7) 红外线污染。

红外线近年来在军事、人造卫星以及工业、卫生、科研等方面的应用日益广泛，因此红外线污染问题也随之产生。红外线是一种热辐射，对人体可造成高温伤害。较强的红外线可造成皮肤伤害，其情况与烫伤相似，最初是灼痛，然后是造成烧伤。红外线对眼的伤害有几种不同情况：波长为 750～1 300 nm 的红外线对眼角膜的透过率较高，可造成眼底视网膜的伤害，尤其是 1 100 nm 附近的红外线，可使眼的前部介质(角膜、晶体等)不受损害而直接造成眼底视网膜烧伤；波长为 1 900 nm 以上的红外线，几乎全部被角膜吸收，会造成角膜烧伤(混浊、白斑)。波长大于 1 400 nm 的红外线的能量绝大部分被角膜和眼内液所吸收，透不到虹膜。只是 1 300 nm 以下的红外线才能透到虹膜，造成虹膜伤害。人眼如果长期暴露于红外线可能引起白内障。

(8) 紫外线污染。

紫外线最早应用于消毒以及某些工艺流程。近年来它的使用范围不断扩大，如用于人造卫星对地面的探测。紫外线的效应按其波长不同而有所不同：波长为 100～190 nm 的真空紫外部分，可被空气和水吸收；波长为 190～300 nm 的远紫外部分，大部分可被生物分子强烈吸收；波长为 300～330 nm 的近紫外部分，可被某些生物分子吸收。紫外线对人体主要是伤害眼角膜和皮肤。造成角膜损伤的紫外线主要为 250～305 nm 的部分，而其中波长为 288 nm 的作用最强。角膜多次暴露于紫外线，并不增加对紫外线的耐受能力。紫外线对角膜的伤害作用表现为一种叫做畏光眼炎的极痛的角膜白斑伤害。除了剧痛外，还导致流泪、眼睑痉挛、眼结膜充血和睫状肌抽搐。紫外线对皮肤的伤害作用主要是引起红斑和小水泡，严重时会使表皮坏死和脱皮。人体胸、腹、背部皮肤对紫外线最敏感，其次是前额、肩和臀部，再次为脚掌和手背。不同波长紫外线对皮肤的效应是不同的，波长为 280～320 nm 和 250～260 nm 的紫外线对皮肤的效应最强。

6.1.4 人与光环境的关系

视觉是人类获取信息的主要途径,在人类的生活中75%以上的信息来自视觉,在外界条件中光是与视觉直接联系的,也就是说人是通过视觉器官来体验光环境,来感觉周围世界、获取信息。

人体对外界的反应是靠分布在视网膜上的感光细胞起作用的。每当外界环境发生变化,视网膜上的感光细胞的化学组成也发生变化,主要体现在杆状感光细胞和锥状感光细胞的不同作用。杆状感光细胞只能在黑暗的环境中起作用,要达到其最大的适应程度需要30 min左右。而锥状感光细胞只有在明亮的环境中起作用,达到其最大适应程度只需要几分钟。与此同时,在明亮的环境下锥状感光细胞能分辨出物体的细部和颜色,并能对光环境的明暗变化产生快速的反馈,使视觉尽快适应。而杆状感光细胞仅能看到黑暗环境中的物体,不能分辨物体的具体细部和颜色特征,对光环境的明暗变化反应比较缓慢。通过以上的理论就能正确地解释为什么人从阳光下走进昏暗的影剧院时很难辨明自己的方位,几乎处于什么也看不见的地步。而过一段时间才相对好些,但是也很难看到物体的细部。

由于人的身体结构的限制,人的视野范围也受到一定的限制。产生的主要原因是各种感光细胞在视网膜上的分布,人的眼眶、眉、面颊的影响。人双眼直视时的视野范围是:水平面180°,垂直面130°左右,其中上仰角度为60°左右,下倾角度为70°左右。在这个范围内存在一个最佳视觉区域,就是人的视野范围中心30°左右的区域,人的视觉最清楚,是观察物体总体的最佳位置。同时人的视觉具有向光性,也就是说人总是对视野范围内最明亮的、色彩最丰富的或者对比度最强的部分最敏感。

人的视觉活动和人的其他所有知觉一样,外界环境对神经系统进行刺激,更主要的是大脑对刺激进行分析的同时进行判断并产生反馈,因此人们的视觉不仅是“看”的问题,同时也包含着“理解”的成分。所以光环境与人们的工作效率的关系是对生理和心理同时作用的结果。

1. 光环境和生理反应的关系

(1) 视力与光环境的关系。

视觉形成的步骤如下。

① 光源(如太阳和灯)发出光;

② 外界物体在光源的照射下产生反射,通过反射光的不同产生颜色、明暗程度和形体的不同,形成二次光源;

③ 二次光源(反射光)的不同强度、颜色的光信号进入人的眼睛内,经过瞳孔,通过眼球的调节,最终落到视网膜上并成像;

④ 视网膜在物像的刺激下产生脉冲信号,经过视神经传输给大脑,通过大脑的解读、分析、判断从而产生视觉。

明视觉:光线通过瞳孔到达视网膜,分布在视网膜上的锥状感光细胞对于光线不是十分敏感,在亮度高于3 cd/m^2的水平时才能充分发挥作用。

暗视觉:杆状感光细胞对于光非常敏感,能够感光的亮度阈限为10^{-8}~0.03 cd/m^2。在暗视觉的条件下,景物看起来总是模糊不清,灰蒙蒙一片。

中间视觉:当亮度处于0.03~3 cd/m^2之间时,眼睛处于明视觉和暗视觉的中间状态。当亮度超过10^6 cd/m^2时,人的视觉就难以忍受,视网膜就会由于辐射过强而受到损伤。

从光环境和生理反应的关系可以看出,人的视力是随着亮度的变化而变化的。在一般亮度的情况下随着亮度的增加而提高，但是到了约 3 000 cd/m² 时开始出现下降的趋势，随着亮度的增加会使人感到刺眼从而导致视力下降，如图 6-1 所示。在进行环境的设计时应该保证一定的亮度，但不要一味地追求高亮度。

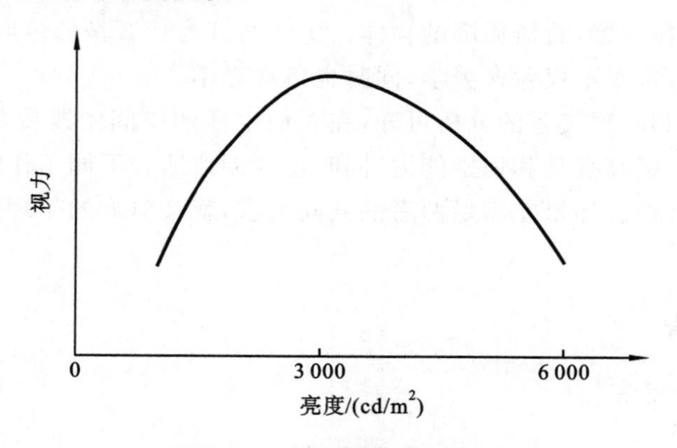

图 6-1 亮度与视力的关系

(2) 识别力与光环境的关系。

眼睛对物体的识别主要是由目标物体的亮度 $B_{目标物}$ 和目标物所处环境背景的亮度 $B_{背景}$ 的差与环境背景亮度之比 C 决定的。

$$\Delta B = B_{目标物} - B_{背景} \tag{6-1}$$

$$C = \frac{\Delta B}{B_{背景}} \tag{6-2}$$

C 值越大，人的眼睛越容易识别到。所以在相同的照度条件下，在白纸上的黑字和不同颜色(绿、黄、红、蓝等)的字的清晰度是不同的。因为白纸的反射率极高，而黑色的反射率低，产生的亮度差与其他颜色在白纸上所产生的亮度差相比最大，从而导致白纸黑字最清晰。这是利用目标物和背景的反射率不同产生的亮度差进行判断的，同时存在物体本身与其在定向光进行照射时产生的光影的亮度差的对比。

在不同的亮度下人眼睛所能识别的最小亮度差 ΔB_{min} 与 B 之比为亮度识别阈值。亮度不同，亮度识别阈值也不同，亮度识别阈值的大小代表着在该亮度下物体的识别难易程度。

2. 光环境与视觉心理的关系

人对环境的认识，不但是生理过程，同时也是心理过程。从视觉心理上讲，要提高工作的效率就要求工作环境能够提供使注意力集中在目标物体上的光。不同的光环境对人的注意力的集中是有一定的影响的。每当进入一个色彩斑斓的环境空间，由于装饰绚丽夺目，同时存在各种引人注目的物体和图形，这样就会产生强烈的对比和亮度的突出，从视觉心理角度讲就会使人不自觉地将注意力投向这些地方，假如在这种光环境下进行要求高度集中注意力的工作如看书学习，注意力就不容易集中，会影响工作的效率。在光环境学中称这种影响注意力的视觉信息为视觉“噪声”，因此在建筑环境的设计中要注意避免声学的噪声，同时也要注意避免光学的“噪声”。例如，图书馆阅览室的周围环境不能设计得太豪华，应该注意相对恬静。在舞厅、夜总会等人们休闲的场所，灯光要尽量绚丽多彩，分散人们的注意力从而放松精神。又如乒乓球室、台球室，也是要将光主要投射在桌面及周围落球的区域内，这除了考虑节能外，能让运动员将精力集中在球上。

光线的好坏会影响人对外界环境的认识，主要是影响人主动探索信息的过程。人每到一个新环境,总会情不自禁地环顾周围,明确自身所在的位置及外界是否对自己有不良的影响。如果这些信息由于光线的影响不能明确,就会使人烦躁不安,所以在环境的设计中既要创造使人能集中注意力的光环境,一方面要降低目标物体周围的亮度,另一方面也不能太暗,使人能够明确自己的空间存在位置,看清周围的物体。房间的灯为什么是白色或者明亮的颜色,而不是深颜色或者黑色的,这里不仅包含美学,同时也包含光学。

从以上光与生理和心理关系的分析可知,在人们生活的空间中既要尽可能地创造满足生理视觉需要的光环境,提高视觉和识别能力,同时也要创造适合不同工作需要的心理因素的光环境,满足人的视觉心理。如果能满足两者的共同需求,就会对人的生理健康和心理健康提供保障,提高工作效率。

6.1.5 光污染的危害

1. 光污染对人的危害

1)可见光部分

可见光是波长在 390～760 nm 的电磁辐射体,也就是常说的七色光组合,是自然光的主要部分。但是当光的亮度过高或者过低,对比度过强或过弱时,长期生活在这样的环境中就会引起视疲劳,影响身心健康,从而导致工作效率降低。

激光的光谱中大部分属于可见光的范围,而激光具有指向性好、能量集中、颜色纯正的特点,在医学、环境监测、物理、化学、天文学及工业生产中大量应用。但是激光具有高亮度和强度,同时它通过人体的眼睛晶状体聚集后,到达眼底时增大数百至数万倍,这样就会对眼睛产生巨大的伤害,严重时就会破坏机体组织和神经系统。所以在激光应用的过程中,要特别注意避免激光污染。

杂散光也是光污染中的一部分,它主要来自建筑的玻璃幕墙、光面的建筑装饰(高级光面瓷砖、光面涂料),由于这些物质的光反射系数较高,一般为 60%～90%,比一般较暗建筑表面和粗糙表面的建筑的光反射系数大 10 倍,当阳光照射在其上面时,就会被反射过来,对人眼产生刺激。另一部分杂散光污染来源于夜间照明的灯光通过直射或者反射进入室内,其光强可能超过人夜晚休息时能承受的范围,从而影响人的睡眠质量,导致神经失调,引起头痛目眩、困倦乏力、精神不集中。当汽车夜间行驶时使用车头灯以及使用不合理的照明,就会产生眩光污染,它可以使人眼受到损伤,甚至失明。

在可见光的污染中,过度的城市照明对天文观测的影响受到人们普遍重视,国际天文学联合会就将光污染列为影响天文学工作的现代四大污染之一。各种光污染直接作用于观测系统使天文系统观测的数据变得模糊甚至做出错误的判断。由于光污染的影响,洛杉矶附近的芒特威尔逊天文台几乎放弃了深空天文学的研究。我国的南京紫金山天文台,由于受到光污染的影响,部分机构不得不迁出市区。

2)红外线部分

红外线辐射指波长为 $760 \sim 10^6$ nm 的电磁辐射,也就是热辐射。自然界中主要的红外线来源是太阳,人工的红外线来源是加热金属、熔融玻璃、红外激光器等。物体的温度越高,其辐射波长越短,发射的热量越高。

随着红外线在军事、科研、工业等方面的广泛应用,同时也产生了红外线污染。红外线可以通过高温灼伤人的皮肤。近红外辐射能量在眼睛晶体内被大量吸收,随着波长的增加,角膜和房水基本上吸收全部入射的辐射,这些吸收的能量可传导到眼睛内部结构,从而升高晶体本身的温度，也升高角膜的温度。而晶状体的细胞更新速度非常慢，一天内照射受到伤害，可能在几年后也难以恢复，玻璃工和钢铁冶炼工白内障得病率较高就是典型的例子。

3）紫外线部分

紫外线辐射是波长为 10～390 nm 的电磁波，其频率范围为(0.7～3)×10^{15} Hz，相应的光子能量为 3.1～12.4 eV。自然界中的紫外线来自太阳辐射，不同波长的紫外线可被空气、水或生物分子吸收。而人工紫外线是由电弧和气体放电所产生。紫外线具有有益效应。一般认为，长期缺乏紫外线辐射可对人体产生有害作用，其中最明显的现象是维生素 D 缺乏症和由于磷和钙的新陈代谢紊乱所导致的儿童佝偻病。对此应采取措施以增加紫外线辐射，通过选择房屋建筑结构、开窗方向、应用可透过紫外线辐射的窗玻璃、采用日光浴等手段，均可预防由于缺乏紫外线辐射而引起的疾病。同时紫外线也存在有害效应，有害效应可分为急性和慢性两种。当波长在 220～320 nm 时对人体有损伤作用，主要是影响眼睛和皮肤。紫外线辐射对眼睛的急性效应有结膜炎的发生，引起不舒适，但通常可恢复，采用适当的眼镜就可预防。紫外线辐射对皮肤的急性效应可引起水疱、皮肤表面的损伤、继发感染和全身效应，类似一度或者二度烧伤。眼睛的慢性效应可导致结膜鳞状细胞癌及白内障的发生。紫外线辐射可引起慢性皮肤病变，也可能产生恶性皮肤肿瘤。紫外线的另一类污染是通过间接的作用危害人类，就是当紫外线作用于大气的污染物 HCl 和 NO_x 等时，就会促进化学反应的发生，产生光化学烟雾。英国的伦敦和美国的洛杉矶就发生了光化学烟雾事故，造成大量人员伤亡。

4）眩光部分

（1）眩光的概念。

在建筑环境设计中，为了满足人们生活、工作、休息、娱乐等方面的要求，要很好地处理影响环境的各项因素，如在光环境中要充分保证其质量，就要避免日光的直射或过亮光源引起的眩目现象，因此应采取限制或防止眩光的措施。眩光是一种视觉条件，本身是与物理、生理、心理都有关系的研究对象。眩光的这种视觉条件的形成是由于亮度分布不适当，或亮度变化的幅度太大，或空间、时间上存在着极端的对比，以致引起不舒适或降低观察重要物体的能力，或同时产生上述两种现象。

从眩光的概念中可以明确以下几点：①眩光的产生主要是属于光度学中的亮度范畴的问题，由于亮度分布、亮度范围或亮度的极端对比，可导致出现眩光；②眩光是对视觉有影响的主观感受的现象；③眩光的程度受到空间、时间的影响；④眩光引起生理、心理上的失常现象。

（2）眩光的分类。

按产生的来源和过程眩光分为以下 4 类。

① 直接眩光。直接眩光是当看物体的方向或接近于这一方向存在着发光体时，由该发光体引起的眩光，也就是说在视线上或视线附近有高亮度的光源。在建筑环境中生活或工作时，直接眩光严重地妨碍视觉功效，在进行光环境设计时要尽量设法限制或防止直接眩光。因为在建筑环境中常遇到大玻璃窗、发光顶棚等大面积光源，或小窗、小型灯具等小面积光源，当这些光源过亮时就会成为直接眩光的光源。一般将产生眩光的光源称为眩光光源。

② 间接眩光。间接眩光是当不在观看物体的方向存在发光体时，由该发光体引起的眩光。与直接眩光不同的是，由于间接眩光不在观察物体的方向出现，它对视觉的影响不像直接眩光那样严重。

③ 反射眩光。这种眩光是由光泽面反射出高亮度光源而形成的。镜面反射就是当有光泽特性的表面上进行定向反射时，光的反射角等于入射角，表面呈现出像镜子一样的作用。表

面反射出来的光的亮度就和光源的亮度几乎一样。这时当视野内若干表面上都出现反射眩光时,就构成了眩光区。由于反射面的光泽度不同,可形成以下两种情况。

a. 光滑的表面能够把高亮度的光源的像清楚地反映出来,这种反射眩光的机理和效应与直接眩光相似。

b. 光滑的表面反射出的光源亮度较低,且不能清楚地看出光源的像,然而却使被观察的目标的对比度降低,减少了能见度。

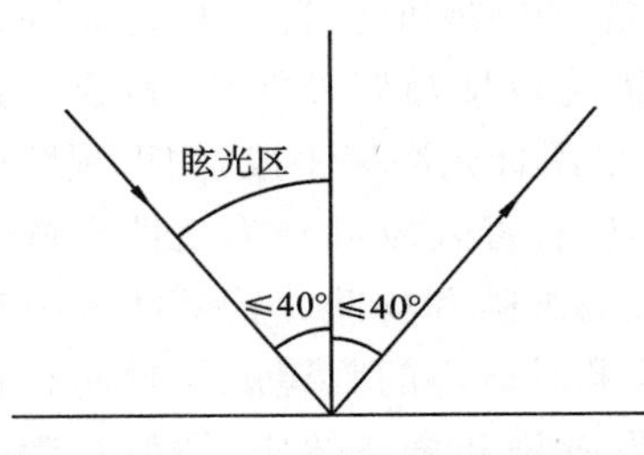

图 6-2　看书写字的眩光区

一次反射眩光就是在某些光照情况下欲观看的图书上呈现了一层光幕,使人们看不清要看的字的现象。若光源在前方,其光线到桌面的入射角小于或等于 40°,如看书写字时,视线与桌面法线所成的角度小于或等于 40°,则在这种强烈的反射下光映入眼帘就产生了光幕反射的眩光。假如光是从侧面照射过来的,就不会有这种现象了,如图 6-2 所示。

如上所述,在进行光环境设计时,必须注意所用材料的表面特性与其产生的反射眩光的关系,并在这基础上慎重选择材料的种类,防止在室内的各个表面上出现反射眩光。

④ 光幕眩光。光幕眩光是指在光环境中由于减少了亮度对比,以致本来呈现扩散反射的表面上,又附加了定向反射,于是遮蔽了要观看的物体细部的一部分或整个部分。

若人们的眼睛失去对比或降低可见度,那么人们在视觉对象上出现了光幕眩光。例如,当照射在桌上打字文件的大部分的光反射到观看者的视线时,文件上的文字的亮度若有增加,大大超过没有光泽的白纸背景的亮度,就会减少了深色文字和白纸之间的对比,而出现光幕眩光。

国际上有很多评价指标来计算眩光的感觉,总的来说,对眩光的感觉和光源的面积、亮度、光线与视线的夹角(即仰角)、距离及周围环境亮度有以下关系:

$$\text{对眩光的感觉} \propto \frac{\text{面积} \times \text{亮度}^2}{\text{仰角}^2 \times \text{距离}^2 \times \text{周围环境亮度}^{0.6}} \tag{6-3}$$

眩光的出现严重影响视度,轻者降低工作效率,重者完全丧失视力,使人们无法工作或引起工伤事故。

例如,在工业建筑的车间、实验室、控制室等里面设置了大量机械和设备,特别需要良好的环境,以便提高劳动生产率,改善产品质量,减少视觉疲劳,避免发生生产事故。在这些场所出现了眩光,则会降低视觉功效,导致眼睛疲劳,使注意力涣散,对于识别细微复杂的工作非常不利,而且当眼睛感觉不舒适会造成心绪烦躁,反应迟钝。这样的光环境中,眩光不仅直接影响工作效率,而且容易引起职业病,甚至造成工伤事故。

在展览馆、美术馆、博物馆、纪念馆、体育馆、大型百货公司、其他展览设施等一些大型公共建筑或有特殊功能的建筑中,都需要限制或防止眩光。因为眩光会大大降低这些建筑的使用价值,从而造成了不经济。

在街头两边,耸立着很多高楼大厦,现在装潢大楼有用大镜面、铝合金等材料装饰,有从上到下用镜面、钢化玻璃装潢的,还有镶嵌铝合金板的,这使得我国几年来的“玻璃幕墙热”急剧升温。据不完全统计,我国累计竣工的建筑幕墙面积约 $1.5\times10^7\ m^2$,每年以 $5\times10^6\ m^2$ 的速度发展。

有些电焊工人容易得眼病，这是因为电焊时电焊弧光及熔化的金属能发射很强的紫外线、红外线及可见光，波长为200～400 nm的紫外线被角膜、结膜吸收，就可引起炎症，称为电光性眼炎。电弧炼钢、炭弧灯、水银灯都有较强的紫外线，而且冬季雪地也会反射太阳光的紫外线，这些都可引起角膜、结膜发炎。

现在只有采取多种行之有效的措施，减轻或消除已出现的光污染。所以，一些长期在室内工作的人，需要人工光线照明的，在光源上加灯罩，白天应利用自然光线，经常打开窗户，而且要有一定户外活动时间；电焊工要戴防护眼镜，以防止光污染。

2. 对动植物的影响

(1) 对植物的影响。

种植在街道两侧的树木、绿篱或花卉会受到路灯的影响。当植物在夜间受到过多的人工光线照射时，其自然生命周期受到干扰，从而影响到植物的正常生长。如夜间人工光线的照明会使水稻的成熟期推迟，其生长状态比没有受到人工光线照射的水稻差；菠菜在夜间受到过多人工光线照射时，会过早结种，产量降低。

(2) 对动物的影响。

很多动物受到过多的人工光线照射时生活习性和新陈代谢都会受到影响，有时会因此引发一些异常行为。如马和羊等牲畜的繁殖具有明显的季节性，当人工光线的照射使它们失去对季节的把握时，其生殖周期就会被破坏，无法正常繁殖；光污染改变了鸟类的生活习性，影响鸟的飞行方向；田地、森林或河流湖泊附近的人工照明光线会吸引更多的昆虫，从而危害到当地的自然环境和生态平衡；在捕鱼业中经常使用人工光来吸引鱼群，过量光线对鱼类和水生态环境也会造成影响。

需要指出的是，与光污染造成的直接的光线浪费相对应的是对电能的浪费，从而就需要更多的电力供应，电厂排出的大量CO_2、SO_2和其他有害物加重了环境的污染，直接影响到地球的生态。

3. 对浮游物的影响

有研究指出，光污染使得湖里的浮游物(如水蚤)的生存受到威胁，因为光污染会帮助藻类繁殖，制造红潮，结果杀死了湖里的浮游物并污染了水质。光污染亦可在其他方面影响生态平衡。例如，鳞翅类学者及昆虫学者指出夜里的强光影响了夜行昆虫辨别方向的能力。这使得那些依靠夜行昆虫来传播花粉的花因为得不到协助而难以繁衍，结果可能导致某些种类的植物在地球上消失，长远来说破坏了整个生态环境。

6.2　照明单位和度量

光环境设计、应用和评价离不开定量的分析，这就需要借助一系列光度量来描述光源和光环境特征。

6.2.1　光通量

光通量是按照国际约定的人眼视觉特性评价的辐射能通量(辐射功率)，常用Φ表示。光通量的单位为流[明](lm)。在国际单位制和我国计量单位中，它是一个导出单位。1 lm是发光强度为1 cd的均匀点光源在一球面度立体角内发出的光通量。

光通量由下式计算：

$$\Phi(\lambda) = P(\lambda)V(\lambda)K_{max} \tag{6-4}$$

式中:$\Phi(\lambda)$——波长为 λ 的光通量,lm;

$P(\lambda)$——波长为 λ 的辐射能通量(辐射源在单位时间内发射的能量),W;

$V(\lambda)$——波长为 λ 的光谱光视效率,由图 6-3 光谱光视效率曲线给出;

K_{max}——最大光谱光视效能,对明视觉来说,$\lambda=555$ nm 处,其值为 683 lm/W。

在照明工程中,光通量是说明光源发光的基本量。例如,一只 40 W 的白炽灯发射的光通量为 350 lm,一只 40 W 的荧光灯发射的光通量为 2 100 lm,比白炽灯多 5 倍。

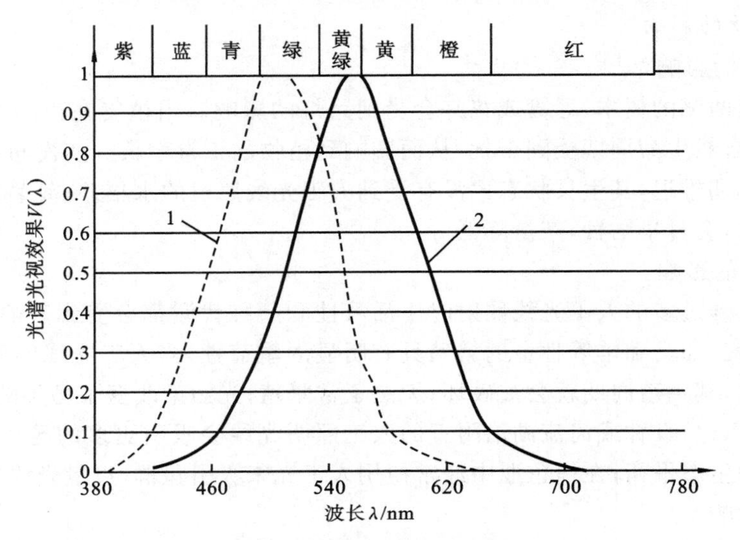

图 6-3 光谱光视效率曲线

1—暗视觉;2—明视觉

多色光的光通量为各单色光之和,即

$$\Phi = \Phi(\lambda_1) + \Phi(\lambda_2) + \cdots \tag{6-5}$$

光通量是说明某一光源向四周发射出的光能总量。不同光源发出的光通量在空间分布是不同的。例如一个 100 W 的白炽灯,发出 1 250 lm 光通量,用灯罩后,灯罩将光向下反射,使向下的光通量增加,就会感到桌面上亮一些。

【例 6-1】 已知钠光发出波长为 589 nm 的单色光,其辐射能通量为 10.3 W,试计算其发出的光通量。

解 从图 6-3 的光谱光视效率曲线中可以查出,对应于波长 589 nm 处的 $V=0.78$,则该单色光源发出的光通量为

$$\Phi = 10.3 \times 0.78 \times 683 \text{ lm} = 5\ 487 \text{ lm}$$

6.2.2 发光强度

光通量在空间的分布状况,即光通量的空间密度,称为发光强度。若光源在某一方向的微小立体角 $d\Omega$ 内发出的光通量为 $d\Phi$,则该方向的发光强度 I 为

$$I = \frac{d\Phi}{d\Omega} \tag{6-6}$$

式中:Φ——光通量,lm;

Ω——立体角,sr;

I——发光强度,cd。

若取平均值，则有

$$\bar{I} = \frac{\Phi}{\Omega} \tag{6-7}$$

因此，发光强度的含义是光源在某一方向单位立体角内所发出的光通量，表示光源在 1 sr 立体角内发射出 1 lm 的光通量。

立体角的含义为球的表面积 S 对球心所形成的角，以表面积 S 与球的半径平方之比来度量，即

$$\Omega = \frac{S}{r^2} \tag{6-8}$$

当 $S=r^2$ 时，对球心所形成的立体角 $\Omega=1$ sr。

为了区别不同的部位，故在发光强度符号 I 的右下角标注角度数字，如 40 W 的白炽灯在光轴线处，即正下方的发光强度表示为 $I_0=30$ cd；而 $I_{180}=0$，则表示沿光轴往上转 180°即正上方处的发光强度。用这些数字可清楚地表明光源向四周空间发射的光通量分布情况。

发光强度的单位是坎[德拉](cd)。坎[德拉]是我国法定单位制与国际单位制的基本单位之一，其他光度量单位都是由其导出的。

发光强度常用于说明光源和照明灯具发出的光通量在空间各方向或在选定方向上的分布密度。例如，一只 40 W 白炽灯泡发出 350 lm，它的发光强度为 350/(4π) cd=28 cd。在灯泡上面装一盏白色搪瓷平盘灯罩，则灯下的发光强度可以高达数百坎[德拉]。在上述两种情况中，灯泡发出的光通量并没有变化，只是光通量更为集中了。

6.2.3　照度

1. 照度的定义

在工作和学习中，能否看清一个物体，或能否辨别物体上的细微部分，都与物体表面的被照程度有关系。为了表明物体被照明的程度，人们引进了照度的物理量，照度是反映光照强度的一种单位，其物理意义是照射到单位面积上的光通量。

照度(E)表示被照面上的光通量密度，即被照面单位面积上所接受的光通量数值。其定义式为

$$E = \frac{\Phi}{S} \tag{6-9}$$

照度的单位是勒[克斯](lx)。

$$1 \text{ lx} = 1 \text{ lm/m}^2$$

平面照度只说明光通量在某一平面上的密度，不能反映照度在整个空间的分布情况。如一房间具有暗色墙壁和天棚(表面反射系数很低)，即使水平照度很高，仍会感到房间很暗。因此，常出现以下一些照度形式。

(1) 矢量照度。某一点的矢量照度是以该点为中心的微圆盘两侧的照度最大值，而在这个最大值的法线方向就是矢量照度的方向。矢量照度不仅有量的概念，还带有方向性，这对说明阴影状况更为有利。

(2) 平均球面照度。平均球面照度又称标量照度，为了求得空间一点的被照射量，可用此点上一小球表面上的平均照度来表示。它给出照度的无方向量，较接近立体物件的视感。

(3) 平均柱面照度。它表示一个小垂直圆柱表面上的平均照度，更接近对室内照明丰满度的主观感觉。

2. 照度和发光强度的关系

由式(6-7)至式(6-9)得

$$E = \frac{I}{r^2} \tag{6-10}$$

式(6-10)表明,某表面的照度与点光源在该方向上的发光强度 I 成正比,与表面至点光源距离 r 的平方成反比。这是计算点光源产生的照度的基本公式,称为距离平方反比定律。

以上是光线垂直入射到被照表面即入射角为零时的情况。当入射角不为零时,光线与被照面的法线成 α 角(见图 6-4),此时,照度由下式计算:

$$E = \frac{I}{r^2}\cos\alpha \tag{6-11}$$

式(6-11)表明,光线与表面法线成 α 角处的照度,与光线至点光源距离的平方成反比,与光源在入射方向的发光强度和入射角 α 的余弦成正比。

因此,对同一光源来说,光源离光照面越远,光照面上的照度越小;光源离光照面越近,光照面上的照度越大。光源与光照面距离一定的条件下,垂直照射的照度大,光线越倾斜,照度越小。

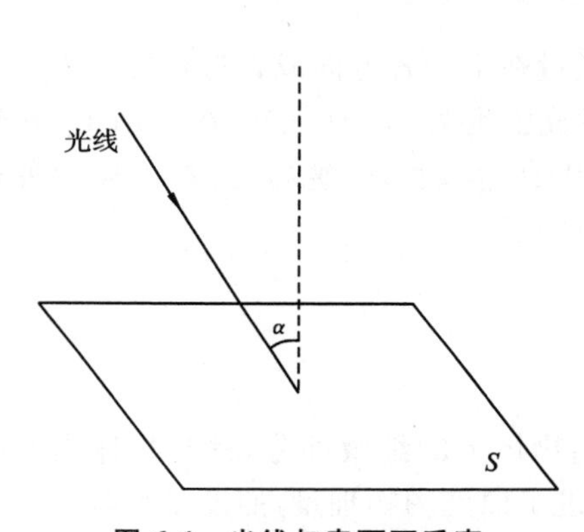

图 6-4　光线与表面不垂直

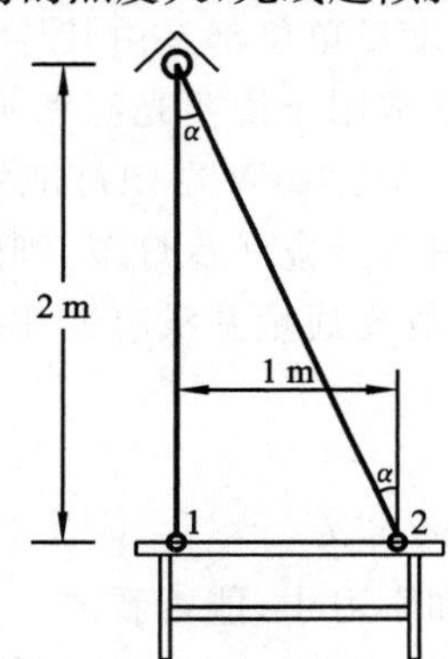

图 6-5　点光源在桌面上的照度

【例 6-2】　如图 6-5 所示,在桌面上方 2 m 处挂一带搪瓷伞形罩的 40 W 白炽灯,发光强度 $I=73$ cd,求灯下桌面点 1 处照度值 E_1 及点 2 处照度值 E_2。

解　40 W 带搪瓷伞形罩的白炽灯下的发光强度 $I=73$ cd,由图 6-5 及式(6-11)得

$$\cos\alpha = \frac{2}{\sqrt{2^2+1^2}} = 0.894\ 4$$

在点 1 处

$$E_1 = \frac{I}{r_1^2} = \frac{73}{2^2}\ \text{lx} = 18.25\ \text{lx}$$

在点 2 处

$$E_2 = \frac{I}{r_2^2}\cos\alpha = \frac{73}{2^2+1^2} \times 0.894\ 4\ \text{lx} = 13.06\ \text{lx}$$

6.2.4　亮度

在所有的光度学量中,亮度是唯一能直接引起眼睛视感觉的量,定义为发光体在视线方向单位面积上的发光强度。

发光体在视网膜上成像所形成的视感觉与视网膜上物像的照度成正比,物像的照度越大,就会感觉越亮。而该物像的照度与发光体在视线方向的投影面积成反比,与发光体在视线方

向的发光强度成正比。故亮度 L_α 可表示为

$$L_\alpha = \frac{\mathrm{d}I_\alpha}{\mathrm{d}S\cos\alpha} \tag{6-12}$$

平均亮度可表示为

$$\overline{L_\alpha} = \frac{I_\alpha}{S\cos\alpha} \tag{6-13}$$

由于物体的表面亮度在各个方向上不一定相等，因此常在亮度符号的右下角注明角度 α，指明物体表面的法线与光线之间的夹角。亮度的曾用国际单位为 nt（尼特），意义为 1 m^2 表面积上，沿法线方向（$\alpha=0°$）产生 1 cd 的发光强度，即

$$1\ \mathrm{nt} = 1\ \mathrm{cd/m^2}$$

有时也用 sb（熙提），它表示每 1 cm^2 面积上发出 1 cd 发光强度时的亮度，则有

$$1\ \mathrm{sb} = 10^4\ \mathrm{nt}$$

一些常见光源的亮度值见表 6-2。

表 6-2　常见光源的亮度值

光源名称	亮度值/sb	光源名称	亮度值/sb
太阳表面（正午）	225 000	阴天天空（平均值）	0.2
太阳表面（近地平线）	160 000	白炽灯灯丝（真空灯泡）	200
晴天天空（平均值）	0.8	白炽灯（充气灯）	1 200

6.2.5　曝光量

受照表面的照度 E 对被照时间 t 的积分称为该表面的曝光量，用 H 表示，即

$$H = \int_0^t E\mathrm{d}t \tag{6-14}$$

曝光量的单位为 lx · s 或 lx · h。

6.2.6　明度

以上几种单位都是光度学单位，在对光环境的评价中可以定量给出光的明亮的程度。但是，为了有一个舒适的光环境，还需要对另一个要素——色彩进行评价。目前，国际通用的色彩分类方法，主要是依据有彩色系与无彩色系两大色系的内在共性逻辑划分的。

有彩色系指光源色、反射光或透射光能够在视觉中显示出某一种单色光特征的色彩序列。可见光谱中的红、橙、黄、绿、青、蓝、紫七种基本色及其之间不同量的混合色都属于有彩色系。

无彩色系是指光源色、反射光或透射光未能在视觉中显出某一种单色光特征的色彩序列。如黑色、白色及两者按不同比例混合所得的深浅各异的灰色系列等。

在有彩色系中，颜色的基本度量单位包括明度、色调和饱和度（纯度），而无彩色系中则只有明度。下面介绍最基本的明度。

明度又称色阶、光度或色度，是指色彩的明暗程度。从光的物理性质来看，色彩的明度与光波振幅的大小有关，振幅越大，进光量越大，物体对光的反射率越高，因此明度也就越高；反之，振幅越小，明度也就越低。明度包含的内容如下：①颜色本身的明度，根据约翰内斯 · 伊顿所设计的十二色相环可以发现，黄色明度最高，而紫色明度最低，其他各色基本处于灰与深灰之间，属中间明度；②同一色相的颜色具有不同的明度，如红颜色中橘红、朱红要比深红、玫瑰

红从明度上要亮,而大红、土红则在明度上介于中间值;③某种颜色由于光照的强弱变化而产生不同明暗变化。

计算明度的基准,目前国际通用灰度测试卡。在孟塞尔色彩体系中黑色被指定为0(指几乎不反射光),白色被指定为10(指几乎反射全部光),在1~10之间等间隔地分为9个阶层。无论是有彩色系还是无彩色系,它们各自的明暗度在灰度测试卡上都对应着一定的位置值。

此外,明度具有较强的对比效果,只有在对比的情况下,其明暗关系不变、渐变或突变才能显现。

6.2.7 电光源的主要性能指标

1. 寿命

光源的寿命一般以小时计算,通常有两种寿命值。

(1) 有效寿命。

这种指标通常用于荧光灯和白炽灯,是指灯通过使用其光通量衰减到一定的数值(通常是开始规定的光通量的70%~80%)的使用时间。

(2) 平均寿命。

这种指标通常用于高强度的放电灯,通常用一组灯来做实验,将灯点燃到50%失效(另50%为完好的)所使用的时间,就是这种型号灯的平均寿命。

2. 光通量

光通量可用来表征灯的发光能力,以lm为单位。能否达到额定光通量是灯质量的最主要的评价标准。

3. 发光效率

发光效率是指灯所发出的光通量与其所消耗的电功率的比值,单位是lm/W。发光效率随着光通量的增大而增大,例如高压钠灯70 W时发光效率为70 lm/W,400 W时的发光效率就提高到105 lm/W。

4. 平均亮度

发光体的平均亮度以cd/m^2为单位。不同的光源的发光体不同,一般外壁为透明的光源(如白炽灯)的发光体为灯丝,有色灯泡的发光体为有色玻璃壳,荧光灯的发光体为灯的管壁等。

5. 显色指数

显色指数是光源显色性能的指标。

6. 灯的色表

灯的颜色会直接地作用人的心理,有冷和暖的区别,它们是以色温或者相关色温为指标。色温低则为暖光,色温高为冷光。室内照明按照CIE的标准分为三类,如表6-3所示。

表6-3 灯的色表类别

色表类别	色表	相关色温/K
住宅、特殊作业、寒冷地区	暖	≤3 300
工作房间	中间	3 300~5 300
高照度水平、热带地区	冷	≥5 300

7. 灯的启动时间和再启动时间

光源的发光也需要一个逐渐由暗变亮的过程,有的时间长,有的时间短。另外有一些光源熄灭后不能马上启动，要等到光源完全冷却以后才能再次启动。所以选择光源的时候应有所区别，在需要频繁开关的地方不能使用像金属卤化物灯这类光源。

8. 环境适应能力

环境适应能力主要是指在电压产生波动的影响，温度巨变的影响和耐需性等等。

6.2.8　光环境测量仪器

1. 照度计

光环境测量常用的物理测光仪器是光电照度计。最简单的照度计由硒光电池和微电流计组成，见图6-6。硒光电池是把光能直接转换成电能的光电元件。当光线照射到光电池表面时，入射光透过金属薄膜到达硒半导体层和金属薄膜的分界面上，在界面上产生光电效应。光生电势差的大小与光电池受光表面上的照度有一定的比例关系。这时如果接上外电路，就会有电流通过并在微安表上指示出来。光电流的大小取决于入射光的强弱和回路中电阻的大小。

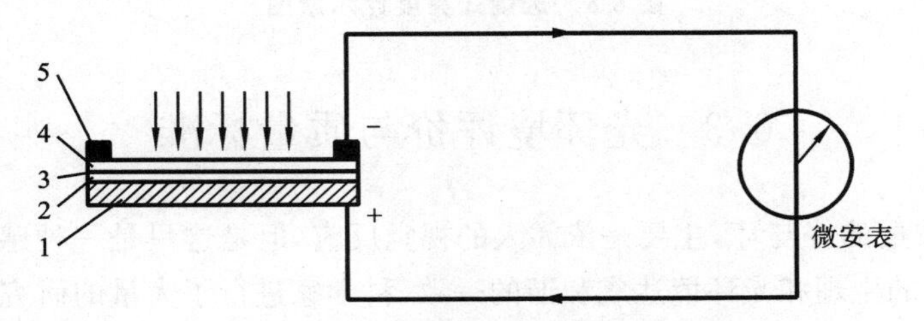

图6-6　硒光电池照度计原理图

1—金属底板；2—硒层；3—分界面；4—金属薄膜；5—集电环

2. 亮度计

测量光环境亮度或光源亮度用的光电亮度计有两类。一类是遮筒式亮度计，适用于测量面积较大、亮度较高的目标，其构造原理如图6-7所示。

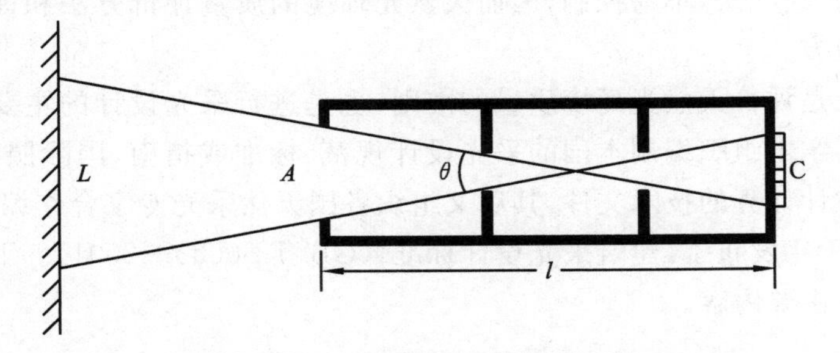

图6-7　遮筒式亮度计的构造原理

筒的内壁是无光泽的黑色饰面，筒内还设有若干光阑遮蔽杂散反射光。在筒的一端有一圆形窗口，面积为 A；另一端设光电池C。通过窗口，光电池可以接收到亮度为 L 的光源照射。若窗口的亮度为 L，则窗口的发光强度为 LA，它在光电池上产生的照度则为

$$E = \frac{LA}{l^2}$$

因而

$$L = \frac{El^2}{A}$$

如果窗口和光源的距离不大,窗口亮度就等于光源被测部分(θ角所含面积)的亮度。

当被测目标较小或距离较远时,要采用透镜式亮度计来测量其亮度。这类亮度计(见图6-8)通常设有目视系统,便于测量人员瞄准被测目标。光辐射由物镜接收并成像于带孔反射板,光辐射在带孔反射板上分成两路:一路经反射镜反射进入目视系统;另一路通过小孔、积分镜进入光探测器。仪器的视角一般在0.1°～0.2°之间,由光阑调节控制。

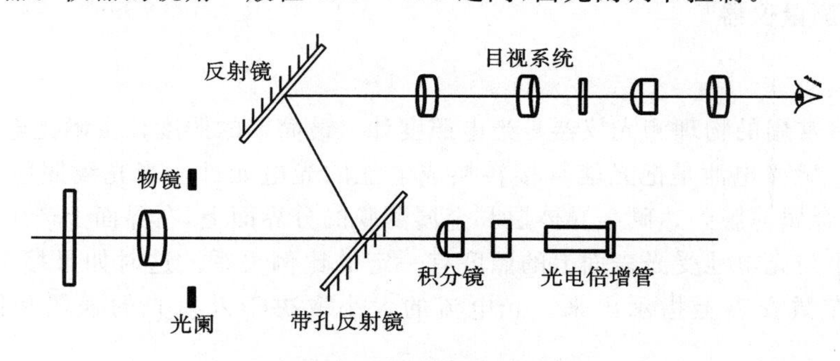

图 6-8　透镜式亮度计示意图

6.3　光环境评价与质量标准

评价光环境质量的好与坏,主要是依靠人的视觉反应,但是这只是一种感觉,没有具体的物理指标。为了使人的生理和光环境达成和谐的一致,科学家进行了大量的研究工作,他们的研究成果被世界各国列入照明规范、照明标准或者照明设计指南,成为光环境设计和评价的准则。

光环境分为天然光环境和人工光环境,对于光环境的评价与质量标准也分别从这两个方面进行阐述。

6.3.1　天然光环境的评价

天然光强度高,变化快,不易控制,因而天然光环境的质量评价方法和评价标准有许多不同于人工照明的地方。

采光设计标准是评价天然光环境质量的准则,也是进行采光设计的主要依据。工业发达国家大都通过照明学术组织编制本国的采光设计规范、标准或指南,国际照明委员会1970年曾发表有关采光设计计算的技术文件,其后又组织各国天然采光专家合作编写了《CIE天然采光指南》,我国2001年发布了《建筑采光设计标准》(GB/T 50033—2001)。下面讨论有关天然光照明质量评价的主要内容。

1. 采光系数

在利用天然光照明的房间里,室内照度随室外照度变化。因此,在确定室内天然光照度水平时,须同室外照度联系起来考虑。通常以两者的比值作为天然采光的数量指标,称为采光系数,符号为C,以百分数表示。采光系数定义为室内某一点直接或间接接受天空漫射光所形成的照度与同一时间不受遮挡的该天空半球在室外水平面上产生的天空漫射光照度之比,即

$$C=\frac{E_n}{E_w}\times 100\% \tag{6-15}$$

式中:E_n——室内某点的天然光照度,lx;

E_w——同一时间室内无遮挡的天空在水平面上产生的照度,lx。

应当指出，两个照度值均不包括直射日光的作用。在晴天或多云天气，在不同方位上的天空亮度有差别，因此，按照上述简化的采光系数概念计算的结果与实测采光系数值会有一定的偏差。

2. 采光系数标准值

作为采光设计目标的采光系数标准值，是根据视觉工作的难度和室外的有效照度确定的。室外有效照度也称临界照度，是人为设定的一个照度值。当室外照度高于临界照度时，才考虑室内完全用天然光照明，以此规定最低限度的采光系数标准值。

表6-4列出我国视觉作业场所工作面上的采光系数标准值。这是一个最低限度的标准，是在天然光视觉试验及对现有建筑采光状况普查分析的基础上，综合考虑我国光气候特征及经济发展水平制定的。由于侧面采光房间的天然光照度随离开窗子的距离增加迅速降低，照度分布很不均匀，所以采光系数标准采用最低值 C_{min}；顶部采光室内的天然光照度能达到相当好的均匀度，因而取采光系数平均值 C_{av} 作为标准。此外，开窗位置和面积常受建筑条件的限制，所以采光标准的视觉工作分级不如人工照明照度标准详细。

表6-4　视觉作业场所工作面上的采光系数标准值

采光等级	视觉作业分类		侧面采光		顶部采光	
	作业精确度	识别对象的最小尺寸 d/mm	室内天然光临界照度/lx	采光系数 C_{min}/(%)	室内天然光临界照度/lx	采光系数 C_{min}/(%)
Ⅰ	特别精细	$d \leqslant 0.15$	250	5	350	7
Ⅱ	很精细	$0.15 < d \leqslant 0.3$	150	3	225	4.5
Ⅲ	精细	$0.3 < d \leqslant 1.0$	100	2	150	3
Ⅳ	一般	$1.0 < d \leqslant 5.0$	50	1	75	1.5
Ⅴ	粗糙	$d > 5.0$	25	0.5	35	0.7

注：①表中所列采光系数标准值适用于我国Ⅲ类光气候，采光系数标准值是根据室外临界照度为5 000 lx制定的；

②亮度对比小的Ⅱ、Ⅲ级视觉作业，其采光等级可提高一级采用。

民用建筑的采光系数标准值多数是按照建筑功能要求规定的。例如德国的采光规范(DIN 5034)规定住宅居室内0.85 m高水平面上，位于1/2进深处，距两面侧墙1 m远的两点采光系数最低值不得小于0.75%，且其平均值至少应达到0.9%，如果相邻的两面墙上都开窗，上述两点的采光系数平均值不应小于1.0%。

6.3.2　人工光环境的评价

为了建立人对光环境的主观评价与客观的物理指标之间的对应关系，世界各国的科学工作者进行了大量的研究工作，通过大量视觉功效的心理物理实验，找出了评价光环境质量的客观标准，为制定光环境设计标准提供了依据。

下面讨论优良的光环境的主要影响因素和评定方法。

1. 适当的照度水平

1) 视力与照度的关系

对于人的视觉而言，照度太低使人感到不舒适，黑暗的光环境使人看不清周围的环境，不能正确地判断自己所处的位置，缺乏安全的感觉。人的视力(V)随着照度的变化而变化，它与照度(E)的关系表示如下：

$$V=\frac{2.46E}{(0.412+E^{\frac{2}{3}})^{3}} \tag{6-16}$$

当目标为白色，背景为暗色时，E 为目标的照度；当目标为黑色，背景为明色时，E 为背景的照度。

式(6-15)表明，视力与目标(背景)辐照度有着相应的关系：当辐照度增大时，视力随之变得较好；当辐照度超过一定的界限时，视力将不随之增大，相反可能产生耀目效应，影响视力。

虽然当光线很明亮时，视力效果很好。但是长期处在这样的光环境中会使视觉感到不舒服和视疲劳。所以我们所生活的光环境也要有一个适当的范围，在这个范围内，人的工作效率达到最佳，而且视觉也最舒适。通过大量的试验表明，这个照度范围大致为 50～200 lx，最佳点在 100 lx 附近。

现在有人使用一定的照度下的实际视力与适宜照明下的最佳视力之比(R_u)来表示照度的适宜程度，即

$$R_u=\frac{E}{(0.412+E^{\frac{1}{3}})^{3}} \tag{6-17}$$

不同视觉要求建议的 R_u 值如表 6-5 所示。

表 6-5　不同视觉要求建议的 R_u 值

视觉要求	实例	建议的 R_u 值
不需要看清细节	廊下、楼梯、粗的机械作业	0.70
短时间看书及其他容易的视觉工作	食堂、会客室、休息室	0.80
长时间阅读及其他远距离作业	事务室、图书馆、一般工厂作业、办公室	0.85
长时间精细视觉作业	制图室、工具制作和检查工作	0.90

2) 照度的确定

任何照明装置获得的照度，在适应过程中都有一个衰减的过程，产生衰减的原因是灯的光通量的衰减，灯、灯具和房间的表面受到污染使透过系数和反射系数发生变化等。要想恢复到原来的照度水平就得更换灯，清洗灯具，甚至需要重新粉刷房间的墙壁。即便如此，也不可能完全恢复到原来的水平。所以一般不将初始照度作为设计的标准，而是采用使用照度或者维持照度来制定设计标准。

使用照度是灯在一个维护周期内平均照度的中值。西欧国家及 CIE 采用的照度是使用照度。维持照度是在必须换灯或者清洗灯具和清理粉刷房间表面，或者同时进行上述维护的时刻所达到的平均照度。从中可以看出使用中的照度水平不得低于这个数值。采用维持照度标准的国家有美国、俄罗斯和中国。我国采用的《工业企业照明设计标准》中规定的是维护周期之末的最低照度，不是平均照度。

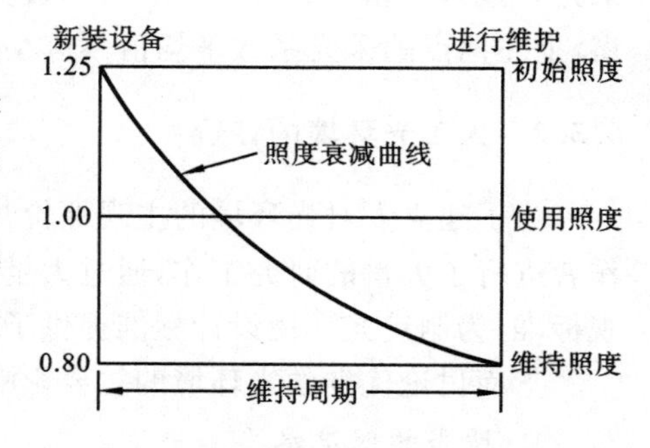

图 6-9　照度标准的三种不同数值

灯的照度衰减曲线和使用照度、维持照度见图 6-9。

3) 一般建议照度标准

(1) 住宅建筑照度标准。

住宅建筑照度标准如表 6-6 所示。

表6-6 住宅建筑照度标准

类别		参考平面及其高度	照度标准值/lx		
			低	中	高
起居室、卧室	一般活动区	0.75 m水平面	20	30	50
	书写、阅读	0.75 m水平面	150	200	300
	床头阅读	0.75 m水平面	75	100	150
	精细作业	0.75 m水平面	200	300	500
餐厅或门厅、厨房		0.75 m水平面	20	30	50
卫生间		0.75 m水平面	10	15	20
楼梯间		地　面	5	10	15

(2) 灯及灯具的选择。

① 光源的选择。住宅内所选用的光源应满足标准中的要求,如卧室中的光源显色指数要大于80,相关色温宜小于3 300 K。

目前,根据绿色照明节能要求,光源的发光效率也是人们选择的参数之一。住宅中广泛采用的光源有以下三种。

a. 白炽灯。白炽灯尺寸小,即开即亮,无须附件,很受欢迎。随着人们对人工光环境的质量提出更高的要求,透明白炽灯将逐步被造型优美的磨砂泡等代替,以减少眩光,但由于白炽灯不节能,使用场所受到一些限制。

b. 管形荧光灯。管形荧光灯高效,寿命较长,价格便宜,也是一种受到广泛使用,并被大力推广使用的家庭光源。目前,管形荧光灯的产量约为白炽灯的1/4,根据绿色照明和环境保护的要求,细管径管形荧光灯将逐步代替普通荧光灯。

c. 紧凑型荧光灯。紧凑型荧光灯尺寸小,光效高,灯具配套灵活,配合室内灯光装饰,深受人们喜爱,也在住宅建筑中大量使用,但其寿命、工作可靠性、光色一致性等问题有待进一步提高。

② 灯具的选择。灯具不仅为光环境提供合理的配光,满足人们视功能的要求,而且作为家庭装饰物的组成之一,其作用越来越明显,因此作为住宅内的灯具也面临着以下要求。

a. 灯具多样化。目前无论在城市或农村,人们要求灯具的多样性不仅表现在其配光合理,有直接配光、间接配光或半间接配光,眩光得到有效控制,而且也表现在造型上多样化、现代化、艺术化,使人们有极大的选择余地。简式荧光灯具和普通白炽灯灯具将逐步被淘汰,这是与家庭装饰水平提高分不开的。

b. 灯具高效节能。从节能的要求出发,在光环境设计时室内灯具的效率不宜低于70%,装有格栅的灯具其效率不应低于55%。因此灯具用的反射材料将有较高反射比。

c. 灯具易安装维护。由于城市中空气净化水平和光源质量还有待提高,清尘和换灯泡的次数相应增加,所以,住宅中灯具要求清洗、装卸容易。

(3) 工业企业的照度标准。

① 一般生产车间和作业场所工作面上的照度标准值如表6-7所示。

表 6-7　一般生产车间和作业场所工作面上的照度标准值

车间和作业场所		视觉作业等级	照度/lx								
			混合照明			混合照明中的一般照明			一般照明		
金属机械加工车间	粗加工	Ⅲ乙	300	500	750	30	50	75	—	—	—
	精加工	Ⅱ乙	500	750	1 000	50	75	100	—	—	—
	精密加工	Ⅰ乙	1 000	1 500	2 000	100	150	200	—	—	—
机电装配车间	大件装配	Ⅴ	—	—	—	—	—	—	50	75	100
	小件装配、试车台	Ⅱ乙	500	750	1 000	75	100	150	—	—	—
	精密装配	Ⅰ乙	1 000	1 500	2 000	100	150	200	—	—	—
焊接车间	手动焊接、切割、接触焊、电渣焊	Ⅴ	—	—	—	—	—	—	50	75	100
	自动焊接、一般划线*	Ⅳ乙	—	—	—	—	—	—	75	100	150
	精密划线*	Ⅱ甲	750	1 000	1 500	75	100	150	—	—	—
	备料(如有冲压、剪切设备则参照冲压剪切车间)	Ⅵ	—	—	—	—	—	—	30	50	75
钣金车间		Ⅴ	—	—	—	—	—	—	50	75	100
冲压剪切车间		Ⅳ乙	200	300	500	30	50	75	—	—	—
锻工车间		Ⅹ	—	—	—	—	—	—	30	50	75
热处理车间		Ⅵ	—	—	—	—	—	—	30	50	75
铸工车间	熔化、浇铸	Ⅹ	—	—	—	—	—	—	30	50	75
	型砂处理、清理、落砂	Ⅵ	—	—	—	—	—	—	20	30	50
	手工造型*	Ⅲ乙	300	500	750	30	50	75	—	—	—
	机器造型	Ⅵ	—	—	—	—	—	—	30	50	75
木工车间	机床区	Ⅲ乙	300	500	750	30	50	75	—	—	—
	锯木区	Ⅴ	—	—	—	—	—	—	50	75	100
	木模区	Ⅳ甲	300	500	750	50	75	100	—	—	—
表面处理车间	电镀槽间、喷漆间	Ⅴ	—	—	—	—	—	—	50	75	100
	酸洗间、发蓝间、喷砂间	Ⅵ	—	—	—	—	—	—	30	50	75
	抛光间	Ⅲ甲	500	750	1 000	50	75	100	150	200	300
	电泳涂漆间	Ⅴ	—	—	—	—	—	—	50	75	100
电修车间	一般	Ⅳ甲	300	500	750	30	50	75	—	—	—
	精密	Ⅲ甲	500	750	1 000	50	75	100	—	—	—
	拆卸、清洗场地	Ⅵ	—	—	—	—	—	—	30	50	75
实验室	理化室	Ⅲ乙	—	—	—	—	—	—	100	150	200
	计量室	Ⅵ	—	—	—	—	—	—	150	200	300
动力站房	压缩机房	Ⅶ	—	—	—	—	—	—	30	50	75
	泵房、风机房、乙炔发生站	Ⅶ	—	—	—	—	—	—	20	30	50
	锅炉房、煤气站的操作层	Ⅶ	—	—	—	—	—	—	20	30	50

续表

车间和作业场所		视觉作业等级	照度/lx								
			混合照明			混合照明中的一般照明			一般照明		
配变电所	变压器室、高压电容器室	Ⅶ	—	—	—	—	—	—	20	30	50
	高低压配电室、低压电容器室	Ⅵ	—	—	—	—	—	—	30	50	75
	值班室	Ⅳ乙	—	—	—	—	—	—	75	100	150
	电缆间(夹层)	Ⅷ	—	—	—	—	—	—	10	15	20
电源室	电动发电机室、整流间、柴油发电机室	Ⅵ	—	—	—	—	—	—	30	50	75
	蓄电池室	Ⅶ	—	—	—	—	—	—	20	30	50
控制室	一般控制室	Ⅳ乙	—	—	—	—	—	—	75	100	150
	主控制室	Ⅱ乙	—	—	—	—	—	—	150	200	300
	热工仪表控制室	Ⅲ乙	—	—	—	—	—	—	100	150	200
电话站	人工交换台、转接台	Ⅴ	—	—	—	—	—	—	50	75	100
	自动电话交换机室	Ⅵ	—	—	—	—	—	—	100	150	200
	广播室	Ⅳ乙	—	—	—	—	—	—	75	100	150
仓库	大件储存	Ⅸ	—	—	—	—	—	—	5	10	15
	中小件储存	Ⅷ	—	—	—	—	—	—	10	15	20
	精细件储存、工具库		—	—	—	—	—	—	30	50	75
	乙炔瓶库、氧气瓶库、电石库		—	—	—	—	—	—	10	15	20
汽车库	停车间		—	—	—	—	—	—	10	15	20
	充电室		—	—	—	—	—	—	20	30	50
	检修间		—	—	—	—	—	—	30	50	75

注:①冲压剪切车间、铸工车间手工造型工段、锅炉房及煤气站操作层为了安全起见,照度应选最高值。

②加"*"者,表示被照面的计算高度为零。

② 工业企业辅助建筑照度标准值如表6-8所示。

表6-8　工业企业辅助建筑照度标准值

类别		规定照度的作业面	照度/lx					
			混合照明			一般照明		
办公室、资料室、会议室、报告厅		距地0.75 m	—	—	—	100	150	200
工艺室、设计室、绘图室		距地0.75 m	300	500	750	150	200	300
打字室		距地0.75 m	500	750	1 000	100	150	200
阅览室、陈列室		距地0.75 m	—	—	—	75	100	150
医务室		距地0.75 m	—	—	—	50	75	100
食堂、车间休息室、单身宿舍		距地0.75 m	—	—	—	10	15	20
浴室、更衣室、厕所、楼梯间		地面	—	—	—	20	30	50
盥洗室		地面	—	—	—	—	—	—
托儿所、幼儿园	卧室	距地0.4～0.5 m	—	—	—	20	30	50
	活动室	距地0.4～0.5 m	—	—	—	75	100	150

③ 工业企业的光源和灯具选择要依据生产产品对照度的要求不同、厂房的空间布置差异和照明方式而选用不同种类的灯。例如在有大量水蒸气产生的车间就要运用穿透水蒸气能力强的水银灯等。

(4) 照度均匀度。

通常采用的照明方式是对整个对象空间的均匀照明,不考虑特殊局部的需要。为了避免工作面上某些局部照度水平偏低而影响工作效率,在进行设计时要求提出照度均匀度的概念。照度均匀度是工作面上的最低照度和平均照度的比值,这个值不能小于 0.7,CIE 的建议标准是 0.8。在满足这个要求的同时还需要满足房间总的平均照度不能小于工作面平均照度的 1/3。相邻房间的平均照度比不能超过 5。但是在一些特殊的工种中则要求有特殊的照明,如精密车床、钟表修理要求光线集中,医生外科手术则要求没有阴影。

CIE 取一般显色指数 R_a为指标,对光源的显色性能分类,提出了每一类显色性能适用的范围,可供设计时参考。

2. 良好的色度空间

光的色表可以影响光环境的气氛,暖色光能在室内创造温馨、亲切、轻松的气氛;冷色光通过提供较高的照度,为工作间创造紧张、活跃、精神振奋的氛围。光的色表如表 6-9 所示。

表 6-9 灯的显色类别和使用范围

显色类别	显色指数范围	色表	应用示例
Ⅰ$_A$	$R_a \geqslant 90$	暖 中间 冷	颜色匹配 临床检验 绘画美术班
Ⅰ$_B$	$80 \leqslant R_a < 90$	暖 中间 冷	家庭、旅馆 餐馆、商店、办公室、学校、医院 印刷、油漆和纺织工业、需要的工业操作
Ⅱ	$60 \leqslant R_a < 80$	暖 中间 冷	办公室、学校
Ⅲ	$40 \leqslant R_a < 60$	—	显色要求低的工业
Ⅳ	$20 \leqslant R_a < 40$	—	显色要求低的工业

不同房间的功能对显色性的要求是不一样的,因为顾客要选择商品,医生要真实地查看病人气色,所以商店和医院要真实的显示色。纺织厂的印染车间、美术馆等要求精确辨色的场所要求良好的显色性。在其他色度要求不高的场所可以和节能结合起来选择光源,比如在办公室用显色性好($R_a>90$,R_a为显色指数,是光源对 CIE 选定的 8 种颜色的样品的特殊显色指数的平均值)的灯,和用显色性差的灯产生一样的照明效果,照度可以降低 25%,同时做到了节能。

CIE 用一般显色指数 R_a作为指标,将灯的显色性能分为 5 类,并规定了每类的使用范围,供设计参考。虽然高显色指数的光源是照明的理想选择,但是这种类型的灯发光效率不高。相反,发光效率高的显色指数低,所以在实际工程要两者兼顾,可以采用显色性和光效各有所长的灯结合使用。例如,用光效高、显色性较差的高压汞灯和显色性高、光效差的白炽灯组合使用达到理想的照明。

3. 充足的日照时间

太阳光对于人们尤其是儿童的健康十分重要,太阳光促进钙的吸收,促进某些营养成分的合成,长期缺少阳光的儿童会得软骨病,皮肤苍白,体质虚弱。同时太阳光中的紫外线具有杀毒灭菌的作用。所以在建筑设计中时刻要注意保证日照时间。

决定居住区住宅建筑日照标准的主要因素：一是所处地理纬度及其气候特征；二是所处城市的规模大小。我国地域广大，南北方纬度差约50°，同一日照标准的正午影长率相差3～4倍之多，所以在高纬度的北方地区，日照间距要比纬度低的南方地区大得多，达到日照标准的难度也就大得多。表6-10为住宅建筑日照标准。

表6-10 住宅建筑日照标准

建筑气候区划	Ⅰ、Ⅱ、Ⅲ、Ⅳ气候区		Ⅳ气候区		Ⅴ、Ⅵ气候区
	大城市	中小城市	大城市	中小城市	
日照标准日	大寒日			冬至日	
日照时数/h	≥2	≥3		≥1	
有效日照时间带/h	8～16			9～15	
计算起点	底层窗台面				

4. 避免眩光干扰

眩光是评价光环境舒适性的一个重要指标。多年来，许多国家对不舒适眩光问题各自提出了实用的眩光评价方法。其中主要有英国的眩光指数法(BGI法)、美国的视觉舒适概率(VCP)法、德国的亮度曲线法，以及澳大利亚标准协会(SAA)的灯具亮度限制法等。CIE总结各国的研究成果，推荐一个国际通用的眩光指数(CGI)公式，并得到各国认可。

CIE眩光公式以眩光指数CGI为定量评价不舒适眩光的尺度。三个单位整数是一个眩光等级。一个房间内照明装置的眩光指数计算规则是以观测者坐在房间中线上靠后墙的位置平视时作为计算条件，其计算公式为

$$\mathrm{CGI} = 8\ \lg 2\left[\frac{1+\dfrac{E_d}{500}}{E_i+E_d}\sum\frac{L^2\Omega}{P^2}\right] \tag{6-18}$$

式中：E_d——全部照明装置在观测者眼睛垂直面上的直射照度；

E_i——全部照明装置在观测者眼睛垂直面上的间接照度；

Ω——观测者眼睛同灯具构成的立体角；

L——灯具在观测者眼睛方向上的亮度，cd/m^2；

P——考虑灯具与观测者视线相关位置的一个系数。

上式计算的结果与BGI法计算结果十分接近(差值不大于1个整数单位)。因此，可以用与BGI相同的评价尺度说明不舒适眩光的主观效应与控制标准，见表6-11。

表6-11 眩光指数与不舒适眩光感觉的关系

眩光等级	眩光效应评价标准	眩光指数	眩光等级	眩光效应评价标准	眩光指数
A	刚好不能忍受	28	C	刚好能接受	16
B	刚好有不舒适感	22	D	刚刚感觉到	8

5. 立体感

在照明领域，三维物体在光的照射下会呈现具有立体感的造型效果，这主要是由光的投射方向及直射光同漫射光的比例决定的。对造型效果的主观评价往往是心理因素决定的。但为了指导设计，可采用以下三种评价造型立体感的物理指标定量表达人们对三维物体造型满意

程度,同时提供相应的计算和测量方法来预测并检验室内光环境的造型效果。

(1) 矢量照度与标量照度之比(E/E_s)。

1967 年英国 Cuttle 等提出,用矢量照度与标量照度之比定量表示照明的方向性效果,并证明这一比值能起到“造型指数”的作用。

矢量照度是对空间一点照明方向性的表述,其量值等于在该点的一个小球径面正、反两方面最大的照度差,矢量方向是从高照度一侧指向低照度一侧。

空间一点的标量照度 E_s 是在该点的一个小球元面上的平均照度。因此,用半径 r 的小球接收光通量为 Φ 的一束光所获得的标量照度 E_s 为

$$E_s = \frac{\Phi}{4\pi r^2} \tag{6-19}$$

而在半径 r 的圆平面上获得的矢量照度 E 是

$$E = \frac{\Phi}{\pi r^2} \tag{6-20}$$

造型指数的数值是在 0～4 之间。一般情况下 $E/E_s = 1.2 \sim 1.8$ 时造型立体感效果比较好。更详细的评价见表 6-12。

表 6-12 造型指数与照明方向性质量评价

造型指数(方向性强度)	照明方向性质量评价
3.0(很强烈)	对比强烈,看不清阴影中的细节
2.5(强烈)	有清晰的方向性效果,适用于商业上的陈列,人脸一般显得太生硬
2.0(中等)	在正式交往或保持一定距离接触时,人的容貌感觉较好
1.5(较好)	在非正式交往或近距离接触时,人的容貌感觉较好
1.0(弱)	对比柔和,较弱的光影效果
0.5(很弱)	平淡,无阴影,不能认为有方向性效果

此外,照度矢量应当有向下斜照的方向(最好与向下垂线成 45°～75°角),人的容貌才显得自然。

(2) 平均柱面照度与水平面照度之比(E_c/E_h)。

平均柱面照度与水平面照度之比满足 $0.3 \leqslant E_c/E_h \leqslant 3$ 时,可获得较好的造型立体感效果。以 E_c/E_h 作为造型立体感的评价指标,不用另外规定光的照射方向。因为当光线从上向下直射时 $E_c = 0$, $E_c/E_h = 0$;当光线仅来自水平方向时,$E_h = 0$, $E_c/E_h \to \infty$,所以给出的量值已包含了光线方向的因素。

(3) 垂直照度与水平照度之比(E_v/E_h)。

这是最简单的一种表达照明方向性效果的指标。为了达到可以接受的造型效果,在主要视线方向上,E_v/E_h 至少应为 0.25;获得满意的效果则需要 E_v/E_h 为 0.50。

以上讨论的三个指标以 E/E_s 较为完善,但 E 的计算相当复杂,难以得到准确的结果,这使它在设计中的推广应用受到限制。因此,E_c/E_h 作为评价指标有较大的实用价值,它的计算和测量问题均已获得解决。

除造型立体感效果以外,光的方向性对作业可见度的影响也不容忽视。一般来说,照明光线的方向性不能太强,否则会出现生硬的阴影,令人心情不愉快。

6.4　环境光污染的防治

光污染已成为现代社会的公害之一，已经引起人们的足够重视，积极控制和预防光污染，改善城市环境质量。

光污染按照光波波长分为可见光污染、红外线污染和紫外线污染三类，分别采用不同的防治技术。

6.4.1　可见光污染防治

可见光污染中危害最大的是眩光污染。眩光污染是城市中光污染的最主要形式，是影响照明质量最重要的因素之一。

眩光程度主要与灯具发光面大小、发光面亮度、背景亮度、房间尺寸、视看方向和位置等因素有关，还与眼睛的适应能力有关。所以眩光的限制应分别从光源、灯具、照明方式等方面进行。

1. 眩光的防治

1）直接眩光的防治

有些施工场所夜晚用投光灯照射，由于灯的位置较低，光投射较平，造成眩光，很容易出事故。如果要避免这种眩光的产生，一种方法是提高光源位置，像广场、码头上用的高杆灯，足球场上的照明都采用这种方法。若因空间的限制而无法将光源提高，可以用灯罩限制光线投射的角度（见图 6-10），当视线与光源的位置小于保护角时，眼睛都不能直接看到发亮的灯丝，保护角不得小于 14°。而另一种方法是降低光源亮度，如在灯泡外面加上乳白灯罩等。

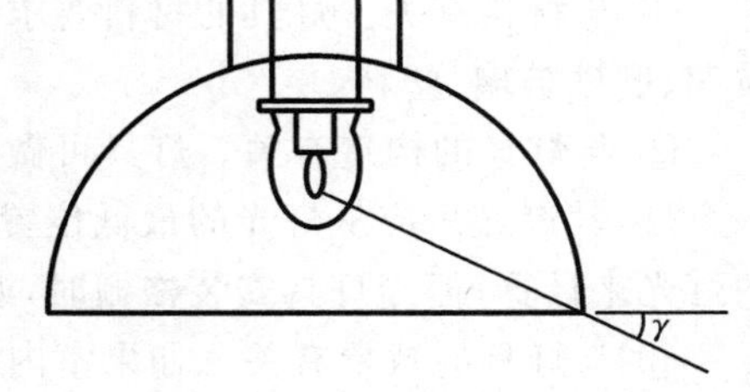

图 6-10　光源的保护角

对照明眩光的限制还包括以下几个方面。

（1）眩光限制分级。

眩光限制可分为 3 个等级，如表 6-13 所示。

表 6-13　眩光限制等级

眩光限制等级		眩光程度	适用场所
Ⅰ	高质量	无眩光	阅览室、办公室、计算机房、美工室、化妆室、商业营业厅的重点陈列室、调度室、体育比赛馆等
Ⅱ	中等质量	有轻微眩光	会议室、接待室、宴会厅、游艺厅、候车室、影剧院进口大厅、商业营业厅、体育训练馆
Ⅲ	低质量	有眩光感觉	储藏室、站前广场、厕所、开水房

（2）光源和眩光效应。

眩光的出现与照明光源、灯具或照明方式的选择有关。光源越亮，眩光的效应越大。根据选用光源的类型，眩光效应的大小如表 6-14 所示。

（3）光源的眩光限制。

这里的光源主要指照明光源，其限制方法首先应该从光源本身的构造和工艺上采取措施，下面列举几种一般的方法：

表 6-14 光源和眩光效应

照明用电光源	表面亮度	眩光效应	用途
白炽灯	较大	较大	室内外照明
柔和白炽灯	小	无	室内照明
镜面白炽灯	小	无	定向照明
卤钨灯	小	大	舞台、电影、电视照明
荧光灯	小	极小	室外照明
高压钠灯	较大	小于高压汞灯	室外照明
高压汞灯	较大	较大	室外照明
金属卤化物灯	较大	较大	室内外照明
氙灯	大	大	室外照明

① 在玻璃壳内壁镀金属层，例如镀铝，以挡住高亮度灯丝；

② 用遮光材料制作玻璃壳，例如制成乳白色灯泡；

③ 在灯管内壁涂以荧光物质，并增大发光表面；

④ 在灯管中选用适应眼睛敏锐度的光色等。

(4) 灯具的眩光限制。

灯具出现眩光与如下方面有关。

① 与材料有关。灯具的材料要求利用它的化学性质以降低其表面亮度，重要材料有乳白玻璃、磨砂玻璃、塑料。

② 与灯具的构造有关。灯具可做成遮光罩或格栅，使它们具有遮挡灯光的遮光角。若是一个灯，其遮光角应从灯光的最低位置的显著光亮部分来计算；若是多个灯，遮光角应从最远的灯光来计算；但当灯具安装格栅时，遮光角由格栅的几何形状来控制。

③ 与灯具的数量有关。如果室内的环境因素没有变化，灯具数量多时比少时的眩光效应要明显得多。

④ 与灯具的位置有关。当房间尺寸不变时，提高灯具的安装高度可以减少眩光，反之则增加眩光。

⑤ 与观看方向有关。灯具有底面和侧面之分。侧面可做成亮面或暗面。如果侧面不是亮面，灯具的眩光不会受观看方向的影响；如果侧面是亮面，则从横向观看比从端部观看能更明显地感受到眩光。

在照明的布置方面应以隐蔽光源和降低亮度为基本原则来限制眩光，根据这一原则照明的方式主要采用灯槽、光檐、满天星式下射灯、格栅式发光顶棚等。

天然采光也会引起直接眩光。例如，把一块小黑板放在靠近玻璃窗的位置上不如把它放在与窗有一定距离的窗间墙上清楚，与窗有一定距离时黑板上的照度可能低于靠近玻璃窗时的照度，靠在窗上反而看不清的原因就是有直接眩光。又如，纺织厂纺丝车间的一个单侧采光的房间(见图 6-11(a))，其中放了两台机器 1 和 2，工人行走的路线如图 6-11(a)中箭头所示，虽然机器 1 的照度比机器 2 的大，但由于工人接断丝时背景是明亮的窗而产生了直接眩光，所以根本找不到断丝，虽然机器 2 的照度较小，但无眩光，因此找断丝较为容易。这种情况下要消除眩光，提高工效，可以将机器垂直于窗口安放(见图 6-11(b))。

(5) 窗的眩光限制。

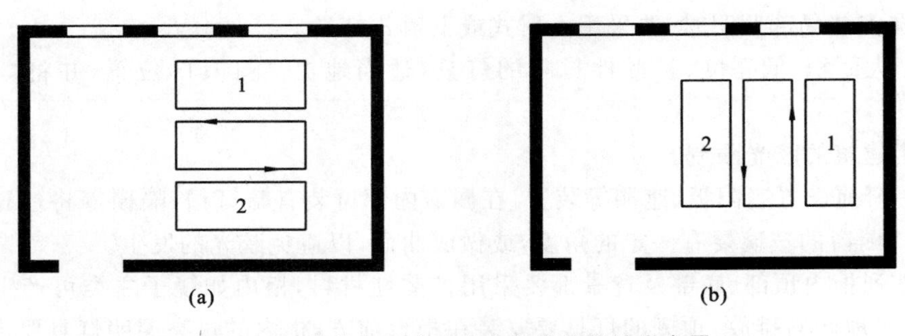

图6-11　某纺织厂有眩光车间及消除眩光布置

窗的眩光限制是保证良好的室内天然光环境的重要措施之一。为了限制眩光，应该尽量改善室外环境，为防止眩光创造条件，并从窗的布置、大小、形状、材料等各方面加以考虑。室外良好的环境条件是室内避免出现眩光的重要影响因素，室内的光环境通过窗受到直射日光或天空自然光线的影响，加之高层建筑的出现，使得室内出现眩光的概率大为提高。要创造良好的室外条件，首先要对建筑物的设计进行精心的安排，特别要注意建筑物的位置和朝向，如南北向的建筑物可以比东西向的减少太阳直射的机会。合理的建筑物间距不仅可以使每个建筑物都可以获得充足的日照，而且有利于防止由邻近建筑物产生的反射眩光。住宅小区内的绿化不但可以美化环境，而且对于眩光也有较好的限制作用。如小区中的树木可以在一定程度上减少直射的阳光。其次，窗的设计对限制眩光也有一定的影响。根据当地的气候和室外环境条件的现状、建筑物的功能要求来合理地确定窗的朝向、采光部位、相邻间距和数量，将会对眩光起到积极的抑制作用。此外，天然光在室内的分布取决于窗的形状和面积。一般来说，面积大的窗更容易产生眩光效应，因此还应该重视对窗的面积和形状的确定，在保证正常的室内采光和美观的条件下，尽量避免眩光的出现。最后，窗的制造材料不同，对眩光出现概率的影响也不一样。目前常见的有色玻璃、热反射玻璃、普通的磨砂玻璃都有较好的限制眩光的作用。

(6) 各类建筑的眩光限制。

① 住宅建筑的眩光限制。

a. 进行窗设计时，大面积的窗或玻璃墙幕慎用，在窗外要有一定的遮阳措施，窗内可设置窗帘等遮光装置。

b. 室内各种装修材料的颜色要求高明度、无光泽，以避免出现眩光。

c. 采用间接照明时，使灯光直接射向顶棚，经一次反射后来满足室内的采光要求；采用深照明灯具，并且要求灯具材料具有扩散性，可采用乳色玻璃或塑料；采用悬挂式荧光灯可适当地提高光源的位置。

② 教室的眩光限制。

教室常采用的白炽灯和荧光灯都不要裸露使用，可安装一幅翼形或渐开线形灯具。照明的布置方式最好选用纵向布置来减少直接眩光，而灯具的位置也应该提高。黑板的垂直照度要高，一般宜做成磨砂玻璃黑板。黑板照明的灯具和教师的视线夹角要大于60°，在学生一侧要有40°的遮光角，与黑板面的中心线夹角在45°左右为宜。

③ 办公建筑的眩光限制。

a. 全面地考虑窗的布置，适当地减小窗的尺寸，可采用有色或透射系数低的玻璃。在大面积的玻璃窗上设置窗帘或百叶窗。

b. 室内的各种装饰材料应无光泽，宜采用明度大的扩散性材料。在室内不宜采用大面积发光顶棚，在安装局部照明时，要采用上射式或下射式灯具。

c. 宜用大面积、低亮度、扩散性材料的灯具，适当地提高灯具的位置，并将灯具做成吸顶式。

④ 商店建筑的眩光限制。

a. 在橱窗前设置遮阳板、遮棚等装置，在橱窗内部可装有暗灯槽、隔栅等将过亮的照明光源遮挡起来，橱窗的玻璃要有一定的角度，或做成曲面，以避免眩光的发生。

b. 在陈列柜内顶部、底部及背景都要采用扩散性材料，柜内如镜子之类可产生镜面反射的物品要适当地倾斜排放，顶棚的灯具要安装在柜台前方，柜内的过亮照明灯具要进行遮蔽。

⑤ 旅馆建筑的眩光限制。

a. 宾馆的大厅外可根据气候的要求设置遮阳设施或做成凹阳台，厅内可设置百叶窗或窗帘，厅内尽量提高灯具的悬挂位置，如使用吸顶棚等，若采用吊灯灯具则要使用扩散性材料，庭院绿化时应将地面上的泛光照明设备用灌木加以遮蔽。

b. 客房内的大面积玻璃要采取遮光措施，室内要有良好的亮度分布控制，灯具和镜子之间的相对位置要设计好，以避免眩光的出现。

⑥ 医院建筑的眩光限制。

a. 病房布置要有较好的朝向，既可以保证足够的光照，又可以避免眩光的出现。病房内宜采用间接的照明方式，使病人看不到眩光光源，灯具要采用扩散性材料和封闭式构造，防止直接眩光。病房内的色彩要协调，以中等明度为主，材料无光泽。

b. 窗外要有遮阳设施，防止日光直射，里面设置遮光窗帘，以防止院内汽车灯光的干扰。

c. 医疗器械不得有光泽，走廊内的灯具亮度应该加以限制，以防止光线进入病房。

⑦ 博览建筑的眩光限制。

a. 尽量设法消除反射眩光，可改变展品的位置和排列方式，改变光的投射角度，改变展品光滑面的位置和角度。也可利用照明或自然光的增加来提高场所的照度，缩小展品与橱窗玻璃间的距离，在橱窗玻璃上涂上一层防止眩光的薄膜。

b. 改善展品的背景，使其背后没有反光或刺眼的物件，置于玻璃后的展品避免用深暗色。

c. 减少陈列厅的亮度对比，采用窗帘、百叶窗等阻止日光直射，利用局部照明来增加暗处展品的亮度。

⑧ 体育馆的眩光限制。

a. 体育馆的侧窗宜布置成南北走向，窗内设置窗帘、百叶窗等遮光设施，室内不采用有光泽的装饰材料。

b. 馆内的光源可采用高强气体放电灯，比赛时光源的显色指数要求大于80。光源与室内的亮度分布要合理，如光源与顶棚的亮度比为20∶1，墙面与球类的亮度比为3∶1。光源与视线的夹角要尽量大。

c. 可采用铝制外壁的敞口混光灯具，若采用顶部采光，则顶部也要设置遮阳设施。

⑨ 工厂厂房的眩光限制。

a. 车间的侧窗要选用透光材料，安装扩散性强的玻璃，如磨砂玻璃，窗内要有由半透明或扩散性材料做成的百叶式或隔栅式遮光设施。车间的天窗尽量采用分散式采光罩、采光板，选用半透明材料做成的玻璃。

b. 车间的顶棚、墙面、地面及机械设备表面的颜色和反射系数要很好地选择，限制眩光的发生。对于具有光泽面的器械，可在其表面采取喷涂油漆等措施。

c. 车间内的灯具宜采用深照型、广照型、密封型以及截光型等，安装时应避免靠近视线，为避免眩光可适当地提高环境亮度，并且根据视觉工作的要求，要适当限制光源本身的亮度。

2. 反射眩光的防治

高亮度光源被有光泽的镜面材料或半光泽表面反射，会产生干扰和不适。这种反射在作业范围以外的视野中出现时称为反射眩光；在作业内部呈现时称为光幕反射。反射光的亮度与光源亮度几乎一样。在观察物体方向或接近物体方向出现的光滑面包括顶棚、墙面、地板、桌面、机器或其他用具的表面。当视野内若干表面上都出现反射眩光时，就构成了眩光区。反射眩光常比直接眩光更令人讨厌，因为它紧靠视线，眼睛无法避开它，而且往往减小工作的对比和对细部的分辨能力。一般情况下出现的反射眩光和特殊情况下出现的光幕反射，不仅与灯具的亮度和它们的布置有关，而且与灯具相对于工作区域的位置以及当时的照度水平有关，此外还取决于所用材料的表面特性。

为了防止反射眩光，首先，光源的亮度应比较低，且应与工作类型和周围环境相适应，使反射影像的亮度处于容许范围，可采用在视线方向反射光通量小的特殊配光灯具。其次，如果光源或灯具亮度不能降到理想的程度，可根据光的定向反射原理，妥善地布置灯具，即求出反射眩光区，将灯具布置在该区域以外。如果灯具的位置无法改变，可以采取变换工作面的位置，使反射角不处于视线内。但是，这种条件实际上是难以实现的，特别是在有许多人的房间内。通常的办法是不把灯具布置在与观察者的视线相同的垂直平面内，力求使工作照明来自适宜的方向。再次，可通过增加光源的数量来提高照度，使得引起反射的光源在工作面上形成的照度在总照度中所占的比例减少。最后，适当提高环境亮度，减小亮度对比同样是可行的。例如，在玻璃陈列柜中照度过低，明亮的灯具的反射影像就可能在玻璃上出现，以黑暗的柜面作背景时就更突出，影响观看效果。这时，用局部照明增加柜内照度，使它的亮度接近或超过反射影像，就可弥补有害反射造成的损失。由于柜内空间小，提高照度较易办到。对反射眩光单靠照明解决不了困难时，要精心设计物体的饰面，使地板、家具或办公用品的表面材料无光泽。

光幕反射是目前被普遍忽视的一种眩光，它是在本来呈现漫反射的表面上又附加了镜面反射，以致眼睛无论如何都看不清物体的细节或整个部分。

光幕反射的形成取决于反射物体的表面（即呈定向扩散反射，如光滑的纸、黑板及油漆表面），光源面积（面积越大，形成光锥的区域越大），光源、反射面、观察者三者之间的相互位置以及光源亮度。为了减小光幕反射，不要在墙面上使用反光太强烈的材料，尽可能减少干扰区来的光，加强干扰区以外的光，以增加有效照明。干扰区是指顶棚上的一个区域，在此区域内光源发射的光线经由作业表面规则反射后均可能进入观察者视野内。因此，应尽量避开在此区域布置灯具，或者使作业区避开来自光源的规则反射。

眩光是衡量照明质量的主要特征，也是表征环境是否舒适的重要因素。应按照限制眩光的要求来选择灯具的型号和功率，考虑到它在空间的效果以及舒适感，使灯具有一定的保护角，并选择适当的安装位置和悬挂高度，限制其表面亮度。同时把光引向所需的方向，而在可能引起不舒适眩光的方向则减少光线，以期创造一个舒适的视觉环境。

6.4.2　红外线和紫外线污染的防治

（1）对有红外线和紫外线污染的场所采取必要的安全防护措施。

加强管理和制度建设，对产生红外线的设备，要定期检查和维护，严防误照。对紫外线消毒设施要定期检查，发现灯罩破损要立即更换，并确保在无人状态下进行消毒，更要杜绝将紫外灯作为照明灯使用。

(2) 佩戴个人防护眼镜和面罩,加强个人防护措施。

对于从事电焊、玻璃加工、冶炼等产生强烈眩光、红外线和紫外线的工作人员,应十分重视个人防护工作,可根据具体情况佩戴反射型、光化学反应型、反射-吸收型、爆炸型、吸收型、光电型和变色微晶玻璃型等不同类型的防护眼镜。

6.4.3 室内光污染的防治

目前在室内装修时,不少家庭在选用灯具和光源时往往忽视合理的采光需要,把灯光设计成五颜六色的,眩目刺眼。室内环境中的光污染已经严重威胁到人类的健康生活和工作效率。在注意室内空气质量的同时,要注意室内的光污染,营造一个绿色室内光环境。

(1) 功能要求。

室内灯光照明设计必须符合功能的要求,根据不同的空间、不同的场合、不同的对象选择不同的照明方式和灯具,并保证恰当的照度和亮度。例如,卧室要温馨,书房和厨房要明亮、实用,等等。

(2) 美观要求。

人们可以通过灯光的明暗、隐现、抑扬、强弱等有节奏的控制,以及选用不同造型、材料、色彩、比例、尺度的灯具,充分发挥灯光的光辉和色彩的作用,为室内环境增添情趣。

(3) 协调要求。

在选择和设计灯饰和灯具时,一是要考虑灯饰与室内装修及家具风格的和谐配套;二是注意灯具与居室空间大小、总面积、室内高度等条件协调,合理选择灯具的尺寸、类型和数量;三是要注意色彩的协调,即冷色、暖色要视用途而定。

(4) 科学要求。

科学、合理的室内灯光布置应该注意避免眩光,要合理分布光源。顶棚光照明亮,使人感到空间增大、明快开朗;顶棚光线暗淡,使人感到空间狭小、压抑。光线照射方向和强弱要合适,避免直射人的眼睛。

(5) 经济要求。

室内灯光照明为了满足人们视觉生理和审美心理的需要,并不一定以多为好,以强取胜,关键是要科学、合理,否则会造成能源浪费和经济上的损失。同时,应该大力提倡使用节能和绿色灯源。

(6) 安全要求。

灯饰制作的材料多种多样,玻璃、陶瓷制品晶莹光洁,但质脆易碎;塑料灯具经济美观,但易老化;金属灯具光泽好且坚固,但易导电、漏电和短路。灯具的支架、底座等必须坚固。有些灯饰的金属元件、接线点、铜螺钉、塑料导线、开关,要及时更新。

仅仅有防治各类光污染的技术是远远不够的,治理光污染,这不单纯是建筑部门和环保部门的事情,更应该将之变成政府行为,只有得到国家和政府部门的足够支持和协助,才能够有理有据地防治光污染,才能更好地限制光污染的发生,解决光污染问题。

6.4.4 光污染的防治材料

1. 采用新型玻璃材料

为了避免日趋严重的城市光污染继续蔓延,我国建设部门现正针对城市玻璃幕墙的使用范围、设计和制作安装起草法规，以进行统一有效的管理。专家认为，目前消除光污染只能以预防为主，并应严限比例审批，尽量让这些玻璃幕墙建筑远离交通路口、繁华地段和住宅区。2006年北京市否决的玻璃幕墙设计方案就接近30宗。上海市建委发出通知，在内环线以内的建设工程除建筑物的裙房外，禁止设计和使用玻璃幕墙，通知中说明了玻璃幕墙遭淘汰的主要原因是为了"防止和减少建设工程幕墙玻璃的光反射对居住环境和公共环境造成不良影响及损害，保障市民的人身安全和身心健康"。具体来说，就是出于对行人安全、光污染和热岛效应的考虑。

例如，以凝胶法镀膜玻璃等作为建筑玻璃幕墙。凝胶法镀膜玻璃是一种新型深加工产品。经凝胶镀膜处理后，改善了原来玻璃的光学性能，使产品具有良好的节能性、遮光性、耐腐蚀性和湿控效应，并有使反射光线变得柔和的效果且镀膜牢固。

2. 交通工具的玻璃门窗贴用低辐射防晒膜

低辐射防晒膜通常具有隔热、节能、防紫外线、防爆等功效，汽车、火车、轮船等交通工具的玻璃门窗可贴用低辐射防晒膜。另外，低辐射防晒膜具有阳光光谱选择性控制功能，将它贴在玻璃上，能阻隔紫外线的通过，红外线反射率可高达95%，眩光阻隔率超过78%，同时有选择地让可见光透过。

3. 高速公路安装防眩板

高速公路夜间行车的眩光是引发交通事故的隐患。防眩板能有效吸收紫外线光源，可以按照设定的角度将其安装在公路的隔离墩上，有效防止对驶车辆灯光带来的光晕对驾驶的影响，从而提高行驶安全，它可以取代隔离墩上的轮廓标的作用。

6.4.5　光污染的综合防治对策

光污染虽未被列入环境防治范畴，但它的危害显而易见，并在日益加重和蔓延。因此，人们在生活中应注意，防止各种光污染对健康的危害，避免过长时间接触光污染。防止光污染成为如影随形的"影子杀手"，绝不能头痛医头脚痛医脚，要采取行之有效的防范手段。大体来说，可以从以下几个方面着手。

1. 控制好污染源

(1) 加强城市规划和管理。防治光污染应做到事前合理规划，事后加强管理。合理的城市规划和建筑设计可以有效地减少光污染。限建或少建带有玻璃幕墙的建筑并使其尽可能避开居住区。装饰高楼大厦的外墙、装修室内环境以及生产日用产品时应避免使用刺眼的颜色。已经建成的高层建筑尽可能减少玻璃幕墙的面积并避免太阳光反射光照到居住区，应选择反射系数较小的材料。加强城市绿化也可以减少光污染。对夜景照明，应加强生态设计，加强灯火管制。如区分生活区和商业区，关闭夜间电影院、广场、广告牌等的照明，减少过度照明，降低光污染和能量损失。在打造城市亮化工程或其他大型照明工程时，相关单位应加强规范和管理，尽可能地采用较为柔和的光源，并采用适当的防眩光措施，以实现最为自然的照明效果。

(2) 提高灯光设施的质量，改善工厂照明条件等，以减少光污染的来源。各灯具生产企业和相关研究部门也应加强研发力度，研制出与具体环境配套的各种灯具，为社会提供最为理想的照明解决方案。这样既能从源头上控制光污染，减少光污染的来源，同时也可以提高灯光设施的科技含量和文化品位。

(3) 对于光源，可以参照上海市的做法，立足本市实际，在地方标准中提出"灯光不可射入居民窗"、"夏季23时后彩灯熄灯"等具体规定，并明确城市不同部位的照明亮度标准，从而控制过亮光源、彩色光源。对汽车远光灯产生的眩光污染,应通过加强交通安全执法,特别是对夜间行车的检查,贯彻《中华人民共和国道路交通安全法》对远光灯的使用“四大不准”的规定。对焊枪等产生强眩光工具的使用,应当加强城管执法,保证室内安全操作。

(4) 对于反射材料,在建筑物和娱乐场所的周围应合理规划,进行绿化和减少反射系数大的装饰材料的使用。可以通过修订建材标准,加入预防光污染的内容,如明确建筑外墙涂料的反射系数要求、限制建筑物外墙使用玻璃幕墙或使用反射率低于10%的玻璃等,将那些可能造成光污染的建材拒之门外。同时,应当设立专门的光污染检测机构,为市民提供检测服务,发挥群众的力量,发现和处理各种光污染源;也便于市民以权威检测数据为依据提起诉讼,维护自己的合法权益。

2. 齐抓共管防止光污染

首先,企业、卫生、环保等部门一定要对光污染有一个清醒的认识,要注意控制光污染的源头,要加强预防性卫生监督,做到防患于未然;科研人员在科学技术上也要探索有利于减少光污染的方法;在设计方案上,合理选择光源;教育人们科学地合理使用灯光,注意调整亮度,不可滥用光源,不要再扩大光污染。

其次,对于个人来说要增强环保意识,注意个人保健,正常使用电脑、电视时,要注意保护眼睛,与光源保持一定的距离并适当休息,同时采取一定的防辐射措施。个人如果不能避免长期处于光污染的工作环境中,应该考虑防止光污染的问题,采用个人防护措施:戴防护镜、防护面罩和穿防护服等。在面对光污染威胁时,应该采取有效的防范措施,尽量将光污染的危害消除在萌芽状态,已出现症状的应定期去医院做检查,及时发现病情,以防为主,防治结合。

3. 加强控制光污染立法

光对环境的污染是实际存在的,但又缺少相应的污染标准与立法,因而不能形成较完整的环境质量要求与防范措施,防治光污染是一项社会系统工程,需要制定相应的光污染标准与法规,形成完整的环境质量要求与防范措施。卫生、环保和监察等相关部门应积极配合,把防治光污染当作一项社会系统工程来抓,做到防患于未然。目前我国还没有专门防治光污染的法律法规,也没有相关部门负责解决灯光扰民的问题。国外一些国家已经有了针对光污染的一些法律条文。虽然对玻璃幕墙的建设已经制定了一些规范,并且也取得了一定的防治光污染的效果,但大量的其他光污染源仍然没有明确的法律法规来约束。根据报道,各地已经发生大量的光污染争议事件,但是苦于无法可依,很多争议只好通过行政手段来变通处理,或者根本无法解决。因此,控制光污染,必须立法先行,在这方面,上海市和杭州市走在了前头:上海市于2004年9月1日实施了我国首部限制光污染的地方标准——《城市环境(装饰)照明规范》,对居住住宅周围的光污染进行了严格限制;杭州市2007年5月14日发布实施了《杭州市建筑玻璃幕墙使用有关规定》,对杭州市城市规划区内建筑使用玻璃幕墙的设计和建设进行了严格规范。其实在光污染的防治上,关键是政府得采取积极有效的防范措施,及时出台相关法律法规,防止光污染的进一步扩散。地方各级环保部门在监督检查的过程中,也应加强执法力度,特别要提高对新型污染执法监督的水平,维护民众利益。普通群众也应增强环境意识和自我保护意识,在必要的时候应拿起法律武器,维护自己的正当权益,坚决向光污染开战。

思 考 题

1. 什么是光环境?其影响因素有哪些?

2. 已知氙灯发出的波长为530 nm的单色光，其辐射通量为25 W，试计算其发出的光通量。
3. 什么是光污染？光污染的主要类型有哪些？
4. 试说明光通量与发光强度、照度与亮度之间的区别和关系。
5. 什么是眩光污染？试述眩光污染的危害及防治措施。
6. 调查一下你所在城市光污染的主要形式、产生的危害和已采取的防治措施。

参 考 文 献

[1] 周律,张孟青.环境物理学[M].北京:中国环境科学出版社,2001.

[2] 赫伯特,英哈伯.环境物理学[M].任国周,赵瑞湘,译.北京:中国环境科学出版社,1987.

[3] 沈壕,戴根华,陈定楚.环境物理学[M].北京:中国环境科学出版社,1986.

[4] 高艳玲,张继有.物理污染控制[M].北京:中国建材工业出版社,2005.

[5] 何德文.物理性污染控制工程[M].北京:中国建材工业出版社,2015

[6] 任连海.环境物理性污染控制工程[M].北京:化学工业出版社,2008.

[7] 刘惠玲,辛言君.物理性污染控制工程[M].北京:电子工业出版社,2015.

[8] 竹涛,徐东耀,侯嫔.物理性污染控制[M].北京:冶金工业出版社,2014.

[9] 张宝杰,乔英杰,赵志伟,等.环境物理性污染控制[M].北京:化学工业出版社,2003.

[10] 陈杰瑢.物理性污染控制[M].北京:高等教育出版社,2007.

[11] 陈亢利,钱先友,许浩瀚.物理性污染与防治[M].北京:化学工业出版社,2006.

[12] 赵玉锋,于燕华,肖瑞.工厂与环境——无形的污染与防治[M].北京:中国工人出版社,1983

[13] 周新祥.噪声控制技术及其新进展[M].北京:冶金工业出版社,2007.

[14] 刘宏.环保设备——原理 设计 应用[M].3版.北京:化学工业出版社,2013.

[15] 王爱民,张云新.环保设备及应用[M].北京:化学工业出版社,2004.

[16] 刘宏,赵如金.工业环境工程[M].北京:化学工业出版社,2004.

[17] 潘仲麟,翟国庆.噪声控制技术[M].北京:化学工业出版社,2006.

[18] 洪宗辉.环境噪声控制工程[M].北京:高等教育出版社,2002.

[19] 周新祥.噪声控制及应用实例[M].北京:海洋出版社,1999.

[20] 刘惠玲.环境噪声控制[M].哈尔滨:哈尔滨工业大学出版社,2002.

[21] 郑长聚.环境工程手册—环境噪声控制卷[M].北京:高等教育出版社,2000.

[22] 邵汝椿,黄镇昌.机械噪声及其控制[M].广州:华南理工大学出版社,1994.

[23] 张沛商.噪声控制工程[M].北京:北京经济学院出版社,1991.

[24] 高红武.噪声控制工程[M].武汉:武汉理工大学出版社,2003.

[25] 张驰.噪声污染控制技术[M].北京:中国环境科学出版社,2007.

[26] 方丹群.噪声控制114例[M].北京:劳动人事出版社,1985.

[27] 陈永校,诸自强,应善成.电机噪声的分析和控制[M].杭州:浙江大学出版社,1987.

[28] 陈克安.有源噪声控制[M].北京:国防工业出版社,2003.

[29] 王文奇,江珍泉.噪声控制技术[M].北京:化学工业出版社,1987.

[30] 王文奇.噪声控制技术及其应用[M].沈阳:辽宁科学技术出版社,1985.

[31] 周迟骏,王连军.实用环境工程设备设计[M].北京:兵器工业出版社,1994.

[32] 蒋展鹏.环境工程学[M].北京:高等教育出版社,1992.

[33] 陈绎勤.噪声与振动的控制[M].2版.北京:中国铁道出版社,1985.

[34] 赵松龄.噪声的降低与隔离[M].上海:同济大学出版社,1985.

[35] 吕玉恒,王庭佛.噪声与振动控制设备选用手册[M].北京:机械工业出版社,1999.
[36] 朱亦仁.环境污染治理技术[M].北京:中国环境科学出版社,2002.
[37] 吴邦灿,费龙.现代环境监测技术[M].北京:中国环境科学出版社,1999.
[38] 国家环境保护总局科技标准司.中国环境保护标准汇编:土壤、固体废物、噪声和振动分册[G].北京:中国环境科学出版社,2001.
[39] 林培英,杨国栋,潘淑敏.环境问题案例教程[M].北京:中国环境科学出版社,2002.
[40] 吴明红,包伯荣.辐射技术在环境保护中的应用[M].北京:化学工业出版社,2002.
[41] 杨丽芬,李友虎.环保工作者实用手册[M].2版.北京:冶金工业出版社,2001.
[42] 李玉俊,栗绍湘,何群,等.牡丹江市环卫科研所利用低放射性处理粪便上清液技术[J].城市管理与科技,2002,4(2):30-31.
[43] 朱智勇,金运范.放射性束在固体物理和材料学中的应用[J].原子核物理评论,1999,16(2):99-103.
[44] 李樟苏,程和森,曹更新,等.利用放射性示踪沙定量观测长江口北槽航道抛泥区底沙运动[J].海洋工程,1994,12(2):59-67.
[45] 胡敏知.放射性物探方法在环境评价中的应用[J].铀矿地质,1996,9(5):313-314.
[46] 邵建章.放射性事故的发生场所及放射性监测技术[J].消防技术与产品信息,2003(7):34-38.
[47] 刘扬林.工业废渣生产建筑材料放射性污染分析及危害控制建议[J].中国资源综合利用,2007,25(1):33-36.
[48] 梁梅燕,叶际达,吴虔华,等.1992—2005年秦山核电基地外围环境放射性监测[J].辐射防护通讯,2007,27(5):6-14.
[49] 唐秀欢,潘孝兵.植物修复——大面积低剂量放射性污染的新治理技术[J].环境污染与防治,2006,28(4):275-278.
[50] 孙赛玉,周青.土壤放射性污染的生态效应及生物修复[J].中国生态农业学报,2008,16(2):523-528.
[51] 王建龙.微生物与铯的相互作用及其在放射性核素污染环境修复中的应用潜力[J].核技术,2003,26(12):949-955.
[52] 任庆余,赵进沛,李秀芹,等.室内放射性污染及其防治[J].现代预防医学,2006,33(3):303-305.
[53] 李芳,陆继根,沙连茂,等.固体中总α、总β放射性监测方法研究[J].辐射防护,2007,27(4):228-232.
[54] 杨月娥,顾志杰,王志明.美国放射性污染场址整治中土壤的清洁水平[J].辐射防护通讯,2007,27(2):8-12.
[55] 谢炜.上海市大气沉降物总 总 放射性监测[J].辐射防护通讯,2000,20(3):29-30.
[56] 赵玉峰,于燕华.射频辐射防护技术[M].上海:上海科学技术出版社,1982.
[57] 赵玉峰.环境电磁工程学[M].北京:化学工业出版社,1982.
[58] 赵玉峰.射频辐射防护技术应用实例[M].北京:劳动人事出版社,1985.
[59] 赵玉峰,于燕华.电磁辐射防护学[M].北京:中国铁道出版社,1991.
[60] 赵玉峰.电磁辐射的抑制技术[M].北京:中国铁道出版社,1980.
[61] 赵玉峰,越冬平,于燕华,等.现代环境中的电磁污染[M].北京:电子工业出版社,2003.

[62] National Council on Radiation Protection and Measurements. Environmental Radiation Measurements[R]. America:NCRP,1976.

[63] Morse P M. Vibration and sound[M]. 2nd. New York: McGraw-Hill Book company, 1984.

[64] Peavy H S, Rowe D R, Tchobanoglous G. Environmental Engineering[M]. New York: McGraw-Hill Inc. ,1985.

[65] 王鹏.城市景观格局与城市热岛效应的多尺度分析[D].雅安:四川农业大学,2007.

[66] 王才军.基于RS的城市热岛效应研究[D].重庆:重庆师范大学,2006.

[67] 李琰琰.大气温室效应的热力学机理分析[D].北京:华北电力大学,2007.

[68] 金岚.水域热影响概论[M].北京:高等教育出版社,1993.